# 扁平時代

# [FILTERWORLD]

## How Algorithms Flattened Culture

演算法如何限縮我們的品味與文化

Kyle Chayka

凱爾・切卡——著　　黃星樺——譯

獻給潔絲

# 目次

你可能沒在使用社群媒體，但它正在利用你。

——詩人艾琳・邁爾斯（Eileen Myles）

在美國，許多事物要傳遞的訊息都是「喜歡它，不然就去死」。

——作家喬治・特羅（George W. S. Trow）

推薦序

# 當時代的噪音被撫平

翟翱(文字工作者,現任職科技媒體)

「總有一天,」喬憤怒地說:「像我這種人會起來推翻你們的暴政,到時候,你們這些自動服務機器的時代會走到盡頭。人類的價值、情感和溫情會有回頭的一天……」

——菲利普・K・狄克《尤比克》,寫於一九六九年

曾幾何時,Spotify「年度總回顧」成為了一年之末的定番光景。我們欣賞它幫我們統計的最愛藝人、最愛歌曲、聆聽時數,並且偶爾在心底訕笑其他人的榜單。這背後的邏輯是,我們把Spotify整理並動畫設計過的數據當作自己的「品味」——孤芳自賞同時審度別人,直到在限時動態滑到煩膩,直到炫耀年度總回顧這件事過時(然而,所謂「過時」,以社群速度而言,也不過一個星期左右)。

《扁平時代》試圖描述並警醒讀者的,正是年度總回顧這種看似無害又「很好分享」的科技公司設計背後的危殆:你的年度總回顧裡有多少歌是因為演算法的推播才「成為」你一聽再聽的呢?更可怕的是,即使是你主動搜尋選擇的歌曲,可能也是演算法美學下的產物。關於前者,作者在書中舉了一個極

端案例，美國樂團「銀河五百」（Galaxie 500）一九八九年發行的單曲〈奇異〉（Strange），因為Spotify在二〇一七年把自動播放調成預設而播放量大增。作者稱這種現象為「品味的庸常化」，更定義所謂的庸常是一種「安全牌」，「不會讓任何人感受到冒犯或者不悅」。並表明在演算法的主宰下，庸常之作，無所不在。

## 當「順順地」成為一種美學

確實，順順地聽完，似乎也變成了我們習慣或喜歡的音樂觀感了。但有人可能會說：「一首能讓我順順聽完的歌，正是我想要的。」這牽涉到作者另一個更尖銳的論點：創作者反過來迎合演算法，做出演算法喜歡的作品。最終，成為「庸常的黑洞」，吞滅個性的稜角，藝術的鋒芒。這論點並非空談，已真實發生，例如多項調查得出的：流行音樂正因為串流愈變愈短；再如書中舉的，因為演算法青睞「聽起來像是無止無盡的反覆樂段」的音樂，使得流行樂中的「升Key」愈來愈少見。

不死心的人可能會繼續說：「這不過是一種美學變化，時代演進，沒必要大驚小怪。」這一點，正是《扁平時代》一書最險峻同時也最重要的啟發：我們當今習慣的美學品味，大多時候已成為科技公司、社群平臺操縱演算法下的產物。

這樣的美學生產路徑之所以危險，是因為科技公司、社群平臺本質上就是廣告商，以Google（總公司Alphabet）為例，根據二〇二三年底的財報中，總營收達八百六十三億美元，其中廣告收入為六百五十五．一七億美元，占總營收的七十六％。當科技公司以廣告盈利，其主導的演算法自然不會偏向消費者。《扁平時代》試圖說明：演算法並非澄澈公平的，甚且，還帶有偏見。只是它看不見、摸不著，讓我們無從想像其恐怖。

這影響的是：如果美學生產路徑有其目的性，靶即是箭——人類在這之中竟被神祕地排除了，我們就難逃被主宰的命運。被主宰有很多面向，藝術家成果被剝削，文化品味千人一面，不過是其二。更嚴重的是，演算法其實是一種注意力經濟之下鼓勵我們分心的機制。

還記得「順順地聽完」嗎？那既是它的手段，也是目的。作者對此有相當精確的描述：「我們先要投入時間，才能深有體會；我們得去經驗陌生的事物，才能領會到真正的驚奇。然而，演算法的運作邏輯，卻完全與此相反。畢竟，演算法系統的運作之道，靠的就是去收集、去分析數位平臺上的使用者們『已經喜歡了什麼樣的東西』。」

## 分心時代下的產物

英國牛津大學出版社選出的二〇二四年代表字為「腦腐」（Brain rot），指稱「過度接收瑣碎而無挑戰性的網路資訊」，正說明了這個現象。循此脈絡，我們會發現《扁平時代》其實是注意力商人前所未有強悍下的一個表徵。正因為我們時時刻刻都在分心，我們能接收的，也只有剛好適宜分心程度的東西——至此，恐怕很難將其稱為美學了。

值得岔題的是，分心不只反過來製造唯有不專心才看得下、聽得下去的文化商品，也會損害民主。如果我們習慣社群媒體所帶來的快速、有效的多巴胺迴路——三十秒的短影片、限時動態、挑動神經的串文，就很難靜下心討論更重要的事，例如該選出怎樣的立委，構成怎樣的國會，制定怎樣的法律。另一個老牌辭典，美國韋氏辭典的二〇二四年代表字是「極化」(Polarization)，正是側面寫照：愈令人腦腐的網路環境，演算法愈青睞極化的聲音——少數例外是中國。極權國家鼓勵它的主人分心。

很難想像嗎？試著回想你在Threads上滑到的爆文吧。點進Threads，其預設展示的內容正是由演算法主導的「為你推薦」。Threads示範了安迪．沃荷說的：「每個人都能成名十五分鐘。」與書中提到的變奏：「在未來，每個人都能在十五人的圈子裡成名。」甚至還將後者放大，透過可見的串文瀏覽次數，為我們製造該則串文受歡迎的感受。但十五分鐘過後呢？

社群媒體如何讓人類遁入同溫層不自知，日漸「部族化」，已有許多專書討論，臺灣亦有翻譯的《人類的明日之戰：當臉書、谷歌和亞馬遜無所不在，科技和大數據如何支配我們的生活、殺害民主》是其中相對好讀的，推薦給關心這議題的讀者。此外，《注意力商人：他們如何操弄人心？揭密媒體、廣告、群眾的角力戰》更是相關議題必讀之作。

## 是守門人，還是品味教官？

回到本書討論的文化品味方面，目前臺灣的確少有專書著墨，《扁平時代》正好補完了注意力經濟時代下的文化產出論述。這不得不提《扁平時代》另一特色，也就是我先前稱其險峻的地方：討論科技帶來的文化扁平現象，很難不予人作者在區分好品味、壞品味的感受，而這種感受多少有點像千禧年之際要我們別上太多網的「長輩」，或現下此刻抱怨年輕人滑太多TikTok的我輩中人——品味教官，縱使有再好的品味，但畢竟是教官，惹人嫌。

必須承認《扁平時代》在討論文學時，多少給我這樣的感覺。例如書中對莎莉．魯尼、克瑙斯高的評價——認為他們是社群時代下瑣碎、予人幻想的濾鏡文學。作者雖表明並未否定他們的文學成就，但指出社群媒體已潛移默化這些作者的書寫。

然而，太輕易確認或否定創作者與所處時代間既抗拮又對話的關係，都有點危險，最終可能陷入某種不證自明的套套邏輯。不過讀到作者對莎莉．魯尼的論點後，我確實重新思考自己喜歡她小說的原因——某種很潮的傷痛文學？我要說的是，《扁平時代》在做的，是一種吃力不討好的事。叫醒鐵屋裡熟睡的人，是會被責備的。

儘管討論演算法帶來的庸常文化有投鼠忌器之嫌，作者仍為我們指出一個有趣的點：演算法遇上擁有小眾狂熱粉絲的邪典電影往往會失準。雖然作者舉的案例是二〇〇八年的時空，很難說當今演算法是否已夠「聰明」，懂得什麼是邪典，但至少這個案例表明了：壞品味與庸常有所不同。庸常可能來自品味的無聊，但壞品味有其深層邏輯，包括與正典的拉扯、抗拒。

回到開頭所提到的Spotify「年度總回顧」，之所以成為一個可炫耀的品味榜單，最重要的原因在於與Instagram深度綁定，也就是「使用者生成內容」行銷的結果。這種行銷模式不僅改變了文化商品的分發方式，也進一步模糊了個人品味與演算法塑造之間的界限。這正是《扁平時代》最重要的論點：在演算法主導的時代，品味不再僅僅是個人選擇，而是一種由數據驅動、平臺策動的集體錯覺。

稍能慶幸的是，仍有一些力量在抗衡這趨勢。如西方媒體年末釋出電影、音樂、書籍榜單，扮演了書中所謂的守門人角色；在臺灣，金馬、金曲、金音、金典等金字輩獎項，也提供另一種抗衡庸常的可能。當然，守門人也並非毫無瑕疵——他們同樣面臨市場壓力或帶有偏見，但至少提供了另一個觀看世界的視角。更重要的是，他們有名有姓，可被問責。

如果你在這些金字輩獎中看見不熟悉的創作者，恭喜你，還有更多作品可欣賞。否則，當我們只看見熟悉的身影（網紅？），就表示時代的噪音已被撫平，我們正活在機械打造的和諧虛妄裡。閱讀此書，至少先一步認識了虛妄及其形成。下一步，不妨去尋找這些守門人與創作者，讓他們獲得力量與回饋。

# 開場
# 歡迎光臨扁平時代

## 土耳其行棋傀儡

西元一七六九年，哈布斯堡君主國的公務人員肯佩倫（Johann Wolfgang Ritter von Kempelen）發明了一台機器，叫「土耳其行棋傀儡」。這台機器是肯佩倫送給哈布斯堡君主國的統治者特蕾莎女大公（Maria Theresa）的一份禮物。肯佩倫之所以打造這台機器，是為了取悅他的君主。這台魔法般的機器，看上去是由裝設在內部的齒輪和皮帶所牽動的，但它卻擁有能和人對弈下西洋棋的能力，而且還時常贏棋。根據當時留下來的銅版畫，這台機器的外殼，是一只大型的木櫃子，寬約一百二十公分，深約七十五公分，高約九十公分。木櫃的正面有幾扇小門，打開就能看到精密的機械裝置。在木櫃的頂部，放著一具呈現坐姿的機器人偶，大約像兒童一般大，身穿土耳其長袍，頭上戴著頭巾，嘴上還留有兩撇引人注目的鬍子。這具人偶俯身向前，好像正在注視著棋盤一般（在歐洲人看來，這具陌生的人偶，和這台陌生的機器，都是典型的東方玩意，充滿了異國風情）。這具懂得下棋的人偶，左手會在棋盤上盤旋移動，抓取棋子並移動它們。每當動完一步，這台機器就會發出聲響。而當對手作弊時，這台機器也可以感應得到。此外，這具人偶還能做出各種不同的面部表情。肯佩倫的這台機器，顯然迷惑了眾人。曾有人將它帶到國外展示，一七八三年時，它還曾和美國開國元勳富蘭克林對弈過；就連拿破崙都曾在一八〇九年和它下過棋——結果，這兩位名人都輸給了機器。

然而，這台土耳其行棋傀儡，其實並不懂得下棋。當時可沒有ＡＩ技術來驅動這台機器，木櫃子裡的齒輪根本無從決定要將棋子落在哪裡。他們的做法，是讓一位身材矮小的棋手蜷起身子，躲進木櫃裡操縱機器。這位專業級的棋手，可以透過藏在櫃子裡的一面顯示儀來觀察棋局。這面顯示儀就位在棋盤的底下，利用磁鐵來追蹤盤面上的棋子。如此一來，這位棋手就能隨時監看盤面上的兵、騎士、國王等各在何處。接著，棋手只要透過操縱桿和繩子，就可以控制土耳其人偶的手並移動棋子，與此同時，顯示儀上的磁鐵也會跟著移動。木櫃子的內部，設置了一根用以照明的蠟燭；蠟燭燃燒時產生的煙，則會從木櫃後方的孔洞排出。櫃子裡那些看似精巧的機械裝置，實際上並沒有任何功能，統統只是障眼法而已。當有人打開櫃子前面的小門，想要檢視櫃子內部的機械時，裡面的棋手就會利用一張可滑動的椅子，滑到另一扇門後面繼續躲著，就像在魔術表演中所使用的機關那樣。

土耳其行棋傀儡創造出一種令人稱奇的幻象，讓人覺得這台機器懂得自己做決定，看起來比人類更聰明，雖然事實上還是由人類在背後操控它。不少看過土耳其行棋傀儡的人，都曾懷疑這是場騙局。英國一位特立獨行的作家希克尼斯（Philip Thicknesse）就是其中之一。在他一七八四年出版的書裡，希克尼斯寫道：「說它會自動下棋，肯定是騙人的，應該公開查驗這台機器才對。」他甚至認為，這台機器「是由一位看不見的同夥」在暗中操控的。在書裡，希克尼斯繼續寫道：「這具魁儡的內部，肯定藏著一個人。不管它的外觀是由什麼組成的，那裡面肯定有一個活生生的人。」希克尼斯的確說中了，但是一直要到一八六〇年，這台機器的秘密才終於徹底公諸於世。當時，這台機器被人運到了美國巡迴展出，隨後被著名作家愛倫坡的私人醫生米歇爾（John Kearsley Mitchell）買下，接著在一場大火中遭到焚毀。過了幾年之後，米歇爾的兒子才終於在《西洋棋月刊》上寫了一篇文章揭露真相。然而，真相揭露之後，土耳其行棋傀儡的名聲反倒變得更加響亮了。

從它發明的時間起算，經過兩個多世紀，如今這台機器已經成為廣為人知的符碼，用來隱喻人類操縱科技產物的方式。它隱喻著藏在看似先進的科技產物背後的人類意圖，也隱喻著這些科技產物是用什麼樣的方式在欺騙我們，讓我們無法看出它們真正的運作方式（舉個相關的案例：亞馬遜公司一向以外包人力的方式替客戶執行照片標記、資料清洗等工作。對客戶來說，這些人力完全就是隱身幕後的人。二〇〇五年起，亞馬遜將旗下這些資訊服務項目統稱為「土耳其行棋傀儡」）。這就有點像《綠野仙蹤》裡那個隱身幕後的魔法師奧茲，大家原本以為他是個全知全能、令人不安的存在，直到後來布幕一掀開，大家才發現，原來奧茲只是個平凡人，沒有什麼了不起。土耳其行棋傀儡被設計得很像真人，而這種「像是真人」的感覺，又回過頭來加強了行棋魁儡的可信度。靠著這種雙向加強的幻象，這台行棋傀儡便能夠「無往不勝」——正如班雅明（Walter Benjamin）在一篇一九四〇年的文章中所說的那樣。*

---

* 譯註：作者指的是班雅明留下的最後一篇文章〈歷史的概念〉（On the Concept of History）。

最近，我經常想起土耳其行棋傀儡。我覺得它就像是在二十一世紀初，不斷徘徊在我們這一代人頭腦裡的科技幽靈。這種幽靈有一個名字，叫作「演算法」。今天當我們講到「演算法」時，指的往往是各種網路平臺列出的那些「為您推薦」的內容。這些平臺大量收集用戶的資料，然後利用一組算式進行演算，最後向我們吐出一堆「為您推薦」的內容，勸我們點進去看，以便達成平臺預先設定的流量目標。事實上，你透過Google搜尋找到的網頁、在FB上看到的貼文、Spotify上那些不斷播放的串流歌曲、交友軟體上碰到的有緣人、Netflix上的推薦片單、在TikTok上滑到的各種短影片、推特和IG上的貼文順序、放在電子信箱收件匣裡的自動歸類的信件，還有你在網路上四處看到的那些業配文，統統都是演算法幫你選定的。在極大程度上，演算法塑造了我們在數位世界裡的經驗。它會根據之前和我們互動過的頁面，來決定哪些內容最適合我們。也就是說，演算法會分析我們想要看什麼，然後推薦我們看我們想看的東西。

今天，我們每個人都在和各種演算法纏鬥。早在我們意識到自己在想什麼、在尋找什麼、在慾望什麼以前，演算法就已經在試著猜出答案了。當我寫一封信時，我的Gmail會像讀心術一般，預測我將要輸入哪些字詞，並主動幫我寫完句子。當我聽音樂時，Spotify會推給我一大堆它預期我會喜歡的歌手和專輯，而我通常也會出於習慣，乾脆就聽這些音樂。當我解鎖我的手機時，我會看到某些從前拍的照片被推播出來；這些照片被自動貼上了「回憶」的標籤，彷彿它們是來自我腦海中的潛意識一般。與此同時，我還會看到我的手機建議我點開某些應用程式，以及我可能會想傳訊息給某幾位朋友。在我的IG版面上，從最頂端傾瀉而下的，是一整排的食物照片，緊接著是一些建築物的照片，最後是一些從知名電視節目中剪出來的片段，不停在那兒反覆輪播。根據ＩＧ的演算法，我感興趣的事物大概就是這些了吧。而我的TikTok則不知出於什麼原因，推給我看一整排不知打哪兒來的「重新鋪設浴室磁磚」的影片。雖然我不覺得這是我想看的東西，但我卻還是莫名其妙一部接著一部看了下去。但是，我的文化品味可不是只有這種程度啊，對吧？

在過去的年代裡，無論再小的決定，每個人都要靠自己去做選擇。報社編輯必須決定要把哪些新聞放到頭版；雜誌的美編必須決定要將哪些圖片排上版面；戲院的經理必須決定每一季要放映哪些電影；而獨立電臺的ＤＪ則必須依照自己的心情與時機地點，設計出一份合乎氛圍的歌單。誠然，這些決定都會受到社會與經濟力量的影響，但負責做這些決定的人確保了它們具有一定的品質，甚至是安全性。然而品質與安全性在不停快速推播各種東西給我們看的網路環境裡，便有可能不復存在。

演算法推薦系統，就是我們這個時代的土耳其行棋傀儡。各種各樣的人為決策，被裝扮、自動化成像是機器挑選的內容，並以超乎人類所能及的速度和規模生產出來。這些演算法由壟斷市場的大型科技公司所設計和維持，而我們這些使用者則每天登入各種網路平臺，提供給科技公司源源不絕的新材料。這項科技既是由我們所創造，同時也正支配著我們，操縱著我們的注意力和感知世界的能力。演算法確實**無往不勝**。

## 探索扁平時代

本書叫作《扁平時代》（*Filterworld*）*。我用「扁平時代」這個詞，來形容演算法對我們生活所造成的影響。如今，演算法早已無處不在，和我們的人生環環相扣，更重要的是，演算法對我們的文化造成了驚人的衝擊，徹底改變我們接觸和消費文化產品的模式。雖然在政治、教育與人際關係以及其他許多社會層面，演算法都帶來了改變，但本書將會聚焦於文化領域。我們不管是觀賞視覺藝術、聆聽音樂、看電影、閱讀文學作品，還是欣賞舞蹈，都是透過演算法餵給我們的各種內容來接觸到它們的，它將我們的注意力引導到那些最符合數位平臺結構的東西上。換言之，演算法已經成為我們接觸文化產品的媒介。演算法推薦是一種過濾機制，篩選出受關注與被忽略的內容，並巧妙地扭曲它們的面貌，就好像ＩＧ濾鏡那樣，突顯出希望我們看到的東西，同時淡化處理其他面向。演算法的這種好比濾鏡一般的作用，在文化領域所取得的成功十分清楚可見。相關的現象包括讓二〇一八年納斯小子（Lil Nas X）的歌曲〈鄉村老街〉（Old Town Road）風靡全球的土氣TikTok舞蹈；ＩＧ上充斥的陳腔濫調設計趨勢，例如極簡風的室內設計，以及時尚品牌近年來常使用的、單調的無襯線字體標誌；還有推特上搞得大家怒氣沖沖的大量無聊爭議。

演算法推薦系統支配文化類型的方法是，把那些能立即獲得大量關注的內容投餵給更多使用者，如此一來也就讓符合特定趨勢的文化產品得到了更高的流量。二〇一八年，作家佩利（Liz Pelly）將那些特意迎合潮流、期待能夠爆紅的文化產品，統稱為「誘餌式作品」（streambait），就像你會在Spotify上聽到的那些「中等速度、安靜又帶點憂鬱的流行歌曲」。二〇一九年，另一位作家托倫提諾（Jia Tolentino）也提出了一個類似的說法，她指出ＩＧ上有某一種臉孔特別容易受到演算法青睞，她把這種臉孔稱為「ＩＧ臉」（Instagram face），其特色為：「看起來明顯是個白人，但又模模糊糊具備了某些少數族群的特徵」，例如「貓一般的眼睛、又長又誇張的睫毛、小巧玲瓏的鼻子，以及豐厚飽滿的嘴唇」。這種臉孔在ＩＧ上如此流行，以至於甚至有人去動了整容手術，以讓自己看起來更像ＩＧ臉。TikTok上也流行所謂的「TikTok語調」，這指的是許多網紅喜歡使用的一種旁白配音，這種配音語速很快，而且語氣缺乏高低起伏。每一個網路平臺都會發展出一套屬於自己的流行風格。每個平臺的風格，不僅會受到使用者美學偏好的影響，同時也會受到他們的種族、性別、政治傾向，以及擁有這些平臺的企業的基本商業模式的影響。

在演算法所塑造的「扁平時代」裡，能夠得到關注、持續走紅的文化產品，通常都很容易就可以理解、複製與參與，且很輕易就能融入環境之中。廣大的視聽大眾隨手就能分享這一類的產品，而不同的群體接觸到這一類的產品之後，也都能夠不費力氣地幫它做一點些微的改造，使它變成自己想要的樣子（在扁平時代裡，一切事物都是迷因；例如一個可以自己改編的笑話，或是一張經過改良後傳遍全網的圖片）。它也足夠宜人或普通，以至於可以被忽略，悄然融入背景之中，通常直到你刻意尋找時才會注意到。然而，當你一旦注意到它時，你往往會發現它無所不在，例如二〇一八年冬天時，有一款叫「亞

＊ 譯註：「扁平時代」的原文 Filterworld 有「濾鏡世界」、「濾鏡時代」之意，考量到本書主旨在批判演算法推薦系統造成人們的品味與文化趨於一致、空洞的「扁平化現象」，故將書名譯為《扁平時代》。

馬遜大衣」的、鼓鼓囊囊的羽絨夾克因為亞馬遜在自家的線上商城——又一個由演算法主宰的空間——推薦給亞馬遜Prime的會員而突然風行起來。在接下去的幾年裡，這款由歐絨萊公司出品的羽絨夾克，讓許許多多的仿製品和看起來很像亞馬遜大衣的產品紛紛出籠，其中一款還是亞馬遜自己生產的。扁平時代的文化最終是同質性的，即使其產物並非完全相同，也散發出一種無處不在的相似感。它不斷自我延續，直到令人感到無聊。

我從二〇一五年左右開始在世界各地的咖啡店察覺到「扁平時代」的種種跡象。在二〇一〇年代，自由新聞工作者的工作使我去到許多不同的城市，京都、柏林、北京、雷克雅維克、洛杉磯，而無論去到哪裡，我總能找到一間咖啡店，看起來和世界各地許多其他咖啡店極其相似，因此給我一種很強烈的既視感。我把這種咖啡店統稱作「通用咖啡店」，其特色是：牆壁上永遠會貼著一排地鐵站式的白色磁磚，店內往往擺放著又寬又大、用回收木材製成的工業風桌子，椅子用的則是世紀中期現代風格的細腳椅，再加上裝著愛迪生燈泡的懸掛式吊燈（也就是很ＩＧ的美學風格）。而且，無論在哪個城市，無論白天還是黑夜，「通用咖啡店」裡無一例外，總是擠滿了像我這樣的自由工作者，一個個都抱著一台筆記型電腦在那兒敲敲打打，經常是在瀏覽社群網頁。究竟為什麼，這些相隔如此遙遠的「通用咖啡店」，內部裝潢和功能都如此相似呢？這種高度的一致性超越了全球化的常見作用。我想找出背後的根本原因。

我認識一位名叫史瓦茲曼（Igor Schwarzmann）的商業顧問，他來自柏林，是千禧世代的人，而且和我一樣滿世界到處跑。他告訴我，他也注意到了「通用咖啡店」的興起，並且稱之為一種跨越國界的「品味同質化」現象。近年來，隨著ＩＧ、Yelp和Foursquare這類使用演算法的數位平臺崛起，全世界有愈來愈多的人在日常生活中學會享受並尋求類似的產品和體驗。無論他們住在哪裡，網路平臺推播給他們的東西總是相似的，因此他們總在消費著相似的內容，其品味偏好也就被塑造成了相似的樣子。演算法是一種具有操控性的存在。這些應用程式引導用戶穿越實體空間，前往採用數位流行美學的處所，藉此贏得其他用戶的關注與評價。評分愈高，就獲得愈多的演算法推薦，進而吸引更多訪客。然而，儘管這是一種國際現象，那些鞏固演算法的網路平臺，卻都掌握在西方國家的企業手裡。這些企業幾乎都位在美國的矽谷，而掌控著它們的人，則是屈指可數的超有錢白人男性——這可真是「多元化」的相反啊。

印度的文學理論家史碧瓦克（Gayatri Spivak）在二〇一二年時寫道：「所謂全球化，其實只是資本和數據資料的全球化。除此之外就只是災害控制而已。」在扁平時代裡，像臉書、I G和TikTok這樣的數位平臺透過用戶活動累積並散播數據，並藉由伺服器農場和演算法技術擴展資本，席捲全球，吸引數十億用戶。文化同質化的現象便是對這種散播所帶來的傷害無可避免的反應，是人們應對和適應災害的方式。曾有段時間，我以為通用咖啡店的美學風格只是一股短暫的熱潮，終有一天會退燒。然而，這樣的美學卻變得愈來愈根深蒂固。隨著數位平臺逐步擴張，它們所造成的同質化現象也跟著蔓延不止。

扁平時代的特色，就是一切都高度平滑而同質，使人產生一種難以呼吸的焦慮感。這種隨處可見的相似性，讓人感覺無所遁逃，雖然被包裝成令人嚮往的樣子，實際上卻使人感到疏離。學者祖博夫（Shoshana Zuboff）提出過一個說法，叫「監控式資本主義」，意思是科技公司藉由不斷收集我們的個人數據，來達到盈利的目標。在祖博夫看來，這正是「注意力經濟」的加強版。不過，儘管收集了那麼多數據，但演算法還是經常會誤解我們，推薦我們不想認識的人給我們，推播我們不想看的內容給我們，甚至鼓勵我們培養不想養成的習慣。演算法每天幫我們做出了大量的決策，但我們卻幾乎無法告訴它我們真正想要什麼，也無法改變它的運作機制。這種不平衡引發了一種被動的狀態：我們接收演算法推薦給我們的內容，卻缺乏深度的參與。我們也依據平臺的獎勵機制調整呈現自我的方式。當我們在推特上寫推文、發臉書動態、上傳照片到ＩＧ時，心裡都曉得什麼樣的內容會吸引關注，並得到大家的按讚和點擊，同時也讓科技公司賺取更多的利潤。科學研究已經指出，我們所收到的「讚」會引發大腦迅速釋放多巴胺，也就是說，順著演算法的回饋機制在社交平臺上求取關注，是一件會上癮的事。

除了上癮之外，演算法也會使我們對萬事萬物都愈來愈感到麻木。多巴胺的刺激逐漸變得不足，充滿喧囂又不斷快速推薦給我們的內容則令人不堪重負，於是，我們很自然就會想要擁抱一些「空白」的東西，因為這些東西可以帶來舒服和安慰。我們不再追求挑戰與驚奇，而這正是撼動人心的藝術作品所提供給我們的。我們被感動的能力，甚至感興趣和保持好奇的能力，都被消耗殆盡。

## 愈趨扁平的文化

要理解扁平時代如何形塑我們的經驗，我們必須先瞭解它形成的脈絡。演算法推薦大行其道的現象是相對晚近才出現的。在早期，像是推特、臉書、ＩＧ、Tumblr等社群平臺，它們大致上都是按照貼文發布的時間順序來排列內容的。你加誰好友或追蹤了誰以後，他們的貼文就會依照上傳的時間，一個個呈現在你的眼前。然而，到了二〇一〇年代，這些平臺個個都成長到擁有數百萬、甚至數十億的用戶，每個使用者也同時跟更多的人產生聯繫，單純照時間順序來排列貼文的話，很快版面上就會塞滿一堆看不完的貼文，況且也不是每一篇貼文都很有趣。如果你沒有在對的時間盯著頁面，很可能就會錯過某篇超級熱門或特別有趣的貼文。於是這些平臺便逐漸提高推薦貼文的出現比例，而不再按照時間順序排列。這些推薦內容甚至可能出自你沒追蹤的帳號、談論著你沒興趣的主題，它們就這樣空降到你的應用程式頁面，只是為了讓你在打開它時有東西可看。

這項改變背後的動機，主要不是要讓這些平臺更好用，而是想賺更多的錢。使用者在應用程式上花的時間愈多，他們製造出來的數據也愈多，偏好也就更容易被追蹤掌握，他們的注意力也能夠以更有效率的方式被賣給廣告商。推給使用者的內容中由演算法推薦的比例愈來愈高，特別是在二〇一〇年代中期，當時正是時代的分水嶺。

TikTok於二〇一八年在美國推出，其主要創新在於它的「為你推薦」幾乎完全是由演算法決定的。用戶在TikTok上會看到什麼東西，基本上跟他們追蹤的帳號沒有關係，這些內容幾乎都是由演算法推薦系統為其挑選的（這也就是為什麼我會在上面看到一堆「浴室新鋪磁磚」的影片）。TikTok很快就成為史上成長最快的社群網站，五年之內就有超過十五億人加入了TikTok，而其他競爭的同業也紛紛採用更加由演算法主導的機制，試圖急起直追。二〇二〇年，ＩＧ便推出了全新的短片（Reels）功能，利用演算法推薦更多短片給使用者觀看；二〇二二年，就在馬斯克收購推特後不久，他們也推出了「為你推薦」的欄位，裡頭都是受到演算法青睞的推文。至少對於獨占網路世界的大型企業而言，這波「演算法推薦」的浪潮絲毫沒有退燒的跡象。

編輯和電臺ＤＪ過去扮演大眾的守門人與文化策展人的角色，但現在他們已經被取代，換成由一連串的演算法來擔任守門人。雖然這項轉變讓閱聽大眾接觸許多文化產品的門檻降低，因為任何人都可以把他們的作品傳到網路上和人分享，卻也導致一種即時數據的暴政。一樣文化產品到底有多吸睛，成為了評判其優劣的唯一標準；而什麼樣的產品能夠被看見，則完全是由矽谷工程師研發出來的算式決定的。我們讓演算法來擔任守門人，其代價就是正在發生、充斥各處的文化扁平化現象。我所謂的「扁平」，指的不僅是各類文化產品變得愈來愈像而已，它們也變得愈來愈簡化：往往是那些最缺乏解讀空間、最不具顛覆性，而且可能也最沒有意義的文化產品最能夠廣泛流傳。扁平是最低限度的公約數、一種平庸的表現，從來就不是人類引以自豪的文化成就。

我之所以想到「扁平時代」這個隱喻，是因為我看了日本作家田中康夫的小說《水晶世代》（*Somehow, Crystal*）。這部小說與其說有著精彩刺激的情節，倒不如說它充斥著許多時尚標籤、知名品牌、餐廳和精品店的名字。這部小說精準捕捉到了一位住在東京、名叫「百合」的年輕女子身處的消費主義環境，描述著她購買的物品，以及她所使用的各式產品——完全就是ＩＧ網紅帳號的文學版。小說一開頭，百合從床上醒來後扭開了放在床邊的收音機。她按下一個設定好的按鈕，收音機便瞬間轉到ＦＥＮ，*一個播放美國搖滾音樂的電臺。在一個註腳中，小說對這顆按鈕背後的科技進行思索：「你可以事先設定好想聽電臺的頻率」是「一個很不錯的特點」，但「那種自己動手瘋狂轉臺的樂趣，已經一去不復返了」。

作者觀察到了「按一個按鈕，就瞬間跳到某個電臺」和「抓著一個圓形旋鈕前前後後轉動，忍受頻道間的靜電噪音，最終把旋鈕調整到完美的位置」之間的差別。後一種方法可能比較不精準、不方便，卻更加具有魔力，也比較合乎人性。那裡不存在事先的設定，也沒有預先決定的答案。然而，扁平時代裡的文化地景，卻滿滿都是事先設定好的模組，讓人不斷體驗到相同的東西。演算法限制了我們的消費方式，即使我們想要特立獨行，也不得其門而入。百合所說的那種「瘋狂的樂趣」已經不再，也就是說某種程度上，原創性、前所未有的質地、創造力和驚喜，隨著人們高度依賴演算法來傳播文化產品而永遠消逝了。

這本書的目的不只是要描述扁平時代、發掘它的影響，更是要拆解它。如此一來，我們才能找出逃離它的方式，並擺脫演算法推薦內容所營造出來的、無所不在的焦慮與倦怠氛圍。我們唯有瞭解演算法是如何運作的，才能驅散它對我們造成的影響——就好像我們必須先打開土耳其行棋魁儡的外殼，才能看到藏身其中的操盤手。

* 譯註：即遠東聯播網（Far East Network）。

# 第一章
# 演算法推薦系統是如何崛起的？

## 早期的演算法

「演算法」的意思，嚴格說來就只是指「一組算式」而已。任何一套方程式或運算規則，如果能夠幫我們計算出結果，那就可以算是一套演算法。人類歷史上最早的演算法，出現在古巴比倫地區，也就是今天的伊拉克一帶。可追溯至西元前一八〇〇到一六〇〇年的楔形文字泥版上記載了用於各種目的的演算法，例如根據深度與挖掘出的土壤體積計算蓄水池長度和寬度的演算法。根據數學家高德納（Donald E. Knuth），古巴比倫人「對於每個公式，都一步步列出了它的求值規則，也就是計算該公式的演算法」。古巴比倫人還擁有一套專門用來記錄計算結果的表意系統；高德納寫道，他們「採用了一種『機器語言』來記載算式，而不是用符號語言」。古巴比倫人為他們的演算法寫下的說明都以同一句話結尾：「這就是計算過程」。這句話突顯出演算法的一項內在特性——它們可以重複執行，無論是什麼情境，演算法都一樣適用且有效。今日矽谷的追隨者可能會以「可規模化」來形容它們。

演算法在早期的數學史上具有十分重要的地位。在西元前三〇〇年左右，古希臘哲學家歐幾里得便在他的著作《幾何原本》中記載了「歐幾里得演算法」，一種用來求出兩個或更多數字之間的最大公因數的演算法。這個公式和西元前三世紀時發明的「埃拉托斯特尼篩法」（Sieve of Eratosthenes，這個演算法可以在給定的數字範圍之內把質數找出來），是直到今日都還在使用的演算法，特別是在密碼學的領域。不過，「演算法」（algorithm）這個用詞源自一名數學家——或者至少源自他的出生地。

波斯學者花拉子米（Muhammad ibn Musa al-Khwarizmi）於西元七八〇年左右出生於花剌子模（Khwarazm），也就是今日的土庫曼和烏茲別克一帶。*花拉子米的生平資料，大部分都已經佚失了，不過我們可以肯定花拉子米曾經去過巴格達，在信奉伊斯蘭教的阿拔斯帝國於七世紀征服波斯之後，那裡成為該區域的知識中心。花拉子米在巴格達的「智慧之家」（House of Wisdom）——別名「智慧宮」（the Grand Library of Baghdad）——工作，研究占星學、地理學和數學。就像在它之前的埃及亞歷山卓圖書館一樣，智慧之家是一個跨學科的學術中心，科學研究受到高度的重視，各種用希臘文、拉丁文、梵文和波斯文寫成的文獻，也被翻譯成阿拉伯文。大約在西元八二〇年左右，花拉子米寫成了《印度數字算術》（*On the Calculation with Hindu Numerals*），我們今日使用的數字系統便是在後來透過這本書流傳到歐洲。他也寫了《代數學》（*The Rules of Restoration and Reduction*）一書，教人們如何給方程式求解。在

* 譯註：在中文世界，Muhammad ibn Musa al-Khwarizmi 這位數學家一般譯作「花拉子米」，也就是他的名字中最後那個字「Khwarizmi」的音譯。不過，「Khwarizmi」其實原本是個地名，指的正是花剌子模。因此花拉子米這位數學家的全名，可以翻譯為「來自花剌子模的 Muhammad ibn Musa」。

阿拉伯文裡，《代數學》這本書，後來被簡稱為「al-jabr」（意思是恢復，或消去方程式兩邊的同類項），這便是英文裡「代數」（algebra）一詞與這門學科的來源。《代數學》的內容包括一元二次方程式的解法、計算面積和體積的方法，以及對圓周率近似值的估算。

十二世紀中葉時，有位研究阿拉伯文的英國學者名為「切斯特的羅伯特」（Robert of Chester）居住在西班牙，一個伊斯蘭、猶太與基督教文化交會之地，這些族群有時彼此相安無事，有時則鬧得不可開交。這是另一個各種思想在不同文明之間互相交流與傳播的時刻。在一一四五年，羅伯特將《代數學》一書翻譯成拉丁文。「al-jabr」被譯成了「algeber」，花拉子米（al-Khwarizmi）則被譯成「Algoritmi」。在當時，任何使用印度—阿拉伯數字系統的算術方法，都可以稱作「algorismus」；而那些運用這門技術的人，則被稱為algorists，也就是「演算者」的意思（從一九六〇年代起，開始出現用演算法創作的視覺藝術家，他們也被人稱作algorists，不過這個詞似乎也適用於今日從事演算法相關工作的人）。演算法這個字逐步演進的漫長歷程展現了這些計算既是人類藝術與勞動的產物，同時也是可重複的科學法則的結果。

## 電腦程式的發明

任何一台電腦，都是由一連串重複運算的方程式所建構起來的。電腦運算的結果只能以〇或一的形式呈現出來，然後它們會再被丟進更多方程式裡面進行運算，直到得到最終的計算結果。一八二二年，英國發明家巴貝奇（Charles Babbage）提出了一個構想，要將「機器應用於天文和數學用表的計算」，試圖利用一台由數字輪盤和齒輪組成的機器——差分機（Difference Engine）——達成自動化的計算。這台機器最終沒有完工，但後來的展示看起來像是鋼琴的內部，只不過一排排的轉盤取代了琴槌。依照巴貝奇的設計，這台機器將有八英尺高，並且重達四噸。他後來改良推出的「分析機」，如果建成的話，將能執行透過穿孔卡片編寫的指令，執行像是「迴圈運算」或「條件運算」等簡單的程式。分析機成為了後世所有遠比它更複雜的現代電腦程式的基礎。正如巴貝奇的兒子亨利（Henry Babbage）一八八八年所寫的那樣：「這只是卡片與時間的問題而已。」

詩人拜倫的女兒勒芙蕾絲（Ada Lovelace），如今被廣泛認為是有史以來的第一位程式設計師；她為巴貝奇設計的機器編寫了一套演算法，其中包括一個用來計算白努利數的方法。勒芙蕾絲同時也意識到，這台能夠反覆執行機械性程序的機器，可以在數學以外的領域發揮妙用。勒芙蕾絲於一八四三年寫道，這台分析機「很可能可以運用在數字以外的東西上。只要事物和事物彼此之間的關係，可以用抽象的、科學運算的語言來表達，並且它們能適應運算符號與機器機制的作用」。換句話說，任何事物，只要可以被轉譯為類似數據（一連串數字）的東西，那麼我們就可以用一套運算程序來操縱它。舉凡文字、音樂、藝術，或是西洋棋，可能都可以包括在內。勒芙蕾絲是這麼想的：「舉例來說，假設和聲學和音樂作曲中各種音高的聲音之間的基本關係可以用這種表達和調適的方式來表現，那麼這台機器就可能創作出任意長度與繁複程度的、精妙又科學的音樂作品。」勒芙蕾絲所設想的事物有點類似於作曲家伊諾（Brian Eno）一九九五年創作、推廣的「生成式音樂」（generative music），這是一系列利用音樂軟體生成的氛圍合成音樂，每次軟體運行時都會創作出不同的旋律。勒芙蕾絲當時就設想著文化如何被新的科技塑造並延續下去，而這恰恰是今天的演算法推薦正在做的事。

勒芙蕾絲很早就發現，操縱像這樣的機械指令可能可以成為一門獨立的學科，甚至還能發展出一套屬於自己的語言。自一九九〇、二〇〇〇年代起，程式設計開始與基礎數學和科學並列，成為孩童全面教育中的必修技能。我在高中時期接觸到程式設計，當時是二〇〇二年左右，我們會用電腦教室裡的桌上型電腦玩類似程式語言的、寓教於樂的遊戲。不過，真正讓我有學到東西的，是我後來為了進階數學課而買的「TI-83計算機」。人們可以用一種叫「TI-BASIC」的語言在這台沈甸甸的塑膠計算機上頭寫程式，這種語言可以執行像是「if-then迴圈」和「動態函式」等簡單的操作。剛開始，我寫了一些簡單的程式來跑考試所需的公式，但當我對這個語言更熟悉以後，我就動手寫出了自己版本的井字遊戲和四子棋遊戲。這台計算機是我的創作夥伴，感覺就像會變魔法一樣。

在勒芙蕾絲去世近一個世紀以後的二戰期間，英國的數學家兼電腦科學家圖靈（Alan Turing）替政府做著破解密碼的工作，協助破譯了德軍使用的恩尼格瑪密碼機（Enigma cipher machine）。到了戰爭結束後的一九四六年，圖靈便向英國國家物理實驗室遞交了一份報告，提議開發一種叫「自動計算機」（Automatic Computing Engine）的機器。這是首次有人將人工智慧描述為一種真正的可能性，而不是理論上的概念。圖靈寫道，已經存在用來執行特定的計算和分類工作的機器，但他的提案不止於此：「不必再請一大堆人力守在機器旁邊，看準時機把零件抽出來然後又放進去。所有這些重複性的工作，交給機器自己去做就行了。」

據圖靈所說，這台裝置將能執行任何種類、任意規模的運算，而且不用一直調整它的配置。它還擁有一套自己的內部邏輯語言，可以根據不同目的做出調整，進而解決任何類型的問題。「怎麼能期望一台機器完成這麼多事情？」圖靈寫道。「答案是，我們應該想成這台機器正在執行一些相當簡單的事項，即完成以它能理解的標準形式給出的指令。」這台機器會做的事，就是執行演算法。他隱然指出了今日的機器學習演算法如何隨時間演變，並在不依賴人類決策的情況下進行調整。

這樣的一套系統，能夠執行許多速度與複雜程度遠超出人力所及的運算。圖靈寫道：「這台機器的速度不再受限於人類操作員的速度。」不過，圖靈並沒有把這台機器看作萬能的工具。它可以自動執行任務，不代表它永遠都不會出錯。圖靈接著這麼說：「這台機器消除了人為的差錯，雖然機械的錯誤可能在某種程度上取而代之。」他的這份報告預見了我們今天所熟知的個人電腦的許多元素，從可重複寫入的記憶體單元到輸入機制，二進制語言的轉換，甚至是防止電腦過熱的溫度控制系統。然而，對圖靈來說，「電腦」(computer)這個單字指的並不是那台機器，而是使用機器來進行運算的人，再次突顯出「人」的角色。

早在一九三六年，圖靈就構想出了一台現在被人稱作「圖靈機」(Turing machine)的機器，並在一九四八年的一篇文章〈智慧機器〉裡將其仔細地描繪出來。圖靈機就是「一條無窮無盡的紙帶，上面畫著許多方格，每個方格內都可以印上一個符號」。這條紙帶會通過一個讀取器，當紙帶移動時，讀取器就會依次讀取方格裡的符號，接著執行符號指示它做的事，而那些符號也可以被消除和覆寫。任何數學史上曾經出現過的演算法，都可以透過這樣的圖靈機進行計算。而如果一個計算系統可以執行所有圖靈機能夠執行的計算，那麼就可以說它具備了「圖靈完備性」（Turing-complete）。舉例來說，所有的程式語言都具有圖靈完備性，因為它們能夠模擬任何一種方程式（甚至連試算表軟體Excel都在二〇二一年具備了圖靈完備性）。圖靈的結論說對了，任何一台計算機都可以做到其他計算機能夠做到的事——就連巴貝奇在十九世紀設計的分析機，如果擁有無限的規模與時間，理論上也能完成現在我們的筆電所執行的複雜事項。

在圖靈的一生中，也存在著機械規則與人類操作之間的衝突。一九五二年，圖靈的住處遭竊，在他報案後啟動的混亂調查過程中，他被英國警方指控犯下了嚴重猥褻罪，理由是他做出「明顯的同性戀行為」，這個法律用語在當時指的就是與另一名男性發生性行為。在英國，直到一九六七年以前，成年男子之間的合意性行為都是違法的——法律可以說是某種形式的演算法，根據一套無法改變的規則來決定判決。圖靈最終認罪並遭判刑。他被迫要在「入監服刑」和「接受化學去勢」之間二選一，而他選擇了後者。一九五四年六月，四十一歲的圖靈被他的管家發現死於家中，死因是氰化物中毒。長久以來，人們都認為他是自殺去世；至於氰化物的來源，根據推測，是來自放在圖靈床頭的那顆吃了一半的蘋果。

當我們談論「演算法」時，往往感覺它好像是近期才出現的一股力量，屬於社群媒體時代的產物。但這項技術的歷史與傳承其實經歷了數世紀的逐步發展，遠比網際網路更早出現。重現這個更宏觀的圖景，有助於我們瞭解演算法今日具有的威力。一套演算法，無論它有多麼複雜，在最根本的意義上，就只是一個方程式而已：一種算出所需結果的方法，無論是在一群人中平均分配每人獲得穀物的蘇美圖表，還是決定你打開臉書時最先看到的貼文的推薦機制。所有的演算法都是一種自動化的運算機器，而正如勒芙蕾絲所預言的，如今我們生活的各種層面都深受自動化技術的影響，它的用途已經超出了純粹數學的領域。

## 演算法是如何做決策的？

一九七一年，在智利聖地牙哥市中心的一棟辦公大樓內，一間有著六面牆的控制室建造完成了。這間控制室試圖監控的是整個國家的數據。在那六面木板裝潢的牆面上，裝設了一台台的監測器和背光顯示器，它們展示著許多資料的讀數，如全國原物料供應量和就業率等指標。在控制室的中央，設置了七張排成圓形、面向彼此的座椅，這些椅子都是由白色的玻璃纖維所製成，個個都有扶手和靠背，看起來很像是科幻片裡星際艦長坐的椅子。在每張座椅的右側，都有一個用來操控螢幕的面板、一個菸灰缸，以及一個大概會被用來放威士忌的飲料架。這間被命名為「運籌室」（Operations Room）的房間，是在一個叫作「賽博協同控制工程」（Project Cybersyn）的大型計畫底下成立的。當時智利信奉社會主義的總統阿葉德（Salvador Allende）親自參與了這間控制室的設計，並且請來了英國籍顧問畢爾（Stafford Beer）共同規劃；在英國，畢爾因為將「模控學」（cybernetics）應用於企業管理而聞名。所謂「模控學」，用畢爾的話來說，就是「有關控制的科學」。它涉及分析複雜系統——無論是企業還是生物系統——並確定其運作方式，以便更好地模擬或創造此類具有智能且能夠自我修正的系統（一九五〇年代，美國的蘭德公司也開創出類似的系統分析方法）。賽博協同控制工程的目的是提供一個理想的模型，即時協助坐在房間裡抽著香菸、喝著威士忌的智利政府決策者——冷酷的科技與狂亂的人性又再度交會了。在運籌室裡，那些人注視著監控整個國家的演算法。

賽博協同控制工程的實體設計由德國籍顧問彭西培（Gui Bonsiepe）主導，創造出了具有世紀中期現代主義烏托邦風格的視覺環境。監測器彷彿懸浮在牆壁上，而監測器的底下，雖然有電線將它們連接到座椅，但所有線路都被巧妙地隱藏起來。那些像是太空駕駛座的椅子，外觀整齊劃一，像是一個模子做出來的，其線條相當滑順流暢。這個房間在象徵意義上將治理簡化成操縱數據資料而已，就跟打贏電玩沒有兩樣。這項計畫預計以科技監管取代人類的領導，僅依靠少數幾個螢幕即可涵蓋所有可能需要的信息。只要坐在運籌室的座椅上，你就能看見全國正在發生的一切事情。

然而賽博協同控制工程所創造出來的，不過是科技的假象而已，類似於一種「設計出來的虛構」（design fiction），即具有未來感的互動式幻象。以當時電腦網路的技術水準來說，計畫的目標根本不可能達成。那些資料幻燈片都是用人工而非自動生成的。負責處理資料的只有一台電腦，智利各家工廠會透過電話線將資訊傳到電傳打字機，再傳輸進電腦裡。最終，雖然這個房間建成了，但是從來沒有真正使用過。一九七三年九月十一日，在美國中央情報局的協助之下，阿葉德政府被推翻，皮諾契（Augusto Pinochet）隨即上位掌權。

賽博協同控制工程的照片仍然具有某種難以抗拒的魅力。它們不斷出現在設計情緒版*上，即使數十年過去依然呈現出一種深具未來感的美學風格。它的形象如此深植人心，很可能是因為我們始終都夢想著處理、壓縮現實世界的原始資料，將其變成供評估的數位圖表，接著就能決定出行動的正確途徑。賽博協同控制工程流露出一種不會出錯的氛圍，儘管像圖靈這樣的發明家已經知道計算機並不會運作得這麼完美無暇。正如模控學界的先驅者畢爾所主張的，我們傾向於使用機器來自動化執行已經存在的架構與流程，而它們最初是由人類所創造設計的。他在一九六八年出版的《管理科學》（*Management Sciences*）一書裡，精準地寫出了這個弔詭：「我們將雙手、雙眼與大腦的限制，帶進了這些鋼鐵、玻璃和半導體之中，但電腦之所以被發明，正是為了超越這些限制。」就和土耳其行棋魁儡一樣，機器裡頭，總是有「人」躲在裡面。

今天，在某種意義上，我們都被演算法所治理，活在一個屬於演算法的世界中：銀行利用機器學習模型來決定貸款給誰，Spotify利用你過去的收聽紀錄來決定推薦給你的歌曲，認為那些音樂最符合你的品味。不過，達成這些事項的科技看起來一點也不像賽博協同控制工程，不存在六角形的房間和翼狀靠背椅。演算法早已無所不在，隱身在萬事萬物的背後，包含在我們隨身攜帶的手機應用程式中，同時間它們所收集的數據正位於某個遙遠的、有著大型空調系統的伺服器農場裡，農場的位址皆設在少有人知的地點，周圍都是自然地景。賽博協同控制工程計畫暗示根據數據資料來運作的世界是有條理且可掌握的，可以被含納在一個房間裡面，而如今我們明白，這個世界既抽象又發散，無處不在，但又無處可尋。我們被鼓勵要忘記演算法的存在。

一項新科技推出之後，必然讓人培養出新的行為模式，但那些行為往往是該科技的發明者沒有料想

＊譯註：情緒版（mood board）是用圖像或文字整理出設計方向與目標的一種方式，各類設計領域的從業人員經常使用。

到的。科技自身具有終將顯露出來的固有意義。麥克魯漢（Marshall McLuhan）在一九六四年出版的《認識媒體：人的延伸》（*Understanding Media: The Extensions of Man*）一書裡，提出過一個很有名的說法：「媒介即是訊息。」意思是，用什麼樣的媒介（電光源、電話，還是電視）來傳遞訊息，比所要傳遞的訊息內容更重要。電話連結人們的能力超越了任何特定的對話。麥克魯漢寫道：「任何新的媒介或科技的『訊息』，就是它為人類事務的規模、速度和模式所帶來的改變。」在我們的例子裡，這個媒介就是演算法推薦系統，它讓全世界的人們以難以想像的規模和速度互相連結在一起。它的訊息是在某種程度上，我們的集體消費習慣被轉化為數據以後，終將趨於一致。

## 演算法推薦系統是如何運作的？

演算法是將一連串的輸入轉換成特定輸出的數位機器，就像工廠裡的傳輸帶那樣。使一個演算法與另一個不同的，不在於其結構，而在建構它的材料。任何一套演算法推薦系統，都需要收集原始資料才能運作。一般用「訊號」（signal）來總稱這些資料群集，也就是收集到的、要餵給機器的輸入。這些訊號資料包含使用者過去的亞馬遜購買紀錄，或是總共有多少用戶喜歡某首Spotify上的歌。為了讓機器能處理這些訊號，它們一定只能用量化而非質性的方式來呈現。所以即便是像音樂品味這樣主觀的事物，也都被轉譯成了數字，例如：X位用戶對Y樂團的評分平均為Z，或者X位用戶收聽Y樂團Z次。對許多社群平臺來說，他們最重視的一項訊號，就是**參與度**，其描述的是使用者和某項內容互動的方式。所謂的互動可能是點讚、轉推或播放——基本上就是一則貼文附近的任何按鈕。如果一則貼文的讚數、瀏覽數或分享數比其他貼文的平均更高，那麼這則貼文就有較高的參與度。

訊號的輸入會通過**數據轉換器**，將其轉換成可用的封包，準備由不同類型的演算法進行處理。參與度的數據可能需要跟評分或與內容主題有關的數據分開。一種**社群計算器**可能會被用來增加關於同一個平臺上的使用者之間如何互相聯繫的資訊——例如，我經常和我的朋友安德魯的ＩＧ貼文互動，而這就會讓推薦系統更可能提升他的貼文在我的動態牆上的排序。

然後就是每個演算法中的特定方程式。今日的平臺幾乎不會只使用一組設定好的演算法，而是有許多組。我們所經歷的是一系列不同的方程式，這些方程式將數據變數納入考慮並以幾種方式處理它們。例如，一個方程式僅根據參與度計算結果，可能是要找出平均參與度最高的內容；另一個方程式則優先考慮某則內容對特定使用者的社會脈絡。這些演算法也會彼此權衡。所謂的**混合過濾推薦系統**指的就是同時運用許多演算法的技術。最終，**輸出**就是推薦的內容，如自動播放清單的下一首歌，或是貼文的排列順序。舉例來說，演算法會決定是否應該將朋友的生活近況更新放到你的臉書動態牆上，而不是一則政治新聞。

一家從事音樂編目與推薦的公司潘朵拉（Pandora）的主管曾經向我形容，他們公司的系統是一個由演算法組成的「管弦樂團」，並配有一個擔任「指揮」的演算法。每個演算法都會用不同的方式得出一個推薦結果，然後再由負責指揮的演算法決定特定情境下要使用哪個推薦（唯一的輸出就是播放清單中的下一首歌）。不同的情境需要採用不同的演算法推薦技術。

世上並不存在一個包羅一切的演算法，因為每個平臺都有其獨特的運作方式，含納許多客製化變數與一組又一組的方程式。重要的是要記得：臉書動態的運作方式是一個商業的決策，就和一家食品製造商決定使用哪些原料的道理一樣。演算法也會隨時間改變，透過機器學習不斷精進自己。它們所收集的資料被用來逐步自我改進，以鼓勵更高的參與度；演算法迎合著使用者，使用者也適應了演算法。到了二〇一〇年代中期，隨著社群媒體與串流服務加倍依賴演算法推薦、演算法開始主導使用者體驗，各平臺之間的差異變得更加明顯且重要。

身為普通的用戶，我們不知道日常的演算法推薦運作的根本邏輯。平臺所使用的方程式、變數和權重並不是公開的，因為這些科技公司沒有公開它們的誘因。它們都是被嚴密保護的商業機密，幾乎就像核彈密碼一樣，對生意至關重要，極少揭露或提及相關線索。之所以如此的原因有兩個，其一是如果演算法成為了公開資訊，那麼使用者就可以操控這套系統來推廣他們自己的內容；另一個原因則是因為害怕競爭：其他數位平臺將能竊取秘密配方，推出更好的產品。然而這些演算法，就和許多數位科技一樣，最初都是在非商業的脈絡下發展出來的。

在一九九〇年代，向人推薦內容的演算法就已經問世了，它們被用來對資訊進行自動化的處理和分類。其中一個最早的例子，就是對電子郵件進行分類——直到今天都還是一件煩人的苦差事——的系統。即便是在一九九二年，全錄公司（Xerox）的帕羅奧圖研究中心（Palo Alto Research Center，更廣為人知的名稱是PARC）的工程師，就已經對巨量的郵件不堪其擾了。於是他們便試圖解決「由於電子郵件的數量不斷增加，造成使用者的收件匣被巨量的文件給淹沒」的問題，郭德堡（David Goldberg）、尼可拉斯（David Nichols）、奧基（Brian M. Oki）和泰瑞（Douglas Terry）在一篇一九九二年的論文裡寫道（他們當時對我們在二十一世紀將面臨的龐大數位通訊量還一無所知）。他們的電子郵件過濾系統「壁毯」（Tapestry）同時用了兩種演算法來完成工作，即「內容過濾」（content-based filtering）和「協同過濾」（collaborative filtering）演算法。在當時，內容過濾演算法已經應用在許多電子郵件系統中了，它評估的是電子郵件的內文，例如幫助你優先處理信箱裡所有有「演算法」這個字的信件。協同過濾演算法這種更加創新的技術，卻是基於其他使用者的行為做出判斷。誰打開了一封特定的電子郵件，還有他的反應如何，都會被納入系統對電子郵件優先順序的計算之中。正如論文所描述的：

只要把各個使用者點開信件之後的反應記錄下來，就能幫助其他使用者篩選信件。因此，這可以說是一種讓人彼此互助的運算模式。使用者點開某封信之後，可能會覺得它特別有趣（或是覺得特別無聊）。這些一般稱為批註（annotations）的反應，可以被其他人的篩選器存取。

壁毯系統使用「過濾器」反覆檢查一組郵件的內容，「小盒子」則用來收集使用者可能感興趣的資料，而「評估器」負責分類文件，並依照重要程度排序。概念上，它已經和今天的演算法推薦系統非常類似了：壁毯系統的目標，就是將使用者最可能覺得重要的內容呈現出來。然而這套系統需要使用者事先做更多事情，他們必須輸入查詢以決定想看到的內容，查詢的方向是基於信件內文或其他使用者的反應。這套系統的其他使用者也必須主動提供回饋，依序標記吸引人或無關緊要的資料。這樣的一套系統需要一小群彼此熟識的人，他們還很清楚知道彼此處理電子郵件的方式；舉例來說，你可能需要事先知道傑夫只回覆特別重要的信件，所以你才會想要你的篩選器優先顯示所有傑夫回覆的信件。壁毯系統在非常親近的圈子內發揮得最好。

時間來到一九九五年。當時，來自麻省理工學院媒體實驗室的沙德南（Upendra Shardanand）和梅絲（Pattie Maes）發表了一篇論文，描述一套名為「社群資訊過濾」的演算法，這是「一種基於用戶興趣資料與其他用戶資料之間的相似性，從任何類型的數據庫中為用戶提供個人化推薦的技術」。它建立在壁毯系統的概念之上，試圖回應網路資訊氾濫的現象：「事物的數量已經遠遠超過任何人可以手動篩選，找出他或她會喜歡的內容的程度了。」自動過濾系統將成為必要的工具，他們得出結論：「我們需要科技幫我們從大量資訊中篩選出我們真正想要和需要的內容，並且把那些會打擾我們的東西排除掉。」（當然啦，這在現在的網路世界依然是個大問題。）沙德南和梅絲指出內容過濾演算法有著幾項重大的瑕疵。首先，它只能處理機器讀得懂的內容，例如純文字；再者，它無法幫我們找出那些我們事先沒想到，但確實很值得一看的內容，因為它只能過濾使用者輸入的資訊；而且它無法辨別訊息的固有品質。它無法「分辨一篇寫得很好（和）一篇寫得很差的文章，如果這兩篇文章所用的詞彙相同的話」。這種無法辨別品質的特性讓我想到ＡＩ技術：像ChatGPT這樣的新工具看似能理解與生成有意義的語言，但實際上，它們只會重複用來訓練它們的既存資料中的固有模式而已。品質是很主觀的，單靠數據資料而缺乏人類的判斷，能衡量的程度十分有限。

社群資訊過濾卻能夠避免前述那些問題，因為它反而是靠人類使用者的行為來運作的，他們自己會對內容做出評價，而這樣的評價同時包含量化與質性的判斷。這有點像是「口耳相傳」的概念，如同我們從品味接近的朋友口中得到聽什麼或看什麼的建議：根據論文，「內容是基於品味類似的其他人所賦予的評價而被推薦給使用者。」使用者之間的品味相似性則藉由統計相關性計算出來。沙德南和梅絲設計了一套叫作「林哥」（Ringo）的系統，透過電子郵件列表來推薦音樂。該系統事先內建了一份含有一百二十五位音樂人的列表，使用者要給予每位音樂人一到七分的評價，系統由此建立起使用者的音樂偏好表。接著呢，透過將其他人的音樂偏好表拿來比對，就能夠據此推薦使用者一些他們可能會喜歡的曲目——或是討厭的音樂，這也是一個選項。林哥推薦系統還附有一個信賴指標，顯示所提供建議的正確機率，供使用者進一步考慮演算法的選擇。到了一九九四年九月，林哥便已經擁有兩千一百名使用者，每天有五百封評估音樂的電子郵件。

林哥測試了各種不同的、根據音樂評分做出決定的演算法。第一種演算法計算的是使用者之間的相異性，並根據相異性最小的使用者做出推薦；第二種演算法計算的是使用者之間的相似性，利用跟其他使用者的正相關與負相關來做出決策；第三種演算法決定出不同音樂人之間的相關性，並向使用者推薦與他所喜愛的音樂人高度相關的創作者；第四種演算法，也是研究人員表示最有效的方法，則根據使用者是否對相同事物做出正面或負面的評價，將他們配對在一起。換句話說，他們的品味相合。使用者在音樂品味上的相似性，是最關鍵的變數。而且，系統的使用者愈多、他們前期提供的輸入愈多，林哥就愈能精準抓到使用者喜愛的曲風——有的使用者甚至用「準確到令人毛骨悚然」來形容。林哥系統的創新之處，在於它認知到最好的推薦，或者說最佳的相關性指標，更可能來自其他人類而非對內容本身的分析。它代表人類品味的規模提升了。

早期的網路演算法最主要的功能，便是幫使用者從海量的資訊中篩出有意義的內容，然後用有條有理的方式呈現出來。簡而言之，目標就是推薦：推薦一則訊息、一首歌、一張圖片，或者是社群媒體上的一個近況更新。用演算法挑選的內容供應有時會被稱為「推薦系統」，這個名稱不但比較正式，還很名副其實，因為它們所做的事就只是挑選出內容推薦給使用者。

第一個真正在網路世界裡廣泛使用的演算法，是每一個使用網路的人幾乎都用過的「Google搜尋演算法」。一九九六年，Google的創辦人布林（Sergey Brin）和佩吉（Larry Page）一邊在史丹佛大學唸書，一邊著手開發一套後來會成為網頁排名（PageRank）的系統。這套系統的功能是可以爬梳整個網際網路（當時總共大約有一億個文件檔），並辨別出哪些網站和網頁比其他的更有用或更能提供重要資訊。網頁排名的運作原理是計算從其他網站連到該網站的次數，類似於學術論文引用過去研究的重要文章的方式。一個網頁的連結愈多，可能就愈重要。在一九九八年的一篇論文〈大規模超文本網頁搜尋引擎之分析〉（The Anatomy of a Large-Scale Hypertextual Web Search Engine）中，兩位創辦人寫道，這種引用次數的指標，「與人們主觀認定的重要性相當吻合」。網頁排名混合了內容過濾和某種形式的協同過濾演算法。人們在連結不同網站的時候，已經形塑出演算法可以納入計算的、主觀推薦的地圖。網頁排名還測量了像是網頁的連結數量、連結網頁的相對品質，甚至是文字的字體大小等變因（某個詞彙在網頁中的字體愈大，那麼這個網頁可能就和該詞彙愈相關）。但凡是被網頁排名系統排在比較前面的網頁，就更有機會出現在Google搜尋結果的最上層。

布林和佩吉兩人曾經預言，隨著網路擴張，他們的系統仍然會維持作用，並且可以持續擴增——他們說對了。數十年後，網頁排名成為幾乎獨霸天下的系統，決定了一個網站如何及何時被看到。對任何企業或資源來說，適應網頁排名演算法、讓自己的網頁出現在Google搜尋結果的第一頁已是當務之急。在二〇〇〇年代初期，每次我在Google上搜尋資料，總是要一直點「下一頁」才有辦法找到我要的東西。但最近我已經幾乎不會翻到第二頁了，這一部分得歸功於Google會判斷使用者需要什麼訊息，將相關文字從網頁中提取出來，直接放在實際搜尋結果的前面，搜尋頁的最上頭。因此，像「我可以餵我的狗胡蘿蔔嗎？」這種我剛養狗時不斷搜尋的問題，現在Google會直接給出答案，使用者甚至不用點開網站，進一步鞏固了Google的權威性。培根（Francis Bacon）說過：「知識就是力量。」然而在網路時代裡，分類知識的能力，恐怕比知識本身更有力量。現在輕輕鬆鬆就可以取得巨量的資訊，但理解它、知道哪些資訊有用就難多了。

布林和佩吉希望他們的這套系統可以相對保持中立，純粹只靠網頁的相關性來進行排序。演算法的指令是優先提供對使用者來說最有用的資訊。一旦讓搜尋迎合特定網站或企業就會破壞搜尋的結果。「我們預期那些由廣告商贊助的搜尋引擎，肯定都會偏袒跟廣告商有關的網頁，而忽視消費者的需求。」布林和佩吉在一九九八年這麼寫道。然而到了二〇〇〇年的時候，他們還是推出了Google AdWords作為公司在廣告界的試驗產品。兩人的批判在今天讀來特別有趣，因為如今廣告收入已經成為Google最主要的收益來源（在二〇二〇年，其廣告收入超過總收益的八成）。隨著網頁排名演算法吸引到數十億的Google搜尋使用者，該公司也能夠追蹤他們的搜尋內容，從而將特定搜尋頁面的空間賣給廣告商。

使用者所看到的廣告就和搜尋結果一樣，都是由演算法決定的。而這門建立在搜尋演算法之上的廣告生意，讓Google成為了一頭商業巨獸。

到了二〇〇〇年代初期，演算法過濾機制已經主宰了我們的網路體驗。亞馬遜網站早在一九九八年就開始運用協同過濾來向顧客推薦商品。不同於林哥的運作方式，亞馬遜的系統並不是量測用戶的相似資料以趨近他們的品味，而是去計算哪些商品經常會一起被放進購物車裡，例如手搖鈴和嬰兒用的奶瓶。二〇一七年，一篇由一位亞馬遜員工和別人合寫的論文如此描述網站上接連不斷出現的推薦商品：

基於你過往購買紀錄和瀏覽物品的推薦商品，占據著亞馬遜首頁的顯眼位置。……等你進到購物車這一關時，又會跳出其他商品慫恿你加入購買，可能是最後一刻匆忙帶上的衝動消費，或是跟你已經在考慮的商品互補的東西。完成訂單之後，畫面上會出現更多的推薦商品，建議你稍後購買。

亞馬遜那些演算法推薦的商品，有點像是放在超商結帳櫃檯前的貨架，在最後一刻向你推銷你可能需要的產品。但在這個例子裡，每位網站使用者看到的推薦商品都不一樣，結果就如同論文所描述的，「每位顧客都有一個專屬商店」。亞馬遜會採取這種策略，是因為他們發現比起廣告橫幅、暢銷產品清單等不那麼精細鎖定客群的非個人化行銷手法，這些個人化的推薦在促進點擊和銷售上更為有效。演算法推薦不但有助於企業的生意，對顧客來說似乎也十分便利，讓客人找到一些他們不知道自己需要的商品（此刻，我的亞馬遜首頁就在推薦我購買一款無線高壓清洗機，以及一款煎玉子燒用的平底鍋）。

這些早期的演算法對個別的電子郵件、音樂家（而非特定的歌曲）、網頁和商業產品進行排序。隨著數位平臺擴張，推薦系統進入了更為複雜的文化領域，並以更快的速度運作，處理更多的資料量，為許多推文、電影、使用者上傳的影片，甚至潛在的戀愛對象進行排序。經過演算法排序的內容，已經成為我們在網路世界中的預設體驗。

這段歷史也提醒了我們，推薦系統並不是無所不知的實體，而是由一個個科技研究者和工作團隊所打造出來的工具。它們是會出錯的產品。美國塔夫茲大學的教授兼社會學家席佛（Nick Seaver）專門研究推薦系統，他聚焦於研究「演算法背後的人」，也就是那些創造出演算法的工程師們如何看待演算法推薦系統。在席佛跟我的討論中，他總是要確保演算法模稜兩可的性質得到澄清，將個別的方程式與它的設計背後的企業動機和對使用者的最終影響區分開來。「演算法是公司整體的一個轉喻，」他告訴我，「臉書演算法不存在，存在的是臉書。演算法是談論臉書決策的一種方式。」

演算法並非問題所在——我們不能將糟糕的推薦歸咎於演算法，如同我們不能把一座橋的工程瑕疵怪到橋身上。在數位平臺上做出一定程度的排序也是必要的，否則人們就無法消化那些海量的內容。扁平時代不好的面向之所以會浮現，可能來自演算法技術被太廣泛地應用，考慮的不是使用者的體驗，而是鎖定使用者的廣告商們的需求。像這樣子的推薦系統，已經不再替我們服務了；相反地，我們逐漸成了被演算法所異化的一群人。

## 早期的社群媒體

我最早跟社群媒體有關的重要回憶來自於臉書，我是在收到我之後就讀的塔夫茲大學的錄取通知書後註冊加入的。在當時，也就是二〇〇六年的夏天，潛在的使用者需要有學校的電子信箱（地址上要有.edu），才能進入完整的臉書大學生專區。這個早期版本的臉書，和現今的臉書比較起來，差異非常巨大。當時臉書的觸及範圍非常有限，而我主要也只是把臉書當作用來聯繫其他即將入學同學的工具而已。如果我們將現今的臉書比擬為一條繁忙的高速公路，每隔幾秒就會經過一個出入口，那麼二〇〇〇年代的臉書就像是一間高中的休閒娛樂室，一次只能容納幾個人在裡頭玩樂。你所能夠做的就是建立個人檔案、在上面更新自己的近況，然後加入成員有著共同興趣的社團——除此之外就沒什麼其他事好做了。

臉書並不是最早出現的網路社交工具。Friendster和MySpace，都比臉書更早；AOL即時通訊軟體和Google開發的Gchat，則以令人著迷的方式讓你可以和朋友即時互動。因此，到了二〇〇六年時，我已經在更早出現的論壇網站上累積了數百小時和人討論電玩和音樂的經驗。然而，祖克柏的臉書將線上身分和線下世界一致且持續地連結在一起。臉書鼓勵用戶使用真名而不是晦澀難懂的化名，並影響著現實中大學生小圈子裡的計畫，例如舉辦派對、規劃學術活動與經營人際關係。透過這樣的做法，臉書為未來成為數百萬、接著是數十億人都在用的主流社群媒體鋪平了道路。

然後，時間來到二〇〇六年九月，就在我加入臉書後不久，臉書便發布它有史以來最大的變革之一，正是這項變革為臉書在未來成為什麼都賣的超級商場奠定了基礎：「動態消息」——一連串持續運作的近況更新、貼文和通知——成為臉書最主要的特色。這項功能甫一出現，便給人一種無法忽視的感覺，就好像一條新蓋的公路穿過了原本寧靜的村莊。在臉書官方發布的說明上，它這麼寫道：「從現在起，無論你何時登入臉書，你都能看到好友和社團活動的最新動態。」

臉書於同年替動態消息功能申請的專利（不過要到二〇一二年才獲准通過），描述了它的目的：「一個系統和方法，向在社群網路環境中使用電子設備的人們提供動態挑選的媒體內容。」換句話說，動態消息就是一連串演算法所挑出來的資訊，根據的是決定向用戶展示之內容的演算法。另一項專利聲稱動態消息可以「為基於網路的社群網路成員提供基於人際關係的動態個人化內容」。一開始，動態消息只是一連串的約會近況宣告和個人檔案照片更新而已，並不特別具有威脅性。

然而，動態消息專利申請更完整的描述，意味著規模遠大於一九九〇年代的電子郵件系統的協同過濾系統。這段文字值得全文引用，因為它準確預告了十年後網路世界的發展：從社群網站、串流服務到電子商務，都由自動化的演算法推薦系統來主導；這些系統背後的主宰者，並不是我們這些使用者，而是那些大型企業。於是乎，使用者與推薦內容之間的關係就變得愈來愈被動。

> 使用者看到的媒體內容，將會依據他或她和其他使用者的之間的互動關係來決定。前述的互動關係，將會反映在一系列經過挑選的媒體內容上面。舉例來說，一串媒體內容，會依照所估測的、這些內容對使用者而言的重要程度，由大至小依序排列並呈現給使用者。使用者可以更改媒體內容的呈現次

序。使用者在臉書環境裡和一切媒體內容所做的互動，都會被密切監測，而這些互動行為，都將成為替其選擇額外的媒體內容的依據。

這段文字包含了「演算法推薦」的所有元素：一套用來估測各項內容對使用者而言有多重要的系統，這套系統根據的是對他們過去互動內容的監控，並自動把最可能令使用者產生同樣互動意願的內容放在排列次序的最頂層。臉書的目的是要替使用者挑出最令他們感興趣的內容，從而讓使用者在臉書上觀看並與更多的內容互動，追蹤更多的帳號。只要使用者更常打開臉書，並且更常留駐，對臉書來說就更加有利可圖（如果我的朋友們愈來愈少上臉書，正如近年來的情況那樣，那麼我本人上臉書的時間可能也會隨之減少）。

一開始，動態消息功能完全是依照時間來排列貼文的，最新上傳的貼文就排在最上面，但之後演算法的角色就逐漸吃重了起來。這主要就是因為臉書的使用者愈來愈多，建立了愈來愈多的連結，於是臉書便逐漸從一個經營人際關係的地方，擴張成出版物和品牌企業進駐的平臺，個別動態的數量也隨之增加。隨著時間推移，動態更新不再只是來自朋友的日常小記，而是來自社團的訊息、新聞連結與銷售公告。面對如此大量而龐雜的內容，如果再繼續依照時間順序排列貼文，那麼使用者根本不可能有辦法消化它們。即使有的使用者願意花時間披沙揀金，但這麼做的下場，不是被海量的訊息給淹沒，就是根本找不到任何值得一看的內容，人們對臉書也會愈來愈不滿。最終，人們消費內容的規模與速度讓臉書必須採取更主動的演算法過濾機制。

臉書的按讚鈕——那指標性的大拇指手勢，在二〇〇九年推出，並提供了衡量使用者對某則內容多有興趣的一種資料形式。透過按讚、留言和帳號先前與其他人的互動計算出的使用者參與度，都被列入推薦內容排序的考量之中。臉書使用的這套演算法系統稱為「優勢排名」（EdgeRank），衡量的是三個主要變數：親和性得分（affinity score）、優勢權重（edge weight）和時間衰減（time decay）。所謂的「優勢」是使用者在臉書所做的任何行為的總稱，這些行為會作為近況更新呈現在動態消息上。親和性得分代表的是使用者和貼文的人之間的連結程度與連結的強度（例如一個人經常在朋友的貼文底下留言互動）。留言的權重比按讚更高，近期的互動權重也比久遠的互動高。優勢權重評估的是不同種類的互動行為，舉例來說，相較於新聞連結或加入新社團的通知，演算法可能會賦予朋友上傳新照片的動態更高的權重。至於時間衰減指的則是距離該項行為發生經過了多長的時間；近期的行為比已經發生一陣子的行為更有可能出現在動態消息的上層，如果其他變因都一樣的話。一項行為在優勢排名中的得分不像籃球賽的比分一樣，比賽結束就永遠固定下來，而是會隨著時間過去不斷改變。且前述這三個變項，並不是單一、中立的數據點；它們都是臉書用特定方式封裝、詮釋的數據集合。

由於臉書的演算法經常更新，而且官方也不是每一次更新都會透露細節，所以很難追蹤演算機制的演變。我們對它的瞭解，除了官方的公告之外，主要就是來自記者所做的調查報導，以及使用者的第一手回報——他們早在臉書官方宣布以前，就已經感覺到演算法調整的影響。因為每當演算法機制微調時，那個你原本熟悉的動態牆，就會呈現出一種說不出的異樣感。例如，你可能會發現朋友的貼文變少了，而來自社團或公司的內容增加了；或者，在IG上，你可能會發現某位朋友的貼文不知為何再也不出現了，於是你只好利用搜尋功能，主動造訪朋友的頁面。

演算法推薦從來都不是恆常不變的東西，也不是循著成長路徑最終臻於完美的產物。它始終都順應著企業的優先順位而改變。二〇一一年，臉書官方形容動態消息是「一份屬於您的個人報紙」。由此可見，臉書當時的目標，是要讓你既可以看到親朋好友的最新動態，同時也能一窺外面世界發生的重大新聞。然而，到了二〇一三年，臉書轉而將動態消息描述為「為您找出高品質的內容」。但在整個二〇一〇年代，追求被臉書判斷為「高品質」有點像是一場荒謬的遊戲。如果你想讓你的貼文引起關注——新聞業和自由撰稿人的大問題——你就必須猜測演算法比較喜歡什麼樣的內容。這種關係幾乎是對立式的，只有當你成功「操控」演算法，你才會被看到。你不再能依賴已經追蹤或加你好友的人看到你的貼文。

在我擔任自由新聞撰稿人的生涯裡，曾有一度江湖盛傳：最好不要貼出任何帶有連結的文章，因為演算法已經調低了這類文章的權重。於是有一陣子，我和其他許多新聞記者都避免在貼文中直接貼出連結，而是把它貼到了留言區。這樣做據說可以幫助你獲得演算法的垂青，但代價就是讀者無法直接在貼文裡找到連結，多少有些令人困惑。另一陣子，江湖上又盛傳另個竅門：寫一篇像是在宣布「我結婚了」的文章，再加上「恭喜」的留言，會讓你的文章被推到動態消息的最頂層。於是乎，我便真的寫了幾篇假的婚禮文，並虛構了一些假的人生里程碑。這些現象在在顯示出演算法如何在使用者投其所好、或是為了避免它偵測到特定內容的過程中，扭曲了人們的語言。記者洛倫茲（Taylor Lorenz）也觀察到類似的現象，她在《華盛頓郵報》的一篇文章中指出，TikTok上出現了一批新的避諱詞，為了避免演算法封鎖或降低影片的速度，許多人開始用「使不活」（unalive）一詞來代替「殺死」（kill），或是用「SA」來代替「性侵害」（sexual assault），還有人用「辣味茄子」（spicy eggplant）來代替「按摩棒」等等。這一類的避諱詞有個別名，叫作「演算語」（algospeak）：被演算法扭曲了的詞語。

我不確定這些竅門到底有沒有用，但只要有機會讓更多讀者看到我的文章，我都願意一試。這就像架設網站的人為了提升Google搜尋的排名而去做搜尋引擎最佳化一樣，新聞記者為了迎合演算法而試圖最佳化貼文的內容。不過，這過程很有被操縱的感覺，有時甚至會感受到一種卡夫卡式的荒謬；我們面對著一個不見身影、無法理解而且不斷變化的對手。

在二〇一五年左右，臉書決定將影片內容放在優先順位，於是演算法變得遠比之前熱愛推薦影片。各家媒體公司亦紛紛隨之「轉向」，開始製播影片追求流量，有些公司甚至還得到臉書官方的資助。然而，這樣的努力撐不過幾年，因為臉書又把影片的觸及率調低了，結果好幾家幾年前才剛轉型的媒體公司都爆發了裁員潮，包括BuzzFeed、Mashable還有MTV（在這波影片熱潮過後，一件訴訟指出，臉書其實浮報了影片內容所達到的流量，將數字誇大了將近九倍）。演算法推薦的風向總是一變再變。二〇一六年，臉書推出了新的「表情符號」按鈕。從此之後，你不再只是可以幫貼文按讚而已，你還可以用「愛心」、「怒」等來表達情緒。在這段時期，演算法最青睞的貼文，就是能夠收到許多情緒反應的文章。然而，事情後來變得一發不可收拾，因為煽動情緒的內容——例如一篇令人憤慨因而收到許多「怒」的政治新聞——被演算法大力推薦，讓臉書瀰漫著一股使人不快的氛圍。由此可見，某些貼文或許可以吸引更高的參與度，但這不代表這些貼文就必定值得一看。

除了臉書之外，許多社群平臺也都捨棄了依照時間順序排列貼文的做法，並逐步改用演算法來向使用者推播各式各樣的內容。二〇一〇年代，幾乎所有主流的社群媒體都不約而同走上了這條道路。到了二〇一五年左右，在各家平臺上，演算法都開始扮演相當吃重的角色。至此，我所謂的「扁平時代」，也就於焉成形了。

二〇一二年，當臉書收購ＩＧ時，ＩＧ還是一家只有十三名員工的公司。在收購之後，這個原本用來分享照片的應用程式，就開始變得和臉書愈來愈像了。原本在ＩＧ的頁面上，你只會看到朋友們發的照片依照順序排列下來，單純得很；然而被收購之後，你開始會看到一連串的影片、廣告，還有推薦貼文從你的頁面頂端傾瀉而下。到了二〇一六年三月，ＩＧ也正式揚棄了依照時序排列貼文的模式，改成採用演算法。最初，ＩＧ只有針對少數用戶進行試驗，然後便逐步擴大，直到遍及所有的ＩＧ用戶。這種不按貼文順序排列的模式，或多或少讓使用者產生了混亂和焦慮的感覺，因為這就好像有人未經你的同意闖進你家，把所有家具大挪移了一番。從前在ＩＧ上，你可以從最新的一則貼文開始往下滑，然後照順序一一看完所有的照片；但突然之間，一則兩天以前上傳的照片，不知為何就躍上了最頂端。

推特也在二〇一六年初開始不再按時間順序顯示內容，短暫地讓演算法推薦成為用戶打開應用程式時的預設模式——作為一個被許多人當作即時新聞滾動更新處的地方，這造成了不小的困擾。（在應用程式裡，按照時序呈現的模式被稱作「經典模式」，聽起來有點像「經典可口可樂」之類垃圾食物的名字。）後來，推特會在一段時間之後自動切換成演算法推薦的模式，並強迫使用者放棄按時序呈現的方式。同樣在二〇一六年，Netflix也進行了演算法推薦的重大變革。雖然早在這之前，Netflix就已經採用演算法推薦影片了，但此時Netflix決定來個首頁大改造，讓訂閱戶一登進去，就能看到演算法為其量身打造的片單。

就像在河川上蓋一座攔砂壩會改變周遭的生態系一樣，演算法掀起的變革也對文化生態造成了我們這些使用者、也許甚至是企業自己都始料未及的巨大影響。演算法推薦讓網路上的每個人看到的都是不同的東西，因此你不可能知道其他人看的都是什麼樣的內容，也就更難跟他們產生一種屬於同一個共同體的感覺，就像你在電影院看電影或坐下來看一個固定時間播放的有線電視節目時可能會感受到的那種集體感。扁平時代的到臨，昭示著單一文化的瓦解。演算法的介入，並不是沒有為我們帶來好處，我們可以很輕易地接觸到比以前廣泛得多的內容，然而它也導致了許多負面的後果。文化應該是共有的，並且需要觀眾之間具有一定程度的一致性；少了這種共有的特質，文化就失去了它根本的影響力。

推薦系統的更新不會在同一時間實行在應用程式的所有使用者身上，這項事實，使得「文化碎片化」的問題更形惡化。例如二〇一六年之後的一兩年內，我自己的ＩＧ始終維持著依照時間順序排列貼文的模式，然而我身邊的每一個人卻都在抱怨ＩＧ上已經看不到他們原本想看的內容。我一開始還搞不懂他們到底在抱怨什麼，直到某一天，我的ＩＧ也轉成了演算法推薦的排序模式，我才終於明白他們為什麼會怨氣連天。我們逐漸依賴以特定方式推薦給我們的內容，而它們一旦改變，我們這些消費者的行為也就跟著改變。我們猶如掉進了演算法的洶湧巨流裡，被它所設定要找尋的變數不斷推動著。

演算法推薦系統的發展歷程就和網際網路的一樣，兩者都是緩步進展，直到某一刻突然全面崛起。到了我寫書的二〇二〇年代初，演算法推薦系統已經變得難以避免，不管你想看什麼類型的數位內容，統統都要先經過演算法這一關。科技往往看似屬於遙遠的未來，直到改變的時刻到來，然後沒過多久，這些飛躍式的進展就變得平凡無奇，成為日常生活中習焉不察的一部分。

二十世紀初，普魯斯特便在他的大部頭小說《追憶逝水年華》中，發掘科技進展為個人感受力帶來的微妙變化。在其中一個段落裡，普魯斯特筆下的敘事者如此形容電話：「曾經，我們會為了電話所帶來的奇蹟目瞪口呆，彷彿它是一種超自然的工具。但如今，我們想都不想地使用著它，用它喚來裁縫師或訂購冰淇淋，好像世界本來就是這麼運作的。」電話，是一直要到十九世紀晚期才發明出來的機器，而這也正是《追憶逝水年華》這部小說故事中的年代。即使到了一八九九年，全巴黎也只有七千戶人家擁有電話，但電話仍然成為了沒什麼大不了的存在。即使是在《追憶逝水年華》的敘事者最初幾次打電話時，感受到的都不是驚奇，而是對電話這種裝置的厭煩。普魯斯特是這麼寫的：「透過電話，我們可以和遙遠的人通上話，這確實很神奇。但只需要極短暫的時間，這份神奇感就會蕩然無存。現在，光是站在電話機前等個幾秒鐘，就足以讓我感到不耐，覺得這東西操作起來實在非常麻煩，我幾乎要忍不住投訴它了。」

一九三三年，日本小說家谷崎潤一郎在他的隨筆集《陰翳禮讚》中，紀念了另一個科技變革的歷史時刻。他用一整本書的篇幅，討論電燈被引入東京這件事。在谷崎的一生當中（他出生於一八八六年），電燈在東京從沒什麼人知道，到後來變成無所不在的事物，這都歸功於一八六七年明治天皇即位後對西方文明的引進；在這波愈加高漲的全球化浪潮中，日本也經歷了一連串的文化衝突。西方人「總是不斷追求更明亮的燈光」，谷崎寫道。在《陰翳禮讚》裡，他哀悼著業已逝去的傳統燭光所啟發的獨特日本文化，從紙拉門透射而出的一道金黃色微光，到餐廳的昏暗光線底下味增湯那朦朧的外觀：「我們的料理一貫以陰翳為基調，與幽暗密不可分。」*

話雖如此，谷崎卻也無法忽視電力設備和其他科技產品所具有的魅力。陶瓷馬桶、電暖器和霓虹燈，都是他作品中曾經出現過的現代化產品。「我並不是反對現代文明的便利生活。」谷崎如此聲明。正如他的作品所顯示的，這位日本小說家既熱愛傳統文化，同時也喜歡電影院和種種現代建築。在《陰翳禮讚》裡，谷崎真正在談的，是科技產品進入生活之後，文化如何自我調適，以及個人的美感和品味如何隨之轉變的歷程，而這整個過程也在我們的扁平時代裡處處上演。

隨著科技不斷推陳出新，原本神奇無比的事物，也很快就會變得平凡，任何一點小小的故障都讓我們深感不耐；最終令人徹底無感，變成我們拋諸腦後的奇蹟。我們忘記生活不是一直都這樣子的，以前不可能打個電話就和遠方的親友談天；掛在天花板上的吊燈，無法把每個房間都照得燈火通明；也沒有任何的機器會自動將許許多多的資訊與媒體內容篩出來給我們看。演算法推薦在我們的生活中就是這個樣子，演算法已經成為如同家具一般的存在：當它運作順暢時，我們通常對它習焉不察，就像我們平常不會停下來思考紅綠燈或水龍頭的運作方式；只有當它出問題時，我們才會意識到它的存在。

---

* 譯註：此句部分改寫自谷崎潤一郎著，劉子倩譯：《陰翳禮讚》（新北：大牌出版，二〇一六年）。

## 「演算法焦慮」是如何形成的？

如果說數百年前土耳其行棋魁儡發明時，是人類首次（錯誤地認為）遇上了一台能夠自己做決定的機器的話，那麼時至今日，我們只要連上網、登入幾個數位平臺，在一天的時間裡，我們就能夠體驗到數十次那樣的感覺。演算法系統已經全方位地改變了我們的生活。根據網路上的公開資訊，今日的臉書已擁有將近三十億的用戶，ＩＧ則擁有二十億左右的用戶，TikTok擁有超過十億，Spotify超過五億，推特四億左右，Netflix則超過兩億。這些平臺上的用戶做出的每一項互動，以及他們消極滑著應用程式時的每分每秒，都有演算法系統參與其中。雖說有的用戶堅持不看演算法推薦給他們的內容，但他們實際觀看與互動的那些內容，也會成為演算法用以估測其他人偏好的資料來源。演算法的影響力有如天羅地網，讓人無所遁逃。今日，全球已有相當高比例的人口主要透過社群媒體和串流服務來吸收資訊，享受音樂、各式娛樂與藝術。我們已經生活在一個演算法文化的時代。

演算法大規模地介入了我們的生活，而這正是科技公司們一直想要做的事。對這些公司來說，能夠在市場上占有壟斷性的地位，遠遠比提升用戶體驗更加重要；他們更不會在乎什麼「要用公正的方式讓使用者看到各種文化」之類的事（畢竟，數位平臺不像美術館，不具有策展的責任）。這些矽谷公司的共同想法是：只要把規模做大了，其他隨之而來的負面效應，就根本算不了什麼，正如祖克柏的副手博斯沃斯（Andrew Bosworth）在二〇一六年所寫下的一份備忘錄中說的：

我們把愈來愈多人連結起來了。這麼多的人，如果做出了什麼不好的事，將導致糟糕的後果。或許有人會利用我們的平臺來霸凌弱小，讓人活不下去；也可能有人會利用我們的數位工具來籌劃一場恐怖攻擊。但即使如此，我們還是要繼續把人們連結起來。醜陋的真相是，我們如此深信連結是一件好事，凡是能讓我們更頻繁地連結更多人的，**事實上**就是好的事物。

博斯沃斯在這段話中流露出的態度再鮮明不過：只要人們繼續留在平臺上，保持活躍和參與，那麼不管他們做出什麼事，這個平臺都算是成功了。而維持參與靠的就是自動化推薦不斷提供源源不絕的內容，無論是具有煽動性的新聞報導，還是讓人身心放鬆的娛樂作品。今天，我們已經很難想像有任何一種文化產品可以徹底逃脫演算法機制的介入，因為演算法可是擁有足以決定數十億人視聽體驗的巨大權力，其影響範圍跨越了國界。如果有位創作者完全不參與演算法機制，那恐怕就只有認識他的人會看見他的作品。對消費者來說，更是難以設想要怎麼避開演算法機制，因為演算法的推薦無可避免地影響了電視上的節目、電臺中的音樂與出版的書籍內容，即使這些經驗不是透過推薦系統來到消費者面前。演算法的過濾機制無所不在。

一位戲劇學者兼高中教師博豐恩（Trevor Boffone）跟我說過一段話，精準地描述出演算法文化究竟意味著什麼：「一部電影如果能在TikTok上紅，那它的票房肯定會好；告示牌百大單曲榜也被TikTok左右；你走進一間巴諾書店（Barnes and Noble），結果看到一個抖書（BookTok）專區。」（抖書這個詞指的是在TikTok上由文學網紅組成的社群。）換句話說，任何一件走紅的文化產品，必然是有演算法在背後大力支持它。事實上，博豐恩本人的教師生涯，也深深受到了演算法的影響。他當上了高中教師之後，便開始和班上幾位高中生一起跳 TikTok 舞蹈，並且把影片傳到ＩＧ和其他網路平臺上。很快地，博豐恩的帳號就吸引了數十萬名追蹤者，他甚至還登上了全國性的電視節目，短暫成為了紅遍全國的名人。粉絲們給他起了一個外號，叫作「跳舞老師」。在這段經歷之後，博豐恩出版了一本關於舞蹈表演的學術專著，隨著這個主題在 TikTok 上日益受到大眾歡迎，大學和編輯們也愈來愈感興趣。博豐恩告訴我：「今年單單一個月裡，我的文章受到的關注度，就已經超越了過去十年的總和。」

博豐恩的故事告訴我們，扁平時代裡有個不變的鐵律：在演算法機制的調控下，熱門的人事物將會變得更加熱門，而相較之下，那些原本就比較冷門的人事物，則將會愈來愈乏人問津。換言之，會紅的東西馬上就會紅，而不引人注目的東西也會迅速被人遺忘。正如博豐恩所說的：「一則ＩＧ貼文發出來後，最初的三到五分鐘就決定了它的命運。」如果一篇貼文迅速引起了關注，那麼它就會受到演算法的青睞，反之則否。這則鐵律有時相當殘酷。當我在ＩＧ貼出一張不符合主流的相片，或是在推特上寫了一則有些晦澀難解的推文，因此沒有得到太多回應，我還是會忍不住時不時點開自己的貼文，看看按讚數有沒有變多，即使我知道我還沒得到演算法的眷顧。

注意力的缺乏無可避免地引發了一個問題，那就是演算法**會**推廣什麼樣的內容。在這種暗中的導引之下，人們傾向於做出更安全的選擇並避免出格。誰能得到演算法的青睞也是個問題。最一開始開創某個潮流或迷因的人，常常得不到認可、關注以及演算法讓它爆紅之後帶來的經濟利益。TikTok 舞蹈本身就是一個例子。二〇一九年，一位名叫達梅利奧（Charli D'Amelio）的網紅因為她在 TikTok 上的跳舞影片而成名。但因為她而大受歡迎、經常被認為是她自創的舞步「叛徒之舞」（Renegade），其實是在之前由一位來自喬治亞州的黑人少女哈蒙（Jalaiah Harmon）所創作的。叛徒之舞由一連串面向前方的舞蹈動作組成，這種讓舞者可以始終面對鏡頭的舞步，特別適合在TikTok上面傳播。要學會跳叛徒之舞，舞者必須揮舞拳頭、擺動屁股。雖然這些動作不會很難，但要記住這些動作的順序，確實有些難度。而正是因此，叛徒之舞成為了TikTok用戶爭相模仿、挑戰的舞步。

「叛徒之舞」真正的原創者哈蒙，最早是在一個名為Funimate的應用程式上傳了自己的跳舞影片，同時也上傳到了IG。但是，哈蒙並未因此爆紅。是一直要到達梅利奧在TikTok上模仿了她的動作之後，叛徒之舞才終於在演算法的推波助瀾之下成為了爆紅舞蹈。然而，在這整個過程裡，達梅利奧從沒有提到她其實是模仿了哈蒙的舞步，結果使得這位原創者徹底被埋沒了。像哈蒙這樣一位來自邊緣群體的創作者，要在扁平時代取得成功是件相對不容易的事；她不像達梅利奧那樣，是一個受過專業舞蹈教育、出身私立學校的白人少女，也無法獲得跟她一樣的媒體資源和關注（但自從大眾得知哈蒙才是原創者之後，她在TikTok上多了三百萬名追蹤者）。

演算法推薦系統不但掌控了我們的社交生活，決定了我們會跟誰交流多一點；它同時也掌控了創作者的創意生涯，決定了誰的作品將會贏得更多的觀眾。生活在演算法的控制之下，也難怪許多人會對演算法懷有疑慮。我們被鼓勵不要細究它的運作過程，但演算法的紕漏又一再提醒著我們它那大到不合理的權力。演算法令人摸不著頭緒的影響力，創造出了一種新型態的焦慮，叫作「演算法焦慮」（algorithmic anxiety）。這種焦慮指的是一種日益增長的意識，認知到我們必須持續地跟超越我們理解與控制的自動化科技過程打交道，臉書動態、Google地圖路線和亞馬遜購物推薦都是如此。我們總是不斷預期與事後猜測演算法的決策。這種「演算法焦慮」，並不只是虛構或假想而已，它是種正在發生而且到處可見的現象。科技公司對於演算法焦慮並非一無所知，然而他們非但沒有採取行動消除這種焦慮感，反而是利用它來操縱客戶。

二〇一八年，當時是喬治亞理工學院博士候選人的賈佛（Shagun Jhaver）和兩位Airbnb的員工一起做了一項社會學研究，探索Airbnb的使用者和Airbnb網站系統的互動情形。Airbnb的主要業務，就是讓人可以把他們平時用不到的居家空間放在網站上出租給需要的人。賈佛做的這項研究，仔細檢視了Airbnb網站上的自動推薦系統、搜尋系統、評分系統等，並試圖瞭解Airbnb上面的屋主究竟如何操作這些系統，同時他們也希望瞭解屋主面對這些系統時，心中到底作何感想。前文提到的「演算法焦慮」一詞，就是賈佛和他的研究團隊最先創造出來的。在研究報告裡他們指出，這些Airbnb的屋主「對於Airbnb的演算法有種不確定感，並缺乏掌控感」。他們擔心搜尋演算法不公地調降他們的觸及，反而推薦其他人的房間。賈佛注意到，屋主們的焦慮來源，與其說是擔心自己出租的居家空間不夠好，倒不如說是擔心演算法會莫名其妙忽視他們的貼文。賈佛跟我說道：「他們的焦慮主要跟演算法有關，跟是否要以別的方式改善他們的房屋頁面或屋況等反而沒有太大的關係。」

賈佛和研究團隊指出，Airbnb的網站系統迫使屋主落入一種「蠟燭兩頭燒」的境地，因為一方面他們要考慮到租客的需求，在貼文中明確列出租客需要的東西；但與此同時，他們還要設法猜測演算法正在關注哪些特定的參數，以便能在貼文中強調那些演算法當下最看重的東西。然而，演算法真正的運作機制，從來都不公開，因此屋主只能不斷猜測哪些項目是演算法會看重的。大多數的屋主都認為，瀏覽數量的多寡、租客給的評分高低，以及總共貼出幾張空間照片等，都有助於演算法「相中」他們的房間。然而，像是定價多少、住宅設施的完善程度，以及屋主是否同住、同住的話有多常在家等，這些項目演算法到底重不重視，屋主之間就莫衷一是了。簡單來說，屋主根本不清楚Airbnb演算法的運作方式，他們都只是憑感覺在猜。正如其中一位屋主所抱怨的那樣：「每次只要在Airbnb上搜尋我的房間，我就會感到非常挫折。憑什麼那些條件明顯比較差的房間，卻能排在比我前面的位置呢？」

房屋的品質當然是主觀的，但這些屋主的感受也反映出使用者如何可能感覺到自己被演算法的評價給誤解和錯判。「這就好像是在考試一樣，但你根本不曉得考試的內容，也不清楚怎樣才能考高分。」賈佛解釋。而且，不是只有使用者們搞不清楚狀況，他接著說：「搞半天我們發現，就連這套演算法的設計者也沒法告訴你哪些因素導致了哪些決策；這套演算法的複雜度已經高到分離不同的因素根本就是不可能的事。」

對屋主來說，如果無法順利猜中演算法的偏好，便意味著他們的收入會瞬間減少，而就跟所有工作的人一樣，他們得靠收入才能維持生活的穩定。（由於演算法機制變化無常、難以捉摸，使我們不得不花費大量心思對付它。而我們愈是花心思對付它，也就愈容易備感焦慮。我們都像是坐在吃角子老虎機前不斷拉動手把的賭客，焦急地希望再賭一把就能翻身。）像Airbnb這樣的網路平臺，其初衷是讓人可以利用餘暇時間賺點零錢。就如同Airbnb官方長期以來一直在宣傳詞中說的那樣：只消利用零碎時間，就能補貼家用。但事實上，由於演算法機制不斷改變，Airbnb屋主們的工作量也就愈變愈多，因為他們必須花時間研究演算法的最新動態。而就在屋主們對Airbnb的演算法備感焦慮的同時，藝術家也正在為了IG的演算法而憂心，音樂人則是為了Spotify的演算法而煩惱。賈佛和他的團隊發現到：這些屋主面對演算法焦慮的反應，是發展出許多有關演算法的「民間理論」——即盛傳可以刺激演算法推薦和使自己出現在搜尋結果更前面的方法——就跟我之前會發假婚禮文的行為一樣。這些策略包含經常更新有空房的日期、更動他們的簡介，有的甚至建議屋主沒事就要打開Airbnb的網頁瞧一瞧。這些傳說中的竅門，讓人想起有些孩子會把湯匙放在枕頭下面，以為這樣就會讓天空下雪。但實際上，這些竅門多半都沒什麼用。對此，賈佛和他的研究團隊表示屋主「通常也都會懷疑這些竅門有沒有用，儘管他們不確定，但還是會照做，試圖影響演算法」。

演算法焦慮可說是一種時代癥候。在許多網路使用者身上，都產生了類似強迫症的傾向。他們始終保持在一種過度警覺的狀態，無法放鬆心神，而且他們覺得有必要天天行禮如儀地做著同樣的事，因為當這些事真的「奏效」，帶來的效果實在太吸引人，不但可以在獲得關注的時候體會到多巴胺飆升的快感，如果你有在靠流量賺錢的話，這些關注甚至可能轉換成金錢上的回報。這成為我們在網路上許多行為的基礎：精心挑選想找出適合的個人檔案照片，在IG上精心排列出一整面漂亮的照片，或者想為自己在網路賣場上出售之商品的詳情頁選出適切的關鍵字。一方面，我們擔心自己的貼文無法被對的人看見；但另一方面，我們又很怕自己的貼文會莫名其妙爆紅，讓自己暴露在陌生人的審視之下。這種「求關注」的心理，為我們的感性能力帶來了不良影響：我們一方面接收到了過多的刺激，但同時，我們也對一切事物都感到麻木。我們就像是坐在吃角子老虎機前的賭客，漠然地坐在那兒等待幸運之神降臨。

演算法焦慮之所以會產生，是因為使用者和演算法之間的關係是嚴重不對等的。任何一個普通的網路用戶如果想要預測或控制演算法，就像是想要徒手掌控海邊的浪潮一般。延續這個比喻，每個使用者唯一能做的事，就是乘著已經成形的浪。至於那些掌握演算法科技的企業，他們幾乎沒有誘因去紓解使用者的焦慮心情，因為讓使用者搞不清楚狀況對他們來講可能反倒好處多多。舉例來說，每當公司的網站出了包，或者是發生了什麼不合理的現象時，公司就可以把「演算法」叫出來當替罪羔羊。反正說到底，也沒人搞得清演算法究竟是怎麼運作的。它就是一個用戶們看不清，員工們也摸不透的「黑盒子」。剝削偽裝成意外的小故障，而非公司的政策。實際上，像臉書這樣的大型公司，完全是有能力控制演算法系統的運作模式的，他們可以任意地更改演算法，甚至將它徹底關掉。

然而，這些科技公司並沒有負起他們的責任，反而是把演算法所帶來的焦慮重擔，統統放到了個別使用者的肩膀上。於是，每一位使用者也就只能盡可能學著順應演算法，要不然恐怕就只有「被封鎖」的份。事實上，許多用戶常常都會發現，突然之間自己的貼文變得很少人看得到，於是往往這些用戶就會抱怨自己被「偷偷降觸及」（shadowbanned）了。許多用戶都很擔心，哪一天臉書內部的某位不知名人士，萬一興之所至做了某個莫名其妙的決策，自己的帳號就會在沒有警告的情況下被調降了觸及，而且還沒法申訴。不過，由於演算法機制經常變化，因此許多用戶所體驗到的那種「突然被降觸及」的感覺，很可能只是因為潮水的方向又默默變了而已。不過無論如何，容我再次引用土耳其行棋魁儡作為隱喻：當一台機器正在替我們做決策時，我們往往無法區辨這台機器是真的擁有自己做決定的能力，還是只是「感覺上」正在自己做決定。但，就算一台機器並不真的擁有獨立決策的能力，只要人們「感覺上」如此，這就足以改寫現實。

二〇一九年，專研哲學和藝術的學者德弗里絲（Patricia de Vries）提交了一篇題為《當代藝術中的演算法焦慮》（*Algorithmic Anxiety in Contemporary Art*）的博士論文。在這篇論文中，德弗里絲將演算法焦慮定義為：「覺得自我的可能性受到演算法所限制、所界定、所控管」的一種狀態。這個定義，可謂透徹入骨、深中肯綮。原本，我們每個人都有可能發展成不同的樣貌，創造出獨特的表達風格，或是提出獨具創意的想法；但如今，我們卻只能在演算法所匡限的範圍內表達和創造。這種處處受限的感覺，使得我們開始相信某種「演算法決定論、宿命論、犬儒主義，以及虛無主義」，德弗里絲如是寫道。由於我們這些普通使用者不可能改變演算法的算式，因此我們很容易會覺得演算法為這個世界所劃下的界線，是不可能跨越的。有許多人都已深深陷入了這種絕望的狀態，既不滿意網路世界如今的樣貌，但又無法想像這個世界還存在著其他可能。

早在二〇一三年，德弗里絲就已經觀察到了這種對數位世界「愈來愈絕望」的現象。當時她發現，有不少美術館所策劃的展覽，不約而同都展出了一些批判自動化監控系統，或是批判大規模收集使用者數據的作品，而且還把這些作品放在了最顯眼的位置。當年，雖然「演算法推薦系統」還是個新詞，一般大眾也只是初初淺嚐過演算法的滋味，但幾起重大的新聞事件，已經讓這個新詞登上了頭條。例如發生在二〇一〇年的「美國股市閃崩事件」，起因就是有位交易員利用演算法自動買賣股票，結果闖下了大禍。另一個例子是臉部辨識系統的發明和應用，同樣引發了社會大眾對演算法的關切和擔憂。然而德弗里絲告訴我，到了二〇一五年左右，也就是她開始撰寫博士論文時，演算法這種東西好像突然搖身一變，成為了「令我們大家都很著迷的東西」。演算法就像是一個幽靈，不斷入侵我們日常生活，在數位世界裡遊蕩。但實際上，我們對演算法的本質並不瞭解。「這就好比有懼高症的人害怕的並不是『高』本身；有演算法焦慮的人，他們所憂慮的也並不是『演算法』本身。」德弗里絲如是說道。

因此，在繼續深入探索演算法相關的議題以前，我們有必要將以下這兩件事情分開來討論：一是「演算法這門科技本身」；另一則是「我們習慣性地讓演算法扮演網路守門人」的這項事實。演算法這門科技，是需要有數據資料才能夠運作的。而這些數據資料的來源，就是我們這些天天上網、天天餵資料給它的使用者們。演算法的出現，確實改變了我們的生活；而另一方面，演算法所帶來的焦慮，同樣也對我們的生活造成了影響。演算法承諾會替我們做決策、會對我們的想法和慾望做出最佳估測，並進而介入了我們的生活，於是某種「演算法心態」便於焉誕生了。所謂的「演算法心態」，不僅僅只涉及演算法的運作模式而已，它同時也指涉著社會大眾對於演算法科技的高度依賴。即使我們對演算法鋪天蓋地的影響力有所不滿，但我們依舊依賴演算法，讓它代替我們自己做決定。

# 第二章
# 演算法如何壞了你的品味？

## 亞馬遜書店

有天下午，我走在華盛頓特區的街道上，準備要去位在特區東南方的喬治城（Georgetown）。喬治城這個地方，是華盛頓特區最重要的購物地點，那裡有著一個讓人可以徒步逛店的戶外商場，就位在喬治城最主要河川的旁邊。各式各樣的國際品牌，都有在那裡設店，Nike、Lululemon、Zara、Club Monaco統統有。間雜在這些品牌店面中間的，則是各種矯揉造作的餐廳，以及幾家賣著杯子蛋糕的烘焙坊。不同的店面，往往會吸引不太一樣的消費族群，這是因為不同的人本來就有不同的美感，彼此也都有不太一樣的生活風格。事實上，你在挑選品牌時，品牌也在挑選著你。在品牌和消費者之間，永遠都有這樣的雙向關係。而身為顧客的我們，通常都是因為某個品牌代表了我們，所以我們才會願意掏錢給它。舉例來說，消費者之所以購買Nike的鞋子，這不只是因為他們需要一雙不錯的跑鞋而已；同時也是因為Nike這個品牌傳達出了一種青春活力的氣息，無論是它的運動鞋還是色彩鮮艷的T恤，無不如此。而Zara的品牌定位，則會讓你覺得他們的服裝和配件，樣樣都走在時尚世界的尖端，但你只需要用比傳統名牌便宜得多的價格就能買到。因此，去Zara買衣服，那感覺就像是參加了一場以平價時尚為主題的夜間派對。商店裡陳列出的每一樣商品，都會具體而微地呈現出他們的品牌定位；而消費者也會根據他們的品味來選擇品牌。

但喬治城裡有一家店卻與眾不同：亞馬遜書店。這家書店，正是由那間龐大的網路公司亞馬遜所經營的。從二〇一五年起，亞馬遜就開始投資設立實體書店。史上第一家亞馬遜書店，選在了西雅圖開張。二〇一八年，當亞馬遜書店開到了華盛頓特區時，我也跑去逛了一回。當我看到那著名的亞馬遜標誌「Amazon」出現在現實世界中時，還真的有種說不出的違和感（當時，亞馬遜的貨車還沒有像現在這樣出現在城市街道裡和高速公路上）。書店的內部裝潢，也讓我感到相當詭異。通常我走進書店，都會感受到一股寧靜的氛圍，讓我自動進入到沉思的狀態。但，當我生平第一次走進亞馬遜書店時，我卻被眼前的混亂景象給嚇到了。與其說它像是一家書店，倒不如說它像是一家雜貨店。在那裡，所有的書統統封面朝外，一字排開，擺在貨架上。那種視覺感受，就像在看手機裡的應用程式圖示一樣。此外，每本書的下方都貼有一張數字標籤，讓你可以看到該本書在亞馬遜網站上排名第幾。這個所謂的書籍排名，並不是由書的內容品質來決定的，而是要看該書在亞馬遜網站上賣出了多少本、收到了多少評論，甚至是讀者買了書之後，平均讀完了多少頁（亞馬遜的電子閱讀器Kindle就有這個功能，可以追蹤每本電子書被讀者買回去之後，一共讀過了多少）。

亞馬遜書店的空間布局，基本上模仿了亞馬遜網站的版面規畫；所以你在店裡走逛時，經常會看到「熱銷商品」的標牌貼在最顯眼的地方。亞馬遜書店裡的書，不是按照作者或國家來排列的，也不是按照書的類型來排列的。那裡的書，都是根據它們在亞馬遜網站上的熱銷度來排列的。在亞馬遜眼中，每本書的文學價值，就是用這樣的演算法估算出來的。「參與度」再次成為了商場上的王道。走在亞馬遜書店裡，到處都可以看到大大的說明牌，解釋他們將某本書展示出來的原因。有些書是因為它是「最熱銷商品」所以被擺到了檯面上，有些則是因為它獲得了「四點五顆星以上的好評」，有些甚至是「四點八顆星以上的好評」。不過，多出來的那零點三顆星，真的表示後者的價值，就硬是比前者多了一點嗎？還有的書特別被擺出來，是因為它們是「亞馬遜網站上最備受期待的書」。此外還有些書是因為「獲得最多人預購」所以雀屏中選。書店甚至把幾個書架和牆面精心布置成了「實體推薦系統」。比如說在每個書架的左邊都有一本書，上頭標示著「如果你喜歡這本書←」，右側則是該書的推薦選擇，搭配「那麼你肯定會愛上這些書→」的字樣。例如，在哈拉瑞（Yuval Noah Harari）寫的《人類大歷史》（*Sapiens*）紅了之後，讀者間便掀起了一陣閱讀相關書籍的熱潮。於是乎，你會在亞馬遜書店裡看到《人類大歷史》被放在「實體推薦系統」的左手邊，而與它相關的幾本書，例如戴蒙（Jared Diamond）的《槍炮、病菌與鋼鐵》（*Guns, Germs, and Steel*）和梵科潘（Peter Frankopan）的《絲綢之路》（*The Silk Roads*），則被放到了右手邊。除此之外，每本書的價錢，都是根據亞馬遜網站上的演算法即時定價的。當你在逛書店時，每本書的價格，都會隨著該本書的銷售成績而上下波動。

亞馬遜書店的經營模式，完全是獨立書店的相反。一家獨立書店要能脫穎而出，那就得要打造出一種有個性而又吸引人的氛圍。讀者進到獨立書店之後，可能會發現架上的分類標籤獨樹一幟，突顯出店主人不同流俗的想法。例如有的獨立書店主打身心靈的書，有的則是主打藝術類或在地歷史的相關著作。獨立書店的店主，通常都對在地讀者的品味瞭然於心。透過選書和店面空間的布置，獨立書店就能在讀者心中創造出一種幽微巧妙的共鳴。有些書或許不是賣得頂好，但獨立書店還是有可能把它放在顯眼的位置，藉此突顯出某種獨特的理念和風格。

然而，在亞馬遜書店裡，我卻幾乎看不到任何理念或風格：這是一家沒有靈魂的書店。管它什麼樣的書，只要能夠賣得好、引人注意，亞馬遜書店就會把它放到最顯眼的位置。在那裡，一切的美學設計和視覺規畫，都是為了能夠瞬間吸引你的眼球。這種視覺風格讓我想起二〇一〇年代末，許多雜誌和小說都喜歡用亮色系當封面，並放上一些半抽象、半具體的斑點（這些封面都很引人注目，但往往跟小說內容沒有關係）。因此，雖然亞馬遜書店裡展售著許多我熟知的書籍，但那裡的環境就是讓我感到很陌生，甚至讓我有種被異化的感覺。在亞馬遜書店裡，我召喚不出平常那個愛買書的我。這不僅因為亞馬遜是個惡名昭彰的雇主、一家壟斷市場的大型企業；更重要的是，亞馬遜書店缺乏了一種關於「讀者是誰」的想像力。

一旦你用全球網路的規模去經營書店，那麼它很快就會喪失靈魂。亞馬遜書店根據全球消費者在亞馬遜網站上的大數據資料來決定要擺出哪一些書，這感覺就好比你照著《紐約時報》上的暢銷書排行榜來買書，但這個所謂的排行榜，卻是由某家缺乏公信力的公司排出來的。而且，這家公司根本沒把書當成一種和讀者交流的媒介，而僅僅是當成了一種交易的媒介，希望盡可能愈快把書賣完愈好。說穿了，亞馬遜書店用銷售數字來決定推薦書目，這點跟臉書用按讚數量來決定推播哪些貼文的做法並無二致。

不過坦白說，我至今還是對「書店」抱持著浪漫的想像：書店就該是個讓人可以拋開俗務，並發掘一些新奇好玩事物的地方。亞馬遜書店的經營方針，和我的浪漫想像正好相悖。

亞馬遜書店之所以給人一種怪異的感覺，其中一個原因，就在於它把原本屬於網路世界的演算法機制放到了現實生活裡。當我們上網時，演算法總會推薦給我們大量的歌曲、圖像、電視節目等等。雖然演算法推薦的內容無處不在而且無法關閉，但我們多少還是能夠忍受，畢竟我們已經很習慣它們出現在屏幕上了。但是當這些自動推薦的內容出現在現實生活中時，我們卻會感覺到非常突兀，因為在現實中我們很少會如此強烈地意識到「機器正在誘導我做選擇」。或許應該這麼說：亞馬遜書店的怪異之處，就在於它迫使我意識到我是一個多麼不自由的人。這些被擺進現實生活中的演算法，赤裸裸地向我展示了演算法已經在多大程度上取代了我的頭腦、代替著我思考。

在亞馬遜書店裡，所有的書都是透過大數據挑選出來的。正因如此，店裡所有的書看來看去，性質都差不多，非常無趣。雖然架上的選書，都是亞馬遜書店事前精挑細選出來，試圖要吸引像我這樣的消費者（或者應該說，他們試圖要吸引的，是我身上最像「大眾消費者」那一部分的我），照理說，這些書應該都要很吸引人才對；但實際上，我卻根本不想翻閱這些書。在我看來，這很可能就是在扁平時代裡，消費者每天都會面臨到的根本困境——時時刻刻都被超級豐富的內容包圍，但卻沒有任何一樣讓人深受啟發。

二〇一七年，一位Google工程師哈斯（Chet Haase）在推特上寫下了一則笑話，精準揭示了我們當前面臨的困境：「一個機器學習演算法走進了酒吧，調酒師問他說：『你想喝什麼？』演算法回答說：『你們都喝什麼？』」這個笑話的笑點在於：在演算法的文化裡，正確的選擇，就是大多數人已經選擇的東西。但問題是，就算大家都在喝威士忌酸酒，這也不代表它就是你當下最想喝的飲料。

我心目中最棒的一家書店，叫作麥克納利．傑克森（McNally Jackson）。我喜歡這家書店已經很久了。準確來說，它並不是「一間」書店，而是好幾間位在紐約市區的獨立書店所組成的書店群。其中最早開張的一間位在蘇荷區（但二〇二三年，原本位在蘇荷區的那家旗艦店已經搬到了六個街區外）。雖然它不是專門為我開的一家書店，但是我卻經常都這麼覺得。它好像永遠知道我在尋找哪些書。它的選書既廣泛，又專精。我曾在布魯克林區住過十年的時間。那十年裡，我常會搭L線地鐵坐到曼哈頓，再轉六號線坐到市中心，然後走路穿越林蔭街道，接著我就來到了麥克納利．傑克森書店的店門口。我會穿越門口的玻璃門進入到前廳，然後再走進到散布店內的各個書區裡。在店面最前頭、面向門口的那個區域，擺了兩張大小相等的書桌，構成了這家店最核心的區域。左邊那張書桌，展示的是非虛構類的書，而右邊那張則展示虛構類的書，清楚顯示出了這整家店的分類邏輯。架上陳列的，許多都是新近出版的書，但店員也會主動選出一些值得一看的老書，就像是在辦一場書展那樣。在書店裡，你可能會看到一本時下最流行的非虛構作品，旁邊緊緊挨著一本小型出版社出的哲學學術書。而在放虛構類作品的那張書桌上，你不僅會看到小說作品，你還會看到有詩集、小誌（zine）、幾本帶有虛構性質的回憶錄，以及其他幾種難以歸類的書。這種選書、排列書的方式，好像是在對我說：「相信我們準沒錯。」

每個星期，麥克納利．傑克森那兩張書桌上的書，都會重新排列一次。每次看到書桌呈現出新的樣子，我都覺得幕後選書的那人，肯定發揮了他非凡的見識，而不是光靠某個公式就把書本推薦給我。在麥克納利．傑克森書店裡瀏覽，是一種發現新天地的有趣方式。有些人可能認為這跟亞馬遜書店那種

「如果你喜歡這個，那麼你就會喜歡那個」的推薦模式差不多；但在這裡，讀者和書本之間的關係沒有那麼直接，而是比較曖昧、幽微一點。它會擴大讀者對書籍類別的想像，讓更多的可能性闖進我們的視野。

如果說亞馬遜書店的崛起，代表的是演算法選書方式的勝利，那麼麥克納利・傑克森的那兩張書桌，則代表著傳統選書方式的巔峰成就。英文裡有個字叫「品味塑造者」（tastemaker），指的是那些替大眾分類、挑選文化產品，並藉此形塑集體品味的人。傳統書店的選書人，就是典型的品味塑造者。除此之外，那些向讀者推薦文獻的圖書館員、生活時尚精品店的專業買家、廣播電臺的DJ、為全國戲院推薦新片的電影代理商，以及替音樂廳安排節目、接洽樂團的那些人，無一不是品味塑造者。品味塑造者是創作者和閱聽者之間不可或缺的媒介，他們不停地收集最新的資訊，判別哪些作品值得更多的人知曉，並且設法讓大眾產生共鳴。這種種繁複的過程，如今許多人都喜歡用「策展」一詞來予以含括。

然而，我們很容易忘記：當我們在數位環境裡接觸文化產品時，其背後並沒有一個品味塑造者在替我們做策展，而是只有一個演算法程式不斷在向我們推薦東西。無論是Netflix的首頁、臉書的動態牆，還是Spotify上自動播放的歌曲，其背後都沒有經過編輯、DJ或節目製作人的篩選和策劃。它們背後唯一有的，就是從使用者身上搜刮而來的大量數據，以及一套用來處理這些數據的數學程式。這套自動化的推薦系統，其規模之大、速度之快，已遠遠超乎人類所能企及。但，這套系統能夠給予我們的，頂多就是亞馬遜網站的購物體驗而已，不可能會有麥克納利・傑克森書店選書人的那種獨到眼光。

## 什麼是好品味？

「品味」是一套個人化的標準，也是我們用以評判我們喜愛哪些音樂、服飾、食物，以及文學的一套方式。我們只要活著，就會不停做出許多評判——評判想聽的音樂、想讀的作品和想穿的服飾。這些往往都是非常個人化的選擇，反映出當下那些轉瞬即逝的心情，同時我們也藉此慢慢建構出一套關於「我是誰」的想像。

每個人大概都認識幾位自命擁有「不凡品味」的高人雅士，我的朋友馬克就是如此。他是一名劇場設計師，同時也對音樂有著廣泛而深入的瞭解。他的工作跟音樂沒有關係，他就是單純熱愛音樂而已。雖然很多人過了青春期後就不會再聽新歌了，而是只聽無限循環的那麼幾首老歌；但馬克不是這樣。他會專門去聽每一支新竄起的樂團，聽完之後，再決定是否要把這支樂壇新秀分享給朋友們知曉。每隔幾個月，我總會請他分享幾支不錯的樂團給我。他推薦的專輯，我並不是每張都愛，但我知道裡面一定會有值得一聽的地方。我信任他的鑑賞力，而他也熟知我的音樂品味，知道哪些音樂可能最適合我。

在音樂領域之外，生活中也總是會有那麼一些人扮演著「品酒界的馬克」、「時裝界的馬克」、「追劇界的馬克」等等。所謂的品味，是我們用來衡量各種文化產品的一套方法，並藉此決定我們是否要深入體驗。如果一樣事物正巧對了我們的品味，我們就會願意和它親近、願意用它來代表我們是誰。我們甚至還會跟擁有相似品味的人建立起一種特殊的情誼，就像有些人會因為喜歡同一個服裝品牌而成為朋友一樣（當然，也有些人是因為討厭同一個服裝品牌而成為了朋友）。當然啦，精心布置出來的壞品味，也能達到引人注目的效果。正如金恩（Rax King）在《低俗》（*Tacky*）一書中所說的那樣：「低俗是快樂的泉源。」但，從詞源上來考究的話，「品味」其實是個頗富深意的哲學概念。它不僅和我們的個人偏好有關，而且也跟我們的道德品性有關。我們擁有什麼樣的品味，就反映出我們心中對「善」的理解。

一七五〇年代，一本法國出版的百科全書將「品味」一詞收錄了進去，並引用了法國大哲伏爾泰和孟德斯鳩的觀點來予以說明。這兩位哲學家對「品味」一詞的界定，相當程度上形塑了西方人對這一詞彙的理解。伏爾泰寫道：「要成為有品味的人，光是能夠在作品中看到美，並且明白美在哪裡，這都還不夠。你必須要能感受到美，並且被這美所打動。而且，光是不明所以地有感受、被打動，這都不夠：你必須要能分辨各種感受的細微差異才行。」可見，有品味的人，並非只是懂得觀看事物的表面，也不是只懂得稱讚某樣東西「很酷」而已。他們必須能夠完整地經驗一件作品，感知到自己對它的感受，並且要能分析它究竟好在哪裡（不能只是被動地感受，而是要付出行動）。孟德斯鳩也寫過一篇論品味的文章，叫〈試論自然和藝術領域中的品味〉（An Essay Upon Taste, in Subjects of Nature, and of Art）。孟德斯鳩除了是一位男爵和法官以外，同時也是一名公共知識分子。一七五五年他過世時，這篇有關品味的文章才只寫了一半而已。從現存的草稿來看，這篇文章不但文筆優美，而且試圖用一種信筆漫談的寫法，討論什麼樣的事物會讓靈魂感到愉悅。他指出：「有品味的人，懂得如何又快又準地審度身邊的每樣事物，並且看出它們能夠給人帶來多大的樂趣。」

孟德斯鳩繼續寫道：「對自然萬物的品味，並非一種純理論的知識。有品味的人，會用一套難以言明的判準來審度事物。」這段話的後半部分，深深令我產生了共鳴：品味應該是種抽象的、難以捉摸的東西。在聆聽一首樂曲之前，聽者無從確認自己會否喜歡；同理，在讀過一本書以前，讀者也無從知曉到底會有什麼體驗。對藝術作品的喜歡與否，無法事先保證。因此當我們和藝術作品相遇時，我們會立即啟動一套存在於我們腦海裡的判準，用它來審度這件作品。幸運的話，我們會在作品當中感受到美，並產生一種「我的判準果然沒錯」的感受，縱使我們無法說出那到底是種什麼樣的美，也說不出我們依據的是什麼樣的判準。「品味」就該是如此曖昧的一種東西。正如義大利哲學家阿岡本（Giorgio Agamben）在一九七九年出版的一本有關品味的書中所說的：「品味使你感受到美，但你無法解釋何以如此。」

品味是構築自我的根本要素。當一個人發展出了自己的品味，並且能夠享受自己的品味時，他的自我意識也就會變得鞏固，並進而成為他自我認同的一部分。一九〇六年，日本作家岡倉天心寫下了《茶之書》（*The Book of Tea*）。這本書最初是用英文寫的，目的是要讓岡倉天心的美國友人和贊助者瞭解日本的茶道精神，其中包括了藝術收藏家嘉納（Isabella Stewart Gardner）。在書裡，岡倉討論到了「如何設計一間茶室」這樣的問題。他指出，藝術這種東西，應該要有個性才對，不能只是迎合廣大的群眾：「為了實踐藝術的根本原則，茶室應該要根據個人品味來建造才是。」為了說明這項理念，岡倉講述了小堀遠州的一段故事。小堀是生活在十七世紀的茶道大師；有一回，他把徒弟們叫了過來，說明前輩大師們所用的茶器之所以好，就是因為很少有人懂得欣賞它們：「偉大的千利休，他敢於只愛那些對他而言有吸引力的物品，而我卻還是會無意識地迎合多數人的品味。」顯然，小堀遠州認為自己的品味太過主流，以至於難以稱得上偉大。然而，迎合多數人的品味，卻正是演算法機制存在的唯一目的。

當然，品味這種東西，也不全然都是正面的或有益人生的。一九三〇年，日本哲學家九鬼周造寫了一篇文章，試圖定義日本美學中的「粋」這個概念。「粋」指的是一種都市人心靈的矛盾狀態；一方面深諳世故，一方面卻又對生活中的一切事物感到厭煩。（我有一位長居東京的美國作家朋友，名叫馬克斯，他跟我說，「粋」這個概念，跟新英格蘭地區那些WASP*的精神氣質，可謂如出一轍。）愛情、金錢、美貌，這些東西來得快，去得也很快。失去這些東西不見得是壞事，正如得到這些東西不見得是好事一樣。失和得，兩者同樣值得欣賞。「粋被認為是一種相當高級的品味。」九鬼周造如是說。

孟德斯鳩同樣引述了日本美學的觀念。他指出，構成好品味的其中一個元素，就是驚奇。就像日本美學所強調的「侘寂」那樣，一件樣子特別醜的日本茶器，可能會讓我們感到陌生，甚至感覺受到了挑釁，但這正正就是驚奇感的來源。孟德斯鳩說：「一樣事物之所以讓我們驚奇，可能是因為它讓我們產生疑惑，也可能是因為它非常有新意，出乎意料之外。」總而言之，驚奇總是存在於我們已知的範圍之外。孟德斯鳩繼續說道：「當我們的靈魂經歷到一件前所未有、難以分析的事物時，經常都會產生愉快的感覺。」這種驚奇的樂趣，是需要花時間推敲才能體驗到的。在你初接觸一件作品時，你不見得馬上會感到驚奇。但如果你花時間思考它、消化它，你對它的感受就會慢慢改變。「當某種難以言喻的大美進入到我們的生命中時，我們起初只會感受到小小的驚奇。但隨著時間過去，這種驚奇感會慢慢加深，直到我們終於體會到它的大美。」

在孟德斯鳩看來，文藝復興時期的畫家拉斐爾的作品，就屬於這種需要時間細細體會的大美。孟德斯鳩描述道，他初看拉斐爾的畫時，只覺得其中蘊含著某種微妙的東西，過了一段時間之後，這件作品的優雅曼妙之處，才倏忽向他顯現出來。我自己也有過類似的經驗。那是在二〇一六年，歌手法蘭克海洋（Frank Ocean）在他的首張專輯《橘色頻道》（*Channel Orange*）發行四年之後，推出了第二張專輯《Blonde》。剛開始，我沒怎麼留心這張專輯，因為專輯裡的作品，聽起來不大像是一首首獨立的歌，反而像是一堆合成器音效的大雜燴；歌詞方面也是寫得很晦澀，幾乎到了不知所云的地步；歌曲中的情感，則像是被一層布幕隔在後面似的，教人捉摸不著；而且，這些歌還大量使用了聲音處理軟體進行修音。但，我仍舊持續聆聽。隱隱約約，我好像被這些歌曲蘊含的某種特質給吸引住了。慢慢我意識到，這張專輯是故意做得這麼抽象、這麼難懂的。法蘭克海洋就是要用這種難以捉摸的感覺來描繪現代人的生存景況：我們飽受異化之苦，但依舊在世上掙扎求生。《Blonde》當然是二十一世紀初的一張音樂傑作，而且賣得也異常地好。但法蘭克海洋和《Blonde》這張專輯，都並未迎合演算法機制。

我們先要投入時間，才能深有體會；我們得去經驗陌生的事物，才能領會到真正的驚奇。然而，演算法的運作邏輯，卻完全與此相反。畢竟，演算法系統的運作之道，靠的就是去收集、去分析數位平臺上的使用者們「已經喜歡了什麼樣的東西」。光靠演算法推薦，你幾乎不可能看到孟德斯鳩所說的那種「初看沒什麼有趣，細究之下才令人大感驚奇」的作品。事實上，演算法系統的整個架構，從頭到尾都

---

＊ 譯註：WASP的英文全稱是White Anglo-Saxon Protestant，直譯的話就是「白人盎格魯—撒克遜新教徒」。在美國，這三種群體一般被認為是社會上最具優勢地位的群體，因此WASP一詞通常泛指在美國當權的菁英群體，以及他們所奉行的主流文化、主流習俗和道德觀念。

在鼓勵你「別花太多時間欣賞任何特定的內容」。在網路上，當你看到某個一瞬間讓你感到無聊的東西時（也許趣味深深藏在細節裡），通常你也就只會把它滑走，而不會細細品味它的精彩之處。在演算法當道的時代，人們變得愈來愈不耐煩，而那些表面上很酷的事物，則愈來愈大行其道。正如韓裔哲學家韓炳哲二〇一七年在《在群中》（*In the Swarm*）一書中所說的：如今我們只要上網，就能毫無阻礙地接觸到大量的人群；有人把這個現象稱為「網際網路的民主化」，但這實際上只會讓我們的「語言和文化變得庸俗而扁平」。

如果你想要構築出自己的品味、在腦海中建構出一套難以言明的美學判準，進而弄清楚「我是誰」這個大哉問的話，那麼在前方等著你的，就是一場艱苦的戰鬥。這場戰鬥之所以艱苦，倒不完全都是演算法造成的。今天，我們只要動動手指，就能召喚出各式各樣的文化產品，這可是人類歷史上的頭一次。我們可以自由地接觸任何事物，然而，我們卻經常放棄選擇，被動地任由演算法推播東西給我們，但演算法之所以挑出那些東西，只是眾人集體**行為**的結果，其本身並**不**帶有任何人性的意涵。

演算法系統確實是個很方便的工具。畢竟，一直逼問自己到底喜歡什麼東西，委實是件累人的事：你得要主動搜索新冒出頭的文化產品；要閱讀相關文章，或者要向內行的朋友請教；此外你還得要自己決定今晚吃什麼，以及去哪裡吃。這些瑣事聽在十八世紀的法國哲學家耳裡，或許算得上是一種幸福的煩惱，反正他們有足夠的時間一一去安排這些事。但，在生活步調飛速行進的當代世界，多數人恐怕都沒時間消受這些幸福。（當孟德斯鳩站在拉斐爾的畫前靜心沉思時，可不會有IG訊息跳出來搶走他的注意力。）因此，如果沒法花時間好好挑選一部電影的話，Netflix首頁的推薦片單，或許就是一種方便的選擇。

品味這種東西，也不總是個人成就感的泉源。事實上，許多人都很擔心自己會在眾人面前展現出壞品味；例如在不適當的場合，展現出自己一枝獨秀的品味，結果導致一場令人尷尬的社交災難。穿體育服去上班，或者穿亮色系去參加葬禮，都屬於這類災情。我自己也深深為這個問題所苦。就有那麼幾次，我替一夥朋友挑了一家我從沒去過的酒吧（有時是餐廳），我原以為大家都會很喜歡，結果到了現場才發現氣氛不對。（其中有一家是位在華盛頓特區、牆上掛有許多動物頭顱的酒吧。那多不勝數的頭顱，實在令人不適。）因此，我常忍不住覺得，我或許應該參考Yelp或Google地圖推薦給我的那些店才對，畢竟這些店家都是透過「民主」機制產生出來的，再怎麼樣也不至於太過古怪。然而與此同時，我卻又不希望這些只會用「最大公約數原則」產生結果的演算法代替我決定該讀哪些書、該看哪些電視節目。因為文化產品的本質，跟你在亞馬遜上找到的那些五星評分的烤麵包機並不相同。儘管亞馬遜在買下了書評網站Goodreads之後，他們把五星評分系統引進到了書評當中，但書跟亞馬遜上的其他商品，真的就是不一樣的東西。對於某些書，許多人絕對會給予差評，然而其中有不少書我讀過之後卻甚為喜愛。比如庫斯克（Rachel Cusk）所寫的那部幾乎沒有情節可言的小說《大綱》（*Outline*）就是其中顯例。但在扁平時代裡，演算法就是只會把人人都喜歡的東西推薦給你。

既然只有驚奇才能帶來好的品味，那麼這也就意味著要擁有好的品味，就必須面對未知的風險和挑戰。安全的選項或許可以避免尷尬，但必定會很無聊。到了二十世紀，品味便不單只是一種有關藝術價值的哲學概念而已了，它開始和工業時代的消費主義扯上了關係，變成是一種幫助人們判斷該去購買哪些商品的一套判準。而與此同時，人們也開始藉由觀察其他人購買的商品，來評判一個人的品味高低。於是人人都開始熱切追隨大眾時尚，使得某些較具啟發性的獨特產品漸漸變得不那麼受到歡迎。這種現象，在佩雷克（Georges Perec）一九六五年的中篇小說《事物》（*Things*）中描寫得尤為深刻。《事物》寫的是一對二十出頭歲的年輕伴侶的故事，其中男的叫傑羅姆，女的叫希爾維，兩人都是市場調查員。他倆經常上街，詢問顧客類似下面這樣的問題：「為什麼真空吸塵器賣得這麼差呢？」「普通家庭對菊苣這種商品看法如何呢？」簡單說，這對伴侶所扮演的，正是「大數據收集者」的角色。在小說中，這兩人自身的興趣愛好，也跟他們調查出來的結果完全相符——也就是說，他們正在喜歡著他們這種人理應喜歡的東西。在佩雷克筆下的這對虛構伴侶看來，他們心目中的理想公寓，裡頭應該要有一組青玉製的煙灰缸和幾把藤椅；牆上則必須貼幾張印有朱伊紋的壁紙；此外還要有幾盞瑞典風格的檯燈和幾幅克利（Paul Klee）的畫作。我得承認，直到今天，像這樣子的居家環境，依舊挺吸引我的。

然而，這幅貌似完美的居家生活圖像，不免帶有某種程度的空洞感。畢竟，太過符合標準的品味，就不是真正的好品味。佩雷克寫道：「他們始終過度猶豫、小心翼翼。他們缺乏經驗，誤以為符合標準的東西就是好。結果，他們反而將自己帶進了難堪的處境，遭人羞辱。」例如，傑羅姆明明是想要跟隨時尚，穿起和英國紳士一樣的服裝，但沒想到畫虎不成，反而把自己穿成了「諷刺漫畫版本的英國紳士」，讓自己顯得像是「只靠一份寒酸薪水過活的新移民」。除此之外，傑羅姆也擁有一雙優雅的英式皮鞋，而且不管走到哪都穿著它，結果沒過多久，他就把鞋給穿破了。傑羅姆和希爾維這對伴侶，他們曉得像自己這樣的人應該要喜歡什麼東西，但並不知曉背後的脈絡和原因。在資本主義加速行進的時代裡，我們在購買商品時如果缺乏了品味，就只會淪為純粹的消費主義而已。

我們的品味，是由兩股力量交互形塑而成的。其中一股，是我們每個人自然而然會喜歡的東西；而另外一股，則是「其他人正在喜歡哪些東西」。這兩股力量往往朝著不同的方向發展，但在網路盛行的時代，當每個人都可以隨時知曉其他人正在消費什麼東西時，我們往往會更加受到後一種力量所擺布。（如果你沒發上網，別人怎麼知道你看了這檔節目？）而演算法推薦系統的出現，更是替主流時尚推波助瀾了一把。相較之下，我們每個人自發性的喜好和選擇，則愈來愈被冷落。在一九八四年出版的《區判：品味判斷的社會批判》（*Distinction: A Social Critique of the Judgement of Taste*）一書中，法國社會學家布赫迪厄（Pierre Bourdieu）提醒我們：品味是種無處不在的東西，它會影響到「我們生活中天天都要做出的各種選擇，包括煮什麼東西吃、挑哪些衣服穿，以及用哪些物品妝點空間等等」。我們做出的選擇，可不只反映了我們的美學偏好而已，它同時也反映出我們的社經階層、政治傾向，甚至身分認同。「人們用自身品味替萬事萬物排序，而萬事萬物也會回過頭來替擁有不同品味的人加以排序。」布赫迪厄說。所以也難怪，有許多人都很擔心自己的品味不夠高雅，甚至因此把品味這回事外包給演算法系統代勞。

有鑑於此，二〇一七年，亞馬遜推出了一款讓使用者可以將穿衣品味外包出去的裝置，叫「亞馬遜時尚助理」（Amazon Echo Look）。它的功能無他，就是幫助你選出符合時尚的服飾。這款時尚助理剛推出時，我便買來小試了一番。它的外觀是個白色、小巧的塑膠圓柱體，靠著一根細細的柱子連接在底座上，中心點設有一台攝影機，看起來像是獨眼巨人的眼睛。根據亞馬遜的宣傳詞，你只要把這台時尚助理放在架子上，穿好衣服站在它面前，然後在擺出輕鬆的姿勢後對它下語音指令，它就會把你的全身穿搭拍攝下來。接著這台裝置就會把照片傳到你的手機裡，並儲存在一個專屬的應用程式中。這個應用程式另有一項功能：你可以將衣櫥裡所有的服裝配件統統拍照存進去，這樣一來，你就可以像觀看線上百科全書那樣，用手機瀏覽你所有的服裝配件（這差不多就是電影《獨領風騷》〔*Clueless*〕中的女主角雪兒會做的事）。重點是，時尚助理拍了你的照片之後，還會啟動一個叫作「風格檢查」（Style Check）的功能，評判你的穿搭是否協調，以及你的全身行頭是否符合最新時尚。風格檢查功能所提供的穿搭建議，一方面包含了演算法所得出的自動化分析，同時也包含了幕後人類員工的主觀建議（前面提到過，亞馬遜把這類幕後員工取名為「土耳其行棋傀儡」）。

為了瞭解時尚助理會如何評判穿衣風格，我分別換上了一套黑、一套灰的T恤和牛仔褲給它看。兩次穿好行頭之後，我都乖乖站到了時尚助理的面前讓它拍照；這使我想起小學拍畢業照的前一天，我也是像這樣把全身行頭穿好，走到我媽面前請她評判一番。總之，當我使用風格檢查功能比較這兩套服裝時，黑色的那套得到了「七十三％符合時尚」的高分，而灰色那套則只拿到剩下二十七％的分數。系統並沒有詳細說明給分的理由，它只有說：「這幾樣單品穿在你身上比較好看。」也許是因為黑色是經典的色系，而灰色則相對沒那麼討喜？我不知道。

針對我的穿搭方式，時尚助理還另外提供了幾句同樣簡短的評語，包括「顏色搭得不錯」，以及「身形顯得不錯」等等。此外，它還提醒我：穿牛津襯衫時，要把袖子捲起來，而不是把袖子放長，用扣子扣在手腕上。另外還有一項建議是：記得把領子立起來，別讓它扁下去（這點跟我中學時建立起來的時尚認知恰好相反。那時正好是Abercrombie & Fitch的全盛時期，而我每次看到Abercrombie & Fitch的模特兒們怎麼做，我就統統反著做）。最後還有這麼一句：經典款的丹寧藍色牛仔褲，始終是最佳選擇。總而言之，亞馬遜時尚助理可以針對各項單品提出評語，但它卻無法對我整體的穿搭風格提出建議，也無法判別這樣的穿搭是否符合周遭環境。簡單來說，時尚助理不過就是把你身上的各項單品擷取出來，拿去跟資料庫中的平均數據比較一番，如此而已。在它看來，你只要穿得跟大多數人差不多，那就是最好的品味了。除此之外，時尚助理還會提供你一些採購建議，而它推薦的項目無一例外，都是亞馬遜網站上面販售的商品。換言之，透過演算法機制，亞馬遜不僅能夠提供你平庸的治裝建議，還能順手從你身上再賺一筆。

這種形塑品味的模式，和傳統強調個人喜好的那種模式截然不同，也和網際網路發明以前，大家集體向品味塑造者們學習怎麼樣才酷的那種模式天差地遠。在二〇〇六年的電影《穿著Prada的惡魔》（*The Devil Wears Prada*）裡，有其中一幕正正就把「大家向品味塑造者學習什麼叫作品味」的景象精準描繪了出來。在這幕廣泛流傳在網路世界的片段裡，梅莉史翠普飾演了一位老練的時尚雜誌主編（以《VOGUE》主編溫圖〔Anna Wintour〕為原型），而安海瑟薇則飾演她的助理。在劇中，安海瑟薇由於才剛入行沒多久，對時尚界的一切都還很不熟悉，於是有一回，她竟然穿了一件外觀鬆垮垮、毫無時尚感的藍色毛衣就去上班了。這件毛衣，甚至還是她在百貨公司大特賣時隨手抓去結帳的一件衣服。在安海瑟薇看來，她之所以挑了這件毛衣，倒不是因為它穿起來好看，而是因為它方便好穿。但梅莉史翠普卻告訴她：可別以為這件毛衣真的是你挑的；在你買它以前，像《VOGUE》主編這樣的人物，早就替你決定好毛衣該長什麼樣子了。在這一幕裡，梅莉史翠普的獨白傲氣逼人：「你身上穿的那種藍色，背後代表的是數百萬美元的生意和無數人的工作。你以為你隨手挑了件毛衣，但多可笑啊，這件毛衣，其實是這個編輯室的人從一大堆『東西』當中挑選出來給你的。」品味塑造者將這件毛衣挑了出來。所以說到底，品味這種東西，其實也是某種意義上的演算法，幫助我們替身邊的事物排出好壞順序。你的個人偏好、你從行銷廣告中得到的觀念和想法、各種文化產品在社會上的象徵意義，以及你實際體驗了某項文化產品後所得到的感受，都會影響你的品味，從而決定了你喜歡以及不喜歡什麼樣的東西。由此觀之，雖然傳統意義上的「品味」和演算法推薦系統有所不同，但兩者的確存在某些相似之處，導致我們很難將兩者清楚地分開。

在扁平時代，我們所面對的核心問題是：你的品味到底應該由時尚編輯來決定，還是你應該相信自動化的演算法推薦系統，讓亞馬遜書店、Spotify，以及Netflix來決定你的品味長什麼樣子？傳統的模式，當然有著許多缺點。那些高居其位的時尚菁英，是百多年來的現代文化產業中權力最大的一群人。他們的喜好反反覆覆，連帶使得社會的文化潮流變化無常。此外，他們心中也充斥著盲點和偏見，對於不同性別和不同種族的處境，他們往往視而不見。（這群人當中，不乏那些住在紐約市、幾乎全是白人的時尚編輯，也包括好幾位好萊塢的製作人、唱片公司高層，還有美術館的策展人。）但在一個由演算法所主宰的文化環境裡，當我們所消費東西變成是由廣大的觀眾所決定時，上面這些盲點和偏見，只怕將會愈演愈烈——因為普通觀眾們的言行，不管它是如何地種族歧視、性別歧視，也不管它是如何地揉雜了其他種種形式的偏見，統統都是演算法推薦系統賴以運作的原動力。

在網路上，使用者通常不太會接觸到和他們自身觀點相衝突的看法。整體來說，我們的數位環境正被少數幾家大型科技公司主宰，而這幾家公司同樣都遵奉著冷酷無情的資本主義，以及不惜代價追求擴張的商業邏輯——這顯然不是最適合發展文化的環境。雖說時尚編輯心中難免會有盲點和偏見，但他們偶爾也會挑出一些大眾並不熟知的少數聲音和觀點，並動用他們的影響力推廣它們。然而在一個由演算法所主導的環境裡，這件事是永遠不可能發生的，因為演算法就是只能根據多數用戶既有的言論和行為來推廣內容。光靠演算法，我們鮮少有機會接觸到全新、陌生的事物。再以時尚領域為例：時尚之所以會被尊奉為一門藝術，那是因為時尚界的大師往往不願意遵循既有規範，更不願意迎合眾人眼光，而是熱衷於打破常軌，讓模特兒穿上種種令人出乎意料甚至大感怪異的服裝。然而像這樣的事，演算法系統是做不出來的。演算法就像一把有利有弊的雙面刃。一名對時尚新秀握有生殺大權的白人編輯，可能會因為他的偏見，扼殺了一名時尚設計師的前途；這樣一位不得志的設計師，假如他懂得如何操控ＩＧ演算法的話，他或許就能在網路上殺出一條血路。這確實是演算法可能帶來的好處。但如此一來，這位設計師就必然得要迎合ＩＧ的規則和品味。然而ＩＧ握有的權力，早已遠比傳統的時尚編輯更為龐大；而ＩＧ的眼光和視野，恐怕也遠比傳統的時尚編輯更為狹隘。

橫空出世的亞馬遜時尚助理，或許已經碰上了演算法能耐的極限。在售後評價中，用戶們顯然覺得機身附帶的那台攝影機，比它所提供的治裝建議更為有用。雖然不少人都承認它頗具創意，但它卻從未熱銷起來。到了二〇二〇年，亞馬遜終於宣布停止生產時尚助理。與此同時，它附帶的那台攝影機和應用程式，也都停止了運作。在宣布停產的那份聲明裡，亞馬遜說道，他們設計時尚助理的初衷，是希望

「將ＡＩ和機器學習應用到時尚領域」，只是顯然沒能成功。時尚助理的應用程式停止運作後，「風格檢查」和其他相關的功能，一概都整併到了亞馬遜原有的購物應用程式裡。或許，亞馬遜在大量收集了使用者們的穿衣品味之後，將來他們還會推出一款更新更潮的應用程式，以完成時尚助理沒能達成的使命。

## 品味的庸常化

演算法所帶來的壓迫感，並不是學者憑空設想出來的理論。它不只存在於灰暗的反烏托邦電影裡，而是許多創作者和消費者在真實生活中面臨到的問題。從消費者的一方來說，由於我們時時刻刻都接收到演算法的轟炸，使得我們好似進入到了一種催眠狀態裡，不管是否真心喜歡，都覺得自己有必要去聽某一首歌、去追某一檔戲，或者購買某一樣商品。我開始意識到這件事，是因為時尚評論家塔絲佳（Rachel Tashjian）所經營的一份電子報《超華麗秘訣》（*Opulent Tips*）。在某期的《超華麗秘訣》裡有個問答專欄，來信的讀者，是位名叫瓦萊麗（Valerie Peter）的二十出頭歲女性。她在二〇二二年間寫了封電子郵件給塔絲佳，抱怨演算法系統對她的人生帶來了困擾：她覺得自己無法擺脫演算法、無法找到屬於自己的品味。她寫道：「過去十年裡，我的人生都泡在網路上，使我弄不清楚我到底真心喜歡我喜歡的那些東西，還是我只不過是被演算法給洗腦了而已。」這段出自瓦萊麗的自白，充分表達出了強烈的演算法焦慮。的確，當你在ＩＧ、TikTok，以及Pinterest上泡得愈久，你就愈是弄不清楚自身愛好的源頭。信的末尾，瓦萊麗寫道：「我超想要找到我真正喜歡的東西，而不是一堆偷偷推銷給我的商品。」

讀完信之後，我設法和瓦萊麗取得了聯繫，試圖瞭解是什麼原因造成了她的困境。我跟她聊到最後，我們一致都認為社群媒體的興起，已經徹底改變了我們和文化產品之間的關係。

在我訪問瓦萊麗的那陣子，她正趕著要從研究所畢業。她讀的是電機工程學，學校就位在英格蘭的曼徹斯特市，她當時也住在那裡。瓦萊麗說，她小時候就經常在英國和奈及利亞之間兩地往返。從那時起，她就對時尚的世界深感著迷，並且開始關注所有她能看到的時裝走秀。朋友們看到她這樣熱衷，紛紛鼓勵她朝時尚作家的目標邁進，但瓦萊麗覺得還是要找個比較穩妥的職業才是，所以她把她對時尚產業的熱情，當成只是個人的興趣。從小，瓦萊麗就懂得自己上網。二〇一一年，當時才只有十歲左右的瓦萊麗便加入了臉書。自此之後，社群媒體便成為了她日常生活中無法躲開的一環。尤其是到了疫情期間，瓦萊麗因為無法出門，只好更加依賴臉書和外界聯繫。「臉書好像偷偷潛伏到了我的真實生活裡。」瓦萊麗說道。此外，她也注意到：最近這幾年，潮流變化的速度實在很快；新的潮流往往只消數週的時間，就能從盛極一時走向徹底消失——所謂的「微潮流」（microtrends）指的就是這個。在臉書上，瓦萊麗的朋友常會提起一些她從來沒看過的迷因和影片，使她經常覺得自己已經落伍。（這也是演算法焦慮的一種：擔心跟不上潮流。）

二〇二一的年底，瓦萊麗本人也捲進了一股微潮流當中。當時不知怎麼地，在瓦萊麗的社群頁面上，突然之間就充滿了各式各樣有關保暖腿套的貼文。「保暖腿套」是種毛茸茸的筒狀編織品，讓你可以穿在腿上，使你免受寒風侵襲。那陣子，瓦萊麗無論是在ＩＧ、TikTok，還是Pinterest上，統統都看到一堆人推薦使用它。這些都不是廠商的業配廣告，而是一大串真實的使用者經驗分享。瓦萊麗告訴我，在她被這波微潮流洗腦以前，「我從來不會想穿保暖腿套，我覺得它們很醜又很荒謬。」但才沒過多久，她就腦波弱地上網買了一雙。在按下「購買」鍵之後，她才猛然驚覺自己竟然買了這種東西。「一整個莫名其妙。」瓦萊麗形容道。這次的消費體驗，並沒能改變瓦萊麗對保暖腿套的看法。在穿了寥寥幾次之後，她就把這雙腿套塞進了衣櫥的最深處，打算此生不再相見。瓦萊麗說：雖然她確實按下了「購買」鍵，但「我不確定那是否真的是我做的決定」。

雖然瓦萊麗仍然相信社群媒體上的貼文都是由個別的使用者自動自發撰寫出來的，但演算法確實獨斷地主宰了所有人的動態牆面，而這使得瓦萊麗產生了一種被入侵的感受。這就好比你原本好端端地在欣賞電影，但卻有某款商品被硬生生地置入進來。不過，雖說演算法侵入了我們的生活，但實際上卻沒有任何一個組織或企業動用過強迫性的手段，逼迫使用者去社群平臺上推動潮流。就像我在世界各地看到的通用咖啡店一樣——這些店面也不是因為有人強逼，所以才變得一模一樣的。其實，這些保暖腿套之所以會紅，不過就是因為賣腿套的商家掌握到了增加觸及率的訣竅而已。而又由於瓦萊麗曾經和其中一篇腿套分享文互動過，結果演算法就把所有關於腿套的貼文統統塞進到了瓦萊麗的頁面裡。（演算法的邏輯就是：「既然你喜歡腿套，那你**一定**會喜歡更多的腿套。」）

珠寶品牌梵克雅寶（Van Cleef & Arpels）自從登上了一檔實境秀後，與之相關的短影片便在 TikTok 上紅了一陣子。那時，瓦萊麗也跟其中幾則貼文互動過，結果那陣子她的 TikTok 上就滿都是跟梵克雅寶有關的內容。除此之外，瓦萊麗也曾有段時間對占星特別感興趣，於是她便在推特上搜尋了相關推文，隨後她的推特便被占星學說塞得滿滿的。雖然瓦萊麗很快就對占星失去了興趣，但推特演算法卻還是堅持推播有關占星的訊息給她，而且這些訊息多半都是警告她「很快會有劫數發生」的那種。縱使瓦萊麗已經多次向推特官方反映她的心聲，但是卻一點用也沒有。「每次發生水逆的時候，我都很擔心我會遇到不測。雖然我根本不想看那些東西，但他們就是堅持要我看。我的生活差點被他們給毀了。」瓦萊麗如此說道。演算法雖然會猜測你喜歡什麼，但它顯然無法理解一項簡單的事實：人的喜好是會變的。

演算法之所以給人帶來焦慮感，有一部分實在得要怪在那些行銷廣告的頭上。這些廣告之所以能夠精準地指向目標客群，靠的就是各家網路平臺的演算法機制。為了賺取廣告收益，各個網路平臺都會密切監控你的行為，然後再把最能吸引你注意力的廣告區塊賣給廠商。今天，廣告收益早已是許多數位平臺和線上媒體的最大收入來源。因此，不管你在哪裡讀文章、看影片，你都一定經常會被突然跳出來的廣告圖片或自動播放起來的廣告影片給打斷。這種廣告，和有線電視或紙本雜誌上的廣告都不一樣——它們是專屬於你的個人化廣告。縱使你經常在幾個不同的平臺上來回切換，你也一定經常會看到相同的廣告內容鍥而不捨地跨越平臺追著你跑。這是因為許多不同的網路平臺都透過相同的廣告軟體出售他們的版位（Google推出的Google AdSense就是其一），所以你才會無論跑到哪，都看到一樣的廣告。我之前就曾被這種無孔不入的個人化廣告給嚇到過。那陣子，有一款由德國廠商USM出品的櫥櫃，不斷出現在我點開的各種網頁裡。這組櫥櫃有著現代風格的格架，金屬製的層板上塗著亮色的外漆，確實吸引了我的目光。不過當我意識到這是針對我而做的個人化廣告之後，我就倒彈了。這種個人化廣告非但沒有使我更想消費，反而使我感到疲乏，甚至我還因此對自己的品味產生了質疑。

瓦萊麗說：「現在有很多的文化微潮流，都是圍繞著社群媒體而興起的。在一眨眼的時間內，你根本都還來不及思考自己喜不喜歡某樣東西，潮流的方向就又變了。」她總結道：「但我只不過是想找到我真正喜歡的東西而已。」容我換句話說吧：瓦萊麗想要得到的，其實就是一套屬於自己的品味。她希望能信靠自己的品味，也希望它能有著恆常不變的標準。雖然演算法之所以會推播一堆莫名其妙的內容給她，有一部分是出自於她過往的行為（她本人也知道這一點），但演算法推播的速度和規模，實在遠遠超出了日常經驗所能想像的程度。瓦萊麗說道：「在現實裡，我不會因為和某人互動過，從此我就到處都看到與他相關的事物。但在網路上，為什麼我和某個穿著保暖腿套的網紅互動過之後，我就必須到處都看到與腿套有關的訊息？」這番話真是一語中的。瓦萊麗告訴我，她注意到：即使只是沿著曼徹斯特的人行道信步而行，她所看到的事物，也遠比她在數位平臺上看到的內容更多樣紛呈，而且更加鮮活有趣；因為在數位平臺上，只會有一堆彼此相似的東西塞在一起。

我自己也有類似的經驗。身為ＩＧ用戶，我經常會在上面看到一堆有著相同視覺風格的室內設計圖片。要嘛是世紀中期現代主義，再不然就是極簡風。早在我開始使用社群媒體以前，我就滿喜歡這類的設計風格。所以自從上了ＩＧ以後，我就追蹤了零星幾個這類風格的帳號。但最近，類似的帳號卻突然蜂湧而出，形成了一股勢不可擋的洪流。如今，我的ＩＧ已經滿滿都是一堆我不想看到的推薦內容。這堆不請自來的照片，有許多是由我從來沒見過的帳號所貼出的。其所拍攝的內容，若非單色調的米色牆壁，就是裝飾著植物盆栽的居家空間。至於拍攝地點呢，則僅只侷限於墨西哥和瑞典，再不然就是日本。和瓦萊麗碰到的情況一樣：我只不過是和少數幾個主打室內設計的帳號互動過，結果ＩＧ就推了一堆相同的東西給我，好像我活該只能看這類型的內容一樣。雖然我知道它推薦這些給我，是希望吸引我的注意力，但這種做法，非但沒有讓我更想逗留，反倒是讓我對那種缺乏脈絡和意義的「ＩＧ美學」深感不耐。畢竟，無論你再怎麼喜歡一道佳餚，你要是天天照三餐吃，你也很快就會膩的。

身為數位平臺的使用者，演算法推薦系統會讓我們很容易煩膩、對原本喜愛的事物感到疏離。然而，對產品的製造者來說，這種疲勞轟炸的策略，倒是頗為有用。例如，對於像是梵克雅寶這樣的珠寶品牌來說，演算法愈是清一色地推播他們的產品，他們自然也就愈是有利可圖。畢竟廣告受眾的範圍愈廣，產品的銷售量當然也就愈多。然而，如果你是文化產品的創作者，你恐怕就很難點頭同意這一點了，因為演算法系統為了創高流量，常會用扭曲創作者原意的方式來呈現作品，並且也經常會誤解了創作者和其作品之間的關係。在多數情況下，文化產品的創作者和消費者，雙方都無法對演算法推薦系統感到滿意。

二〇一八年初，時年五十四歲的音樂人酷客斯基（Damon Krukowski）發現，很久以前他參與創作的一首歌曲，突然在Spotify上紅了起來。酷客斯基曾在一九八〇年代的獨立樂團「銀河五百」（Galaxie 500）裡擔任過鼓手。過去，銀河五百曾一度把自己歌曲的版權賣給了唱片公司，但後來團員自己成立了唱片公司之後，就又把版權買了回去。自此之後，身為團員的酷客斯基便可以在Spotify後臺看到每首銀河五百歌曲的串流次數。於是有一天，酷客斯基便發現，在他們一九八九年發行的專輯《燃火》（*On Fire*）中的一首歌〈奇異〉（Strange）突然紅了。這首歌的播放量，比銀河五百所有其他歌曲的播放量多了數百萬次以上（這也意味著這首歌成為了銀河五百在Spotify上最賺錢的歌曲）。在Spotify後臺的流量圖表上，〈奇異〉的播放數曲線以四十五度的超高仰角，遠遠把其他歌曲甩在後頭。不過，這首歌紅的原因，卻頗令人費解。〈奇異〉從未以單曲的形式發表過；當初專輯推出時，也從來沒把〈奇異〉當作主打歌；銀河五百更是從來沒把〈奇異〉視為他們的代表作。後來，酷客斯基只好這樣告訴我：「〈奇異〉會紅，我認為純粹是誤打誤撞。」此外，令〈奇異〉這首歌更顯奇異的是：它就只在Spotify上紅而已，在別的串流平臺，它都完全沒有紅的跡象。

酷客斯基向我透露：當初他們創作〈奇異〉這首歌，其實是想暗酸那些受到市場歡迎的芭樂歌曲，所以他們故意把曲子寫得很芭樂。在這首歌正式定名以前，他們曾給過它一個暫定的歌名，叫〈重金屬芭樂情歌〉（Heavy Metal Ballad）。《燃火》這張專輯，整體來講曲風慵懶，並且刻意保留許多聽來粗糙的音效。〈奇異〉這首芭樂情歌，確實和專輯中的其他曲目格格不入。銀河五百的歌，向來都帶有濃濃的內向氣質，而且聽得出來他們對自己的內向頗感自豪。他們不只作風低調，他們寫的歌詞還往往帶有一種知識分子的趣味，曲風則通常帶點龐克的感覺，但又比一般的龐克音樂多了點書生氣。除了酷客斯基之外，樂團的另兩名成員分別是貝斯手娜奧米（Naomi Yang）和吉他手威爾翰（Dean Wareham），他們彼此是哈佛大學的同學。早在學生時代，三人就在一起玩樂團了。

然而，一九九一年發行完第三張專輯之後，銀河五百就解散了。不過，酷客斯基的音樂生涯並沒有終止，他繼續在其他樂團擔任鼓手，還寫了好幾本和音樂有關的書。不只如此，他還跟當年的樂團夥伴娜奧米成為了伴侶，兩人一起定居在麻薩諸塞州的劍橋。到了二〇一〇年代，酷客斯基還因為花了很多時間處理和銀河五百音樂版權有關問題，誤打誤撞地取得了一個新的身分：一名對串流音樂產業帶有批判意識的樂評人。在酷客斯基看來，〈奇異〉這首歌之所以會在Spotify上紅，唯一的原因，那就是在二〇一七年時，Spotify將原本需要手動設定的「自動播放模式」調整成了預設模式。在自動播放模式之下，當Spotify播完了使用者點開的曲目之後，演算法就會自動替你挑選一首歌，然後問也不問地兀自播放起來。

「從Spotify把自動播放調成預設的那一天起，〈奇異〉的播放數就開始飆高，把銀河五百的其他歌曲甩在後面，」酷客斯基說明道。「之所以會這樣，純粹只是因為Spotify的演算法特別喜歡向人推薦〈奇異〉這首歌。」酷客斯基在他自己經營的電子報中提出了這項觀察。不久之後，當時在Spotify擔任數據分析師的麥當納（Glenn McDonald）便讀到了這份電子報。麥當納同樣對〈奇異〉爆紅的原因很感興趣，於是便著手展開了調查。在分析了Spotify的內部數據之後，麥當納得出了結論：〈奇異〉之所以受到演算法青睞，並不是因為銀河五百的曲風很特別——恰恰相反。〈奇異〉之所以會紅，其實是因為〈奇異〉聽起來跟其他樂團推出的歌曲差不多。因此，當別首歌曲播完之後，演算法很可能就會選中〈奇異〉，自動幫你播放起來。而在這種情境底下，多數人也不會特地按下暫停鍵，費心去找下一首歌。在演算法看來，使用者沒有按停，也沒有切歌，那就表示它選對歌了。於是，演算法就又把〈奇異〉推薦給其他更多使用者。

我問過酷客斯基，請他說說〈奇異〉這首歌到底有什麼出眾的地方。他說〈奇異〉最大的特色，就是跟八〇年代最流行的那些「重金屬芭樂情歌」聽起來很像：歡快的氛圍、規律的鼓點、高亢的吉他音色（這種吉他音色並非銀河五百的典型曲風）、沒有太長的獨奏樂段，而且整首歌的時間很短，只有三分十九秒。換句話說，〈奇異〉這首歌最大的特色，就是沒有特色。酷客斯基告訴我：「當年我們都覺得特別好玩。透過這首歌，我們把其他樂團狠狠酸了一把。結果沒想到到了今天，演算法還真把這首歌毫無特色的那一面給聽出來了。」除此之外，由於演算法本來就比較青睞那些已經受到歡迎的人事物，因此，一旦〈奇異〉紅起來之後，它自然就愈變愈紅。酷客斯基是這麼講的：「〈奇異〉一旦開始被演算法推薦之後，接著就只會更加被推而已。」簡而言之，愈是沒有特色的東西，就是愈容易受到演算法青睞。

這就是我所謂的「品味的庸常化」。我所說的「庸常」，指的是平庸的安全牌，不會讓任何人感受到冒犯或者不悅。在演算法的主宰之下，網路上那些庸常的內容，最容易受到歡迎、也最容易廣泛流傳。就像〈奇異〉這首歌的故事告訴我們的：最庸常的歌曲大受歡迎，其他的歌曲則乏人問津。有特色的東西能見度愈來愈低，於是自然而然，愈來愈不會有人想要發揮原創性，因為這麼做已經逐漸不敷成本。（別忘了扁平時代的鐵律：如果不能爆紅，下場就是無人聞問。）於是，大眾能夠接受的美學範圍愈來愈狹窄，到最後，只剩下最安全、最平庸的作品會被創作出來。雖然流行的事物總會汰換，但其安全、平庸的性質卻是一樣的。這就是為什麼推特上經常會有某個迷因突然流行起來，緊接著所有的推特用戶都開始用同樣的方式說話，例如發布一則「求推薦」的貼文，以及對外公開你的小孩講過的一句最搞笑的話（無論是否真的發生過）等。換言之，不只音樂作品變得庸常，就連說話方式也是如此。酷客斯基評論道：「這個時代，彷彿有種壓力使得人人都想變得庸常。它好像在對你說：『跟大家一樣就好。熟悉的東西最安全。擁抱庸常，大家就會把你當成團體的一分子。』但如果這種『庸常化』的現象被推到極致，那可是很恐怖的，因為這跟法西斯主義完全沒區別。」在扁平時代，這種庸常化的現象，正在把一切事物都牽扯進去，酷客斯基將其形容成「庸常性的黑洞」。

所謂的法西斯主義，意思是強迫所有人遵循單一的意識形態，要求大家都跟別人一樣就好，因此極有可能會犧牲掉某些特殊身分的人群。扁平時代的世界，確實有可能走向法西斯主義。在演算法的主宰之下，萬事萬物都有了一套模板，而且永遠暗藏偏見。演算法會事先替創意工作者劃定界線，而創作者則只能照著模板複製出一份意料之內的作品。這套模板，不單限制了創作者的想像，而且也限制了創作者的文化意識和身分認同。我們甚至可以說，在扁平時代下，我們將會被迫接受獨裁統治，或者重新回到封建時代；因為我們無權掌控我們生活其中的網路世界，也無從逃脫網路上那變化莫測的潮流。

看到〈奇異〉一曲在樂團解散許久之後突然爆紅，酷客斯基對此並不反感，但他強調說：「我從不認為它是一首出色的歌曲。如果你心不在焉地聽這首歌，把音響蒙上一層布，然後轉過頭去，你會發現它跟別的樂團的歌幾乎沒有差別。我想，演算法就是這樣子聽歌的。」在酷客斯基看來，銀河五百是個不斷努力發揮創造力和音樂巧思的樂團。〈奇異〉這首歌，完全不能代表銀河五百。他們當初寫下這首歌，完全只是為了偷酸市面上的芭樂歌曲而已。只是誰都沒料到，如今它卻成了銀河五百最知名的作品。當年銀河五百推出專輯時，他們其實選了另一首叫〈藍色雷聲〉（Blue Thunder）的歌作為主打。這首歌的節奏比〈奇異〉更慢，氛圍也更顯寧靜，因此最初，唱片公司的幾位高層並不贊同團員們的眼光。

在演算法推薦系統的主宰之下，創作者將愈來愈難以預料自己的作品將會以什麼樣的方式受人關注，也愈來愈無法掌握自己的作品會出現在什麼樣的情境和脈絡裡。在Spotify的介面上，他們會把每支樂團播放次數最高的歌曲挑出來，單獨放在樂團主頁的最上層。使用者如果想要找到完整的專輯，並依照專輯的曲目順序來播放的話，還得要額外多費許多心思才辦得到。在過去的年代裡，銀河五百還能想辦法推翻唱片公司的決定，但如今，根本沒有任何人能推翻演算法做出的選擇。酷客斯基繼續分析道：「演算法系統最詭異的地方在於：你無法選擇不參與。不管你想不想要，每個音樂人都得承受演算法帶來的壓力。身為音樂人，即使你對串流音樂毫無興趣，演算法依舊會像禿鷹一樣俯衝下來，死死抓住你做過的那首最庸常的曲子，然後就用這首歌來代表你的音樂成就，而不是那些更能代表你的作品。」酷客斯基所描述的這個過程，同樣也會發生在藝術家和作家的身上。事實上，網路上所有的創作者，都同樣面臨這種「被成名」的風險，甚至會被硬塞進一個根本不屬於自己的「品牌形象」裡。

此外，由於Spotify將聽眾接觸音樂、認識音樂的方式牢牢掌控在手裡，因此它並不需要像傳統的唱片公司那樣開出高價的唱片合約或其他優厚的條件來吸引創作者。「音樂人面臨著演算法所施加的龐大壓力，但Spotify卻不提供我們任何額外的報酬。」酷客斯基說。事實上，別說額外的報酬，連基本、穩定的報酬都沒有。再以〈奇異〉這首歌為例：截至今日，這首歌已經累積了一千四百多萬次的播放數，比銀河五百在Spotify上第二熱門的歌曲〈拖船〉（Tug Boat）多出了五百萬次。儘管播放數字如此突出，但〈奇異〉在Spotify上賺到的報酬，也就是區區一萬五千美元而已。這在酷客斯基看來，完全是不划算的一筆交易。試想：演算法強力曝光銀河五百最不出眾的那首歌曲，砸毀了樂團真正的形象，而這一切竟然只換到了一萬五千美元。對此，酷客斯基的感受是：「這簡直就是剝削。」酷客斯基的遭遇並非個案。在扁平時代裡，許許多多的創作者為了求生存，也都不得不向演算法機制低了頭。

## Netflix是如何推薦影片給你的？

在我成年後的絕大多數時光裡，我都沒有電視。大學時代，我為了看劇，經常會上盜版網站，並在那裡看過《廣告狂人》（*Mad Men*）等劇。這個非法的習慣很久都沒有戒掉，我看的最後一檔盜版劇，大約是二〇一〇年代的《權力遊戲》（*Game of Thrones*）。追劇時，我會整個人躺在床上，身上架起一台筆電，然後用枕頭墊高頭部。等喬到了一個完美角度之後，就躺在那裡動也不動地看。雖然Netflix早在二〇〇七年便推出了最早的線上串流服務，但在很長一段時間裡，我都沒有Netflix帳號，因為我都是用我伴侶父母的帳號。在這樣的情況底下，我追劇追得並不很勤，也看得很隨興。通常我在決定追劇之前，我首先會參考朋友們的建議，或是上社群媒體、部落格搜尋相關的劇評。決定好看什麼劇之後，我還得想法子找到片源才行。片子找到了之後，我才能架起電腦、調暗燈光，享受電腦螢幕近距離放射出來的冷調藍光。但在一九九〇年代，童年時期的我，可不是這個樣子看電視的。那時，我會跑到家裡客廳看電視。電視臺播什麼，我就看什麼。

二〇二〇年，COVID-19改變了我的追劇習慣。記得那場大流行剛開始時，我聽到強制居家隔離的消息傳來，且全球也逐漸出現供應斷鏈的跡象，於是我便立刻下單購買了一台電視機。這是我成年這麼久以來，第一次買了電視。它是一台足足有六十吋大的平面電視，螢幕周邊是烏黑亮麗的塑膠外殼。這麼大一台電視放在我的公寓客廳裡，感覺就像外星人入侵了我家似的。為了把電視放進客廳，我還挪走了原本擱在角落的一張椅子。新電視初來乍到的那段時期，我和我的伴侶潔絲都有點不習慣它的存在。

但不久之後，我們住的地方就開始封城了。封城期間，我們也沒別的事情好做，便決定要來好好追一追列在我們「待看清單」上的幾檔劇。於是，我終於開始訂閱了Netflix。

Netflix的首頁，和Spotify、IG、推特等等都很像，因為這些平臺設計的目的，都是要將他們挑選好的內容推播給你。登入Netflix之後，你會看到頁面上有著一小塊、一小塊的縮圖，各自代表著一檔影集或是一部電影。在疫情最嚴重的那段期間，我特意對Netflix的首頁設計研究了一番；結果我發現它果然會依據我的喜好來調整內容。在用了一陣子之後，我注意到像是旅行紀錄片啦、烹飪節目啦，還有一些主要是拍給國際觀眾看的懸疑類迷你影集，都慢慢跑到了首頁的最頂層。Netflix還為這些節目下了標題，像是「專為凱爾挑選的影片」，或是「專屬於你的片種」等等，試圖營造出量身打造的感覺。在首頁上，每個欄位裡的節目，由上至下，從左到右，統統都是根據演算法排序的。在幫助中心裡，Netflix為它的排序方式寫了一段官方說明：「我們的系統對每檔節目都進行了評分，以便用最佳的順序，依次向您呈現您可能會感興趣的內容。」

Netflix是最早運用演算法推薦系統的網路平臺之一。從二〇〇七年起，Netflix便開始提供影片串流服務。在此之前，Netflix還只是一家透過郵政系統提供DVD租賃服務的公司而已。不過從那時起，Netflix就開始運用演算法推薦系統了。這個系統有個名稱，叫「影片配對」（Cinematch）。影片配對會根據每部電影在Netflix網站上的得分（最低一顆星，最高五顆星）向用戶推薦電影。它的運作原理，和「林哥」相去不遠，基本上都是透過記錄其他用戶的行為來實施協同過濾。Netflix是從二〇〇二年的時候開始採用這套系統的。幾年下來，Netflix發現影片配對在預估用戶會給予一部電影多高的評分這方面，表現相當出色。在七十五%的案例裡，影片配對的預估準確度，可以控制在正負〇・五顆星的誤差範圍內。更驚人的是，在所有接受影片配對建議而租了電影的用戶裡，有一半的用戶看完片子後，給電影下了五顆星的評價。二〇〇六年，Netflix期盼能打造出更好的演算法，於是舉辦了一場有關機器學習的數位工程競賽。Netflix宣布，如果參賽者能幫助Netflix將預估準確度提高一成以上的話，就有機會獲得一百萬美元的獎金。二〇〇八年，《紐約時報》採訪到了一位參與過這場競賽的程式開發人員；他表示，他所設計的一套演算法，對Netflix的預估準確度大有助益，但他在試用這套演算法時，卻發現有個棘手的問題。只要能解決這個問題，這套演算法的準確度，還可以再往上提高個十五%。這個棘手的問題，就是每當碰到了像是《拿破崙炸藥》（*Napoleon Dynamites*）、《尋找新方向》（*Sideways*）、《愛情，不用翻譯》（*Lost in Translation*）、《追殺比爾》（*Kill Bill: Volume 1*）這類的邪典電影時，演算法就很容易失準。邪典電影的特色，就是有著古怪至極的劇情，配上極端特別的美學風格。看了這類電影的人，通常要不是喜歡得要命，不然就是討厭得要死。這些邪典電影都在影史上占有一席之地，但到底哪些觀眾會喜歡、哪些會討厭，這就不是光靠演算法可以估計得到的。在我們的文化品味不斷走向庸常化的此刻，這類劍走偏鋒的電影，恰好也就是最容易被演算法忽視的類型。

Netflix辦的這場競賽，二〇〇九年的那一屆，大獎是由兩支研發團隊組成的聯合隊伍奪得的。其中一支團隊，由一群AT&T的研發工程師主導，團名叫作「貝爾科爾鬧混沌」（BellKor in Chaos）；另一支團隊，則把自己的團名取作「實用理論」（Pragmatic Theory）。這支聯合隊伍協力開發出了一套名為「實用混沌」（Pragmatic Chaos）的演算法工具，可以幫助Netflix將原本的預估準確度提高十・〇六%。

實務性混沌最大的創新之處，是採用了一種叫「奇異值分解」(singular value decomposition)的演算法策略，它能夠將擁有相同特質的電影挑出來，各自分組，例如把帶有浪漫愛情或喜劇性質的電影挑出來分成一組，等等。如果進一步設定更細緻的參數的話，那麼奇異值分解還能更仔細地挑出特定性質的電影，像是「不含血腥鏡頭的動作電影」等等。只不過如此一來，複雜的電影品味，也就變成了只是一連串細緻的「觀影偏好」，例如「不包含B類型元素的A類型電影」。然而，真正的電影品味，應該是一種深刻的、具有整體性的自我認識，而不光只是觀影偏好而已。

如今你只要登上Netflix，就會看到一堆「推薦給您」的影片，而且這些影片的排序還會隨著時間不斷更替。有些人喜歡這個設計，有些人則否；但很少人知道的是：在Netflix的創業早期，他們早就在網頁上設有一個欄位，叫「你會喜歡的電影」，裡面放的都是影片配對演算法替用戶們挑選出來的片。Netflix向用戶推薦影片的次數，遠較Spotify向用戶推薦歌曲的次數少得多；這是因為每首歌播完之後，Spotify就會向用戶推薦新的歌曲，但Netflix卻要等到一部影片播完之後，才有機會向用戶推薦其他影片。甚至如果用戶打定主意，就是要把一檔影集追到結尾才罷休，那演算法就毫無用武之地。但即使如此，在一個重要的意義上，Netflix和Spotify依舊是非常相似的：兩者所採用的演算法幾乎具有相同的功能。它們都會引導我們去點開特定的內容，並且將這些內容扭曲成好像是各個類別當中最有代表性的作品。典型的例證，就是〈奇異〉這首歌的遭遇。在Spotify上，這首根本無法代表銀河五百的歌曲，莫名其妙就成了他們的代表作。

在Netflix的應用程式上，搜尋功能不但反應龜速，而且搜尋結果也很不準確。要在上面搜尋特定類型的電影，是件相當困難的事；而如果你想透過演員或導演來搜尋影片的話，則是根本辦不到。（為了補救如此不給力的搜尋功能，網路上甚至有一類新的文章應運而生。它們替觀眾列出在Netflix上有哪些節目可看，其功能就像是舊時的電話簿一樣。當然，所有這類文章，都經過了搜尋引擎最佳化的調整。）事實上，Netflix的搜尋結果，還會因為其他使用者做出的行為而有不同。愈是受到其他使用者喜愛的節目，就愈容易被Netflix的搜尋引擎給找到。換言之，Netflix的搜尋功能不單只是一套檢索系統而已，它事實上就是另一套的演算法推薦系統。顯然在Netflix看來，使用者真正想要搜尋什麼，並不是最重要的事。在搜尋功能如此不可靠的情況下，Netflix的首頁，便成為了用戶尋找下一部影片的最主要媒介，讓Netflix得以更容易地掌控使用者會看到什麼樣的節目，甚至還能掌控使用者會在什麼時候看到這些節目。根據學者戈梅茲—尤里貝（Carlos A. Gomez-Uribe）和杭特（Neil Hunt）於二〇一五年所做的研究，在Netflix上所有用戶的總觀看時間當中，有八成的時間都是播放由Netflix演算法所推薦的節目。二〇一八年，Netflix在「Netflix數據分析」（Netflix Research）網頁上發布了一段影片；片中，Netflix負責機器學習相關事務的經理芬頓（Aish Fenton）如此說道：「Netflix幾乎等於是一家專門做演算法推薦的公司。」

Netflix演算法納入計算的參數，除了用戶的觀看紀錄和影片評分之外，也包括了偏好相似的用戶們的行為，以及影片本身的背景資訊，例如它屬於什麼類型、由誰主演、何時上映的等等。此外，Netflix演算法還會分析用戶們是在一天中的什麼時段看片子的、看片的時候用的是什麼裝置，以及他們在該種情境下會看多久。Netflix曾經宣稱，他們不會將個別用戶的人口學特徵納入演算法的分析範疇，也就是說，舉凡年齡、種族、性別等等，都不會成為演算法分析的對象，以免不小心加深了對特定人群的偏見。但事實上，以上這些人口學特徵，通常都可以從Netflix有收集的資料當中推估出來。Netflix的演算法，同樣是把「內容過濾」和「協同過濾」兩種技術結合在一起，並將其首頁打造成了一面魔法般的鏡子——你完全不需要輸入任何訊息，首頁自動就會呈現出許許多多你當下可能感興趣的影片。在較早期的年代裡，每個人上網時都還得要承擔選擇的重擔，但Netflix卻替觀眾們免除了這類麻煩事。在扁平時代裡，眾家網路平臺都喜歡把演算法塑造成像是一個中立的媒介，或是一扇敞開的窗口——用更具體的比喻來說，他們喜歡把演算法形容成像是一面鏡子，能夠精準反映出你的個人品味，並據以提供你更多想要的內容。然而，演算法遠遠不是一扇中立的萬物之窗。

二〇二一年，學者帕科維奇（Niko Pajkovic）在一份探討新媒體議題的期刊《匯流》（*Convergence*）上發表了文章，仔細分析了Netflix所採用的內容推薦系統。帕科維奇是專門研究溝通策略的學者，他在文章裡如此分析道：「過去，文化產品的意涵是由人類所決定的，我們必須自己做選擇。但現在，演算法卻逐步取代了人類在文化領域中的角色。」為了瞭解Netflix演算法會對用戶的品味造成什麼的影響，帕科維奇設計了一場實驗。他在Netflix上註冊了幾個擁有不同人設的假帳號，包括「鐵桿體育迷」、「特講究文青」和「無可救藥的浪漫主義者」。其中鐵桿體育迷是這樣的：但凡只要是有拍攝到高強度身體動作的影片，無論是紀錄片或劇情片，他全都喜歡看。此外他偶爾也會看超級英雄電影，但極度鄙視浪漫愛情喜劇。至於特講究文青呢，則喜歡看一些晦澀的藝術電影，也特別喜歡追看國外導演的創作。總之，他喜歡一些會挑戰觀眾原有世界觀的作品。此外，他幾乎不看電視節目，也極度討厭真人實境秀。

而無可救藥的浪漫主義者，則特別喜歡充滿激情和高度戲劇張力的片子，無論影片走的是高雅路線還是強調低俗趣味，一概來者不拒。Netflix會在用戶首次登入時，列出一些常見的片種，請用戶們挑出最對自己口味的類型，以便用戶能夠在初次點開首頁時就收到推薦。但帕科維奇直接略過了這個步驟，因此幾個不同的假帳號初次登入時，大致上都是看到相同的片種。然而，情況很快就有所轉變。

帕科維奇會輪流登入這幾個帳號，然後觀看符合該帳號人設的影片。並且他還會隨機挑選登入的時間，盡可能消除每個帳號在不同時段登入所帶來的影響。實驗進行到了第二天，不同帳號之間就開始出現個人化的現象了；幾個假帳號的首頁，已經開始有所差異。實驗到了第五天，浪漫主義者的首頁上，開始出現了一個新的欄位，叫「專為無可救藥的浪漫主義者挑選的影片」；而特講究文青的首頁上，則出現了一個叫「影評人高度讚譽的藝術電影」的欄位。不只如此，首頁上的幾個通用欄位，包括「熟悉的最愛」和「刺激的電影」等等，也都開始出現了許多個人化的推薦，清楚反映出了不同帳號背後的人設。例如：浪漫主義者無論在哪個欄位裡，都常會看到浪漫愛情喜劇；而體育迷則無論在哪，都會看到許多運動員的紀錄片。這種令人有點困惑的欄位安排，恐怕是Netflix蓄意為之的，目的是讓用戶覺得自己的品味廣泛——即使你老是只看浪漫愛情劇，但你依舊可以從眾多不同的欄位中進行選擇，從而不會覺得自己總是在看一樣的東西。

Netflix會把觀影偏好相近的用戶，分類進相同的「品味社群」裡。這樣的「品味社群」共有多達兩千多個。此外，Netflix也會幫影片做分組。Netflix的演算法一共可以識別七萬七千種次類別。每個次類別，都代表著一小群用戶會喜歡的片種，像是「燒腦的法國藝術電影」、「一九七〇年代以非裔美國人為主角的動作冒險電影」，還有「真實故事改編的感人戰爭片」等等。但通常，Netflix的用戶不會知道自己早已被演算法分組對待了，也不會曉得Netflix上有著那麼多、那麼細的影片分類，因為他們從未有機會選擇要看哪種次類別的片子。在Netflix的首頁上，用戶唯一能看到的，就是演算法系統認為最有可能吸引他們點進去看的一小撮影片而已。

更為驚人的是，Netflix演算法還會依照個別用戶的喜好，更改每檔節目的縮圖。這項技術從二〇一七年下半年開始啟用，官方將之稱作「個人化的封面圖片」。帕科維奇也在他的假帳號實驗中發現了這個現象。在為期兩週的實驗期程結束後，在每個假帳號的頁面裡，不同影片的縮圖，看起來卻都非常相似。帕科維奇說道：「在浪漫主義者的頁面上，最上頭的兩排，Netflix一共為他推薦了十檔節目。這十檔節目中，有五檔的縮圖都是一對戀人正在摟抱的畫面（他們有的正在接吻，有的互相含情凝視）。」這同樣的情況也發生在體育迷的身上。在他的首頁裡，每檔節目的縮圖，幾乎都是男性角色正在進行高張力動作的畫面，例如揮舞拳頭、飛身撲救即將破門的足球、跨坐騎在牛背上等等。在帕科維奇提供的螢幕截圖中，這些縮圖連番上陣，看得令人頗感噁心。那種感覺，就好像去到一家餐廳，卻發現菜單上滿滿都只有漢堡，沒有其他。

這些縮圖有時還會誤導觀眾。例如，Netflix製作過一檔叫《外灘探秘》（*Outer Banks*）的影集。在體育迷的頁面上，這檔影集的縮圖是兩個人拿著衝浪板走向水邊的畫面；而在浪漫主義者的頁面上，縮圖卻是兩個人準備接吻的特寫鏡頭。這兩張縮圖，無疑都是演算法分析了他們的觀看紀錄後，為他們量身訂製的。但問題是，這兩張縮圖都不能代表這檔節目真正在演什麼。事實上，它是一部充滿動作情節的懸疑劇，探討的主題是失蹤和謀殺。不少Netflix訂戶都注意到一個令人不安的現象：雖然Netflix宣稱不會將用戶的種族納入分析，但其首頁上的縮圖，卻似乎只會呈現和用戶膚色相同的角色。二〇一八年，Netflix的這種做法，便引來了一番爭議，起因是有人發現在他的Netflix上，浪漫愛情喜劇《愛是您・愛是我》（*Love Actually*）的影片縮圖用的是黑人演員艾吉佛（Chiwetel Ejiofor）的劇照，並且將他呈現得有如該片主角一般，但艾吉佛在片中實際上只是個次要的角色。這種迎合用戶喜好變更縮圖的做法，扭曲了影片真正的內容，試圖讓用戶誤以為那些節目符合他們的口味；因為如果縮圖都老老實實呈現出節目內容的話，有的節目你可能就不會點開了。而Netflix演算法正在做的事，就是盡可能誘導你點開影片，賭賭看你會不會把它看到完。由此可見，Netflix從頭到尾都在試圖操縱使用者的行為。儘管Netflix號稱會提供你符合個人品味的影片，但事實上光靠Netflix演算法，你根本無從培養個人品味。

在實驗期間，帕科維奇還創了一個控制組帳號，用它隨機觀看Netflix上的內容。結果帕科維奇發現，這支帳號竟然也被Netflix推薦了特定的內容：《玩命關頭》系列的全八部電影。事實上，帕科維奇創的每支假帳號，都曾被推薦過《玩命關頭》系列電影，縱使這幾個帳號並不是都對這類片子感興趣。不過也有可能單純是因為Netflix花了高額的費用才引進了《玩命關頭》系列。帕科維奇寫道：Netflix演算法「名義上是在做個人化推薦，但實際上只不過是把用戶較有可能點開的影片推給他們而已」。如果只是因為大多數觀眾都喜歡《玩命關頭》，所以就把它推薦給你，那這根本稱不上是個人化推薦。所以說到底，Netflix並不會真的替你找出最符合你偏好的影片，而是只會把廣受歡迎或者當下正好有播映權的影片推薦給你，並創造出一種符合你品味的幻覺。在實體出租店面倒光以前，任何一家稍具規模的百視達，至少都會有六千部以上的影片；但在二〇二三年，Netflix上所有的影片，才只有不到四千部而已。透過演算法推薦機制，Netflix讓人產生了各種影片都有的幻覺，但那其實都是假象。

Netflix演算法評判內容的方式，就是看它能否瞬間取得人們的喜愛，這點和社群平臺的做法並無不同。然而，這種方法卻和「品味」的意涵背道而馳。過去，人們相信藉由培養個人品味，可以幫助我們建構出更好的社會和文化環境；但這套理念卻已經逐漸式微，取而代之的則是某種形式的消費主義：你購買了什麼東西、看了什麼影片，就定義了你是個什麼樣的人，同時也決定了你該要消費什麼樣的文化產品。

誠然，帕科維奇做的實驗，和正常的使用情境不會一樣。現實中很少有人會只看特定類別的作品，所以多數訂戶在Netflix首頁上看到的內容，很可能會比那幾個假帳號所看到的更多樣化一點。但即使如此，Netflix的推薦機制和更動縮圖的做法，確實會使我們的品味朝單一化的方向發展，並限縮了我們接觸異質事物的機會。Netflix的身段雖然柔軟，但它仍舊不斷將特定的影片強迫推銷給我們，使得我們的品味變得僵化，甚至變得只能欣賞某個窄小範圍內的作品。縱使演算法推薦的準確度提升了，但這樣的推薦系統仍舊對用戶的視野造成了限制。正如帕科維奇說的：「Netflix會透過演算法系統，不斷鞏固訂戶原有的偏好，減少他們接觸到不一樣文化產品的機會，並因而削弱了藝術、美學和文化具有反抗性質的社會角色。」這個現象，著實令人憂慮。並不是說偉大的作品都一定得要冒犯社會大眾才行；而是說，當你身邊的一切事物都循規蹈矩時，我們就不會再有機會看到真正前衛的作品。如今，網路世界多的是符合種種細緻規格的作品，但大膽挑戰常規的作品，卻極為罕見。

Spotify的運作模式，大致上和Netflix差不多。它同樣會把內容劃分進許多預先設定好的組別裡，而這種做法同樣加劇了歧視和偏見的問題。二〇一九年九月，鄉村歌手瑪蒂娜（Martina McBride）在Spotify上創了一個鄉村音樂歌單。Spotify有個功能，可以自動把相關的歌曲添加到歌單裡。瑪蒂娜開啟了這項功能之後，發現演算法接連不斷地把由男性鄉村歌手所演唱的曲目添加到歌單裡。一連十四首，添加的都是男性歌手的歌，直到第十五首才終於來了一位女性。瑪蒂娜大感驚嚇，她在ＩＧ上發文質問：「這是懶惰嗎？這是歧視嗎？Spotify是音痴嗎？現在都什麼年代了？」

渥太華大學一位專門研究鄉村音樂廣播的教授華森（Jada Watson）看到了瑪蒂娜的貼文後，決定親自上Spotify試驗看看，結果得出了類似的結果——演算法連續推薦了十二首男性歌手的歌曲給她。為了確認這並非巧合，華森特地創了一個Spotify帳號，專門只用來聽女藝人的歌曲。結果發現「在Spotify推薦的前二〇〇首歌當中（過程中這份歌單經歷了十九次的更新），只有六首（占三％）是女性所演唱的，另有五首（約占三％）是男女合唱。而且這些有女性歌手參與的曲目，是演算法在連續推薦了一百二十一首純由男性歌手唱的歌之後，才終於出現的」。顯然，不管使用者的聆聽習慣如何，演算法總是偏好男性歌手。不只如此，瑪蒂娜甚至發現：演算法會自動推薦哪些歌曲，根本就和使用者的聆聽習慣沒有關聯，而是跟歌單取了什麼標題比較有關。也就是說，根據Spotify，所謂的鄉村音樂，在定義上恐怕就是一種偏男性的曲風。為了更加確認這一點，華森另外創了一個歌單，並將其命名為「由擁有陰道的人士所演唱的鄉村歌曲」，結果演算法還是推了一堆男性歌手的歌給她。可見，演算法要是帶有偏見，就會用帶有偏見的方式來劃分內容。「Spotify對鄉村音樂的看法非常狹隘。」華森教授告訴我。

儘管Spotify承諾會提供個人化的歌單，但實際上它只提供了非常狹隘的內容。

二〇一四年，微軟研究院的部落格刊登了一篇由學者桑維克（Christian Sandvig）所撰寫的文章。文章中，桑維克提出了一個新的詞彙「腐化的個人化推薦」（corrupt personalization），用以形容百弊叢生的演算法推薦系統；例如Netflix上具有極大誤導性的縮圖，又比如總是推薦男性歌手的Spotify歌單。桑維克寫道：「『腐化的個人化推薦』，指的是會把你的注意力引導到你根本不感興趣的事物上的個人化推薦。」桑維克指出，演算法推薦系統「是為企業的利益而服務的。企業的利益，經常和我們的利益相矛盾」。再舉Netflix為例：那些充滿誤導性的縮圖，還有那無處不在的《玩命關頭》系列影片，雖然對用戶不一定有幫助，但卻能幫Netflix提高用戶參與度，增加用戶們的好感，進而提升Netflix的訂戶數，讓Netflix公司可以繼續成長。

「腐化的個人化推薦」的案例並不少見，在亞馬遜和Google上也一樣如此。亞馬遜的演算法會讓自有品牌的商品優先呈現出來，然後才輪到其他商品；而Google的搜尋引擎也一樣會優先呈現Google自家的產品內容，例如它會優先引用Google地圖上的資訊，並將其當作是最佳的訊息來源。靠著演算法機制，這些公司在大賺其錢之餘，卻犧牲了使用者的權益，同時也破壞了我們的文化生態系。正如桑維克所說的：「人的欲望是有可塑性的。如果演算法一直把使用者並不感興趣的東西推薦給他們，長期下來，使用者就會誤以為那些東西是他們真心喜愛的事物，而且很難不這麼想。」網路世界原本就是各種小圈圈、同溫層的溫床，使我們很難接觸到多樣化的觀點。在政治領域，同溫層已是一個大家都很熟悉的問題——自由派主要都只看親自由派的文章和報導，保守派亦然。而文化領域其實也面對到相同的問題。在個人品味這件事上，弄清楚自己真心喜愛什麼從來都不是件易事，但當演算法機制極力把特定內容推薦給你，並且宣稱這些都是你的「個人化內容」時，弄清楚自己不喜歡或不想要什麼也同樣困難。在扁平時代裡，在無處不在的演算法推薦之下，我們變得愈來愈摸不清楚自己的品味，也愈來愈弄不清楚「我」到底是誰。

二〇一一年，《搜尋引擎沒告訴你的事》（*The Filter Bubble*）一書出版了。這本由網路倡議者兼作家帕理澤（Eli Pariser）所寫的書，探討的正是網路同溫層的問題。帕理澤指出，演算法推薦機制和其他的數位溝通管道，都可能會讓使用者身陷同溫層的泡泡裡，只接觸到和其自身意識形態相符的內容。在該書發表後的十年裡，所謂的同溫層或「資訊濾泡」（filter bubble）的概念，不停地引發各種爭論；在有關政治新聞的討論裡，資訊濾泡更是經常成為熱議的焦點。根據某些人的評估，資訊濾泡的現象，其實並不如帕理澤所說的那樣嚴重。布倫斯（Axel Bruns）於二〇一九年出版的《資訊濾泡真的存在嗎？》（*Are Filter Bubbles Real?*）一書，即為持此論者的代表。然而，不少學術研究都傾向於認為資訊濾泡的現象確實存在。例如《輿論季刊》（*Public Opinion Quarterly*）便在二〇一六年刊出了一篇文章，文中指出網路上某些特定主題的內容（特別是那些立場鮮明的言論），確實很容易構成一種「意識形態隔離」（ideological segregation）的現象。

然而，無論是文化產品的消費或文化品味的培養，這些文化領域的議題，都和網路上的政治新聞、意識形態等議題不一樣。雖然政治和文化這兩類訊息主要都是透過相同的網路平臺傳播的，但這兩者的傳播模式卻有所不同。在政治領域，資訊濾泡會將擁有相同政治傾向的人聚集在一起，並把他們孤立起來，讓他們接觸不到不一樣的觀點。而在文化領域，演算法卻會把文化產品推薦給許許多多價值觀念迥異的人，以便吸引到最大化的流量。在演算法機制的運作過程中，擁有不同文化品味的人往往都會接觸到相同的文化產品。畢竟人們之所以想要消費文化產品，通常並不是源自於仇恨或衝突。二〇一二年，印第安納大學專門研究演算法推薦系統的張靜靜教授在都柏林推薦系統研討會上發表了一篇文章，文中提到，她和其他幾位學者合作進行了一項有關個人化音樂推薦系統的實驗，結果證明演算法推薦系統的運作模式，確實會讓市面上流傳的文化產品變得愈趨相同。

在實驗中，實驗者將好幾首歌曲推薦給了擔任受試者的學生，並告訴這些學生說，這些歌都是依據他們個人的喜好而推薦的。每首歌曲，都附帶一個星星數。實驗者告訴學生：歌曲附帶的星星數愈多，就代表該首歌和他們的喜好愈是相近（但實際上，這些星星數是隨意給定的，並不具有任何意義）。接著，實驗者問學生願意花多少錢購買這些歌曲。結果，星星數愈高的歌，學生願意花費的金額也就愈大。據統計，每多一顆星，學生的願付價格就會提高十％到十五％。由此可見，只要我們覺得某樣文化產品是特地推薦給自己的，我們看待它的方式就可能會被扭曲，覺得它比原本更具吸引力或更有價值。此外，由於演算法推薦系統原本就有自我循環、自我強化的效果，因此這種價值扭曲的現象也會變得更加嚴重。正如張靜靜教授在接受podcast節目「金錢星球」（Planet Money）訪問時所說的那樣：我們接受演算法推薦的時間愈長，系統就會愈傾向於「推薦更多同質化的東西給我們」，到了最後，演算法將會「把類似的東西推薦給所有的人，不管你的品味有多獨特都一樣」。這就是我們正在經歷的品味同質化現象。

## 消失中的收藏文化

當我們使用一款應用程式時，除了演算法推薦內容之外，使用者介面的呈現方式，同樣也會影響到我們如何接觸文化產品，以及接觸到哪些文化產品。在科技業界，「使用者介面設計」這門專業，通常都是歸屬在「使用者體驗」這個大標籤之下的。所謂「使用者體驗」，指的是使用者在系統上瀏覽內容、搜尋內容，以及點擊內容時會經歷到的一系列細緻感受。時至今日，眾家網路平臺都很強調要盡可能提供被動式的使用者體驗——你不需要對系統瞭解得太多，你只要懂得操作送到你面前的選項就好。畢竟理論上，演算法對你的瞭解，比你對自己的瞭解還要多（儘管不可能真的如此）。因此，如果我們總是依賴Netflix首頁、IG的「發現」功能或TikTok的「為您推薦」來找到感興趣的事物，那麼我們替自己做決定的機會自然也就會愈來愈少；我們會愈來愈少決定要搜尋什麼內容、愈來愈少決定要追蹤哪些人物，也愈來愈少決定要收藏什麼樣的事物。在過去的年代裡，「收藏」這個動作是很重要的。我們往往透過收藏來形塑自己的個人品味。看著一件一件對自己來說意義非凡的藏品堆積起來，就像看著一座紀念碑巍然立起，也像看著一隻鳥從無到有建造出一座自己的巢。

然而，隨著演算法的推薦功能愈變愈強，使用者也變得愈來愈被動，許多人甚至已經不覺得有必要建立起自己的一套收藏品，也不覺得有必要保存一些意義重大的東西。簡言之，我們拋下了把東西好好收藏起來的責任。在過去二十多年裡，無論是收藏電影DVD、黑膠唱片，還是收藏一整櫃的圖書，這類行為已經慢慢從一件必須之事，轉變成了一件奢侈之事。畢竟，當數位平臺一再宣稱他們能夠隨時提供我們想要的任何東西時，我們又有什麼必要費心去收藏它們呢？但問題是，將來這些數位平臺究竟還能營運多久，這是誰都無法保證的事。再說，數位平臺上的東西看似應有盡有，但實際上卻不過是演算法創造出來的假象。更何況當這些平臺的使用者介面變動的時候，經常都會令人大感困惑——而且這種事情發生的頻率還並不少。

二〇二一年年末的某個早晨，當我打開筆電、開啟Spotify時，我瞬間就傻住了。在此之前，我已經很習慣只要在Spotify上按幾個鈕，就能找到我喜歡的音樂。當時我想要點播的，是一張一九六一年推出的爵士名盤，由樂手拉提夫（Yusef Lateef）所演奏的《東方之聲》（*Eastern Sounds*）專輯。在疫情期間，無數個在家工作的早晨，我都會播放這張專輯，以此作為開始工作的儀式。潔絲每每聽到開場的那幾個反覆出現又有點不協調的音，都會忍不住笑出來。然而那天早上，我怎麼找都找不到這張專輯。從前，Spotify都會把我按過「愛心」的專輯記錄下來，固定展示在某個頁面上；這相當於是你在Spotify上「收藏」唱片的方式。我早已形成了一套肌肉記憶，不用思考就可以在應用程式裡找到這些專輯。但那天不只《東方之聲》不見了，所有我曾「收藏」過的專輯，統統都找不著了。它們被悄悄移動了位置，事前沒有人知會我一聲，也沒有給我選擇要或不要的機會。我就像是患上了失語症一般；也像是有人趁夜把客廳裡的家具大挪移了一番，而我卻還在用以前慣用的方式四處走動。在那天早上改版了之後，在Spotify招牌的暗綠色介面裡，出現了一個嶄新的標籤，上面寫著「你的音樂庫」。這幾個字似乎在暗示：你要找的歌都在這裡。但這個標籤一點下去，卻跳出了一個陌生的視窗，裡面都是一堆我沒看過的自動生成歌單。在「你的音樂庫」底下還有另一個標籤，點下去就出現了一堆我根本沒在Spotify上收聽過的podcast。我徹底被搞暈了。

當所有形式的文化產品都轉戰串流時，你很容易會誤以為所有內容都安然放置在雲端上，只要手指頭點幾下就有。同時我們也很容易會忘記：我們其實可以把文化產品用實體的形式收藏起來，然後安排一段私密的時間，不受演算法干擾地好好和它們相處。我們可以在書架上囤積藏書，在客廳的牆上掛起藝術品，也可以在角落堆起一落又一落的黑膠唱片。當我們想要來點什麼時，我們就去把它找出來便是。我們可以藉由書背上的書名找出一本書，然後藉由唱片封面找出想聽的專輯。在經歷了Spotify強制性的介面改版之後，我開始意識到我們使用和儲藏文化產品的方式，都會對我們的消費模式產生影響。其實，不只Spotify曾經換過介面，當初推特剛開始採用演算法系統時，也曾在介面上新增了一個「為您推薦」的頁面，造成了很多人的困擾。ＩＧ上「發布相片」的按鈕位置，也曾經莫名其妙地更動過。有一度，ＩＧ甚至還把那顆按鈕換成了「觀看短影片」的按鈕，按下去之後，就會出現一堆類似TikTok風格的短影片。

網路平臺的介面一變再變，但我卻渴望能有個固定、可靠的方式，讓我安穩地享受我喜歡的文化產品。解決之道並不遙遠：早期大家把文化產品買回家、自行收藏起來的那種方式，就足夠固定可靠。只不過當時沒有人想到這種固定可靠的方式，竟然有一天會煙消雲散。一九三一年，德國的文化批評家班雅明寫下了一篇名為〈揭開我的藏書〉（Unpacking My Library）的文章，描寫我們和實體的文化產品之間有著什麼樣的關係。在文章裡，班雅明講述了他從一只舊箱子裡取出藏書的經過。當時這只箱子已經有多年沒有打開過，上面滿覆塵土。班雅明把書取出後，便隨意將它們攤放在地上，準備將它們重新歸架。班雅明如此形容那些書：它們「還未上架，因此還沒沾染上由於歸類嚴整所帶來的稍嫌無趣之感」。對班雅明來說，光是藏有這些書，便足以使他成為一名讀者、一名作者，以及一個人；即使他並未讀完他全部的藏書，亦無害於此。在班雅明的書架裡，一本本書籍站立其上，昂然挺立地象徵著班雅明渴望獲取的知識，同時也光彩燦然地記錄著他曾經走訪過的城市。收集書本，是班雅明和這個世界互動的方式，也是他創建自己一套世界觀的方法（這樣的一套世界觀，在班雅明的文化批評中有更進一步的發揮）。

班雅明的藏書，是座屬於他的紀念碑。其實我們每個人也都一樣：我們都能夠用自己喜歡或認同的事物，來形塑我們個人的品味，並藉以建造出我們個人的紀念碑。「收藏」這個行動之所以重要，是因為它讓我們可以永久保有一些東西；除非我們主動拋棄，否則誰也不能奪走我們的藏品。班雅明寫道：「『擁有』是人和物件之間最親密的一種關係。並不是說物件藉此在人的身上活了起來，而是相反：人藉此在物件當中活了起來。」我們往往可以透過身邊的物件照見出自我，甚至重新發現未知的自我。然而，假使班雅明的書架和藏書每隔個幾個月就要大搬家一次的話，那麼班雅明所描述的這種人和物件之間的共生關係（或者說是「共同演化」的關係），是絕對無法存在的。像Spotify那樣時不時就把使用者介面和演算法機制大改造一番的做法，在我看來完全摧毀了我賴以形構自我的藝文收藏。

在扁平時代裡，我們的文化藏品，不再全然屬於我們自己。在雲端空間裡的藏書和唱片，總是隨時都在改變位置，一會兒將某些作品推向前頭，一會兒又將另一些作品藏到了後頭。這使我想起魔術師常玩的那種把戲：拿出一副撲克牌，請你隨意挑一張；但不管你怎麼選，都是選中魔術師設計好的那張牌。我們被剝奪了主導權之後，我們和摯愛的文化產品之間的連結也就不斷地被削弱。通常，我們不會單獨去欣賞「書架」這種東西，因為我們總是把注意力放在書架上的書；但其實，書架是種很偉大的發明，能夠幫助我們將書籍和唱片一一展示出來。透過書架，你可以用一種相對比較自主的方式挑選自己想要看的書和想要聽的唱片。透過書架，收藏者也可以完全自主地決定要如何展示他們的藏品。只要你願意，你可以依照作者的名字來排列書本，也可以依照書的內容主題來排列，甚至可以依照書封的顏色來排列。而且一旦放妥之後，它們都不會自己挪動位置。然而，數位平臺的收藏介面就不是如此了。那些科技公司一旦心血來潮、決定要優先呈現某些東西，你的使用介面就會瞬間面目全非。例如，一旦Spotify認定podcast能夠帶來更多的收益，他們隔天或許就會突然把podcast放到最顯眼的位置。歸根結柢，使用者介面是依據企業的商業策略而設置的。這些企業通常都會優先呈現自家推出的商品，再不然就是會頻繁更動原有的介面，誘導使用者點開最新推出的功能。

班雅明寫道：在面對自己的收藏品時，收藏者往往會「感覺自己對它們負有責任」。但對於在網路上「收藏」內容的我們來說，實在很難對自己的藏品產生責任感。在今天這個時代，我們已無法像班雅明那樣扮演起藏品管理者的角色了。我們不僅無法真的擁有那些藏品，我們甚至不能肯定下一次打開應用程式時它們還會放在相同的地方。

即使你花了心思替自己策劃了一座線上音樂圖書館，但只要平臺介面一個變動，你的心血可能就會付諸東流。哪天要是某個串流平臺關閉了，你的整副收藏品甚至可能會一夜消失。數位平臺更動介面時，往往都不會事先知會使用者，也不會替之前的狀態留下任何紀錄。每一次的變更，都徹底抹除了前一代的版本。在過去幾十年裡，曾經我只要不做軟體更新，就可以繼續使用我偏愛的舊版Spotify和舊版ＩＧ；但這個辦法已經行不通了。如今，眾家應用程式幾乎都直接建置在雲端上，而使用者只能線上使用它們。也就是說，這些應用程式背後的公司，如今已經徹底掌握了應用程式裡的各項設定，隨時想要更動都可以。如此不斷變動的使用者介面，無疑將會把我們的文化環境更往單一化的方向推。使用者不僅失去了當初他們接觸到文化產品時的情境，也無法回顧過往，將當初經驗到的記憶記錄下來。使用者唯一能擁有的，就只有網路上瞬息萬變的「當下」與「此刻」而已。

每當一款應用程式大幅更新或是徹底消失時，透過它收集而來的文化產品，往往就會隨風而逝。老式的八軌錄音帶縱使已經過時，但只要找到適當的設備，還是有辦法再次重溫當年的情景。然而網路上蒐集而來的東西，就沒辦法如此了。將你的藏品堆放在網路上，那就像是把城堡建在沙灘上一樣——海潮早晚會將它沖倒，等你一覺醒來，就好像什麼都不曾存在過一樣。每當我回想起我的Tumblr帳號時，我都會有這種感覺。在二〇一〇年代早期，我曾在Tumblr上收集了四百零八張動漫ＧＩＦ檔，節錄了無數句的詩，並存下了許許多多懷舊電玩遊戲的截圖；但Tumblr卻已不再是原本的Tumblr了。類似的事情，也發生在臉書推出的相簿功能上。早在二〇〇七年，我就開始使用這項功能，但它後來卻愈來愈不受到臉書重視，說不定哪一天，它就會徹底消失。

數位科技的變化如此快速，如同流沙一般。它侵蝕了我們的收藏品，奪走了我們的經驗和記憶，使我們只能在科技的斷垣殘壁上懷舊，在闃寂無聲的廢墟裡憑弔著那些曾經人來人往、喧騰一時的數位平臺。我曾經無數次利用Tumblr分享圖片，但如今那些連結卻早已失效，只能通往一片虛無。我當然可以趁Tumblr風頭尚健時，把所有的收藏品都下載到硬碟裡，確保我永遠都能召喚出它們；但我卻無論如何不可能把各個帳號和我之間透過收藏品所建立起來的關係也一併打包下載，複製出一幅和當年一模一樣的互動網路。如今，我仍然偶爾會登入我的Tumblr帳號，只為了藉著上面那些仍然健在的檔案，回憶一下當年那個比現在緩慢得多、親密得多、所有事物依照順序排列，而且不會突然蹦出一個推薦內容的網路空間。曾經，Tumblr就像是一座書架，那裡的步調適合沉思、適合冥想。我當然希望美好年代可以重新再來，但我對此並不樂觀。

在我還是青少年的時候，我經常開著一台家人共用的車，而車上則固定放著一本我的CD收納冊。這本收納冊裡面的CD，有些是我買的，有些則是我自己燒錄的好歌大補帖，反映著我當年的音樂品味。這本收納冊，我到現在都還留著。它有著典型的九〇年代橡膠邊框，外觀包裹著一層厚重的布料。偶爾，我會把它拿出來，懷想一下當年的情景，以及當年我鍾愛的那些音樂。然而，如果用Spotify聽音樂的話，就不可能會有什麼收納冊流傳下來了。隨著我在Spotify上聽音樂的資歷愈來愈長，Spotify的使用者介面也愈換愈新，我發現自己成為了一個愈來愈被動的樂迷。我發現自己特意收藏起來的專輯愈來愈少，而且也愈來愈懶得去思考每張專輯的主題，更不會去閱讀專輯背後的創作故事，但我愈是懶惰，Spotify就愈是有錢可賺，因為這表示我會繼續訂閱Spotify——它是我這種懶人收聽音樂的唯一管道。

雖然我們仍舊保有自由收聽音樂的權利，但演算法推薦給我們的那些仿若永無止盡的選項，往往使人產生一種失去意義的感覺：當我可以自由聆聽世上所有的曲目時，我該如何找到真正想聽的歌呢？收藏者需要有文化產品才能收藏，而文化產品也要有人願意收藏，那才有意義。當我們把某件我們喜愛的書本、歌曲、圖像或影片收藏起來時，這件作品便會深深地刻劃在我們的心中；而與此同時，透過「收藏」這個行動，我們也會為作品創造出新的脈絡。這個脈絡並不只是對我們自身有益而已，它也會對其他人有益，因為它會成為我們所共享的整體文化的一部分，幫助我們將不同的事物串織到一起。班雅明曾經這麼寫道：「當收藏品的主人消失之時，所謂的收藏這回事，也就失去了它的意義。」班雅明在說的，正正就是這件事。收藏品需要有個主人，而這位主人也需要有收藏品才能展現他的觀點和品味。然而，Spotify裡那些無止無盡的大量音樂，實在算不上是一種「收藏」，而只是一種前後不連貫的大雜燴而已。

有時候，用戶甚至會因為Spotify裡的音樂太多太雜而深受其害。根據我從幾位科技公司的高層那裡聽到的消息，做線上串流服務的公司，通常會用把用戶的使用情境區分成兩種，並分別分析用戶在這兩種情境底下的行為。第一種情境，稱作「投入」情境。此時使用者正專注於內容，主動選擇要看什麼、要聽什麼，並且會積極評斷接觸到的內容好或不好；第二種使用情境，則是「放鬆」情境。這時，使用者只是隨意聽聽、隨意看看，不會費心去思考手機正在播放什麼東西，也不太會在意下一個檔案會播些什麼。演算法推薦系統不斷在做的，就是把你我都往第二種情境裡推。因為當我們處在「放鬆」情境時，我們就會像填鴨子一般，對所有內容來者不拒，陷入一種「重量不重質」的狀態。而這正是平臺方最希望看到的結果——因為你在平臺上停留愈久，他們靠投放廣告所能賺到的錢也就愈多。

使用者愈是被動，也就愈不可能培養出獨特的品味。而從創作者的一方來說，由於演算法帶來的競爭壓力如此之大，他們也被迫要做出許多受演算法青睞的內容；唯有如此，他們才能吸引到夠多的人關注他們，以賺取生活所需。為了獲取足夠的關注，這些創作者必須創作出迎合多數人使用情境的內容。而多數人的使用情境，就是一種「放鬆」的狀態——心不在焉地看、心不在焉地聽，隨便來點什麼內容都好，只要不要突然來個會讓人眉頭一皺的東西就行。今日的創作者別無選擇，只能學著適應這番現況。

## 迎合演算法的創作者們

雖然我很晚才加入TikTok，但我加入時，卻是抱著一種迫不及待的心情。那時是二〇二〇年，在歷經了數個月的檢疫隔離之後，網路上所有的休閒娛樂平臺，都已都被我試過了好幾輪；我唯一還沒玩過的，就是TikTok。在此之前，我一直認為TikTok不適合我。畢竟，我是個千禧世代的人，怎麼會想要去嘗試這款Z世代在玩的軟體呢？但在強制隔離的那段期間，我實在閒得發慌，於是便將TikTok下載到了手機裡。點開TikTok的主頁面，最初播送的幾則短影片，看起來完全是隨機出現的，只是為了測測我的品味長什麼樣子——只要分析我把其中哪些影片看到完、又對哪些影片不耐煩地滑過去，演算法就能測出我喜歡什麼樣的內容了。不久之後，幾個特定的主題便浮現出來了：滑滑板的技巧、可愛狗狗，還有一些彈吉他的影片。整個過程，彷彿是催眠一般的體驗；因為我不需要做任何事，只要躺在椅子上，讓我的大腦無意識地替我決定哪些事物值得一看就好。漸漸地，我的TikTok上開始出現了一些新的主題：旅遊心得、美食烹調，另外還有一些旨在教你如何在野外用簡陋的工具製作手工藝品的影片。才不過用了數週的時間，演算法就可以從胡亂丟給我一堆多數人都會感興趣的影片，進化到能夠準確地推給我一些只有極少數人才會想看的小眾影片——這就是演算法根本的運作方式：不斷把我劃分到更小、更細的興趣圈子裡，然後推薦給我相應主題的內容。這是我所體驗過最為個人化，同時又最為準確的演算法了。我一方面覺得很有趣，但同時又感到毛骨悚然。

TikTok是由一家名為「字節跳動」的中國公司所經營的。在中國大陸，他們早有一個自己版本的TikTok（即抖音）；但一直要到二〇一八年，TikTok才終於在美國正式推出。同樣在二〇一八，字節跳動收購了另個名為「Musically」的中國社交軟體。Musically於二〇一四年推出，其最廣為人知的特色，就是有許多青少年喜歡在上面發布自己對嘴唱歌的影片。Musically在美國向來都有眾多的使用族群，經字節跳動收購後，它便被整併到了TikTok裡。從Musically導流而來的用戶群，也正是TikTok得以在美國先聲奪人的原因。TikTok最初在美推出時，最流行的影片型態跟Musically上的很像，主要就是一些時長極短的音樂或舞蹈影片。起初，TikTok規定影片最多只能有十五秒鐘（這主要是承襲自廣受美國人喜愛但極其短命的另一款應用程式「Vine」）。後來，時長上限調整到了一分鐘，然後又再次上調到了十分鐘。另一個幫助TikTok獲得巨大成功的原因，則是他們採用了「全演算法」的模式來推薦影片。意思是：使用者完全不需要主動選擇關注哪些帳號，只要把一切都交給演算法決定就行了。（這點和推特和臉書等社交平臺的情況有所不同。推特和臉書都還是會鼓勵使用者追蹤帳號或頁面，而且貼文大致上都還是按照時間順序排列。）TikTok的策略，果然奏效了。二〇二一年，平均每個月在TikTok上活躍的用戶人數達到了十億以上，使TikTok躋身全球最大型的社群媒體之列，主宰著我們的數位生活。TikTok的成功，使得全演算法的使用介面，愈來愈成為眾家數位平臺預設的選項。與此同時，TikTok也開始創造出一批又一批新時代的網紅以及文化產品。

TikTok用久了之後，我發現有個特殊類型的影片開始出現。這些影片時長都極短，內容則是一些毫無情節可言的日常生活場景，用蒙太奇式的手法拼接起來。例如一杯剛剛沖好的咖啡、一張剛剛鋪好床單的床、光線從窗外照進公寓的那一瞬間等等。這些影片的創作者都沒有現身，他們單純只是用手拿著手機，拍下周遭環境的影像之後，再把它拼接起來。這類影片的背景音樂往往都是流行歌曲。當這些大眾熟悉的歌曲融入畫面時，會讓影片看起來彷彿有電影般的氛圍。這類影片似乎特別適合在疫情期間觀賞——既然這段時間除了生活場景之外什麼也看不到，那就不如把生活場景「統統拍成浪漫愛情劇」吧（這句話是引用自TikTok用戶們的說法）。在其中一則這類的影片中，一名男子將自己在高層公寓頂樓泳池游泳的情景拍了下來，背景音樂搭配的是法蘭克海洋的歌曲〈白色法拉利〉（White Ferrari）。這首歌描寫的是深夜駕車外出的情景，旋律柔和、曲調哀傷。

這名男子的名字是卡布維納（Nigel Kabvina），那是我第一次看到他的作品。他住在英格蘭北部的城市曼徹斯特，當時的他，只是一個沒沒無聞的二十五歲青年。最初我看到他那則在公寓頂樓游泳的影片時，卡布維納在TikTok上的追蹤數還只有幾千人而已，但兩年之後，他的追蹤數便突破了四百萬，躋身進了最頂層的TikTok創作者之列。這著實得要歸功於TikTok上的演算法機制，讓他的影片得以在追蹤數寥寥無幾時，就瞬間竄起，成為數百萬用戶都看過的爆紅影片。（如果平臺完全依賴演算法來推播內容的話，那麼你本身是否擁有龐大的追蹤人數就無關緊要，雖然有也無妨。）卡布維納的成功，來自於他積極配合演算法的需求，擱置自己的品味和創意表達，只求演算法相中他的影片。不過卡布維納剛開始拍影片時，只是抱著玩票心態而已。在我第一次訪問他時，他向我解釋道，他之所以會製作影片，是因為想要捕捉某些轉瞬即逝的感覺和氛圍，而在他看來，TikTok正是最適合製作這類影片的數位平臺。在開始拍片以前，卡布維納原本在一家連鎖的特色雞尾酒吧擔任調酒師，但在疫情隔離期間，他失業了。為了排解壓力，他便開始製作TikTok影片。

卡布維納也在自己的公寓裡拍攝過烹飪影片。這些片子同樣時長極短，片中的他在廚房裡準備一頓精緻的菜餚，經常都是為他室友所做的早午餐。他在酪梨吐司上雕出了巴洛克風格的圖案；點燃迷迭香，然後用玻璃容器罩住煙霧；他甚至把水凍成水晶般的冰碗，然後用它盛裝穀物。在TikTok上，我看著卡布維納的追蹤人數漸漸增加。剛開始只有數萬人，然後就變成了數十萬人。他的作品大受歡迎，在影片的評論區，開始有愈來愈多人留言，形成了活躍的粉絲社交圈，大家還會很有默契地留一些只有粉絲才看得懂的搞笑留言。到了二〇二一年八月，卡布維納的追蹤人數正式突破了一百萬。與此同時，卡布維納也決定放棄工作，專職擔任TikTok網紅。沒多久後，卡布維納就接到了來自Google和英國連鎖雜貨店Sainsbury's的贊助。

我和卡布維納其中一次會面是在冬天。那時，他正好有趟公務要從曼徹斯特前往倫敦，於是我們就約在倫敦碰面。我請他挑選一個見面的地點，而他選擇了Swift酒吧。Swift是位在倫敦蘇荷區的一家雞尾酒吧，相當有名。卡布維納傳簡訊告訴我說：「來倫敦，去Swift是一定要的。」剛進酒吧時，我們是坐在店面樓上的位置，牆面上滿滿貼的都是地鐵站風格的磁磚。但不久之後，我們便溜到了地下室裡，因為那裡的氣氛更為愜意。我們找了個空的座席，一屁股坐了下去。點飲料時，我再次接受了卡布維納的建議，請調酒師先給我來了一杯叫「愛爾蘭咖啡」的雞尾酒。這款調酒是店裡的特色飲品，也確實很適合在這個午後會面的場合喝。卡布維納的打扮相當低調，全身都穿黑色系的衣服，臉上掛著大大的微笑，一派輕鬆隨和。在他之前的影片裡，卡布維納一向都只拍肩膀以下的部位，從不露臉。但最近，他開始釋出了一些露臉的影片，所以我很輕易便認出他來。卡布維納在TikTok上的追蹤數，已經足夠使他過上衣食無虞的生活，但他告訴我，直到現在，他仍然很難想像自己擁有如此巨量的追蹤者。「想像一下：你只不過是走到自家廚房裡泡一杯茶，然後就有三十個人跑進來盯著你瞧，人數還不斷增加。不久之後，就變成了一百萬人跑進來盯著你瞧。」平均每個月，他在TikTok上都能收到四千萬次的瀏覽數。卡布維納的影片、TikTok演算法的推薦系統，再加上反響熱烈的觀眾，這三者形成了強而有力的迴圈，支撐著卡布維納的觀看數字。他把這叫作「即時快樂系統」：「我只要把影片發到TikTok上，等個十分鐘之後再來看，就會發現觀看數已經突破了三萬。」

卡布維納的出身相當普通。光看他的背景，很難想像他會在社群媒體紅遍半邊天。他出生於馬拉威，父親曾在英國的一間工程學院當過交換生，學校就位在曼徹斯特郊外的小鎮上。二〇〇〇年代初，當卡布維納六歲時，父親便把他和他的媽媽接到了曼徹斯特一起生活。曼徹斯特這座城市，不僅氣溫嚴寒，人情也很淡薄。雖說他們搬進了一個由馬拉威移民所組成的小型社區裡，但他們仍然飽受當地人的歧視。卡布維納說：「很多人會拿東西丟我們家，還有人吐口水到我身上。即使你只是個孩子，你也很快會對這一切感到麻木。」這樣的環境，令他處處都感到孤立和疏離。卡布維納小時候，對學校的課業並不熱衷，但後來他遇到了一位名叫克拉克（Clark）的數學老師，徹底改變了他。克拉克的教學風格非常嚴謹，和卡布維納的個性很是契合，使得卡布維納的成績逐漸有了起色。卡布維納記得，某天在上數學課時，有位同學說他將來要當會計師，於是卡布維納也暗下決定，將來也要成為一名會計師。而與此同時，卡布維納的母親則在附近找到了一個兼職麵包師的工作。卡布維納追求完美的性格，有一大半正是遺傳自他母親。是她讓卡布維納學會自己上雜貨店買東西、自己做營養午餐、自己燙上學要穿的衣服。母親的教導，使他成為了一個性格極度獨立的人。卡布維納對烹飪很感興趣，但他猜想父母大概不會同意他把廚師當作職涯選項。大學時期，卡布維納主修數學和會計，此外也選修了電影研究。這幾門專業，後來都對他的TikTok生涯大有幫助。大學畢業後，卡布維納原本拿到了一份在倫敦瑞銀集團任職的機會，但沒想到卻在行政程序上出了差錯，導致最終沒能去瑞銀上班。後來，卡布維納又回到了曼徹斯特，並開始從事調酒的工作，而且發覺自己還滿享受的。在調酒師生涯這一路上，他先是從實習調酒師開始當起，後來拿到了調酒比賽的冠軍，甚至還當上了酒吧的經理。

卡布維納成為網紅之前，其實不太常用社群媒體。即使到了二〇一〇年代中期，他也很少上社群網站。雖然他喜歡拍照，但僅限於自己欣賞，不會把餐廳的餐點拍起來傳到ＩＧ上。在他的朋友當中，有不少是年紀較長的調酒師，他們都對網際網路相當鄙視。卡布維納和他們一起混時，每次拿出手機，都會被這群朋友批評，因為他們覺得大家都在「享受當下」，但你卻把手機拿出來「捕捉當下」，把美好的這一刻都給毀了。他們說：「在我們小時候，大家都是面對面講話的。」卡布維納之所以不願意參與社群媒體的浪潮，多少是出於英國人根深蒂固「怕丟臉」的心態。然而巧合的是，這種心態，恰恰就是TikTok演算法賴以生存的心態。

二〇二〇年的COVID-19大流行，改變了一切。卡布維納住的那幢公寓，是曼徹斯特蓋起的第一棟高樓。卡布維納住在第十四樓，而在第十八樓的區域，則有著游泳池、健身房和桑拿室等等公設，等於是替卡布維納愈見精緻的拍攝手法提供了完美的取景空間。高高的落地窗、理想的光線，也讓卡布維納省下了一筆購置燈光的費用。此外，由於這幾處公設恰巧最近才重新裝潢了一番，牆面上乾淨簡潔的幾何圖形，有著單色照片一般的質感；用它來當背景，也正好讓卡布維納的美食影片更顯突出。這幢以大眾觀點來講相當奢華的公寓，使我想起了作家兼軟體工程師福特（Paul Ford）於二〇一四年寫下的一篇文章〈美國式房間〉（The American Room）。福特指出，典型的YouTube影片，常常是在郊區屋子裡某個古怪的米色房間或是地下室裡拍攝的。福特寫道：「對大多數的美國人來說，我們的人生好像就是在一面又一面的米白色牆壁前度過的。」然而，作為YouTube的後起之秀，TikTok的典型拍攝場景，卻比典型的YouTube場景還要更高級一些。典型TikTok影片的背景空間，依舊是以白色為主調，但房間內卻通常有著風格統一的裝飾。此外，TikTok影片也不太會用人造燈光，而是改採自然光線。雖然沒有明講，但這樣的美學風格，明顯就是承襲自廣泛流傳的「IG美學」。

在卡布維納的TikTok帳號上，他替自己的影片建立起了一套故事線，創造出了一趟社群媒體時代的英雄旅程。卡布維納研究過TikTok上最受歡迎的那些帳號是怎麼經營的。他發現，像達梅利奧和真理子（Emily Mariko）這樣的大網紅，剛開始都沒沒無聞，但一旦小有名氣之後，就會很快紅遍全網。卡布維納說：「我注意到了一個大趨勢，那就是……〔追蹤者們〕希望能有個主角帶領他們展開一趟英雄旅程。」除此之外，卡布維納還仔細研究了TikTok的後臺數據，並藉此將它的烹飪影片調整到了最佳狀態。在卡布維納的影片裡，他盡可能地少講話，字幕、字卡也是能少就少，以便吸引全球觀眾的青睞——畢竟，美食是不需要翻譯的。（這個策略相當成功；真理子也是靠著不講話、只做菜，成為了知名網紅。）在TikTok的後臺，創作者還能看到觀眾們是在影片的第幾秒鐘滑走了影片。例如，如果卡布維納發現觀眾普遍在第十九秒鐘滑走了影片，他就會回頭去檢查第十九秒時出了什麼差錯，然後嘗試在下一則影片中修正這個問題。如此精細的後臺數據，讓他得以不斷修正自己，盡可能在每一秒鐘都做出最佳狀態。

或許是源自於他主修數學的背景，卡布維納很喜歡仔細分析這些數據，然後一次又一次地改進他的影片。「很多創作者都不喜歡演算法。然而，要批評演算法很容易，要承認『我的影片確實沒那麼好』卻很難。」卡布維納說。確實，對獨立創作者來說，演算法就是他們的老闆，也是他們的績效考核員。它時時刻刻都在評估你的表現，看看你有沒有創作出引人入勝的內容。至於什麼東西引人入勝，當然是由演算法來定義的，而且這個定義還會隨著時間變來變去。

卡布維納甚至自己創建了一套用來評估影片績效的演算法。首先，他會把某支影片的觀看數字記下來，然後乘以十%。如果該支影片獲得的讚數超過這個數字，那就算是成功了。也就是說，至少要有十%的觀眾看完影片後，覺得喜歡到有必要給它按個讚才算成功。自古以來，藝術家都會利用數字來評估作品成功與否——有人利用電臺的收聽數來評估一檔廣播節目、有人利用戲院票房來評估一部電影、有人利用博物館的入場人次來評估一檔展覽等等。但在扁平時代以前，無論是創作者還是鑑賞者，從來沒有人能夠掌握到如此精細的數據，並藉此評估某一秒鐘的內容好還是不好。創作者的藝術品味，已經被這些精細的數據徹底改變了。

## 「環境音樂」式的文化

雖然卡布維納能頂得住演算法的壓力，不斷創高追蹤人數，甚至還爭取到了廠商的贊助，但別忘了：世上百百款的創作者，個個都承受到相同的壓力。當演算法系統依據使用者偏好，把他們劃分進不同的消費者群體時，演算法同時也在替作品本身做分類，於是乎，每一個創作者也都要學習因應這種分類。演算法的分類方式，完全體現出了扁平時代的典型特徵——所謂的好作品，指的是經過最佳化處理的作品，而不是勇於探索未知的作品。在扁平時代裡，數位平臺提供了極其精細的數據，讓創作者可以準確知道什麼人在什麼時間點、用什麼方式接觸到了他們的作品。於是這個時代的創作者，便也用一種錙銖必較的方式打磨他們的創作，從而誕生出了一種僵化而死板的風格。千篇一律的文化產品，已經讓消費者產生了疏離感。而這一切的罪魁禍首，當然就是演算法推薦。近年來，大眾對演算法機制的不滿，終於浮上了檯面。人們批評演算法使我們的文化變得淺薄而廉價，就像一張複印過太多次的圖片，終究會慢慢模糊、劣化。這其實也是另一種形式的演算法焦慮——當你發覺藝術作品竟然是用自動化的方式批量製造出來的時候，作品背後的真心和誠意，也就蕩然無存。

多年來，都不斷有人為文批評這種四處蔓延的淺薄化趨勢，但直到最近，這類批評才終於成了氣候，不只數量變多，評論的語氣也更加激烈。我已經開始收集這些批評，以便將這股日益增長的不滿情緒記錄下來。詩人邁爾斯（Eileen Myles）說：想要將創意工作和數位科技區分開來，已經是不可能的事了，因為「你不利用社群媒體，社群媒體也會利用你。不管你喜不喜歡，你寫的東西都會被人截取轉錄到推特上」。劇作家兼小說家阿赫塔（Ayad Akhtar）則指出，我們人人都成為了「誘餌式標題」的受害者，每當看到聳動駭人的標題時，我們就會像受過訓練一般，忍不住點進去瞧。擔任電視節目編劇的傑弗森（Cord Jefferson）則批評道：「對演算法的盲目崇拜，正在扼殺文化創意產業。」以批判新興科技聞名的意見領袖史卡拉斯（Paul Skallas）則對近期的電影產業相當不滿。針對二〇一〇年代多到看不完的續集電影和漫威超級英雄片，史卡拉斯用哀嘆的語氣批評道：「如今，已經沒有人在創造新作品了。我們看到的作品，都是從舊作品中挑選出來，經過反芻之後，再把這些照本宣科的東西吐出來給我們看。演算法已經扼殺了新的可能性。」用史卡拉斯的話來說：我們正生活在一個不敢創新的「停滯性文化」裡。未來學家藍尼爾（Jaron Lanier）則說：「演算法讓我們的未來受限於過去。」就和前幾年剛過世的英國哲學家馬克（Mark Fisher）所說的一樣：「二十一世紀是個飽受壓迫的世紀。人們處處受限、筋疲力竭，這一點都不像未來世界該有的樣子。」

人們之所以覺得文化彷彿陷入停滯；千篇一律的作品到處蔓延，追根究柢，就是無處不在的演算法惹出來的禍。事實上，不是沒有人在努力創新，而是一切的努力，都只是為了讓作品更加符合數位平臺的標準，就像卡布維納不斷打磨他的烹飪影片那樣。在演算法的世界裡，最完美的作品，就是精心設計過的無趣作品。例如二〇一四年，一支叫Vulfpeck的樂團在Spotify上推出了專輯《Sleepify》。專輯一共收錄了十首歌，每首都是對約翰．凱吉一九五二年的名曲〈四分三十三秒〉的即興發展——也就是說，十首歌都是完全的靜默。這十首歌曲，第一首叫作〈Z〉，第二首叫〈Z z〉，第三首叫〈Z z z〉，依此類推。在樂團官方的推特和其他數位平臺上，Vulfpeck鼓勵聽眾們在睡覺時反覆播放這張專輯。如此一來，雖然沒人能說清楚聽眾到底是有聽還沒聽，但至少可以替樂團賺到不少播放數。這張志在助眠的專輯，後來替樂團賺進了至少兩萬美元。不過不久之後，Spotify便要求樂團下架它，理由是它「違反了Spotify的內容條款」。（為了搪塞Spotify，樂團後來另外錄了一段〈官方聲明〉，然後把它也當作一首歌，上傳到了專輯裡。）雖然《Sleepify》最後確實下架了，但這張專輯卻頗能代表那些依循演算法的遊戲規則而創作的作品：儘管很空洞，但成功獲取了流量。

作曲家伊諾發明過一個音樂術語「環境音樂」（ambient music），雖然環境音樂早在二十世紀就已經出現，但這種音樂卻非常能夠代表二十一世紀的文化地景。「環境音樂」一詞，最早出現在一九七八年。那時，伊諾在他新推出的《機場音樂》（*Music for Airports*）專輯內頁中，寫下了它最早的定義。他指出，這種音樂「必須既有趣，又讓人可以心不在焉地聽」，還有：「所謂環境，指的是一種氛圍、一種環繞的影響，一種淡淡的色調。」《機場音樂》中的音樂，正是依據上述定義而作的。專輯中的樂曲，是利用電子合成器製造出來的一系列音樂，聽起來既緩慢又柔和，像是像是海邊起起伏伏的潮水，輕輕緩緩地撫觸著沙灘。這樣的音樂，特別適合迴盪在像機場那樣人來人往、大家都只是短暫停留的空間裡。當你收聽這張專輯時，它可以輕輕地為你身邊的環境增添色彩，但又不會妨礙你做別的事情。你可以一邊聽它一邊工作，可以一邊與人交談，甚至可以一邊靜坐冥想。無論你是漫不經心地聽還是極度專注地聽，《機場音樂》都能給予你感官上的回報。這樣的音樂，適用於任何的目的、任何的場合。如今，所有的文化產品，都變得愈來愈像環境音樂。《Sleepify》就是如此。它所收錄的音樂不是為了讓你仔細聆聽，而是為了讓你忽視音樂的存在。還有，漫威出品的系列電影也是如此，片中沒有任何一個時刻或片段具有特別重要的地位；就算錯過了，後面總是還會有許多驚險刺激的場面可看。然而，當「環境音樂」式的文化產品愈來愈大行其道時，傳統那種具備獨立性、自我完足性的一個一個單件作品，也就漸漸再無立錐之地。

TikTok上的「為您推薦」功能，也是這股「環境音樂」大趨勢底下的其中一例。用戶在玩TikTok時，完全不需要保持專注，因為不管你在看什麼，底下總會有另一支短影片準備要浮上來。而且，下一支短影片也是根據你先前的使用習慣，專門推薦給你的。這些內容固然不會和你的個人偏好離得太遠，但也不會出現什麼深深撼動你的東西。像TikTok這類軟體的演算法機制，最喜歡的就是那種環境音樂式的影片，因為這種影片可以讓使用者的專注度始終保持在最低狀態，讓你可以點開應用程式後就一直滑、一直滑。然而，如果你長時間只看這類東西，你很容易就會產生一種「喪失自我」的感覺——你的品味，是否正在成為演算法的形狀呢？還是說，早就已經如此了？

繼伊諾的《機場音樂》之後，在二〇一五年，一位名叫德米崔（Dmitri）的DJ也在YouTube上發布了一部類似的音樂影片，叫〈低傳真嘻哈收音機：陪伴你放鬆／讀書的音樂〉(lofi hip hop radio—beats to relax/study to)。這部音樂影片，是每天二十四小時連續播放的直播串流影片，就和一個廣播電臺差不多。片中的音樂，都是中等速度、帶有不插電風格的電子樂曲，聽起來有種懷舊、朦朧的感覺，像是透過一台充滿雜訊的收音機聽到未來世界的音樂一般。這部以YouTube帳號「ChilledCow」為名發布的影片，直到今天已經連續直播了超過兩萬個小時，並且吸引了超過一千兩百萬名訂閱者。如此大的成就，使得ChilledCow成為了今日最受歡迎的音樂頻道之一。然而，它所播放的樂曲，每首聽起來都差不多，幾乎沒有任何讓人難以忘懷之處。像這樣的音樂，真的就如同影片標題所示的那樣，非常適合在需要放鬆時或想要讀書時放出來聽，甚至睡覺時聽也都很適合。（在這部串流影片的封面上，畫了一個吉卜力工作室動畫風格的女孩。她頭上戴著一副大大的耳機，坐在書桌前邊讀書、邊寫筆記。這幅畫面，和影片裡的音樂風格著實匹配。）在伊諾的定義裡，所謂環境音樂是指既可以專注聆聽，又可以輕鬆忽略的音樂。然而絕大多數人都是用疏忽的態度在聽，絕少有人會認真專注。

卡布維納早期創作的那些充滿生活氣氛的影片，以及那些他在片中不怎麼講話的烹飪影片，往往都帶有某種特殊的情緒，但卻很難說有什麼具體的意涵。也因此，觀眾們能夠全憑自己的主觀，各自解讀這些影片。這些影片完全可以表示任何意思，但也可以完全不表示任何意思。如今甚至許多在串流平臺上播放的影集，也都是環境音樂式的作品，著重強調某種具有渲染效果的氛圍，但是相對就沒有那麼重視劇情，藉此技巧性地為觀眾留下一些空間，確保他們就算分心去滑手機，也還是能看懂。二〇二〇年疫情隔離期間，在Netflix首播的喜劇影集《艾蜜莉在巴黎》（*Emily in Paris*）就是一例。它的劇情貧乏到，整齣戲都像是一部以巴黎為主題的螢幕保護程式。故事內容講的是女主角非常喜歡拍照上傳社群媒體，向大家炫耀她在巴黎這座城市的生活是如何地浮誇。不只是Netflix上充滿了環境音樂式的作品，podcast亦然。當podcast的聲響從AirPods耳機傳進我們的耳膜時，我們便聽到了好似環境音樂般的嘈雜人聲，使我們覺得彷彿參與了一場社交對話，但又不需要和人建立起真實的連結。

很多靠著演算法推薦系統紅起來的文化產品，如果不是刻意創造出一種感官上的空白，就是刻意把作品弄得庸常而扁平，讓它可以輕輕鬆鬆融入生活場景，成為不引人注目的背景畫面。這種做法，就如同把藝術作品貼在牆上當壁紙一般，降低了藝術應有的地位。個人化的推薦系統，為我們帶來了演算法焦慮的癥候，而數位平臺對此提出的解藥，竟然是環境音樂式的文化產品。這類作品貌似相當個人化，但實際上卻並非如此。在消費這類作品時，由於它的內容貧乏、不太需要深入思考就能消化，因此你也就不會費心去思考作品和你之間的關係。這就像是科技公司版本的佛教教義，對演算法焦慮不言而喻的解方就是從一開始就不要起「分別心」，無論端到你面前的是什麼，你都蒙著頭享受就是了。這些公司並不鼓勵我們培養品味，因為品味對最大化參與度並無益處。

當消費者找不到自己真正的品味時，還有當消費者碰上了「腐化的個人化推薦」時，他們往往都會認為那是他們自己的問題；覺得只要更加努力培養品味，就可以找到真正喜愛的事物。但這早已經不是個人的問題了，而是規模龐大的社會問題。當數以萬計的消費者都被演算法巧妙地誤導，糊里糊塗地觀賞、收聽著演算法餵給他們的東西時，某些類型的文化產品，便也就此失去了曝光和盈利的機會。在扁平時代裡，資金只會大舉流向那些迎合了演算法機制的作品。當我們選擇要觀看哪一檔電視節目，以及在選擇要購買哪一套服裝時，演算法所帶來的效應都是顯而易見的。但，演算法對日常生活所造成的影響，可遠遠不只侷限在前述這幾個領域而已。當我們要選擇去哪一家餐廳吃飯、要去哪裡旅遊，還有當我們和鄰居或社區夥伴互動時，演算法也都悄悄參與其中。

# 第三章
# 演算法如何影響了全球化？

## 「通用咖啡店」是如何興起的？

在扁平時代，我們不是只有在電腦或手機上才能感受到演算法的威力。在真實世界裡，演算法也擁有著巨大的力量。演算法推薦系統決定了我們會接觸到哪一類的文化產品，進而塑造了我們的品味，因此，演算法自然也就擁有了決定人們會去哪裡吃飯、休閒的巨大影響力。而且，不管走到哪裡，那些想要賺取我們注意力，進一步賣東西給我們的企業，統統都會跟著我們跑，設法迎合我們的偏好。既然Netflix、Spotify和ＩＧ都會操縱演算法，向使用者優先呈現最符合其商業利益的內容，那麼那些旨在引導我們「去哪裡」、「吃什麼」的應用程式，當然也會做一樣的事情——Airbnb會利用演算法分析客戶的住房需求，並引導他們選租演算法推薦的空間；Google地圖則會根據使用者的偏好，優先在地圖上強調某幾個地點；Yelp和Foursquare則會根據用戶過去寫下的評語以及他們和哪些店家互動過，主動調整餐廳、酒吧、咖啡店的排名順序。雖然我們平常不太會用「演算法推薦」一詞來指涉網路世界以外的東西，但在前述這些應用程式的運作之下，真實世界裡的空間也慢慢變成像是Netflix首頁一樣，充滿了演算法推薦的事物。用了這些應用程式後，你便可以在手機上選擇你想要去什麼樣的地點、獲得什麼樣的感官體驗。可以說，我們在真實世界裡的經驗，已經和數位世界無縫接軌了。

終其二〇一〇年代，我都算得上是Yelp的忠實用戶。它是一款用來尋找餐廳之類消費地點的應用程式，你也可以用它給店家留言評分。這款有著紅白兩色介面的軟體，曾經一度讓我非常信賴；靠著它的推薦，我實際去踩點了不少店家。在我住布魯克林區的那段期間，我大概每兩個星期就會打開Yelp，看看附近有沒有新的咖啡店，或是參考別人的評論，讓我對尚未去過的店家稍微有個底。當我因為做報導的關係去到外地時，我也常把Yelp打開，看看有沒有哪家店適合寫稿，或是看看哪裡可以消磨掉兩場會議之間的空檔時間。無論是在柏林、京都，還是雷克雅維克，我都曾經透過Yelp叫出店家列表，然後快速瀏覽過去。這些列表，都是依照用戶評分來排序的，反映出了用戶們對於不同店家的喜愛程度。

為求簡便，我常會在Yelp的搜尋欄上輸入「文青咖啡店」這幾個字。經我測試，Yelp的演算法完全明白那是什麼意思。身為一個重度需要網路的二十多歲青年（我當時的年紀），以及一個對於品味極度在意的千禧世代西方人，我最愛去的就是這種店。經過搜尋後，我總是能很快找到一家符合我需求的咖啡店：店門口要有大片窗戶讓陽光照進來；要有工業規模的大木桌方便我使用；再來還要有亮色系的室內裝潢；牆面最好粉刷成白色，或是貼上地鐵站風格的磁磚；此外還要有Wi-Fi讓我可以寫稿，或是上網打打混；最後，咖啡的品質當然也是重點。在這種咖啡店裡，你肯定可以點得到最流行的那種用淺焙濃縮咖啡做成的卡布奇諾（比傳統的深焙咖啡更能嚐到果香味）；咖啡之外的飲品也一定種類繁多（全脂牛奶、豆漿、杏仁奶、大麻籽奶、燕麥奶等，族繁不及備載）；此外也必定能點得到做工精細的拉花咖啡（把熱牛奶技巧性地倒到咖啡上，然後畫出玫瑰花一般的圖案。這種拉花咖啡，已經成為文青咖啡店必備的招牌了）。最文青的咖啡店，甚至還會供應馥芮白咖啡（由澳式卡布奇諾演變而來的一種咖啡）、酪梨吐司，以及一些源自澳洲的簡單菜品。類似這樣的菜單，在二〇一〇年代曾是千禧世代消費者的最愛。當時甚至還出現過幾則後來被罵爆的新聞評論，批評千禧世代人之所以無法在日漸中產化的城市中買得起房，就是因為他們太愛花錢吃昂貴的酪梨吐司。

這些咖啡店個個都擁有相似的美學風格，菜單上有的品項也都差不多，但它們卻並不是像星巴克那樣，背後有個母公司強制要求採用相同規格。星巴克之所以嚴格要求統一，理由是這樣可以確保一致性，讓顧客產生熟悉感，進而鞏固顧客忠誠度，賺取更多的利潤。然而，這些文青咖啡店不僅地理上相隔遙遠，而且各自都是獨立的店家，但它們都長得非常相似，甚至像到令人驚訝的程度。坐在這樣的咖啡店裡，我常會產生一種不真實的感覺，不知身在何處，就好像搭乘夜間航班，一覺醒來就到了別的國家。出外旅行，似乎不應該這麼容易才對。

當然，在人類歷史上，文化全球化的現象早就屢見不鮮。在古羅馬時期，各地的浴場和大理石神廟也都擁有近乎相同的風格；而到了近代，西方強權的殖民擴張和全球範圍的人口流動，也讓世界各地都出現了高度同質的文化風尚。十八世紀時，奶香四溢的英式下午茶在全世界都喝得到，風格相同的愛爾蘭酒吧和中式餐館也隨著移民的足跡遍布全球。事實上，早在一八九〇年，法國社會學家塔爾德（Gabriel Tarde）就已經抱怨過全球化帶來的同質化現象了。當時歐洲的旅遊業剛剛興起，載客火車的出現讓大量乘客得以到處旅行。在《模仿律》（*The Laws of Imitation*）一書中，塔爾德如此寫道：

如今來到歐洲大陸的遊客將會發現：從飯店的餐食和服務，到室內的家具，再到服飾珠寶、劇場廣告，以及商店櫥窗中的商品，都有許多極為相似之處。在大城市和上層階級，這個現象尤其明顯。

不同的地方如果來往頻繁的話，自然就會變得愈來愈像，因為商品、人口、觀念都會彼此互相流通；兩地來往得愈是頻繁，也就愈快變得相像。但這些二十一世紀的通用咖啡館卻有個非常奇特的地方：它們不但彼此像到骨子裡，而且每一家這樣的店，都是自發性地從在地社群中冒出來的。這些店還常常會標榜自己是「正宗的在地店家」（縱使這說法稍嫌老套了些）。當我出外旅行時，的確會想要嚐一口「正宗的」在地美食或在地飲品；但問題是，如果這些散布各地的店家賣的是幾乎一樣的商品，那他們說的「正宗在地」到底是什麼意思？如果我們說一家店「正宗在地」，那通常意味著它遵循某種傳統古法，在歷史上找得到特定的根源。不過，經過一番研究之後我發現，這些所謂正宗在地的咖啡館，其源頭並不來自於歷史，而是來自於網路。這些店家之所以方方面面都如此相似，是因為社群媒體創造出的線上社交圈把這些毫無關聯的店家串織到了一起。他們所遵循的並非古法，而是網路時代的演算法。二〇一〇年代出現的動態消息牆，更是在其中扮演了重要的角色。

二〇一六年，我曾替《Verge》寫過一篇文章，叫〈歡迎來到應用程式式空間〉（Welcome to Airspace），說明了我對這種同質化現象最早的看法。「應用程式式空間」是我自創的術語，用來描述「無論走到哪，都能在同個應用程式上找到當地資訊」的體驗，感覺就好像真實世界和虛擬世界之間的鴻溝被無縫銜接了起來。在發明這個詞時，我的其中一個靈感來源便是Airbnb。如今不管你到世界哪個角落旅行，你都能靠Airbnb找到住宿。但它提供的住宿空間，卻始終給我一種虛無飄渺、不太真實的感覺；因為這些空間跟外頭的真實地景毫無關聯，即使你把房間原樣搬到了別的國家，也沒有什麼不可以——不管你去到多遠的地方，你都像是在同一個地方。

依我所見，這種現象的起因，是由於這些空間都在幾個相似的應用程式上被展示、被販售，於是久而久之，它們都變得很像（就和塔爾德那個年代的歐洲鐵路一樣：凡火車所到之處，都會變得很像）。以咖啡館為例：ＩＧ的興起，使得全世界的咖啡館老闆和咖啡師都可以輕易地追蹤彼此的動態，他們於是都開始採用相同的裝潢風格以及咖啡原料。某些店老闆或許擁有非凡的品味，但待在ＩＧ上的時間一久，他們喜歡的東西也會慢慢變得和其他人一樣。Yelp、Foursquare和Google地圖也是如此：這幾個平臺的演算法，都會把符合使用者偏好的店家放到搜尋結果的頂端，或是在電子地圖中放大強調某些店面。眾店家們為了吸引顧客，於是便都改採已在各平臺上蔚然成風的美學風格。畢竟，風格的選擇，可不僅是時尚的問題而已，而是會牽扯到實實在在的營收。而顧客來店消費之後，如果覺得店面空間看起來很好看，那麼他可能就會把在這裡拍的照片發到ＩＧ上，炫耀自己的生活風格，店家也就獲得了免費的廣告，從而吸引更多的消費者。於是美學最佳化和同質化的迴圈，便不斷循環下去。

最近，我去了一趟羅德島，拜訪了紐波特市。在那兒，我又再次體驗到了這種無所不在的美感迴圈。紐波特是個濱海的度假城鎮，歷史悠久。紐波特建城時，曾是許多海盜的聚集地，因此有不少店家都拿老舊的航海文物當裝飾品，讓你覺得彷彿置身一艘豪奢的海盜船一般。那裡的氣溫相當炎熱，正當我試圖找個地方消暑時，一家叫「氮氣酒吧」（the Nitro Bar）的咖啡店便透過Google地圖的應用程式映入了我的眼簾。演算法顯然認定我會喜歡這間店，因為它在地圖上的定位點不成比例地大。氮氣酒吧裡，完全沒有海洋風格的飾品，取而代之的，則是完美的應用程式式空間：幾盞吊燈掛在天花板上；幾個木架子也懸在半空中；大理石的檯面上，則裝了個黃銅色的水龍頭，一經打開，就會流出最新到店、冰冰涼涼的氮氣氣泡飲。Google地圖精選出來的相片，讓我可以大致一窺氮氣酒吧的室內裝潢。另外在IG上，我還看到它的官方帳號擁有超過兩萬名追蹤者。以上這些跡象使我確信，氮氣酒吧確實擁有通用咖啡店的氣質。於是，我抬腳走向了氮氣酒吧，心懷感激地點了一杯卡布奇諾。店家將卡布奇諾送來時，上面還畫了一幅完美的拉花。然而，我並不覺得是我找到了氮氣酒吧；與此相反，我覺得是這家咖啡店找上了我。在我來紐波特以前，Google地圖的演算法早已把我的偏好模擬出來了，如今它只不過是再餵了一個一樣口味的東西給我而已。為了引導我走向氮氣酒吧，Google地圖還自動向我指出了一條捷徑，彷彿是在告訴我：城裡其他的咖啡店要不是太過媚俗、不夠精緻，再不然就是太過老舊，我只管忽略它們就好。

每當我去到一家像氮氣酒吧這樣的咖啡店時，我都會感到相當療癒。說來矛盾，我覺得走進這樣的咖啡店，就好像回到家一般；無論我是待在那裡工作，還是去快速補充咖啡因，莫不如此。在這樣的店裡，我確信我可以盡我所能寫出最好的稿子，因為那兒沒有任何事物會讓我分心，而且我很肯定我可以點得到我喜歡的飲品和餐食。但要是我去了一家稍微沒那麼通用、帶了一點不同風格的咖啡店的話，那情況會如何就很難說了。對此，我曾一度頗感自豪：身為一個經常旅行，並以四處工作為榮的世界公民，我曾經認為通用咖啡店反映了我的品味和雄心。但回頭一想，我竟會對如此空洞的東西產生認同，我自己也覺得相當詭異。

從某方面來說，一家完美的通用咖啡店，就像是個空白的Word檔，也像是空白的網頁背景，讓你可以把心中投射出來的東西放上去。有時候，要找到這樣一家通用咖啡店，感覺就像是一場朝聖之旅；一位去義大利尋找哥德式大教堂的觀光客，其心情想必與此相去不遠。過去，每當我找到一家完美應用了「通用美學」的咖啡店時，或者當我發現有某家店在通用美學的基礎上增添了某樣新奇的事物，我都會感到歡欣鼓舞，並津津有味地享受著通用咖啡店為我帶來的一片空白。佩蒂．史密斯（Patti Smith）有回寫道：雖然她年紀大了，但她還是常常去咖啡店寫作，並且每次都會點一杯卡布奇諾咖啡；但她並不真的需要那杯咖啡，因為光是把那樣一杯咖啡放在筆記本旁，她就會文思泉湧。而我呢，我連那杯咖啡都不需要——通用咖啡店的空間，本身就夠令我文思泉湧。

從數位地理學的角度看，每當全球趨勢有了什麼風吹草動，咖啡店這種空間總是首當其衝。每一家咖啡店，都是消費的場所；社會上也總會有特定的人口喜歡去咖啡店消費，並藉此表達他們的個人愛好，而且這些人口通常也都是重度的網路使用者。一家咖啡店，是多種美學形式的集合體，包括建築、室內裝潢、餐具、飲品和餐食，還有音樂等（通常咖啡店都會選播柔和的環境音樂，例如所謂的低傳真節拍音樂）。每家咖啡店，都能夠讓不同形式的美學風格匯聚在一起，呈現出當代人的文化品味。作曲家華格納（Richard Wagner）曾提出一個概念，叫「總體藝術」（total works of art），指的是那些會教人全身心投入，並且會逼使你動用身上每一種感官去感受的藝術作品。在我看來，世上每一家咖啡店，都稱得上是總體藝術。此外，咖啡店還是受到網際網路影響最鉅的一批店家。在網路對我們的文化品味和消費模式所造成的影響還不顯著時，相關的趨勢和風向早已經都在咖啡店顯現出來了。

十七世紀初，西方的咖啡館為新思潮提供了思辨的場域，讓民主和平等思想得以蓬勃發展起來；二〇一〇年代的咖啡店也有類似的作用：它們將不同階級的人聚集到同一處實體空間裡，從而創造出了某種形式的社會組織。最近，「零工經濟」開始興起，對這些接案為生的獨立工作者和數位工作者來說，咖啡店恰好是個適合他們的場所。他們可以在咖啡館裡自由聚集，就算你的工作時間並非朝九晚五亦無所謂；尤其如果你沒有辦公室的話，咖啡店也能部分取代辦公室的功能。（我自己就是經常上咖啡店工作的那種人。過去我常在布魯克林區幾家不同的咖啡館裡漂泊，用筆電寫著論件計酬的文章。久了之後，其他幾位常來的熟客，我也都認得了。）咖啡店這個地方，不只是透過電子地圖連結到網路上而已；許許多多在Uber上找乘客的司機、在Fiverr上接案的設計師，以及其他在數位平臺上覓得工作的人，都把咖啡店這個地點連結到了數位世界。

二〇一六年，我那篇有關應用程式式空間的文章發表後，有許多讀者都很欣賞我發明的這個術語，紛紛和我分享他們觀察到的現象。有不少人寫電子郵件告訴我，說他們常去的那幾家咖啡店，其裝潢風格也頗像我所謂的應用程式式空間，令他們同感詫異。咖啡店是最容易觀察到應用程式式空間的場所，但其實除此之外，諸如共享辦公室、旅館、餐廳等等，也都可以見到相同的美學風格。要言之，幾乎所有讓人可以暫時棲身，並且需要漂亮裝潢的商業空間，情況都與此類似。

不過後來，我逐漸意識到應用程式式空間不只是一種美學風格而已；事實上，它根本就是這個時代的人類根本處境。任何美學風格，固然都有退流行的一天。在二〇一〇年代中紅極一時的視覺風格，如今漸漸失去了影響力。地鐵站風格的白磁磚，如今看來已是陳腔濫調。一九九〇年代，我小時候的家裡曾經有過當時最流行的美耐板檯面，但美耐板過氣之後，它們便被一些顏色更亮、紋理更明顯的陶磚所取代。曾經很多店家都喜歡回收利用早期布魯克林區伐木工人所砍下的粗糙木材，將之重新處理後裝設成工業風的家具；但後來，漸漸也沒人這麼做了，現在他們都喜歡做工精細、帶點北歐風和世紀中期現代主義風格的家具，尤以椅腳纖細的椅子和高超的木工接合技術為其特徵。二〇一〇年代末，主流的美學則開始崇尚冷調和極簡風的家具，像是水泥製的檯面和具備椅子功能的堅硬箱子等等。過去也曾流行過把生鏽的鐵水管做成裝飾性燈具，但後來這些飾品又被室內植物（尤以多肉植物為大宗）和紋理明顯的纖維藝術所取代；這些多肉植物和纖維藝術經常令人聯想起美國西岸的波希米亞風，但不太會讓人想起布魯克林區居民在過往年代裡的艱苦生活。總之，在室內裝潢領域，布魯克林風已逐漸退居邊緣的位置（二〇二〇年疫情過後，布魯克林區的魅力徹底消失了，變得比曼哈頓風還更不受歡迎）。總之，在應用程式式空間的通用風格興起後，室內裝潢就愈來愈少讓人聯想起真實的人文地景，反而會讓人想起IG或正在崛起中的TikTok。二〇二〇年，作家費雪（Molly Fischer）把這種美學風格稱作「千禧世代美學」。舉凡新創的床墊公司Casper，以及出租共享工作空間的公司如WeWork和The Wing等，都很喜歡採用這種風格的裝潢和飾品。費雪問道：「千禧世代美學什麼時候才會退流行呢？」

比起用心挑選裝潢元素（要用愛迪生燈泡還是霓虹燈招牌？），設法變得跟大家一樣，反倒成了更為有用的裝潢策略。誠然，流行風尚每隔幾年總會改變，但變則變矣，大家卻都跟隨潮流，彼此愈來愈像。正如塔爾德早在十九世紀就預言的：未來的美學風格，將不再會「依地區而有不同」，而只會「依年代而有不同」。

每種不同的美學，都有機會輪流成為最流行的風格。從前我在布魯克林區時，我就住在布希維克（Bushwick）附近；那裡有一家色調昏暗、採用大量工業風用品的咖啡店，叫「吞咖啡」（Swallow）。那裡的家具，有許多都像是從跳蚤市場買來的，這是當時最為最流行的風尚；但不久後，同樣位在布希維克的咖啡店「超級皇冠」（Supercrown）便取代了它的位置。超級皇冠的空間更加明亮透光，店內放有許多風格相襯的凳子，天花板上還有一扇寬敞的天窗。超級皇冠關門之後，「塞伊咖啡」（Sey Coffee）又在幾個街區外嶄露頭角。塞伊咖啡是家不怎麼重視空間舒適度的斯巴達式店家；店裡多肉植物的數量，甚至比供人坐臥的椅子更多（那些多肉植物甚至多到要鑲嵌在牆壁上）；而店裡的那堵白牆，細看會發現是由一塊塊裸露的磚所組成的。它的店面後方，曾經是個設備完善的陶藝工作室，負責製作供客人使用的陶杯。這些手作陶杯，個個都充滿了侘寂之美。雖說這家店並不適合久坐，但視覺上卻相當完美，你簡直沒法不把這家店拍照起來上傳ＩＧ，讓大家看看在陽光照射之下、在打磨過的混凝土吧檯上，你點的那杯卡布奇諾究竟有多美。塞伊咖啡裡的種種物品，都是為了讓人可以無痛拍出美照，然後再無痛地將照片上傳網路而設計的。數位世界和真實世界裡的空間，再次無縫接軌了起來。

有時候，人們一看到咖啡店牆上貼著地鐵風磁磚，心裡就覺得煩躁。但我認為他們之所以煩躁，其實跟牆上貼的東西沒關係，而是因為在應用程式式空間的時代，無論走到哪，都幾乎只有一樣風格的東西。在如此多元化的世界裡，這著實很不對勁。如果你所到之處都只有相同的風格，你大概也會頗感失望；你很可能會愈看愈無聊，甚至產生一種受到侵犯的感覺，因為你會被迫意識到數位平臺的影響力已擴張到前所未有的地步。扁平時代的標準美學，正在蠶食著世界。

一位名叫岡莎蕾思（Sarita Pillay Gonzalez）的南非婦女也注意到了這個現象。二〇一〇年代，岡莎蕾思在開普敦一個關心都市議題的非營利組織工作。有一天，她注意到在開普敦市中心的克羅夫大街（Kloof Street）上，冒出了許多家崇尚極簡風的咖啡店。當時她認為，這可能代表克羅夫大街正在發生仕紳化的現象，或甚至是，某種殖民主義的幽靈依然徘徊在南非這樣的後殖民國家裡。這些新咖啡店的共同特色，就是擁有「長長的木桌子、鍛鐵製的飾面，還有從天花板垂掛下來的燈泡，再加上幾盆懸在半空中的植栽」。在我訪問岡莎蕾思時，她如此說明了她的觀察。不只是咖啡店，開普敦的啤酒館、餐酒館、藝廊，以及Airbnb上的房間，都看得到相同的美學風格。岡莎蕾思告訴我：「除了咖啡店之外，一些頗有歷史的老房子在翻修，或是重新裝潢以便出租時，也都會修整成相同的風格。」二〇一六年，岡莎蕾思離開南非，去到了明尼蘇達州，住在明尼亞波利斯（Minneapolis）的東北部。在那兒，相同的現象又再次出現。岡莎蕾思注意到，不少當地的倉庫建築都經過一番改造，變成了咖啡館、小型啤酒廠，或是共享辦公室——這些都是仕紳化過程中最常出現的指標性空間。

岡莎蕾思把這種美學風格叫作「全球可親近空間」：「即使你飛到曼谷、紐約、倫敦、南非，或是孟買，你都能找到相同的風格。你輕輕鬆鬆就能進入那個空間，因為你對它早已如此熟悉。」這種強調同質性的消費習慣，和二〇一〇年代的文青風潮恰成對比。當時的文青都比較喜歡買一些小眾款式的商品或非主流的工藝品，藉此宣告自己不同流俗的品味。他們偏好的是那些沒什麼人聽的樂團和沒什麼人穿的服飾，而不是這種同質化咖啡館。岡莎蕾思評論道：「這些店家總說自己很有個性，但卻如此單調、同質，實在很諷刺。」岡莎蕾思的評論，令我想起扁平時代的另個矛盾現象，那就是演算法系統會不斷告訴你：你是獨一無二的，就跟其他人一樣。

岡莎蕾思還觀察到，不只店家變得相像，連顧客也開始變得高度同質：「走進咖啡店，你會發現顧客幾乎全是白人，但它明明是開在有色人種社區的咖啡店啊。這顯然是跟人口的仕紳化有關。」在應用程式式空間裡，總是只有某些人感到舒適自在，而其他人則總是被排除。仕紳化的現象，同樣助長了美學風格的扁平化和同質化。例如：中等價位的房屋翻修後，磚牆常被漆成了灰色；木製的扶手改成了鋼製；大門旁還安上了用無襯線字體印製的門牌。這些翻修後的建築，無不是在迎合某群特定的人。同樣地，要在通用咖啡店裡自在消費，除了要有點錢之外，你還得要有一定程度的靈敏，才能動作流暢地把筆電往咖啡桌上一放，然後坐在那連續工作好幾個小時；這就跟你得要學會一套不成文的禮節才能在高檔飯店的雞尾酒吧裡悠遊自在是一樣的。正如岡莎蕾思說的，這些應用程式式空間「不但昂貴，而且排他，是相當有壓迫性的空間」。一旦白人和有錢人的風格成為了標準，任何在美感上、在意識形態上格格不入的人，都會被排除。

## 世界又平、又扁

二〇〇〇年代初，美國人特別流行講「世界是平的」。那幾年裡，主流大眾逐漸認識到了全球化的現象，並開始留意到由於殖民主義和資本主義的影響，全球各地如今都產生了緊密的連繫，世界好像比從前小得多了。「全球化」的概念會流行到如此俗濫的地步，其始作俑者是《紐約時報》的專欄作家佛里曼（Thomas Friedman）。他在二〇〇五年的著作《世界是平的》（*The World Is Flat*）中提出了一個近乎普通常識的說法：相較以往，現在無論是人口、貨物或是思想，都可以在物理空間中快速無礙地流通。對美國人而言，二〇〇〇年代是個頗為動盪的時期。我們經歷了九一一事件，也經歷了隨之而來的戰爭，這讓美國人痛切地意識到，原來世上其他地方並不遙遠，美國也不可能獨立於國際社會之外。總的來說，這股「世界是平的」的風潮，為美國人帶來了兩種矛盾的心情：一方面我們可以在市場上買到各種中國製的產品，但另一方面，一旦中國出了事，我們的生活也會受到影響。

在書裡，佛里曼用「推土機」（flatteners）來形容那些有助於世界變平的推手，其中有好幾項都是新興的數位科技，包括像「網景」（Netscape）這樣的平價瀏覽器，還有像是讓國際企業和各國工廠可以無痛協作的工作流（Workflow）軟體，以及像Google這樣讓人可以輕鬆取得資訊的搜尋引擎等等。佛里曼說：「地球上這麼多人，憑自己的力量，就可以獲取這麼多有關各種人事物的資訊，這是史上頭一遭。」佛里曼的書用了大部分的篇幅，描寫了國家和企業在宏觀層面上的演變（它們都正在變得彼此相像）。如今，世上的任何一家企業，無論它位在哪裡，都能獲得一張「全球競技場」的門票，和所有其他企業體同臺競爭。在商業世界裡，大小公司間的差距正逐漸消弭，甚至連自由工作者都可以和大企業一同競爭。用佛里曼的話來說，光纖網路已經把「全球商業機構連接在一起，打破了地域性的限制」，就像過去人們透過高速公路網把全美各地連結起來一樣。

在這股趨勢下，不僅商業界和產業界「變平了」，文化潮流也愈趨扁平。網際網路的發明，讓很多人感受到一種「必須分享」的壓力；此外，網路不只把國家和企業聯繫在一起，它同時也把不同的個人聯繫了起來。佛里曼寫道：「如今每個人都覺得，如果一切都能數位化，那就太棒了，這樣我們就可以透過又快又方便的網路把資訊分享出去。」自佛里曼的書出版迄今，網際網路的速度不但變得更快，其傳輸量也變得更加龐大。

如果把佛里曼所說的平坦世界推衍到極致，那就是我所謂的「扁平時代」了。到了這個地步，扁平化的力量便會在我們生活中的各方各面都施加壓力，甚至連我們的潛意識都不免會受到影響。在過去，網路上流通的訊息，主要還只是一些索然無味的商業資訊，記載著客戶下了多少訂單，而製造商又多快可以交貨云云；但現在，各種圖片和影片都在全世界迅疾地流通。在社群媒體興起後，網路使用者更是受到激勵，不斷在網路上產製各種關於自己的內容。在佛里曼的書出版時，還沒有幾個人在使用社群軟體，但它所帶來的影響，其實和書中提到的網景瀏覽器差不多：它們都讓更多人可以無門檻地取得數位資訊，還讓人可以輕易地創造出更多的數位內容。二〇〇四年，專門服務業餘攝影者的線上服務平臺Flickr上線了；使用者不但可以在Flickr上儲存、分享相片，還可以透過網站上的簡易社群功能，創建出一冊冊屬於自己的相簿。二〇〇五年，YouTube創立了，此後任何人只要擁有網路，就能和全世界的人分享自己的影片。二〇一〇年，ＩＧ也創立了，順著iPhone所帶起的手機攝影風潮，ＩＧ創造出了專供使用者分享照片用的龐大網路社群。前述這些，也都是全球化的顯例。

二〇一二年夏季，由韓國嘻哈歌手Psy所演唱、導演趙洙賢所執導的ＭＶ〈江南Style〉在YouTube

上首播之後，便一炮而紅。這支MV的走紅，是網際網路全球化的指標性事件。這支長約四分鐘的MV，從一開始就是國際化的產物：它的影片結構承襲了美國音樂電視網（MTV）建立起來的敘事傳統，歌曲中的合成器音效則是參考自歐洲夜店常播的科技舞曲，而它的受歡迎程度則是得益於韓國音樂產業在亞洲市場的長期經營。不過，雖然〈江南Style〉如此紅遍全球，但它的MV卻非常強調在地性：它以諷刺首爾地區有錢人的奢靡生活為主軸，並且整首歌都是用韓語演唱的（除了最經典的那句副歌「嘿，sexy lady」之外）。二〇一二年十二月，〈江南Style〉成為了YouTube史上第一個擁有超過十億觀看數的影片；而時至今日，它的觀看數已經超過了四十億。

當年這首歌掀起熱潮時，我曾一度大感困惑：我從沒想過我可以如此無障礙地欣賞一首韓國流行歌，甚至覺得好像在看美國流行樂的MV一樣。這有一部分得要歸功於YouTube簡便的操作邏輯，同時也要感謝演算法將這支MV推薦給我（別忘了在扁平時代，愈紅的事物，就愈會受到推薦）。事實上，YouTube為了提高演算法的準確度，於是在〈江南Style〉爆紅的那一年，決定將「觀看時間」這一變項納入演算法。根據YouTube官方在部落格上發布的文章，將觀看時間納入計算後，YouTube除了能夠追蹤你看了哪些影片之外，還能夠追蹤你看影片看了多久。這項更新發布後，世界各地的YouTube用戶，突然都開始看到一模一樣的內容。然而這種情況，還只不過是網路全球化的早期徵兆而已。十年後的今天，YouTube上已經有超過三十部擁有三十億以上觀看數的影片，顯示出YouTube早已把多數觀眾的注意力從電視吸引到了網路，同時也顯示出YouTube的觀眾群已經變得多麼龐大。

一提起「全球化」，許多人都只會想起全球熱銷的智慧型手機、民主思想的傳揚，還有國際間的軍事衝突（例如美國所主導的伊拉克戰爭）之類的事；但事實上，除了這些會上新聞頭條的事情之外，全球化也對我們的日常生活造成了影響，使我們每個人的生活經驗都變得愈趨相同。無論你是在印度、巴西，還是南非，你所使用的手機款式、你所連上的社群媒體、你看電影時打開的串流平臺，都跟身在美國的我是完全一樣的。在佛里曼所謂的平坦世界裡，雖然參與國際競爭的門檻愈來愈低，但卻只有極少數贏家能夠靠著大型跨國數位平臺的營運賺取鉅額的利潤。（小型企業和自由工作者雖然也有參與競爭，但他們的競爭型態比較像是要從彼此手中搶到來自大型平臺的業務或訂單，就像一群為了爭奪領土而自相殘殺的狼群。）

其實，在《世界是平的》出版的十年前，早就有一批文化理論家預見到了全球化的發展（尤其是網際網路的發展）將會逐漸把我們的文化往同質化和單一化的方向帶。許多人都對這種趨勢頗感憂慮，並對全球化展開批評。一九八九年，西班牙社會學家柯司特（Manuel Castells）在一篇一九九九年的文章中提出了「流動空間」（space of flows）的概念，其定義是：「讓處在不同地理空間的人得以同時進行某種社會活動的物質環境。」換句話說，柯司特認為，像網際網路這樣的電子通訊機制，有可能可以讓一群身處不同國家、未曾謀面的人共同發展出一套文化。而一旦形成了這樣的文化，那麼不管你身在何處，只要你在網路網路的覆蓋範圍內，你都只能遵循這套已被廣泛接受的文化。在柯司特的用語裡，他另外用「地方空間」（space of places）一詞來指涉我們一般所說的實體地理空間。前述這種文化的全球同一性，無疑是對地方空間的一種背離。

在人類社會裡，有愈來愈多的領域都開始依循流動空間的邏輯運作，並漸漸背離了地方空間的邏輯。柯司特寫道，這種現象在「金融產業、高科技製造業、商務服務業、娛樂業、媒體業、毒品交易活動、科學研究、科技產業、時尚產業、藝術、體育，乃至於宗教」等各種領域，統統都見得到。隨之而來的後果，就是地方空間的影響力將會愈變愈低。二〇〇一年，柯司特進一步指出：流動空間「會將共享了相同功能和意義的實體空間連繫在一起，無論它們之間距離多麼遙遠……流動空間的邏輯愈是盛行，人們在地方空間中獲取到的身體經驗，也就愈是會被壓抑、孤立起來」。換言之，實體空間將會愈來愈無足輕重，因為相較於你的經驗、記憶和對家鄉的情感，你選擇看哪些媒體和頻道，反而更加緊要。

在實體空間慢慢變得不再重要的此刻，專為交通和移動而設的空間，也就漸漸顯現出了重要性。一九九二年，法國哲學家歐傑（Marc Augé）寫過一本名為《非地方》（*Non-Places*）的書，探討了人們在途經高速公路、機場、飯店等地時的感官經驗。他發現：無論在世上哪一個角落，上述這些空間都正在變得愈加相似。對時常需要途經這些「非地方」的現代遊牧民族來說，這些中轉空間總是能帶給他們一種特殊的、帶有矛盾意味的舒適感。歐傑寫道：在非地方，「人們總能感到賓至如歸，卻又不是真的回到家裡。」在《非地方》的導論裡，歐傑虛構了一位來自法國的商務旅客，並描寫了這位旅客在前往戴高樂機場搭機的過程中所可能會經驗到的事：首先他會開車前往機場，然後快速通過安檢，接著去免稅店裡購物，然後走到登機口前等待。在機場這個缺乏個性的空間裡，他或許會看到：

> 附近有些廢棄的荒地、一些正在興築的建物、建築物其下的空地、機場捷運的月臺、月臺上的等候室，以及在等候室停下腳步的旅客們。在這樣的中轉空間裡，他或許會在轉瞬之間產生一種將要經歷一

場奇幻歷險的幻覺。

無論是登機前的一整套過程，還是上機後那種令人失去現實感的飛行體驗，在在都使得我們的自我感不斷被剝除，而我們對身邊環境的感知力也不斷被剝除，為的就是讓整趟飛行的過程變得更加順暢、一致。這種剝除感，是一種確確實實能夠感覺得到的體驗——就在飛機起飛的一剎那，你會產生一種輕微脫離現實的感覺。還有，當你首次打開某個旅館房間的大門時，你也可能會一瞬間產生一種不確定自己是誰、不曉得自己身在何方的感覺。歐傑寫道：「身處『非地方』的人，既無法創造出自己的身分，亦無法和別人建立起關係，於是最終陪伴他們的，就只有孤獨感和相似感而已了。」在歐傑看來，這種在機場裡頓失身分的感受，隱隱約約帶有一種「被動的快樂」。他繼續寫道：當這位虛構的法國旅客在閱讀機上雜誌時，他甚至還看到有文章在討論著像是「在國際商業環境中」，「旅客們的消費模式和消費需求通常都很一致化」這樣的議題。

在整個一九九〇和二〇〇〇年代，人們普遍都對全球化抱持著樂觀的態度以及烏托邦式的幻想，從不覺得這種剝除現實感、環境感的經驗會帶來問題。人們認為，如果我們擁有更多機場、更多連鎖飯店，讓世界各地更緊密地連繫在一起，那麼人與人之間的隔閡，或許最終都能消弭。人們盼望著世界變得更加平坦，就像「世界語」的推廣者相信這門語言能夠為全人類帶來希望一樣——雖然世界語可能會簡化了人類複雜的思想（全球化亦然），但至少每個人都能藉此熟悉彼此的想法（全球化亦然）。有些人替全球化辯護，說它不僅僅只是讓跨國旅行變得更加舒適而已（至少來自西方富裕國家的旅客確實能感受到這一點），同時也會讓全球的資金流動變得更加順暢，讓世界各地都能更無負擔地建造基礎建設，因為東西如果規格相同，那就具有可預測性，因此也就可以更快速地進行生產。而相較之下，如果某樣東西的規格太過混亂，那企業家們可就無利可圖了。同樣道理，如果我們的品味都很獨特的話，那數位平臺們也就無利可圖了。

面對全球化的趨勢，荷蘭建築師庫哈斯（Rem Koolhaas）一向都應付得得心應手。他所創辦的大都會建築事務所（Office for Metropolitan Architecture，簡稱OMA）曾在一九九〇年代威震歐洲，並以設計出許多概念大膽的建築物聞名於世（這些建築倒未必真的都有被蓋出來）。庫哈斯的設計風格，帶有一種異世界般的感覺。OMA一九九六推出的作品「超建築」（Hyperbuilding），外觀看起來就像有好幾棟摩天大樓以尖銳的角度彼此撞成一團。不管它將來會被蓋在哪裡，這幢建築本身就是個「自給自足、可以容納十二萬人的城市」。正如OMA的官方介紹中說的：「這幢建築的結構，是一則關於『城市』的隱喻——塔樓隱喻著街道，水平物件隱喻著公園，各個分區隱喻著行政區劃，對角線般的造型則隱喻著林蔭大道。」由於超建築並不擁有專屬於其自身的個性，因此可以很輕易地融入正在興起的各種非地方空間。這種設計美學，是OMA有意為之的。庫哈斯在一九九五年寫過一篇題為〈通用城市〉（The Generic City）的短文，將他的建築哲學做了一番闡述。在這篇令人難忘的文章裡，庫哈斯提出了一份關於美學和建築理論的尖銳宣言。後來到了二十一世紀，宣言中的內容，竟都一一應驗了。在文章的開頭，庫哈斯如此問道：「當代的機場，到處都長得一樣；當代的城市，是否也如此呢？」緊接著他寫道：「雖然有人對同質化的現象感到憂慮，但如果我告訴你這是有人刻意為之的，你做何反應？如果我告訴你這是一場有意識的社會運動，訴求取消差異性、擁抱同質性，你做何感想？我們正在見證著一股全球解放的潮流——『打倒個性！』」

庫哈斯理想中的通用城市，能夠容納來自世界各地的居民，城內還會有許多應用程式式風格的仕紳化建築和咖啡店、幾處供數位遊牧者使用的共享空間，以及一些裝潢風格完全相同的餐廳和酒吧。每當我們抵達通用城市時，一走下飛機，迎面就會有種熟悉的感覺；接著我們會穿越機場，然後驅車前往某家採用Loft風格*裝潢的飯店，並拿出手機辦理入住手續。在庫哈斯看來，如果國際間每座城市都愈趨一致，倒也不失為好事一樁。他說道：「城市的個性愈是獨特，在發展上就愈是容易綁手綁腳，不太好向外擴張。此外，這樣一座城市還會令外來者難以理解、讓都市更新難以進行、讓城市裡充滿矛盾。」他舉巴黎為例：「巴黎無法變成其他樣子，巴黎只能不斷變得更巴黎。最終，這座城市將不免淪為其自身形象的精緻模型。」庫哈斯認為，一座城市要是太有個性，就會吸引到大批的觀光人潮，並慢慢磨耗掉城市的生命力，因為遊客去到那裡消費完了，便會頭也不回地離開，只留下一座愈趨破敗的城市。生活在愈來愈同質化的世界裡，擁有突出的個性，到哪都很容易碰到阻礙，無論是一座城市還是一首樂曲，莫不如此。在這個一切都很平滑的新時代裡，愈是能夠順暢流動的人事物，就愈容易掌握權力。大約在二〇〇〇年，波蘭社會學家包曼（Zygmunt Bauman）提出了「液態現代性」的概念，並據以指出：「那些有能力隨時移動、適應任何環境，並且低調不引人注意的人，就是最有權力的人。」在扁平時代裡，情況也與此類似：假如你願意放棄個性，全心信任演算法，不管它推給你什麼風格的內容，你都不假思索地接受，那你就是這個時代的贏家。

閱讀庫哈斯的文章時，如果不抱持著一點反諷的心態，並多少對文中荒謬的論點睜一隻眼閉一隻眼的話，恐怕是讀不下去的。庫哈斯雖是建築師，但寫起文章卻頗有藝術家的風範。他常常語出驚人，卻沒有提供證據或案例。他的文字大多意在挑釁，偶爾也會對未來世界做出預言。在一九九五年，庫哈斯就曾預言道，網際網路愈是蓬勃發展，就愈會把地方的獨特性給消磨掉：「當城市居民的生活場域從實體空間轉移到網路空間之後，這座城市就只能成為『通用城市』了。在那裡，人們很少動用感官經驗，也很少投入情緒。就像某個只有一盞床頭燈亮著的空間那樣，既疏離，又神秘。」（這段話如今呼應到了一個人人共有的經驗：在昏黑的臥室裡盯著手機滑呀滑。）在庫哈斯的描述裡，我們似乎可以窺見柯司特對流動空間的形容——實體空間的意義正在流失，因為我們的生活和文化更常發生在實體空間「之間」，而非實體空間「之內」。

無論你稱它為「通用城市」、「流動空間」或「扁平世界」都一樣——這個世界正在逐步生產出一套新的脈絡、新的規範和新的未來。庫哈斯寫道：通用城市「創造出了一種常規化的幻覺」。他說它是「幻覺」，是因為那種感覺並不是來自於人，而是科技產物施加給你的，就好像你因為生病而產生了幻覺一般。在通用城市裡，「常規化」的意思就是大家共用一套相同的模版——由於這套模版無處不在，不斷有人反覆套用，因此只要你採用了它，你便顯得正常了起來。如今，常規化的現象已在勢不可擋地四處

---

＊ 譯註：Loft 風格是種有點類似工業風的裝潢風格，但比工業風更強調挑高的空間感，並盡量減少隔間的使用，以求讓整體空間具有更大的流通性。

傳播，沒人有辦法限制它的蔓延。

史碧瓦克是出身自印度加爾各答的文學理論家。一九四二年出生的她，被公認為是後殖民理論的先驅之一。她來自西方世界之外，但卻在康乃爾大學和劍橋大學等西方學術機構受教育，這使得她能夠針對二十世紀遺留下來的諸多問題提出獨到的觀察和批判。在她二〇一二年出版的論文集《全球化時代的美學教育》(*An Aesthetic Education in the Era of Globalization*)中，史碧瓦克寫道：「自一九八九年起，無往不勝的資本主義便領著全世界不斷往全球化的方向走。」資本主義的根本特性，是它僅僅只會從金融生產力的角度來評價一切，因而使得許多與我們生活息息相關的東西，如今都變成了「幾近完全抽象的事物」(史碧瓦克語)。在她看來，「全球化」所帶來的後果，就是「令人心智麻木的制式化現象」。佛里曼說世界是平的，這話或許不假，但一個平坦的世界，同時也是個會讓人變得僵化的扁平世界。

在本書的開場裡，我曾經引用史碧瓦克講過的一句名言：「所謂全球化，其實只是資本和數據資料的全球化。除此之外就只是災害控制而已。」前文中，我們討論到在政治上、在文化上，甚至在旅行時都能觀察到全球化的現象，但就如同史碧瓦克所指出的，在某個更根本的層次上，所謂全球化，其實就是「金錢」和「資訊」這兩樣東西在全世界暢行無阻的現象——投資、企業、基礎建設、伺服器農場，以及數位平臺上的大數據資料，都像氣流和洋流一般，在不同國家間悄無聲息地流動。而我們這些使用者，則一個個都自願地將關於自己的資訊挹注到系統裡，從而將我們自己也變成了一件件跨國流動的商品。

扁平世界並非憑空出現的現象，而是有其歷史。同質化的趨勢，不僅僅是當下偶發的現象而已；其起因可以追溯到演算法推薦系統出現的許久以前。而在未來，這個趨勢只怕還將愈演愈烈。畢竟，每次只要一有重大的「推土機」問世，這個世界總是會變得更加扁平。

歐傑、庫哈斯和史碧瓦克等幾位思想家不約而同都用了「軟體」作為比喻，來說明在這個世界各地都被緊密串連起來的時代裡，實體地理空間和座落其上的世界諸國是如何變得愈來愈像的。事實上，軟體正是促使世界變得如此同質化的其中一個因素。在社群媒體的時代裡，同質化的效應正在個人的層次上廣泛傳播。無論是文化產品的生產者或是消費者，雙方都在同樣的那幾個社群軟體上生產和消費。推特、臉書、IG、TikTok，這些軟體不僅消弭了實體世界的差異，也取代了像是旅館和機場這樣的實體空間。於是，在庫哈斯的「通用城市」之外，如今我們還有了「全球通用消費者」；他們的偏好和欲求，多半都反映了數位平臺上的潮流，但卻並不反映他們所在地的空間特性。在許多情況下，我們都生活在流動空間中，而不是生活在地方空間裡。我們的世界變得比以前更為扁平，而與此同時，我們自己也變得更為扁平。

我經常在網路上閒逛，且由於我是一名記者，我總是花費很多時間在網上篩選重要的文化內容，因此不得不承認，我也是參與推動同質化現象的其中一員。我不喜歡這個現象，更不希望它進一步蔓延，但在扁平時代，無論你喜不喜歡，你都會在不知不覺中參與同質化的進程。雖然我們之所以上網，很多時候只是為了討生活或者來點娛樂，但這些行為都暗暗助長了同質化現象的發生。

## 通用咖啡店的老闆們

二〇一九年時，我正在撰寫我的第一本書。為了做調查，我特地去了京都一趟。趁著參觀寺院和枯山水之間的空檔，我也去走訪了幾家咖啡店。早在二十世紀初，日本便興起了「喫茶店」文化。在喫茶店裡，顧客只喝得到咖啡，喝不到酒水；雖說少了飲酒後的歡騰，卻多了飲茶時的寧靜，喫茶店因而頗受到作家和知識分子的歡迎。對當時的日本人而言，咖啡無疑是新潮的飲品，因為一直要到十九世紀末經荷蘭商人引介之後，日本才終於第一次進口了咖啡。日本最早開設的幾家咖啡店，都模仿了巴黎咖啡店的風格。不過，當時日本很少有人去過巴黎，唯一有機會去的，不外乎就是有錢人和知識分子。這批人去過巴黎之後，便開始閱讀法國作家的書，並透過翻譯將法國文化引介到了日本。

在京都的期間，有位住在東京的朋友推薦我一定要去六曜社。它是一家喫茶店風格的咖啡館，一九五〇年時創立於京都。它的地點並不好找，位在一條繁忙街道旁的地下空間內；店門口的木製招牌，鑲嵌在一塊塊間雜著棕色和綠色的方形陶磚上，實在不怎麼起眼。後來我才知道，這些不引人注目的陶磚是店家專門訂製而來的。往下走進六曜社，感覺就像是進到了某人的秘密空間裡。店內的牆面飾以深色的木板，幾張皮製的長椅和雙人座席則沿著走廊般的座位區依次放置。我算了一算，這整家店最多也就容納十位客人而已，再多就過於擁擠了。我走近吧檯，向看店的一對老夫婦點了手沖咖啡和自製甜甜圈。我說話的聲音只比氣音稍大一點而已，因為店裡安靜到幾乎沒有任何聲響。和其他客人一樣，點完餐後，我就坐進了座席。在等餐時，我把我帶的書打開來翻閱，然後又在筆記本上塗塗寫寫。包括我在內，店裡沒有半個人低頭看手機。之所以如此，我想是因為這家店多多少少保留了它當初開業時的氛圍。六曜社對空間細節和環境氣氛都非常重視，那是一種iPhone相片無法取代的魅力。數位科技和六曜社的性格並不搭軋。

京都的另一家咖啡店，正巧和六曜社構成了對比。這家名為「週末旅人」（Weekenders）的店是我在Google地圖上發現的。為了避免我在日本期間迷路，我事先向威訊通訊購買了國際漫遊方案，所以我的手機網路始終都沒斷過。在我試圖上網找路時，Google地圖便以一個大得不成比例的圓點把週末旅人呈現在我的iPhone上。這家店座落在京都市區一幢兩層樓的建築裡，位在一個人來人往但毫不起眼的停車場旁邊（它曾經搬過一次家，原本的店面在二〇〇五年時重新開張，成了全京都首間專賣濃縮咖啡的咖啡店）。它的建築風格相當日式：入口處安置了拉門，牆上塗有一層灰泥，天花板上則掛著幾盞圓圓的米紙燈籠。（從舊金山發跡的連鎖咖啡店藍瓶咖啡〔Blue Bottle〕也採用了類似的日式風格；他們在各城市的分店裡都安上了紙燈籠以及仿日式花道風格的插花。二〇一五年，藍瓶咖啡在東京開了第一家位在日本的分店，受到熱烈的歡迎。某種意義上，這或許也算是讓日式風格紅回了日本。）但除了日式元素之外，週末旅人也帶有一點應用程式式空間的風格，以及一點仿北歐風的設計，體現在店內的開放式架子和簡潔的淺木色檯面上。用歐傑的話來形容的話，像這樣的一家店，就是一個讓人「總能感到賓至如歸，卻又不是真正回到家」的空間。無論來自何方，你都能在這樣的非地方找到一份熟悉的感覺。

我在吧檯點了一杯卡布奇諾。當咖啡端上桌時，我掏出手機拍了照。相片裡，一只瓷製的咖啡杯擺在桌子邊緣，那是一張表面粗糙的長條形石桌，石材看起來就像是從某個古代建築物中拆下來的（就像中世紀時，義大利人會挪用古代建物的石材來建教堂那樣）。我之所以會拍那張照，當然是因為想要把它發到網路上分享。但就在這時，店裡的咖啡師突然跟我講起英文來。他用一種略顯乾燥的聲調告訴我：「有不少人來我們這，都只是為了拍照上傳ＩＧ。」聽他這麼說，我覺得實在尷尬——我真像個白目觀光客。但我不免又想：這家店的室內裝潢處處採用低調簡約的風格，而且頂上還設有柔和的日光，實在很難不讓人覺得它本來就是想要吸引那些愛拍照的顧客。現在，假如你打開週末旅人的官方ＩＧ，你會看到這麼多年來，所有那些含有「#週末旅人」標籤的照片，統統都跟我拍的那張（我自己覺得還不錯的）照片差不多——總之就是一杯咖啡，靜靜地擺在桌面上。

這些照片之所以如此單調而重複，並非只是出於偶然，而是由來已久。二〇一〇年代初，有不少店家不約而同都規劃了一種叫「網美牆」（Instagram wall）的牆面。在某種意義上，網美牆可以算是從二〇〇〇年代的街頭藝術風潮衍生而來的一股風氣。當年那股街頭藝術的風潮是一種塗鴉藝術的仕紳化，讓不含髒字、髒圖的塗鴉合法地出現在城市各處的牆面上（在一些擁有眾多老舊倉庫的社區，尤其可以看到這類塗鴉）。這股風潮使得塗鴉牆面成為了觀光景點，讓遊客可以像逛畫廊一樣地去參觀。例如，雖然布希維克是個人煙稀少的工業區，但從前我住在那兒時，就曾看到過有領隊帶著一群又一群的法國觀光客走上街頭，把布希維克搞得像羅浮宮似的。那些觀光客一個個都對牆上的塗鴉感到驚嘆，但他們或許不曉得，不久後這些塗鴉統統都被廠商出資的手繪廣告給覆蓋掉了。

街頭藝術的原初精神，是希望用打游擊的方式，跑到意想不到的地點進行塗鴉，但網美牆卻不是如此。網美牆通常都刻意設在某個定點，讓遊客駐足拍照，然後上傳到ＩＧ。正是因此，網美牆又有個別稱叫「網美陷阱」(Instagram traps)。有些網美牆會利用明亮的顏色搭配幾何圖形來吸引遊客，因為用這樣的畫面當背景，照片會特別好看。一九四八年，墨西哥建築師巴拉岡（Luis Barragan）將自家外牆刷成了粉紅色，從此之後這道牆就成了網美牆的先驅，吸引了許多遊客。除了這類強調色彩的網美牆之外，也有不少牆面是以場景取勝。例如那些繪有卡通圖案的木製立牌，讓人可以把臉放到孔洞後面，假裝自己是農人或足球選手之類的。至於最經典的網美牆，同時也是它最流行的樣態之一，當然就是在牆上畫上一對天使翅膀，讓人可以站在中間，雙手向上伸展。這個動作配上那一左一右的一雙羽翼，讓人看起來好像即將展翅飛翔。這時，你只消請一位朋友後退一步，把你的英姿拍攝下來，照片就可以上傳IG了。

把這股風潮帶向巔峰的，是一家叫「迦太基必須毀滅」(Carthage Must Be Destroyed）的餐廳。它是一家主打早午餐的店，位在布希維克的某個區域，周遭是一大堆戒備森嚴的倉庫。二〇一七年它剛開張時，我剛巧就住在附近。這家餐廳的室內裝潢相當簡陋，磚塊和水管統統裸露在外，用餐的桌子也只是幾張多人共用的簡易木桌，但它的設計有項獨特且驚人的噱頭——店內所有物品，一概都漆成了粉紅色：門是粉紅色的，櫃檯上貼的磁磚是粉紅色的，濃縮咖啡機是粉紅色的，陶瓷餐盤也是粉紅色的。「迦太基必須毀滅」的菜色並不別緻，大致上就是一些普通的吐司和酪梨之類的東西（餐廳的其中一位老闆貝查拉〔Amanda Bechara〕是澳洲人），可見它主打的並不是餐點，而是裝潢。當媒體披露了它的照片後，它果然瞬間紅了。一時之間，人人都想去「那家粉紅色的餐廳」體驗看看。

這家餐廳的空間，完全依照數位時代的需求做了最佳化調整。就在餐廳開張的前夕，網路上最流行的顏色之一，就是一種濃厚的腮粉色，人稱「千禧世代粉」（millennial pink）。這種粉色有時也被稱為「Tumblr粉」，銘記著早年眾多社群媒體競相爭艷時的盛景。在千禧世代粉的全盛時期，無論是在Nike出品的運動鞋上、Glossier的化妝品上，還是Away的行李箱上，統統都找得到這種粉色。廣義一點說，二〇一五年起，蘋果發表的一系列「玫瑰金」產品，也算得上是這股粉色風潮的延續。而「迦太基必須毀滅」裡那滿是粉紅色的室內設計，實在稱得上是一種沉浸式的網美牆，讓你可以全方位地體驗粉色系的魅力。由於慕名前來的遊客實在太多，後來餐廳只好貼出一紙告示，禁止顧客拍攝餐廳全景——要拍可以，就拍你自己點的餐就好。不過，這紙告示顯然並未發揮作用，顧客們還是照樣進到店裡拍攝全景。直到今天，IG上都還找得到一大堆顯然違反了店家規矩的照片。

這股網美牆的風潮，到了二〇一〇年代末時，已經發展到讓人看了就煩的地步。最讓人受不了的，就是有好幾家所謂的「IG博物館」接連開幕。這些IG博物館的營運目標沒有別的，就是讓遊客可以去那裡拍照上傳。這個現象，令我想起很多人去羅浮宮的唯一目的，就是跑到《蒙娜麗莎》前自拍。在IG博物館，你甚至連點餐都不用，唯一要做的事就是拍照。二〇一七年，洛杉磯有家「冰淇淋博物館」（The Museum of Ice Cream）開幕了；在那裡，遊客可以體驗到許多以甜點為主題的沉浸式裝置。同樣在二〇一七年，還有一家叫「顏色工廠」（Color Factory）的博物館也開幕了，那裡有著頗具超現實感的單色房間，讓你可以拍出充滿戲劇張力的肖像照。但純就視覺藝術的角度來說，這些都是失敗的展品，因為它們唯一的目的就是讓人拍照。如果沒有了IG這樣的數位平臺，那麼拍這些展品就失去了意義。在IG博物館，拍照上傳，成了參觀博物館的唯一目的。靠著網美牆和網美沉浸式體驗，這類博物館確實吸引到了不少遊客。它們甚至還會設計一些互動式的展品，讓遊客能使用手機與之互動，不過這其實和某些餐廳提供著色書給小孩畫畫的做法並無不同。這類ＩＧ博物館的出現，顯示出我們對拍照上傳的癮頭實在已經大到了一個地步，無法再滿足於出門走走，而是非得要把整個過程記錄下來才行。而對業者來說，當遊客將餐廳或博物館拍照上傳，並主動標記企業名稱和所在地點時，這些照片就自動成為了某種去中心化的工商布告，讓業者賺得了免費廣告和口碑。網美牆是種自我延續的產物。

網美牆可說是「搜尋引擎最佳化」這一概念在空間中的體現。過去商家設置網頁時，都會在裡頭打上一些關鍵字，藉此提高網頁排名；如今他們則透過網美牆之類的設施，確保會有大量關於店家的照片在網路上流傳。只要關於某個店家的貼文愈多、出現得愈頻繁，演算法注意到這家店的機會也就愈多，進而把店家的資訊推薦給潛在顧客知曉。網美牆的存在，說明了一項令人憂心的事實：現在就連實體世界裡的空間，也必須遵循網路世界的遊戲規則。

到今天，網美牆雖然已經是很老哏的東西，但它的運作邏輯卻已深植到了各式各樣的空間裡。「可ＩＧ性」（Instagrammability）這個新詞，指的就是一個空間適合被發到ＩＧ上的程度。一家餐廳如果設有一面爬滿植物的牆，牆上還掛著一面寫有店名的霓虹燈牌，讓無論坐在哪一桌的顧客都可以輕鬆拍攝到這堵牆面，其可ＩＧ性就會很高。此外，餐廳可能還會推出視覺效果強烈的餐點，其目的與其說是為了好吃，倒不如說是為了好看。二〇一六年左右，紐約市一家叫「黑龍頭」（Black Tap）的酒吧就是靠這個走紅的：他們推出了一款浮誇的奶昔，表面撒滿了糖果和配料（有時甚至會放上一整塊蛋糕）。雖然幾乎無法飲用，但其足夠誇張的外觀，卻很適合發到ＩＧ上。設計出這款奶昔的人，並不是酒吧的主廚，而是一名負責社群公關的經理。起初，這款奶昔只有在少數特別企劃的場合才會供應，目的是為了讓網紅們拍出效果十足的相片，但後來這款奶昔在普通顧客之間的詢問度也愈來愈高，因為他們也想要拍出一模一樣的相片。換言之，這款奶昔根本不是讓人喝的，而是讓人拍的。上面那些糖果和配料吃不完，也就被丟掉了，既浪費又不環保。

當初我造訪京都的那家週末旅人咖啡店時，我站在店裡，覺得整間店好像一座巨大的網美牆，讓顧客可以拍出美照，並藉以炫示自己的消費品味。「拍照上傳」這個行為，已經成為了積極展示自己正在參與非地方空間的大好辦法。對二十一世紀那些到處移動的新潮旅客來說，網美牆就是一個總能讓他們感到賓至如歸，卻又不是真正回到家的地方。雖然我很能夠欣賞網美牆所帶來的效果（我造訪過不少網美牆，也多次體驗過它的效果），但我總覺得那裡頭少了什麼。在網美牆的體驗裡，我不可能產生任何因為不熟悉而帶來的驚喜；我只不過是去到不一樣的地方，一而再、再而三地確認自己擁有不凡的品味，如此而已。網美牆之所以會給人一種空洞感，我想原因就在於此。

新科技對文化帶來的影響，往往是很幽微難辨的。由於科技物的推陳出新如此之快，影響範圍又如此之廣，人們經常都在弄清楚來龍去脈之前，就被迫接受了新的現實。為了確認本書的說法是正確的，我訪問了散居全世界的幾位咖啡店經營者，設法瞭解他們為何會把自己的店弄成通用咖啡店的樣子。在我的受訪者裡，有相當高比例的人都採用了極簡工業風，也就是應用程式式空間的典型裝潢。其中有位店老闆叫溫德柏（Tim Wendelboe），他是挪威咖啡界的先驅人物。二〇〇七年，他在挪威開了他的第一家咖啡店。他告訴我，他之所以採用簡約的北歐風格做裝潢，有一部分其實是預算考量。在他的店裝修以前，那裡原本是一間美髮沙龍；為了減少開支，於是他將原本店面的裝潢木料收集了起來，然後再利用它造了一個新的吧檯。新加坡「再成發五金」（Chye Seng Huat Hardware）咖啡店的經營者昂贊熙（Xanthe Ang）也提到，當初再成發裝修時，同樣保留了原先店面留下來的物品（原本在那裡開業的是一家五金行）。再成發咖啡店位在一間店住合一的屋子裡，室內設計採用的是裝飾派藝術（Art Deco）時代的風格，天花板相當挑高，像是一般車庫會有的高度，室內燈光則擁有金屬一般的色澤。西班牙馬約卡島（Mallorca）「密史脫拉咖啡店」（Mistral Coffee）的經營者舒勒（Greg Schuler）則對店內那些「未經加工的元素」頗感自豪，他特別向我介紹了他引以為傲的純磁磚地板、外露的室內管線，以及多層合板製成的架子。

在二〇一八年出版的學術論文集《全球的布魯克林化：如何在全球各大城市規劃餐飲體驗》（*Global Brooklyn: Designing Food Experiences in Global Cities*）中，兩位主編帕瑞西科萊（Fabio Parasecoli）和哈拉瓦（Mateusz Halawa）共同提出了「去中心化但高度相同」（decentralized sameness）這一概念。他們指出：二〇一〇年代間興起的許多咖啡店和餐廳之所以會高度同質化，並不是因為它們「服膺於任何形式的中央調控」，而是因為它們都受到了網際網路的影響。透過網路上散布各處的資訊節點，相同的美學觀念就可以往世界各地散播出去，讓散居各地的人接收到完全一樣的觀點。在這類資訊傳布的過程中，IG無疑是最重要的節點之一。這一點，從我訪問的那幾位咖啡店經營者的口中，也得到了印證——老闆們確實肩負著順應潮流的壓力。

在多倫多，有家崇尚極簡風的連鎖咖啡店叫「百樂咖啡烘焙」（Pilot Coffee Roasters）。他們的一位行銷經理沃爾許（Trevor Walsh）告訴我，在過去這十年裡，「我們用來觀察全球特色咖啡館經營方向的主要媒介」就是IG。沃爾許說：「我們希望做一些設計，讓人能夠拍出好看的照片。也就是說我們想要創造出一種氛圍，讓人覺得想要把當下那一刻分享到網路上。」顯然，對百樂咖啡來說，和全球其他城市的咖啡店同業們交流的方式，不外乎就是把自家咖啡店的照片發到IG，並且鼓勵來店的顧客也將他們拍的照片分享到網路。而與此同時，IG也不斷給予店家壓力，催促他們跟上潮流。沃爾許說：「我們的心情一直都很緊繃，因為每天都要產出新的內容。我心中有股揮之不去的壓力，覺得必須要讓百樂咖啡隨時都出現在人們的手機和電腦上才行。」簡單來說，他們不停產製內容，以便隨時餵給演算法最新的東西。

事到如今，開咖啡店已經不能只是創立一家店面而已，你還得上網開個線上營運的版本才行，然而開店和經營社群平臺，完全是兩種不同的技能。沃爾許繼續說道：「你必須要在社群媒體上擁有敏銳的嗅覺，才能被人看見。然而『社群媒體』這個領域，雖然跟你經營的事業有關，但又不直接屬於你的專業。」換言之，你得要設法讓眾多顧客願意在IG上標記你的商店，並同時讓你的商店在Google地圖上取得名列前茅的評分，你的店才有機會生存。而如果我們把這種線上行銷的方式推衍到極致的話，那我們就會得到一種「只在網路上找得到」的特殊餐廳。如今無論是在Uber Eats還是DoorDash上，都有一種名為「幽靈餐廳」的店家：你可以透過應用程式向他們訂購漢堡或披薩之類的簡單餐點，但你卻無論如何找不到他們的實際地址——因為它們根本就不存在。那些餐點，實際上是由另一家餐廳或某個中央廚房做出來的。這些餐點首先以數位內容的形式存在，並透過相同的管道傳播。

要在社群媒體上保持敏銳，必須要同時關注多個平臺，並隨時注意多個演算法系統的細微變化。沃爾許觀察到：某些店家或許擁有很棒的品牌故事，但他們「沒有設法跟上演算法的潮流，因此看到這些故事的人數也就比較有限」。有些人也許貼文貼得不夠勤；又或者是沒注意到演算法的演變，以至於在ＩＧ優先推播影片的時期，依舊繼續勤於上傳照片（二〇二二年左右，ＩＧ為了想要模仿TikTok，於是突然從優先推播照片，轉變成優先推播影片）。即使你自認為精通演算法曝光術，廣告成效依然可能不如預期。如同沃爾許說的：「我們費了很多時間創造出了一堆漂漂亮亮的內容，但演算法還是經常不會給予我們該有的觀看次數。有時候，這還真是讓人沮喪。」現在想要吸引人潮，與其設法沖出好的咖啡，還不如設法拍出ＩＧ美照。店面空間在網路上的好看度，幾乎已經成為了開店的頭號要事；酒吧、麵包店、時尚精品店，甚至美術館，無不如此。（由於美術館原本就是個讓人「觀看」事物的空間，因此館內的場景幾乎都可以完美轉換成一張張好看的ＩＧ照片。）

羅馬尼亞有家咖啡店叫「豆豆和點點」（Beans & Dots），開在首都布加勒斯特（Bucharest）某間印刷廠的舊址上，其創辦人兼老闆溫格雅努（Anca Ungureanu）如此說道：「我厭惡演算法。大家都厭惡演算法。」溫格雅努告訴我，她當初創業，是因為想創造出一個「布加勒斯特原本沒有的環境」、一個（至少從美感的意義上來說）當地人前所未見的空間。豆豆和點點開業後，吸引到不少外國旅客前來品嚐，因此每當有人打開Google搜尋位在布加勒斯特的特色咖啡店時，豆豆和點點總是會脫穎而出。在ＩＧ上，溫格雅努設了一個官方帳號，上面發的都是卡布奇諾的照片。經過一番經營後，這個帳號累計獲得了七千名追蹤者；但近年來，溫格雅努卻愈來愈沮喪，因為她發現ＩＧ調降了貼文觸及率，讓豆豆和點點的訊息難以傳達到粉絲們的眼前。溫格雅努說，正當她嘗試開始做線上咖啡生意時，臉書和ＩＧ卻好像都有意限制她的觸及人數，而唯一的解方只有付錢買廣告。這種做法，令人感覺很像勒索——除非你付我們錢，否則別想得到觸及率。豆豆和點點剛開業時，是演算法幫助他們建立口碑、找到了客源，但轉眼之間，演算法卻再也不青睞他們了。溫格雅努說道：「從某個時間點開始，事情就變得很不公平，」因為臉書和ＩＧ「不再讓你用自己建立起來的網路社群傳遞訊息」。

別家咖啡店的老闆，也跟我抱怨過一樣的事情；梅依（Jillian May）就是其一。梅依是一家咖啡店兼精品選物店的共同創辦人，店的名字叫「赫勒舍」（Hallesches Haus），二〇一四年開業於柏林。在赫勒舍，顧客可以在挑高樑柱且設有拱型窗戶的簡潔空間中選購澆水壺、燈具、陶瓷盆栽等用具，也可以坐下來點個咖啡或沙拉。赫勒舍的ＩＧ擁有近三萬名追蹤者，但梅依告訴我，「雖然追蹤者多，但貼文得到的讚數卻愈來愈少。」她觀察到：「五年前一張照片貼出來，我們可以獲得超過一千個讚；但是現在能有一、兩百讚就不錯了。」梅依認為，ＩＧ「正在瘋狂催促店家買廣告，但坦白說我們很不樂意繳錢」。ＩＧ曾經宣稱要打造出民主化的數位平臺，讓使用者自己產製的內容自由流通，但如今他們的作為，實在和當初的承諾落差極大。社群平臺有賴於像我們這樣的使用者才得以運作，但我們卻連想要貼文給追蹤者看都沒辦法。在很大程度上，問題就是出在演算法系統握有的權力太大了。

梅依觀察到，有個稱作「粉絲數通貨膨脹」（follower inflation）的效應正在發生。她指出：到了近期，官方帳號即使擁有很高的粉絲數，卻依舊可能獲得不成比例的低參與度。背後的原因，可能是因為平臺方設定的優先次序變了，也可能是因為某些原本活躍的粉絲不再經常上線了，或者也可能是因為貼文者用來提高觸及率的技巧不再管用了。過去十年裡，任何經營ＩＧ帳號的人，對這個現象一定都不陌生。對普通使用者來說，讚數少頂多會自我感覺不好，然而對商家而言，粉絲數通貨膨脹卻是個很實際的經濟問題——畢竟，他們都是要靠吸引顧客才掙得到錢。

可ＩＧ性，其實是一道陷阱。無論你想要推廣的是真實存在的店面還是純數位化的內容，過去你只要遵循一套固定的模板，就能快速累積人氣；但現在，你卻每天都要設法追隨潮流、更新貼文，這樣才能蹭得上那些最熱門的hashtag和網路迷因。數位平臺們從業主手中搶走了他們對自身企業的主導權，迫使他們追隨網路上眾人的腳步，並懲罰那些敢於提出創新點子的人。然而，追隨熱潮追得太緊，也是有風險的，因為大眾很快就會對老哏感到厭倦。如果你的貼文太過陳腔濫調，即使演算法推播了你的內容，觀眾也很可能不會買單。這就是為什麼即使是一家完美的通用咖啡店，也經常會在某些細微之處更動設計，例如悄悄添加或是撤走幾個盆栽。但，究竟放多少盆栽並不重要，重要的是必須時時變化。

當然還有另一種策略，那就是保持一路以來的初心，不汲汲營營於潮流或參與度，堅持只做自己最擅長的事，並忠誠於自己的個性和品牌定位。位於京都某個地下空間的六曜社咖啡店，走的就是這樣一條路。而假如顧客願意的話，他們也都會被六曜社的個性所感染。至今，六曜社依舊沒有設立ＩＧ帳號。在某個意義上，咖啡店也可說是一種實體的演算法過濾系統——它們會根據顧客的偏好，將客人分成不同的類別；擁有獨特裝潢風格和餐點品項的店，自然就會悄悄吸引某些特殊的族群，同時悄悄排除掉其他的客人。如此經年累月建立起來的消費社群，很可能比那些酷愛漂亮拉花照片的ＩＧ粉絲更為重要。溫格雅努之所以創立豆豆和點點，她想做的正是建立起那樣的一個消費社群。她說：「在我們店裡，你可以遇到許多和你一樣、擁有相同興趣的人。」這番話使我想起：在這個由演算法所主導的全球化時代裡，同質化或許是個無法避免的趨勢，畢竟如今有這麼多偏好相似的人都在上相同的社群網站，並且前往世界各地被相同網站影響過的實體空間裡聚集。同質化的現象就像滾雪球一樣，正在愈滾愈大。

## 演算法如何主導了觀光產業？

像Yelp和Google地圖這樣的應用程式，擁有重塑地理空間的驚人能力；它們只要透過演算法，就能悄悄改變旅客們的腳步，將他們帶往不一樣的地方。使用這類應用程式的遊客，即使初來乍到，他們也會選擇只去某些特定的店。此外，他們也會在應用程式的引導下，輕鬆在附近找到自己喜歡的餐廳類型。在這類應用程式的介面裡，你總是可以像瀏覽幻燈片那樣，輕鬆翻找出你想去的景點，好似你正在Netflix上消費數位內容一般。你選定想去的地點後，這些應用程式甚至還會自動幫你叫好車，把你無縫接軌地載到目的地，並藉此再賺你一筆Uber的錢。這些應用程式無疑能夠改變金錢的流向和眾人注目的焦點，使得某些地方相對容易吸引到遊客。而長此以往，觀光景點難免也會出現自我強化的效應——紅的景點，就會變得更紅。

在演算法的影響下，旅人們彷彿被關進了密不透風的資訊濾泡當中。即使你出門遠遊，看完某個景點之後，手機裡的應用程式又會跳出來新的資訊，引導你前往下一個景點。虛擬的應用程式，已然掌控了你的實體行程。我自己也親身體驗過這種旅行模式的轉變。以往我都是透過Yelp來尋找住宿地的，但後來我卻改用Airbnb，因為它比較能給我一種「不像觀光客」的感覺，讓我可以假裝自己是去到世上某個酷酷的城市街區短暫居住。而恰好就在Airbnb興起的同一時期，Uber的營運範圍也逐漸擴展到世界各地，讓我可以利用熟悉的應用程式介面在世界各國招攬便車。此外，隨著行動支付系統逐漸完善，如今我無論是去紐約、倫敦，還是里斯本，我都只要手指點兩下就可以輕鬆付款，甚至只帶手機去搭地鐵也沒問題。（曾有人宣稱，加密貨幣會是一種獨立於政府管轄的貨幣，無論去到哪國都能順暢流通。這份理想雖未完全實現，但它確實帶來了不少改變。）一邊用著這些數位工具一邊旅行，讓我覺得似乎有點喪失了旅行的意義，因為這麼一來旅行實在變得有點方便過頭了。那些應用程式把城市變成像是背景圖片一般，並且把所有的實體地點都變成了流動空間。真實世界的殊異地景正在消逝；彼此相似的數位化空間則正在興起。然而，當太多人都擠在同一條由演算法規劃好的路線上時，其實往往會給我們帶來諸多不便。

二〇一〇年代中期，不少洛杉磯居民都注意到，有個叫「位智」（Waze）的導航應用程式正不遺餘力地把喧囂帶進原本寧靜的社區裡。位智會依據各地交通的即時數據，篩選出一條車輛較少、車流較快的理想路線，提供駕駛人參考。當高速公路車多擁擠時，位智就會建議駕駛人開進附近住宅區的小路，以便更快駛達目的地。二〇一八年，《洛杉磯雜誌》甚至刊登了一篇文章，將位智讚譽為「神一般的演算法」。不過，位智的神技，似乎只有在用戶數較少時才能發揮效果；當用戶數多起來時，問題就浮現了。例如北好萊塢區（North Hollywood）和影視城（Studio City）這兩個社區都有不少陡峭的山坡和狹窄的巷弄，而當一大群汽車和卡車湧進來時，所有的車輛就會統統擠在一起動彈不得。經過調查後人們發現，原來位智的演算法無法分辨道路承載量的差異，因此會一股腦地把眾多車輛導引到羊腸小徑裡。光看位智的使用介面，用戶很容易會誤以為所有車流都在演算法的掌握之中，但實際上並非如此。很多原本靜謐的社區都因為位智的興起，產生了不少噪音污染和交通事故。當地政府無計可施，只好試圖聯繫Google，請他們手動更改相關數據。另一方面，受到干擾的居民也不甘示弱。他們想出一個招式：登入位智，謊報自家門口發生事故或實施交通管制，以避免應用程式把這條路線推薦給眾多駕駛人。用這種方式干擾演算法後，成效立竿見影，社區瞬間就安靜下來了。

太多的流量，不見得是好事。演算法把住宅區的小路當成交通替代方案，卻沒想到這會給社區居民帶來困擾（演算法顯然沒把當地居民的幸福指數納入計算）。我的伴侶潔絲老家住在康乃狄克州的韋斯特波特（Westport），在那兒，我親身見證了類似的事。韋斯特波特位在距離紐約市約一個小時左右車程的地方，許多在紐約工作的通勤者下班後，就會駕車途經韋斯特波特，然後繼續往北或是往東開。每次九十五號州際公路車多擁擠時，位智或是Google地圖（Google已於二〇一三年收購了位智，並將雙方的雲端數據結合在一起）就會引領駕駛人朝鎮上那座擁有兩百年歷史的古雅城鎮中心開。然而，那裡的道路是設計用來承載當地交通的，根本無法容納過多的車流，於是每次只要州際公路發生壅塞，鎮上那座兩線道小橋也會同時堵車。此外，那裡的紅綠燈秒數也很短，堵車時，每當綠燈亮起，都只有最前面的幾輛車能通過，而後面的車則只能再次煞停。駕駛人原先是想節省時間，但結果不僅時間沒省到，鎮上居民的生活品質也被拖累了。

這種詭異的現象會發生，而且還發生得這麼普遍、這麼頻繁，始作俑者就是像位智這樣的導航軟體。這些軟體的特性，同樣可以用「去中心化但高度相同」這個概念來予以含括，只不過這裡我們討論的不是美學上的高度相同，而是行為上的高度相同。在進入導航模式時，駕駛人往往會被動地接受應用程式提供的任何建議，相信它篩選出來的路線一定是最理想的，卻渾然不知前方擁堵的車陣正在等待著他——我們往往太過信任演算法，於是放棄了自己做判斷和決策的機會（雖說駕駛人選擇開哪條路跟文化品味沒什麼關係，但演算法替駕駛人做決策的過程，卻和演算法替觀眾選擇觀看哪些文化產品的方式相去不遠）。事實上，我本身也是Google地圖的重度使用者。對它形成依賴之後，我發現我老早就把原先記得的駕駛路線忘得一乾二淨。翻查高速公路地圖是童年時期的遙遠記憶，如今我已全面臣服於自動導航軟體。位智的演算法用一種新的方式將資本和數據集於一身，並且用讓人意想不到的方式扭曲了真實世界的地理。透過從用戶手機收集而來的數據，位智便能向駕駛人提供行車建議，同時還能將駕駛人的行車偏好、燃油效率、道路規費等等一併納入計算。然而，一般駕駛人根本就不會知道應用程式到底收集了什麼，也不曉得這些數據被賦予了多大的權重。他們所知道的，就只有應用程式餵給他們的最終結果而已。

曾有一起和「位智效應」非常相似的事件在冰島全國範圍內發生，唯一的差別只在於：這件事是冰島人有意促成的。這起事件，可以稱得上是「冰島版的網美陷阱」。從前，冰島就和世上絕大多數的地方一樣，並不是什麼炙手可熱的旅遊景點。它孤獨地懸浮在大西洋的北岸海域，島上充滿了活火山和陡峭的峽灣，以及難以親近的冰河。事實上，直到西元九世紀左右，冰島都是完全無人居住的。最早乘船接近冰島的，是一位名叫斯馬維爾森（Garðar Svavarsson）的維京人。斯馬維爾森出身瑞典，西元八七〇年時，他曾駕船繞了冰島一週。四年之後，又有另一批探險者前往冰島，登上了今日冰島首都雷克雅維克的所在地，並且在那裡紮營長住了下來。（在古代北歐語言裡，雷克雅維克是「充滿煙霧的海灣」的意思。之所以這樣命名，是因為這群探險者的領袖阿納爾松〔Ingólfr Arnarson〕在準備登島時，看見有炙熱的蒸氣從海底熱泉的噴口噴湧而出。）一七〇三年，當冰島實施了有史以來第一次的人口調查時，全島不過只有五萬多位居民而已。即使到了今天，該國的人口數也還不到四十萬，大約相當於每平方公里有三人，是世界上人口密度最低的國家之一。然而，最近這幾年，冰島卻年年都吸引了超過兩百萬名觀光客（即當地人口的五倍），而且這些遊客至少都會在冰島留宿一個晚上。在COVID-19全球大流行的前夕，冰島觀光業的產值達到了有史以來的最高峰：二〇一九年，光是觀光業的產值就占了冰島全國總出口收益的三十五%，遠超過該國其他產業所能貢獻的數額。而這也意味著，冰島最值錢的商品，就是冰島這座島。世界各地的遊客，都對這座曾被認為無法抵達的島嶼感到無比的好奇。

不過，冰島的觀光業，並不是向來都如此發達的。即使到了二〇〇〇年，冰島的遊客人數也才和其居民的人口數大致相當而已。然而二〇一〇年，冰島的觀光業卻突然起飛。從那一年起，冰島的旅客人數便以指數的形式向上增長，就像一個突然爆紅的迷因一樣。諷刺的是，冰島的觀光業之所以乍然起飛，起因其實是一場突如其來的災害。二〇一〇年三月，冰島南部的艾雅法拉火山（Eyjafjallajökull）噴發了。由於火山灰會對飛機引擎造成損害，因此在四月分時，全歐洲的航班都停飛了一個禮拜。（對冰島人而言，由於這次噴發的位置地處偏僻，附近只有一個八百人左右的農莊需要撤離，因此倒算不上什麼大事。）不過，這起戲劇性的噴發事件，馬上就攻占了全世界所有媒體的版面，每個電視新聞臺也都播放了冰島的地景照片。就這樣，全球有數百萬人同時都看到了冰島的天然美景：位在遠處的冰河、流水湍急的瀑布、純天然的溫泉湖等等。在雷克雅維克從事創新旅遊業的詠思多蒂（Karen María Jónsdóttir）這麼告訴我：「火山爆發後，全世界的目光突然都集中到了我們身上。」

許多冰島人都指出，除了火山爆發外，ＩＧ也是這股觀光熱潮的幕後推手。火山爆發過後，全球許多遊客都被冰島那如詩如畫的自然風光吸引，他們來冰島拍下照片之後，便把它們發到ＩＧ上。一九七〇年代時，在自家客廳用幻燈片展示度假相片的做法曾經風行一時；時至二十一世紀，當代人的做法則是把照片直接發到網路上。很多人只要看到旅遊美照（尤其如果是在社群媒體上看到的話），就會產生一種強烈的「錯失恐懼症」（英文叫 the fear of missing out，簡稱ＦＯＭＯ），覺得有必要弄清楚相片是在哪裡拍的、影中人如何去到那裡的，還有他們當天晚上住在哪裡等等。多虧了ＩＧ的 hashtag 功能和位置標籤，如今那些有錯失恐懼症的人只要在手機上一點，就能看到在特定地點上最受人歡迎，而且最被演算法推薦的照片。冰島的風光，就這樣在ＩＧ上傳布了開來。當然，冰島並不是因為有了ＩＧ才那麼美；和那些刻意迎合ＩＧ美學的通用咖啡店不同，冰島擁有的，完全是偶然形成的特殊地形景觀。但ＩＧ的運作機制，確實使得冰島的天然景緻從全球萬千景點當中脫穎而出，讓成千上萬的用戶都藉由一系列ＩＧ照片認識了冰島。

然而，就像 Spotify 用強力推播某一首歌的方式，替銀河五百創造出了一個不能代表他們的樂團形象一樣；ＩＧ的演算法也替冰島創造出了一個過去從未存在過的國家形象。在冰島航空（Icelandair）服務了數十年的員工羅凱森（Michael Raucheisen）告訴我：冰島航空如今幾乎完全依賴社群媒體來瞭解乘客，包括乘客們來到冰島想看些什麼，以及什麼樣的體驗最能吸引他們等等。他說：「在乘客的社群帳號裡，我們往往能看到很多絕美的影像，比我們自己資料庫中的照片更加令人驚嘆。」近年來，冰島航空開始將許多發布在ＩＧ的照片收集起來，刊登在機上雜誌裡。羅凱森說道：「全世界的人都熱衷於在社群上分享冰島的美景，這讓我們的工作變得容易許多。」冰島的觀光業並不是得靠ＩＧ才能生存，但ＩＧ確實為他們帶來了龐大的商機。冰島航空不但推出了便宜的機票，也給願意前往冰島中轉的旅客特殊的優惠，目的就是吸引那些想要順道觀光的短期旅客。在雷克雅維克周邊，許多現代化的飯店一一竣工落成，專為遊客開設的主題酒吧也如雨後春筍般一一出現，至於這些酒吧的店名，則大概都是取像「雷克雅維克的美式酒吧」這類的名字。

在社群媒體的推波助瀾下，有一群過去不常前往北歐的遊客，如今也都加入了冰島觀光的行列，而他們的行為舉止，經常都出乎人意料之外。在冰島觀光業起飛前的那幾十年裡，多數觀光客都是來自冰島周邊的國家，例如德國、法國等等。這些遊客通常會在冰島長住一段時間，甚至會計劃去征服一些需要長途跋涉的偏遠區域。然而，這幾年來，前來冰島觀光的主要群體，卻變成是美國人、英國人和中國人。他們停留的時間通常很短，甚至有些人完全是看準了航空公司提供的中轉優惠才來的。匆匆遊覽過後，他們往往就會離開冰島，前往歐陸。這類遊客去的地方，通常都不會超出雷克雅維克的範圍太遠。應運而生的，就是一種開車繞行雷克雅維克周邊的觀光巴士，它們會載遊客從市區飯店出發，帶他們一一去看首都周邊的重要景點，像是間歇泉、瀑布等，然後再把他們安全地送回飯店。這些觀光客的行程安排，其實也是受到了演算法機制的影響。從二〇一〇年代起，像Kayak和Booking.com這樣的旅遊代理網站開始蓬勃發展，每年都能接到上億筆的旅遊相關訂單。這些網站結合了搜尋引擎、使用者評論網站和演算法推薦系統。透過它們，使用者就能看到其他遊客給予各航空公司、各大飯點和各大城市的平均評分（一到五顆星），整個過程就像在挑選一檔好看的Netflix節目一樣。而透過旅遊代理網站規劃行程的遊客愈多，他們的所到之處也就會變得愈來愈像——就和位智把公路上的車流統統都導引到韋斯特波特鎮上的情況一樣。在旅遊代理網站的塑造之下，一種「最佳化版本」的冰島誕生了，而它唯一的目的，就是供人消費。

就和會在通用咖啡館裡出現的人通常是仕紳階層一樣，旅遊代理網站所服務的顧客，也大都屬於優勢階層。畢竟，要能在世界各地自由移動，你得要擁有一張合用的護照（例如美國護照），同時也要擁有能被廣泛接受的性別氣質和皮膚顏色。僅舉一例來說，許多黑人在使用Airbnb時都遇到過不少困難，因為有許多歧視黑人的屋主會拒絕把房間租給他們，於是後來Airbnb只好改變政策，把所有用戶的大頭貼一概撤除。可見，不是每個人都能輕易進入那些看似通用的空間、享受便利；某一群人的方便，不見得是所有人的方便。

在Booking.com上，Booking官方替遊客挑出了幾檔雷克雅維克附近的「熱門行程」，其中位列榜首的，是一檔叫「黃金圈一日遊」的套裝行程。這是一檔讓人可以坐車環繞雷克雅維克，在一天之內看盡周邊著名景點的行程，包括赫伊卡達勒間歇泉（Haukadalur geysers）、居德瀑布（Gullfoss waterfall）、辛格韋德利國家公園（Þingvellir National Park）等（辛格韋德利國家公園是西元九三〇年時，冰島首屆議會開議的地點）。這檔行程獲得了九十六％評論者的喜愛，使得該行程在各種有關雷克雅維克的搜尋結果中總是位列前茅（與此相反的是一檔需時三小時的賞鯨行程，它總共只得到了六十九％評論者的喜愛——在多數使用者看來，這其實就是教人別去的意思）。旅遊代理網站推薦什麼、不推薦什麼，對遊客行為的影響實在太大，以至於當地的旅館、旅遊業者和在地商家，統統都得要看它的臉色。冰島觀光局的局長史坦納生（Skarphéðinn Berg Steinarsson）接受我訪問時，便明快地指出了這類網站的負面影響：「他們都是用炒短線的手法，賣給遊客一些最簡便的東西，他們就是靠這個賺錢的。他們永遠都在推銷什麼十大熱門行程，因為那些就是最簡便的商品。」簡單來說，這些網站賺錢的方法，並不是提供獨特的旅行體驗，而是用吸睛的數位內容來吸引消費者，並誘使他們按下「購買」鍵。

這些演算法推薦的旅遊行程，通常都只重表面，而且不會給用戶太多自主選擇的空間。身為網路使用者，你我都不斷被灌輸「只有網路推薦前幾名才是好的」這樣的觀念，但我們要是真信了這個說法，我們就很容易會忽略掉許多具有深度的冷門景點。二〇〇六年，《連線雜誌》（*Wired*）的總編輯安德森（Chris Anderson）出版了暢銷書《長尾理論》（*The Long Tail*），在書中替網際網路美言了不少，說由於網路具有無所不包的特性，因此許多偏小眾的企業和商品，未來都將獲得更多的商業機會。安德森說：如果把最受歡迎的商品放在圖表的左邊，把較不熱門的商品放在右邊，那我們就會得到一條左側非常高聳，然後向右緩緩降低的綿長曲線。位在曲線右邊的商品雖然人氣不高，但充滿了多樣化的選擇。根據安德森的預測，在網際網路的新時代裡，這些千奇百怪的商品，最終都會在網路上被欣賞它們的人找到。在二〇〇〇年代前期，安德森就觀察到：亞馬遜的演算法系統常會推薦一些冷門商品，而當這些商品被人注意到後，往往就會進入自我增生的階段，從此長消不墜。例如有本書叫《攀越冰峰》（*Touching the Void*），一九八五年首次出版時，全世界沒有多少人聽說過，但某天它卻被亞馬遜演算法相中，於是便登上了暢銷書榜。安德森寫道：「從前是大眾市場的時代，未來則將是眾多小眾市場的時代。」

然而，在扁平時代，安德森的預測只能說是半對半錯。TikTok的營運模式，確實讓某些小眾創作者生存了下來，例如我有追蹤一個我滿喜歡的TikTok創作者，她住在北極圈內的某個島上，而她拍的就是那座島上的日常生活。但從另一方面來說，如今無所不在的演算法，也讓圖表左側的那些受歡迎的產品變得更加熱門——因為演算法自動會把所有沒有明顯愛好的使用者，統統都導引到最熱門的產品那裡去。根據遊戲直播平臺Twitch外洩出來的內部資料，在Twitch上，只有最頂端的〇．〇一％直播主能夠賺得相當於美國中位數收入的分潤。安德森大概沒有料到：在扁平時代裡，利潤來自於流量，流量來自於注意力，而注意力則來自於廣告。光靠書籍或DVD本身的內容，商品很可能是賣不動的。安德森曾經如此預言：「大眾文化不會消失，只是會變得沒那麼大眾。」這預測實在大錯特錯。大眾文化的勢頭非但沒有變小，它還進一步變得更加同質且單調。

在冰島的觀光業界，有不少旅遊行程都位在長尾曲線的右半部，而它們都難敵旅遊代理網站所引進的演算法浪潮。「冰島有太多值得去的地點，過去不曾出現在那些旅遊網站的排行榜上，未來恐怕也不會。」史坦納生哀嘆道：「在這些網站上，你得要一路滑到多下面，才能發現這些真正特別的行程？」冰島的旅遊體驗，不斷變得更加扁平；這不是因為遊客沒有地方去，而是因為那些平臺不斷設法勸誘使用者購買最受歡迎的旅遊行程。這些平臺，猶如旅遊指南書的究極強化版，不但更方便即時，也更具有引領人潮的能力。二〇一六年，經營旅遊媒體的企業家阿里（Rafat Ali）發明了一個詞彙，叫「過度旅遊」

（overtourism）。這個現在愈來愈常被人引用的詞彙，意思是指一塊區域由於乘載了過多的遊客，因而遭受破壞，或發生了一些不可逆轉的改變。今天許多人一提起「過度旅遊」，馬上就會想起冰島。而旅遊代理網站和ＩＧ，正正就是使冰島淪為過度旅遊之地的禍首。數位化的內容，一向都是規模化生產的利器，因為只要伺服器正常運轉，同樣一份數位檔案，就可以供應給無限多的消費者。在數位化的世界裡，無論顧客如何眾多，都不會影響到其他人的體驗和感受，但實體世界可就不是這樣了。

二〇一九年時，我為了做專題報導，有幸去了冰島一回，並親眼見證了冰島觀光業的盛況。這種繁榮的景況，在二〇二〇年COVID-19全球大流行的前夕到達了頂點，隨後就被疫情打亂了一切。那次冰島之行，我沒有住飯店，而是用Airbnb訂了一間位在雷克雅維克市區的公寓套房。市區的範圍不大，我透過Airbnb的搜尋功能，確保住的地方離一家我先前在Google地圖上看到、名為「雷克雅維克咖啡烘焙」（Reykjavík Roasters）的工業風咖啡店很近。我的套房採用的是loft工業風，從房間的落地窗戶向外看，可以望見遠方的微型天際線。在這個毫無辨識度的房間裡，主人家還特地布置了一幀巨大的照片，攝影的主題是布魯克林大橋。看到這幅圖像，使我覺得我好像怎麼也離不開紐約似的。雖然房間是我自己選的，但我都已經千里迢迢來到這裡，為什麼還是逃不開標準化的裝潢風格呢？

在冰島旅行期間，我也坐上了巴士，走了一趟黃金圈一日遊之旅，這同時也是我第一次走到雷克雅維克市區的範圍之外。這趟行程給我一種小學生校外教學的感覺。我們一群遊客滿心期待地坐在位子上，聽著導遊用一種極度機械性的語調，反覆講述著各景點的基本資訊。這趟行程的其中一個目的地是居德瀑布，它是位在峽谷中間的一道巨大裂口，每秒鐘都會有一百一十立方公尺的水量從缺口處傾瀉而下，委實驚人。光是那巨大的水流和那有如環場音效一般的瀑布聲，就足夠教人讚嘆了，更不用說旁邊還有滿是翠綠苔蘚覆蓋的高聳岩壁。但我身邊很多同伴都沒有親眼看見這幅壯闊的景觀，因為他們都是透過手機螢幕在看。他們拍攝的內容、選取的角度，都和我在ＩＧ上看到過無數次的影像一模一樣。他們之所以來到這裡，似乎只是想要親手用自己的手機複製這些影像，以確保它們永遠都會是冰島最具代表性的通用影像。

這個現象，使我想起德里羅（Don DeLillo）一九八五年出版的小說《白噪音》（*White Noise*）。小說的主角是位大學教授，有天他和同事莫瑞（Murray）一起去到了鄉下，想去探訪「那座全美最多攝影師拍過的穀倉」。但那座穀倉其實沒有什麼特別的，除了它被人拍過非常多次之外——可見小說家在網路時代來臨以前，就已經想像到網路迷因是怎麼一回事了。在小說中，莫瑞看見穀倉周圍有一大票攝影師都在取景，於是他對著主角說：「我們來這兒不是為了捕捉形象，而是來這裡鞏固這個形象。每張照片都強化了這個氛圍。」*「根本沒有人在看穀倉。」莫瑞總結性地說道：「他們只是為拍照而拍照。」在扁平時代，一樣事物的本質，和它受歡迎的程度，很難清楚地分開。任何事物只要廣受矚目，許多人就會認定它具有無與倫比的重要性，就像《白噪音》中的那座穀倉一樣。

由於實在有太多人來居德瀑布拍照了，冰島當局不得不採取防護措施，保護自然景觀，也保護攝影者們。在居德瀑布風景區，你可以走一條人行小徑從底下穿過瀑布，但近年來為了防止遊客從峭壁邊緣

* 譯註：此處借用何致和的翻譯。見德里羅著，何致和譯：《白噪音》（臺北：寶瓶文化，二〇〇九年），頁29。

摔下去，當局已沿著小徑設置了圍欄，同時也防止遊客踩踏到路旁珍貴的苔蘚（這些苔蘚一旦被踩沒，恐怕要花個一世紀才長得回來）。這些措施可不是開玩笑的，因為還真有人掉下去摔死過。事實上，美國也曾有人健行時走到峭壁邊緣自拍，結果不慎失足摔死。史坦納生說道：「如果你掉下去的話，我們是不可能找到你的。你就從此消失了。」史坦納生問我：「為了拍一張照片，值得嗎？」然而，對許多人而言，拍照似乎比體驗真實的景觀更重要。

雖說多數遊客來到冰島，都是為了觀賞壯麗的自然景觀，但由於冰島的遊客實在太多，當地的景觀也慢慢被破壞。在赫伊卡達勒間歇泉，由於大量遊客無休無止地踩踏，那裡的草皮已被踩成了一灘爛泥。從前當夏天淡季來臨時，草皮都會變乾；但由於冰島的旅遊業實在變得太過蓬勃，如今一年到頭，草地都無法恢復生機。「哪裡只要太多人去，就一定會被破壞掉。」史坦納生說道。

由於大量的遊客不停踩踏，各種車輛的輪胎輾過來又輾過去，使得冰島的地面比以前變得更扁——這是實體意義上的扁平。不過除此之外，還有一種觀念意義上的扁平。正如我之前討論其他文化產品時說過的：當你用對待數位內容的方式對待身邊事物時，它的本質就會被扭曲。它會被磨平成易於消費的樣子，直到其本質完全被磨光為止。在演算法主導的世界裡，任何具有獨特性的商品都像浮雲朝露一樣易逝，因為一旦演算法相中了它，它就會永無止境地不斷被推薦，直到它的那份獨特性被消磨殆盡，或是成為陳腔濫調為止。以希臘的聖托里尼島（Santorini）為例：這座島素來以其白色建築上的藍色穹頂聞名於世，不過從二〇一九年起，就有島上居民貼出告示，請那些熱衷玩ＩＧ的遊客們不要再踩在他家的屋頂上取景了。是的，聖托里尼島的藍色穹頂可不只是數位內容而已，它是某個在地居民家的屋頂。然而，到了二〇二三年，正當疫情漸漸趨緩，旅遊業慢慢復甦之時，一支TikTok影片卻把聖托里尼島的怪現狀給拍下來了：想要踏上屋頂取景的遊客，竟然已經多到開始排起隊來。這支TikTok影片的創作者吉布森（Nikki Gibson）為此錄下了一段旁白：「有些人只是因為一個地方很美，就跑去那邊消費人家，但旅遊不該是這樣才對。」

在冰島期間，我造訪過兩處溫泉泳池，兩處都明顯有「ＩＧ化」的現象。其中一座叫「藍潟湖」（Blue Lagoon），那裡簡直是自拍愛好者的完美景點。藍潟湖離機場很近，交通便捷。它位在一連串漂亮的玻璃帷幕建築物內，寬闊的池水周邊，環繞著一圈滿是稜角的黑色火山岩；淺藍色的池水上，不停地冒出白色的煙氣，與周圍彷彿外星球一般的地面相映成趣，也讓這裡成為了一處絕佳的照相背景。雖然藍潟湖並非純天然的溫泉泳池（池裡的「溫泉」，其實是旁邊一座地熱發電廠排出的廢熱水），但我依舊在那裡度過了愉快的時光。我盡情地在溫熱的池水中漂浮，還不時游向池中酒吧喝它個幾杯。下水前，我還買了一只塑膠的防水手機套，然後把手機掛在脖子上，這樣就能邊游邊拍照了。我往自己臉上塗抹了冰島的白土，發了一張自拍照到ＩＧ上。我四周的遊客，幾乎也都在做一樣的事情。在藍潟湖，你肯定不會忘記自己是一名遊客，因為那裡每年都有一百萬名遊客到訪。雖說遊客多不是壞事，但如果你是那種喜歡融入當地生活，或者想要追求某種「真實」體驗的遊客，那你恐怕就會有點失望了。（但不能不提：泡在藍潟湖裡，對調整時差頗有功效。）

我造訪的另一座溫泉泳池叫「秘密潟湖」（Secret Lagoon）——至少觀光巴士上的導遊是這麼介紹它的。不過，當地人的叫法是「古池」（Gamla Laugin），還有人乾脆稱它「老游泳池」（the old swimming pool）。這座溫泉泳池是全冰島最古老的游泳池，池水來自全天然的間歇泉水，每二十四小時就會全池循環一次。這座池建於一八九一年，十多年後的一九〇九年，全冰島最早的一隊游泳班就在這裡開課。這裡曾經一度廢棄了幾十年，但二〇一四年時，它又重新整修開張，旁邊還蓋起了一座單層建物，內設寄物櫃和淋浴間。這座泳池和藍瀉湖有個明顯的不同：它不是為了拍照而設計的。它的池水顏色較深，周圍鋪設的是平坦的石板，幾座覆有苔蘚的小丘點綴其間，旁邊還有一條羊腸般的小木板路，可以走在上面越過冒著泡泡的間歇泉。池子的左近，還有一間年久失修的石屋，雖然既無門板也無窗戶，卻替泳池增添了古意盎然的氣息。我們來到古池的時間是在週間的午後，當時有不少當地人都在游泳，當我們一大團遊客湧入時，有好幾位前來獨泳的長輩好像都被我們打擾到了，實在很不好意思。不過我很享受那裡的平靜氛圍，在那裡，我好像只要單純欣賞它的美和舒適就可以了，其他什麼都不用做。我將頭埋入水中，游到了旁邊空間寬裕的地方。我沒看到有任何人拿起手機拍照。

雖然我很慶幸有去拜訪古池，但心底卻隱隱有些不安：像我這樣的觀光客成群湧入古池的話，它那獨具一格的氛圍不就會很快消磨殆盡嗎？在遊客的影響下，它會不會成為另一個藍瀉湖，變成讓人玩TikTok和IG的地方？在IG上，每當有人貼出精彩的旅遊相片時，底下很多人都會留言問說：「這在哪裡？」但心裡其實是想說：「我也想去！」旅行的過程中，我們經常會產生一種矛盾的感覺，一方面我們想要深入認識不同的地方，但另一方面我們也心知肚明：我們只是遊客而已。然而，演算法機制卻不斷用自動化的方式包裝景點，將旅遊變成像是一條條的輸送帶，不停地把遊客送往目的地，讓他們順理成章地侵入當地的文化生態。這種旅遊型態，說穿了就是把世界當作是一種吸引人點讚的素材，同時也藉此幫數位平臺賺錢而已。平臺賺到了錢之後，這些照片很可能都會消失無蹤，再也不會被推播給任何人欣賞。想到這裡，我決定離開古池之後，絕對不要在社群上張貼任何有關古池的內容。

## 疫情遷徙潮與Airbnb

在COVID-19流行的那段期間，上文提到的那種演算法機制，對美國人口流動的情況同樣造成了影響。在疫情爆發後的幾週內，不同地區房地產的價值，在許多人心目中產生了急遽的變化。過去，人煙密集的大城市，向來都是住房首選，近幾年還變得愈來愈炙手可熱；但疫情一來，不少人都被市區醫院超收病患的景況嚇到了，在狹小房間裡自我隔離的經驗，也讓不少人產生對幽閉空間的恐懼感，因此大城市的房產就沒那麼多人想要了。據美國人口普查局估計，從二〇二〇到二〇二一年，美國人口明顯有向郊區和鄉村遷移的趨勢。奧勒岡州的本德鎮（Bend）、緬因州的波特蘭鎮（Portland）、蒙大拿州的懷特菲什鎮（Whitefish）等風景如畫的地方，都迅速蓬勃發展，房產價格也水漲船高。而在美國東北部和中大西洋州分地區，房地產交易的熱點則是在紐約州西北部，也就是從哈德遜河谷（Hudson Valley）一路延伸到賓夕法尼亞州邊境的大片區域。在二〇二〇年情勢最為混亂的那幾個月裡，如果你臨時想要躲到郊外，但又沒法直接在那裡買房的話，最簡便的辦法，就是去租。而最快租到房子的辦法，就是Airbnb。借助Airbnb的演算法之力，搬家簡直就像按按鈕一樣簡單，但因為臨時想搬的人太多了，郊區的租金一下就漲到教人難以負擔的程度。如果說你手速夠快、口袋夠深，那你一定就能順利搬家，然而要是沒有的話，那你就只好繼續困在大城市裡，並承受人口密集所帶來的染疫風險。

二〇二〇年夏天，我也和一群朋友透過Airbnb租了一棟郊區房子。我們從卡茨基爾山區（Catskills）附近開始找起，因為這個地點對我們這群分別來自華盛頓特區、波士頓和紐約的朋友來說，都算相對方便。在Airbnb上，我發現那些採用應用程式式空間風格的房子，不但價錢訂得最高，成交速度也最快（那些乾淨簡潔，擁有白色牆面，並配有極簡風家具和黃銅色水龍頭的房子，都屬此類）。最後，我們終於在紐約州的亨特鎮（Hunter）租到了一棟大房子，裡頭擺著一張由歡樂鳥公司（Joybird）出品的英式古典沙發（歡樂鳥是一家直接向客戶銷售產品的線上家具公司），還有一張用大木板製成的餐桌，旁邊放著幾張漆成黑色的夏克式搖搖椅（Shaker chair）。能租到這棟房子，真的算我們走運——原本有位女士已經把一整個夏天的租期都包下來，但卻臨時取消；十二個小時後，我們就訂下了它。這棟房子其實是多戶集合住宅當中的一棟，一樓的地方隔有兩個小房間。前幾個月，有兩個來自布魯克林的家庭分別承租過這兩個房間，同樣也是為了躲避疫情。後來我訪問到了這棟房子的主人巴頓（Deirdre Patton），她告訴我，這整棟房子，其實都是為了趕上這波疫情遷徙潮，才迅速整修出租的：「在疫情最誇張的那段期間，我們每天都瘋狂地在翻修房子，因為有一大堆人排隊等著要長租。」事實上，一樓那兩個小房間都是先租出去之後，迪麗才把照片補上傳到Airbnb的。

在紐約州的西北部，由於大量租客突然湧入，產生了不少奇特的現象：到處都有房屋急著整修；有些房子一樣家具都沒，就被發上網，照片中甚至還能隱約看到水管的裂痕和地板的破洞。我和一位租屋公司的創辦人聊起此事，他告訴我曾有幾位原本住在紐約市的房客搬到郊區後，發現家裡有個完整的大廚房，原先沒有烹飪習慣的他們決定小試身手，結果卻把派忘在了烤箱裡，不但把派燒成了焦炭，還觸動了火災警鈴。隨著眾多人口大量北移，紐約州西北部原本就不充裕的房屋瞬間更顯稀缺，同時使得仕紳化的情況愈加顯著。根據一位仲介的說法，該地區房屋的成交價，常常比原本的開價要高出兩成以上。不只紐約州北部，那些得以（或被迫）在家工作的人可以在任何地方工作，於是許多人都搬到了像墨西哥城、里斯本和峇里島這樣的遠距辦公熱門地點長住了下來。所謂的數位遊牧者，講的就是這樣的人。他們往往帶著一台筆電，就跑去物價低廉的美景勝地，然後一邊領著高額薪水，一邊過著半旅行、半工作的生活。

假使Airbnb不存在，這波疫情遷徙潮當然還是會發生；不過，Airbnb確實讓租客更容易找到他們要的空間，也讓更多屋主願意將他們的房屋整修出租。Airbnb的出現，加速了遷徙潮的發生，也讓這股風潮愈演愈烈。二〇一四年，Airbnb在一檔企劃活動當中提出了一句著名的口號：「天下之大，皆有所屬」（Belong Anywhere）；以及另一句：「像當地人一樣體驗當地」（Experience a place like you live there）。這句口號隱含的訊息是：你不必滿足於只當個觀光客就好，你還可以住進當地人家裡，用當地人的方式過活。

Airbnb創辦於二〇〇八年。三位創辦人之中的切斯基（Brian Chesky）和傑比亞（Joe Gebbia）是羅德島設計學院的同學兼室友，兩人都在那裡學過工業設計；另一位創辦人則是軟體工程師，叫布萊卡斯亞克（Nathan Blecharczyk）。大學畢業後，三人一起搬到了舊金山，並想出了一個創業點子。他們在公寓客廳的地板上鋪了一個充氣床墊，把客廳改造成了背包客棧。有一回，有某單位在舊金山辦了一場設計師大會，城裡湧入了非常多與會者，各大飯店一房難求，而就是在那時，他們找到了第一位客戶。這則創業故事突顯出了Airbnb一直以來標舉的價值：親密感和歸屬感。Airbnb創業的初衷，是希望讓人把家中多餘的空間分享出來。這是一種近似於無私分享的行為，對社會有著正面的意義。藉由和陌生人分享住宿空間，原本不相識的人便有機會成為朋友，而房東（或者偷偷把房間轉租出去的二房東）還能藉此賺取外快，而代價僅僅只是把某個不常使用的空間騰出來。Airbnb的創業構想，最終發展成了一家現值八百多億美元的公司，並吸引了一億五千多萬名使用者。在現存幾個超大型的社群平臺當中，Airbnb可能是對真實世界最能產生直接影響力的一個。

Airbnb的創業理念相當美好，但現實並非如此。由於短期住房實在是個太過競爭的市場，登在Airbnb上的許多空間，實際上都是純為短期出租而打造的；沒出租時，根本沒人住在裡面。也因此，許多Airbnb上的公寓套房，其實跟傳統的旅館房間差異不大，有的地方甚至出現了一整條街都是出租民宿的情況——一整條街都成了歐傑所謂的「非地方」。在Airbnb的創業早期，他們還會主動派出專業攝影師幫屋主拍攝出租空間，以確保照片足夠廣角，且看起來有種冷峻、高亮度的感覺（IG上受歡迎的照片大抵也都如此）。Airbnb的事業起飛之後，不少周邊的附屬產業應運而生。例如有種職業叫「Airbnb代管人」，工作內容就是幫那些沒空自己清掃房間的屋主做好清潔；還有一種職業叫「Airbnb美學顧問」，他們專門向屋主提供建議，教他們怎樣布置房間才能迎合潛在客戶的品味。芙綸絲（Natascha Folens）就是這樣的一位美學顧問。二〇一六年我採訪她時，她告訴我屋主應該採用「工業風和世紀中期現代主義風」來進行裝潢。「其他只要看起來不會髒亂、不會舊，就可以了。」她補充道。

我在Airbnb上的消費史，已有十年那麼長了。當我回顧我的消費紀錄時，我看到的是一塊一塊彼此相似的空間。這些空間通常都是方形的格局，牆上刷有亮白的油漆；其中包括一個位在里斯本一座山丘頂上的公寓房間。記得我和潔絲到那裡時，因為天色已晚，我們還多交了一筆遲到費。另外有一間是位在塞維亞（Seville）某個院落裡的房間，房裡掛著一扇引人注目的木製百葉窗。我還住過一間位在紐約州西北部一片樹林地裡的玻璃小屋，屋主原先是個模特兒，後來轉行當了餐廳老闆。此外還有位在東京的一間超級乾淨的挑高套房，這間套房藏在東京市中心的窄小公寓裡，很難想像在東京人口最稠密的地段還有這樣的空間。另外則是位在巴黎的一棟精緻得完美無瑕的公寓，鄰近蒙馬特山丘，屋裡收有一套超讚的藝術藏書。我曾住過這些房間，但在某個意義上，它們都是同一個房間。它們彷彿不存在於任何地方，只存在於我的Airbnb消費紀錄裡。當然，前述那些城市都是依然存在的真實地點。當地人在其中生活著所展現出的切身性和獨特性，遊客們光憑一趟旅程，當然不可能完全體會。更何況，這些房間都是演算法根據我的數據資料推薦給我的，因此與其說這些房間反映了當地人的品味，倒不如說它們反映的是我的觀點。回顧這些房間，我覺得它們都像是當地城市被「ＩＧ化」之後的版本。雖然房裡可能會布置許多和當地城市有關的意象，但這些意象終究和真實的那座城沒什麼關聯。事實上，這些意象反而還會遮蔽掉城市的真實樣貌，讓人誤以為當地生活真的就是那個樣子。真實世界像是被藏在了一片數位圖像的後面，讓人難以觸碰。這種觸碰不到真相的感覺，也是扁平時代的特徵之一。

近年來，全球許多城市的牆壁上都出現了批判Airbnb的塗鴉；尤其是那些Airbnb用戶們常去的城市。雅典的牆面上出現了「終結Airbnb、終結觀光」和「我們的城市不是你們的商品」的塗鴉；威尼斯則有「幹你Airbnb」的塗鴉；葡萄牙孔布拉（Coimbra）的則是：「每來一個Airbnb觀光客，就有兩到三個學生被趕走。」（這些塗鴉不僅是在批判演算法，同時也是在批判美國矽谷那幾個占盡了優勢的科技公司。）在這一情勢下，巴塞隆納和柏林都針對Airbnb頒布了管制措施，嚴格限制可以合法在Airbnb上出租房間的屋主身分，也限制他們提供的租期不可以太長。使用者也對Airbnb提出了抗議，指控他們收取的手續費實在太高，而且即使有不可靠的房東加入，官方也都沒有在管。或許最傳統的通用空間，也就是一般的旅館，反而才是更好的選擇？但無論如何，我從未放棄使用Airbnb。坦白說我還是很喜歡Airbnb提出的那幾句空泛的口號：到異鄉過幾天不一樣的生活，想像自己是住在里斯本的雕塑家，或是住在東京的音樂家等等。我總幻想著：如果能在當地人的家裡住上幾晚，我就能夠真正體驗到當地生活——當然，我內心深知，這只是假象而已。

Airbnb也知道自己正在把全球城市變得更加扁平。二〇二一年底，我透過Zoom採訪了現職為Airbnb執行長的切斯基。他當時人在舊金山的家裡，但由於他開了濾鏡，他的背景在我看來只是一片模糊，好像什麼東西都沒有。他講話很快，而且語氣堅定，聽上去就像是個對一切事務都深思熟慮過的人。他說：「我正試著從過度旅遊的後果中汲取教訓。我個人並不認為旅遊產業已經到了過度氾濫的地步，我認為最大問題是有太多人在同一時間去到同一個地點旅遊。」他繼續說道：「如果你能設計出完美的分流機制，你就能公平地把遊客分配到不同時間、不同地點，這樣旅遊地的負荷量就不會超載。」切斯基出生於紐約州西北部，這片區域雖然不像哈德遜區那樣擁有浪漫色彩，居民人數也少得多，但切斯基認為：「雖然我的家鄉小鎮不是什麼熱門景點，但那裡真的很棒。」

切斯基向我透露：Airbnb正在傾力解決「旅客重分配」的問題。聽到這項消息，我內心頗感驚訝。通常大型企業都傾向於對自身擁有的龐大勢力輕描淡寫，很少願意承認他們對社會造成了巨大的影響，但切斯基坦白承認Airbnb改變了人們的旅遊模式，他還承認Airbnb會主動引導用戶去特定的地方，並因此對旅遊地點的面貌產生了影響。切斯基說：「我們會把主動客戶導流到租房供給較多的地方，以及那些想要吸收更多遊客的城市。」在扁平時代，由於數位內容的選項眾多，「選擇消費什麼樣的數位內容」一直都是待解的難題，而如今我們還看到「選擇去世上哪一個地方旅遊」同樣也是個難題。當用戶可以去的地點太多時，他們實在也很難決定下次要去哪裡。為了引導用戶做出決策，演算法一方面要能讓用戶覺得某個地點新奇有趣，但同時也要讓他們覺得那個地點足夠熟悉、耳熟能詳。但正如切斯基說的，用戶通常都會堅持腦海中的既定印象，很少改變想法。他解釋道：「在Airbnb上，你有十萬個地點可以選。但用戶不會把這些地點全都放在腦海裡，他們腦中只會有十個左右的地點，而且這十個地點還都是從Netflix的熱門影集中看來的。不瞞你說，《艾蜜莉在巴黎》紅了以後，一堆用戶都想一窩蜂地擠去巴黎玩。」

我不禁好奇：看到有這麼多人透過Airbnb擠去同一個地點旅遊，並且透過Airbnb培養出了對「旅行」這件事的認識，切斯基內心做何感想？他會不會擔心Airbnb對旅遊文化帶來負面的影響呢？我向切斯基提出了我的疑問，結果他說：「你的問題觸碰到了我們這個時代最核心的問題之一。到底『人』和『地方』之間的關係是什麼？如今人們可以自由跨越國界到處旅遊，這個現象到底是會消弭還是會強化國家之間的隔閡呢？」面對這些大哉問，切斯基終究是用正面的態度去思考的。他繼續說道：「我心中樂觀的那一面期待跨國旅遊最終能讓我們的世界感覺變得更小一點，而這幾乎完全是一件好事。我相信這就是最後的結局。」然而，切斯基沒說的是：這種世界逐漸變小的現象，是在Airbnb的控制和主導下發生的，Airbnb並且要求業者和遊客都要遵循Airbnb所設定的一套統一化模板，以便讓Airbnb賺取更多的利潤。在我看來，一個變小了的世界，必定同時是一個同質化的世界，這樣的世界會不停地往標準化的方向奔去，而最有機會成為普世標準的，就是西方人熟習的那套文化習慣，以及那幾家大型科技公司所擁抱的意識形態。切斯基所描述的未來或許美好，但那樣一個遊客到處往來的未來世界，最終卻不免會消磨掉各個地方的獨特性。畢竟，獨特性同樣取決於內容。

# 第四章
# 演算法如何捧紅了網紅？

## 讚數，愈多愈好

對我來說，上網是工作的一環，兩者密不可分。每當我拿出筆電上網時，我往往分不清我是在工作，還是在玩樂——事實上，我常常是邊工作、邊玩樂。我的工作模式之所以演變成這樣，主要就是因為如今的網路世界，已經把所有東西都變成了供人消遣的商品。甚至早在我上大學以前，社群媒體就標誌著我的成人職業生涯。想當年，可不是人人都能註冊臉書的，你必須擁有大專院校的電子郵件地址才行，而大學新鮮人通常都得等到入學前夕，學校才會提供給你。我就是一直等到了二〇〇六年的夏天，才終於拿到了我的臉書帳號。當時的臉書，主要是個幫助大學生建立人脈的社交平臺，而我也藉著它認識了好幾位和我一樣即將赴塔夫茲大學就讀的同學。雖然我們全都還有四年才要畢業，但我們當時就創了一個叫「二〇一〇畢業班」的臉書社團。社團創立後，大家便紛紛發文自介、列出自己的家鄉在哪，也有人會在那裡揪團見面，甚至互相爭辯到底哪個科系比較強。多虧有了這個數位平臺，我們這群同學才能在開學前就互相認識。這種將虛擬和現實融合在一起的社交空間，在當時是相當少見的。這個社團也促成了一件我的人生大事：我和我的伴侶潔絲第一次互動，就是在這裡，接著我們便開始聊起了我們對音樂的共同品味。

我人生中第一份有償工作，同樣是靠網際網路得到的：在大三那一年，我便開始為《大西洋月刊》（*The Atlantic*）寫稿。事實上，我一直都想成為一個靠寫作維生的人。在此之前，我早已在《塔夫茲日報》（*Tufts Daily*）上寫過藝術展覽的評論。當時我為了把自己的文章分享出去，還特地註冊了推特。那是在二〇〇八年，當時的推特還比較像是一間顧客稀稀落落的咖啡館，而不是像現在這樣成為了一座人聲鼎沸的體育場。不過有件事倒是一直沒變：推特最忠誠的使用者，始終都是一群媒體記者，要叫他們不發推特，簡直就像強逼狼群不要嚎叫一樣。總之，靠著在推特上曝光，我開始在媒體業界累積人脈，也參與了當時正在興起的線上出版潮流。（二〇二三年，馬斯克已經把推特的官方名稱改成了X，但在我心裡它依然叫作推特。）

同樣在那個時期，當時依舊把銷售主力放在實體雜誌上的《大西洋月刊》在網站上設立了主題部落格，並推出了許多探討文化和政治議題的文章。在他們的部落格裡，有不少作者都是成名作家，例如科茨（Ta-Nehisi Coates）就曾在那設有專欄。但除此之外，他們也會刊登許多其他作者和自由撰稿人的文章。通常來說，自由撰稿人都是年紀比較輕的新秀；他們的稿酬往往較低，也比較願意寫一些只會登在網站上的文章。我之所以得到那次撰稿的機會，是因為有個大學同學曾在《大西洋月刊》做過暑期實習，後來他把我引薦給了一位編輯，編輯看了幾篇我寫的東西後，便要了我的稿子。說老實話，那幾篇東西，用今天流行的術語來說，都只能算是「時事快評」而已，因為它們都只是在回應時下最流行的文化界話題，很少引述深度報導或研究報告。不過後來，我依舊替《大西洋月刊》寫了一篇文章，試圖給某兩位創作歌手分出高下。在這之後，我還替《衛報》寫了一篇有關「帆布袋的性別意涵」的評論；然後，我又替《Vice》寫了一篇文章，歷數藝術史上那些突然爆紅的作品；再然後，我又幫《新共和》（*The New Republic*）雜誌寫了一篇，把線上交友的好處論述了一番。這幾篇文章都曾在網路世界流傳一時，但也很快就退了流行。雖然其中幾篇曾在臉書和推特上引發了討論，但也有幾篇就只是默默刊出，不吹皺一池春水。

回顧這幾篇少作，我頗感汗顏。我將它們羅列在此，只是為了說明當時數位媒體的市場概況。在那個時期，像時事快評這樣的文章，總是能得到讀者青睞；因為它們立場堅定、立論清晰，可以幫助讀者形塑觀點。編輯和作家也都很喜歡生產這類型的文章，因為它們寫起來快，成本很低，編輯完就可以直接貼上網。如果願意趕工的話，從敲下第一個字起到線上刊登，可以只花一個下午的時間就行。靠著寫這類文章，我的收入雖然少，但勉強也還過得去（一篇文章的稿酬大約在一兩百塊美元左右，其中《大西洋月刊》一篇文章的起價是五十美元）。就像二十世紀的作家首次看到自己的名字被印成鉛字時肯定會很開心那樣，當我第一次看到自己的文章出現在《大西洋月刊》的網站上時，我真是興奮莫名；我至今都記得我在螢幕上看到《大西洋月刊》用他們那招牌的字體把我的名字打出來的畫面。在那篇文章刊出以前，它不過就是一則躺在Word裡的文字罷了。記得當時我是在波士頓某間學生公寓的客廳寫完了這篇文章；那時的我沒有料想到文字一旦被刊登到媒體上，就會瞬間成為一篇頗具權威性的作品。（走筆至此，我發現《大西洋月刊》的網站就像普魯斯特筆下的瑪德蓮蛋糕一樣，會瞬間喚醒許多塵封的記憶。就在此時，我彷彿聞到了夏天燠熱的空氣，看到了明晃晃的驕陽，我甚至覺得我好像坐在一張IKEA的沙發上，背後還靠著一顆硬硬的枕頭——我的第一批文章，就是在那樣的環境寫成的。）文章刊出後，我也不免俗地在推特上分享了自己的作品。（我還記得當時我在推特上追蹤的都是一些初初在藝術領域嶄露頭角的人。）像這樣自我行銷的事，日後我還得再做許多次。在這個時代，作者不僅要會寫，同時也要會行銷作品和你自己才行。

其實從古到今，競逐人氣始終都是文化領域常見的現象。（在史前時代，肯定就有某些人畫的洞穴壁畫受到吹捧，吸引眾多尼安德塔人一個個排隊觀賞。）中國古畫的收藏家，也常喜歡在鍾愛的名畫上面蓋上自己的大印，其概念就和我們在網路上對一件喜歡的作品留言按讚差不了多少。有些著名的古畫經過了數百年的轉手收藏，畫面上蓋的印章多不勝數。沒地方蓋章的時候，還會有人直接就把章蓋在畫作裡的景物之上。而西方藝術史上一些重要的畫作，也往往都會用最精緻的畫框加以裝裱，收藏家甚至還會在框上鑲嵌名牌，藉以顯示其尊貴的地位。而在文學領域，熱門書籍的書封上往往都會貼有「暢銷書」標籤；一如唱片封面上也往往貼有「白金唱片」字樣，藉此宣告該張專輯賣破了一百萬張。這些做法都可以用來表示作品具有極高的文化價值，或至少證明它確實值得高價收購，而消費者也確實經常受其影響。例如，靠著一紙「暢銷書」標籤，或許就能讓讀者願意把書拿起來翻看。一直以來，藝術家總是或多或少都得要行銷自己、為自己打造出一副公眾形象，無論是波洛克（Jackson Pollock）或安迪・沃荷都是如此。但問題是，在扁平時代裡，和「暢銷書標籤」相等的東西（也就是按讚數和作品的熱度）往往比內容本身更能決定作品的成敗。也就是說，讚數和熱度不僅標誌了一件作品成功的程度，甚至是說，這兩者就是成功的秘訣。讚數和熱度保證了演算法的青睞，而演算法的青睞則保證了曝光。這使我想起了十二世紀的中國：在當時的文人圈子裡，一幅畫如果沒有蓋上夠多的章，肯定就會乏人問津。

在社群媒體剛開始崛起的那段時期，我便養成了用數字來論定成敗的習慣。我會特意去觀察我在臉書和推特上的按讚數，不管我發的是一篇自賣自誇的文章還是充滿我個人意見的評論都一樣，因為只要按讚數變多，就表示有更多人看了我的文章，並且按下了那顆帶有肯定意味的鈕。不過，按讚數真能代表品質嗎？我們真的要讓「按讚數」這種新奇的玩意恣意論斷我們的成敗嗎？這類問題，確實曾經閃過我的腦海，但由於這些新興的社群媒體實在太過便利、太過即時，我很快就把那些問題拋諸腦後，繼續低頭發布一則又一則的貼文。

靠著按讚數，使用者彷彿便可以瞬間比較出任意兩則內容的高下。而且，「按讚」是無法關閉的一項功能，不管你讀什麼文章、看什麼影片，你都會看見按讚數如影隨形地出現在周邊。雖然按讚數、分享數、回推數、收藏數，統統都是社群平臺發明出來的數字，但即便如此，這些簡單粗暴的數值，依然成為了使用者的愛用品，幫助人們在無止無盡的資訊流中迅速判別事物的好壞——數值愈高，那就愈好。如果一則YouTube影片的觀看數很高，那麼使用者通常會相信它是一部很有內容的影片，或至少是一部有趣的影片。一部影片愈是爆紅，那就意味著很多人喜歡它；而既然很多人喜歡它，就表示你也會喜歡它。對創作者來說，無論你是作家還是ＩＧ網紅，這些數字都是你整個職業生涯必須追求的目標。它激勵著你向前努力，同時也幫助你判別哪些內容容易受到市場青睞。這種數字至上的風尚，在新聞業界尤其盛行：一則新聞的關注度愈高，就愈容易顯得像是一則重大消息。誠然，點讚數愈多，就意味著有愈多人看到了這則消息；因此「點讚」就有點像是在投票一樣。在表面上公平的網路世界裡，任何人都可以上傳他們自己的內容，但很顯然的是，並非每一種內容都能吸引到眾人的注意力。

在數位媒體萌芽的早期階段，各家媒體尤其依賴「病毒式傳播」來推銷新聞。它們不斷誘導使用者按下讚鈕，藉此吸引演算法推播他們的內容；許多傳統媒體也都在他們自家網站上增設了「分享文章」的按鈕，讓讀者可以一鍵就把內容分享到臉書、推特和其他正在崛起的社群媒體上面去。再到後來，分享鈕上甚至還增設了分享計數器，用一個小小的數字來顯示該篇文章已經被分享、轉推了多少次；同時也讓讀者在通觀全文之前，就能知曉文章的熱門程度。按讚數於焉成為了網路世界的通用貨幣，驅使著新聞工作者們日復一日地追求。（甚至不消別人提醒，我們這些新聞工作者就會自動自發地追求。）

身為一個靠寫作為生的人，我總是會密切注意自己文章的點閱次數。每當我發現我的作品比同行得到更多點讚時，我經常難掩自豪之情。而當我在推特或臉書上分享我的作品時，我也會密切觀察哪些貼文收穫了最多的讚。我發現，最容易成功引發迴響的貼文，要嘛是跟讀者的日常生活有關係，再不然就是能夠直接呼應讀者面臨的人生困境。除此之外，如果我在文章裡用權威性的口吻寫下了論斷或金句，那麼讀者的反應也通常都會很好。另外，為了增加文章走紅的機會，每當我有新文章刊登時，我都會透過Gchat（我的Gchat是從來都不關的）聯繫幾位朋友和同行，請他們幫我的文章點讚。過了差不多十年之後，那股在網站上增設分享按鈕的風潮終於退燒了，同時上面的計數器也終於消失了。那時，我的內心有種解脫的感覺。在那十年的時光裡，我每次發表文章，都會為了按讚數和轉推數而心力交瘁。我可以試圖矇騙演算法，也可以花心力研究哪些技巧最能為我的文章帶來人氣，但說到底，演算法最終會相中哪一篇貼文，卻不是單憑我個人之力所能控制的。

這種「讚數定生死」的暴政，在演算法的生態系裡無所不在。我們每按下一顆按鈕，社群平臺的資料庫裡就會新增一筆資料，將你正在關注的事物記錄下來。而這樣的一筆資料隨後就會被用來訓練演算法，讓機器自動餵食你更多相同的東西。雖然電腦無法追蹤我們眼球的動態軌跡（至少目前還無法），但它們光靠收集你按過的讚，就足以瞭解你對特定內容的偏好。沒有錯，按讚或是按表情符號，都是表達自我的一種管道；但我們在按讚的同時，其實也幫了演算法系統一把，讓它可以更源源不絕地向我們投放更多的廣告——我們藉由表明自己的偏好，從而讓演算法可以更方便地監控我們。

當然，不是只有文章會被讚數定生死。舉凡人們在ＩＧ上發的自拍照、臉書上有關誰跟誰結婚或誰去哪裡度假的動態消息，以及企業在Medium上發布的新品公告，無不受到讚數暴政的影響。Medium這家平臺，是在二〇一二年時，由推特的其中一位創辦人所創立的。這家崇尚簡約風的部落格平臺，有個很特別的地方：它曾一度採用了「拍手」功能。「拍手」其實也是種衡量文章受歡迎程度的數字系統，讀者在Medium上讀了一篇文章之後，便可以在文章底下找到一個「拍手」按鈕並按下去。如果你真的很喜歡該篇文章，你甚至還能多拍幾次（一篇文章以拍手五十次為上限）。曾有段時間，Medium還會依據每篇文章的拍手數來向作者支付報酬。結果沒想到時間一久，便產生了「掌聲通貨膨脹」的現象，使得每個拍手能夠兌換到的金額愈來愈少。這種「掌聲通膨」和「讚數通膨」的現象後來愈演愈烈，到了二〇二〇年時，按讚這回事，已經不再能夠用來表示你喜歡某樣內容了，頂多只能代表「已讀」而已。不少我的記者同行甚至會在自己的社群網頁上註明「按讚不代表認同」這句話，以免讀者誤解。畢竟，不管你喜不喜歡一篇文章，「按讚」往往就是你唯一能夠對它做的事了。

什麼樣的內容特別容易吸引讚數，每個社群媒體的愛用者大概都能感覺得出來。就像藝術作品中蘊含的古典美感或者黃金比例一樣，雖然其背後的數學往往並不精準，但你總是能夠辨認出某種特定的法則。挑動情緒的貼文，就幾乎總能獲取較多的讚數，因為按讚代表的是同意或者同仇敵愾的心情。透過按讚，我們便能展示我們和某些言論站在一起，同時不和某些言論站在一起。充滿怒氣的貼文，更是容易引人按讚，因為我們正是透過按讚展現同情的——「你很生氣，我也很生氣，誰能不生氣？」也因此，社群上總是有許多人憤憤不平地聲稱，大家對某場戰爭、某起災變、某條惡法和某個惡人的關注度，實在太少了——「你們怎麼不生氣！」除此之外，充滿性意涵的貼文，也總是能夠吸引讚，其原因不言自明。美國參議員克魯茲（Ted Cruz）就曾被人發現，他的推特帳號曾幫一部色情影片按了讚，後來克魯茲稱這個讚不是他按的，而是某位情不自禁的小編。（我在二〇一五年時讀過一篇文章，標題非常具有警示意味：「男性朋友請注意：你在ＩＧ上幫比基尼少女按的讚，大家都看得到喔。」）

不少別的感受也都能用來博取讚數，幽默感便是其中之一。一方面因為人人都喜歡聽笑話，二方面則是因為人人或多或少都會想把聽到的笑話分享給別人。而笑話一旦分享出去，就會帶來更多的分享。此外，共鳴感也是很能博取讚數的元素，因為它能讓眾多使用者覺得心聲被說了出來。舉凡對飲食習慣的探討、對自己惰性的抱怨，以及童年時期的回憶，都很能夠引發眾人共鳴。（這類貼文的起手式就是：「你們也會這樣嗎？」）我也曾在推特上發過一則像這樣的推文：「抱歉這麼晚才回信給您，因為我得了一種打開電子信箱就會怕的病。」我當初寫這則推文，只不過是想隨手抒發一下焦慮感，因此這句話寫得既不優雅，也不有趣，但沒想到竟有將近十五萬人為這則推文按下了讚——在我看來，他們其實是在用「讚」來表達同感。每個週末，我認識的一位作家都會把當週觀察到的現象發布在推特上，因為他發現週末上線的使用者，特別喜歡讓他們有共鳴的內容。這個策略很有效，可以讓他穩定收穫數以萬計的讚。最後不能不提，熟悉感也是很能博取讚數的感受。凡是能夠讓人覺得熟悉或勾起懷舊情緒的事物，都是驅動眾人按讚的完美秘方。你會喜歡一則貼文，那往往就是因為你很熟悉它在說的事。這就好比多數人都會喜歡多次看過的電視節目，而不是那些從未看過的。畢竟，一檔全新的節目，你得先花時間看過之後，才能知道好不好看。

這些感受之所以能吸引人們按讚，有其生物學上的理由。人類擁有在極短時間內產生情緒的本能。當我們滑手機時，那些意在博取讚數的貼文，都會瞬間刺激我們的情緒，並促使我們按下讚鈕。它們不可能會展現出事情幽微、曖昧或者兩難的一面；因為一旦你停下來思考，就不會馬上按讚了。非黑即白，於是成為了網路世界的王道。一直以來，推特都是社群界最火熱的言論競技場，每天都有無數人試圖爭取更多的讚數。推特之所以吸引眾人，或許正是因為它有嚴格的字數上限，每一推都只能容納寥寥數語，相當適合用二分法的方式陳述事情。再者，人們在推特上交流的方式也很有限，不外乎就是回推、按讚和回覆，再不然就只能忽視。說到這我便想起了古羅馬時代的格鬥競技：皇帝會用手勢來決定落敗一方的命運。皇帝若是把大拇指向上豎起，就表示敗者死劫難逃；而要是皇帝把大拇指握在掌心，就表示饒他一次。在推特上，眾人其實也是用一樣的態度在對待推文，用「按讚」來判定它們的生死。（臉書甚至沿用了這個古羅馬流傳下來的大拇指手勢，只不過如今它已不再象徵著死亡。）每當有人在社群上嗆聲另一人時，多數人也都樂得圍觀；而如果被嗆的那人給他來了一記聰明的反駁（俗稱「打臉」），我們就會馬上站到打臉者的這一邊。前述種種行為，背後都是由演算法所驅動的。一場口水戰一旦開打，演算法就會馬上把貼文推播給不同的使用者，讓他們享受決定誰生誰死的觀戰樂趣。

讚數的暴政是如此的鋪天蓋地，以至於藝術家德馬科（Nick DeMarco，二〇一〇年代，他在網路藝術圈聲名遠播）在二〇一六年想出了一個遊戲叫「IG零讚大挑戰」（0 Likes on Instagram）。這個遊戲承襲了達達主義的精神，試圖顛覆社群媒體的常規：參賽者不可以在這場挑戰中貼出任何具吸引力的照片，而是要貼出絕對中立的圖片。你甚至不能貼出醜照就算交差，因為醜照也是會讓人產生反應的，甚至還會讓人覺得很搞笑。在「IG零讚大挑戰」的官方遊戲規則中，德馬科如此寫道：「這個遊戲看似簡單，實則極端困難。」「IG零讚大挑戰」剛推出時，我也照著官方規則玩了一次。我發現在從前IG規模還比較小的時候，這場挑戰極其容易失敗，因為你那寥寥幾位好友個個都會看到你發的照片，而只要其中有一個人按讚，你就輸了。不像現在，由於每個人的動態牆都被大量的陌生帳號和業配廣告給占據了，因此反而比較容易挑戰成功。在各種參賽照片中，最有潛力脫穎而出的，就是那種平凡到不能再平凡的照片，例如一條略顯傾斜的人行道，或者是一面普通的牆壁。靠著這類照片，我拿到了有史以來最好的成績：一個讚。有鑑於「IG零讚大挑戰」的官方規則實在太過嚴苛，後來德馬科提供了一項替代方案：你可以和朋友一起比賽，看看在一天之內，誰拿到的讚比較少，就像打高爾夫球那樣——「當雙方的讚數拉開時，拿到較少讚的那一方就算贏。」「IG零讚大挑戰」一方面非常有趣，另方面它也突顯出了一項事實：所有的網路平臺，都在驅使人們不計代價求讚。

我當初會在二〇〇八年時加入推特，是因為我看到了一則新聞，說有一名美國留學生在埃及被捕入獄，而在入監前，他就是透過推特和家人取得聯繫的。那時節，我正準備去中國留學，因此我覺得加入推特對我來說也有好處。我在中國的期間，雖然沒有碰上被捕入獄這樣的事，但推特著實幫了我不少。我時常透過它聯繫家鄉的朋友，也靠著它見證了藝術文化在網路世界崛起的過程。在很長一段時間裡，推特都是我生活中特殊的一環。用職場術語比喻的話，它就像是辦公室茶水間那樣，可以讓我趁工作之餘，和幾位同事小聊一番。然而，隨著時間過去，推特的整體氛圍也漸漸有了改變：有愈來愈多人開始在上面討論起文化議題，甚至幾度掀起了辯論。二〇一六年，推特的重度使用者唐納・川普當選了總統，自此之後，推特真的明顯不一樣了；不僅演算法推薦的貼文開始占據動態牆面，推特還成為了反川普人士集結的地點。這群反川人士，大致上是由一群傾向自由派的民眾所組成的。由於他們並不避諱採用右翼人士常用的引戰言詞，因此他們幾乎把整個推特變成了一座公共輿論的大型擂檯。更由於川普總統任內經常透過推特發言，因此上面的政治攻防也明顯有愈演愈烈之勢，即使在二〇二一年國會山莊騷亂之後，川普被推特禁言，這股情勢依舊沒有和緩下來；無論你喜歡川普還是厭惡川普，演算法總是會盡可能地讓你看到他的推文。由此可見，推特不只是會傳播新聞，它本身就是新聞的產地。

身為推特的愛用者，我也免不了受它影響；不僅我的寫作題材變了，寫法也變了。我經常會用推特來推銷自己的文章；也會在上面寫幾句短文，藉以測試讀者反應。經過試驗後，我發現最受歡迎的推文，不外乎就是鐵口直斷的言論、一句話就能講完的笑話，以及挑釁的引戰文。此外，二〇一〇年代中期時，推特使用者們還發明了許多影射時事的俚語和簡稱——這些都是和我同時期在推特活躍的那批使用者發明出來的。在我最頻繁使用推特的那段時期，我每想到一個點子，我的潛意識就會自動擬好一份可以發在推特上的文稿，並精準地把字數控制在兩百八十個字符以內。在我的潛意識裡，「點子」和「推文」已經達到了熔為一爐的境界。至此，我的大腦已經變成了社群媒體的形狀；任何的按讚數，都會為我帶來多巴胺，就好比巴夫洛夫的狗（Pavlov's dog）每回聽見鈴聲，都會忍不住流下口水。

讚數不光會帶來多巴胺，它還會帶來注意力，而注意力正是整個線上產業鍊的賺錢保證，以至於實體的經濟活動也都免不了受到讚數影響。每當我成功吸引注意力時，我就會多出一批新的追蹤者，而這些追蹤者又會回過頭來分享我撰寫的內容。當追蹤人數多到了一個地步時，我便儼然成為了一名自帶權威的專家學者——「在這一行，我好歹也是個聲量大的人，問我絕不會錯。」靠著這份網路名聲，不少編輯都開始發案給我，於是我便做起了更多的撰稿工作，兼職和全職的都有，而這些工作又回過頭為我帶來更大的名聲。在這一行幹久了，我漸漸覺得博取讚數就是我的工作，而我也確實愈做愈好。

商業公司和藝術家，也都需要博取讚數才能生存。有些時尚品牌會依據他們在IG上收穫的讚數來衡量產品成功與否，因為讚數愈多，新產品的潛在消費者就愈多。新上映的電影或影集也會為了讚數而絞盡腦汁，因為集到愈多讚數，就代表行銷做得愈是成功。例如，如果《暮光之城二：新月》（*The Twilight Saga: New Moon*）的粉專吸引到了大批追蹤者，就表示有夠多的影迷對這部新片感到興奮，那首映會就肯定會有很多人捧場。在網路世界，大家都被迫要用最佳化策略來博取演算法青睞，藉以吸引更多的讚。

博取讚數確實會讓人壓力山大，但事實上，人人都想被人稱讚，這是最基本的人類心理。為了要獲得稱讚，我們往往會模仿周遭親友的行為，因為多數人都傾向於喜歡和自己相似的人。就像心理學實驗告訴我們的：如果你在對話中模仿對方的肢體語言，就會讓你顯得更具同情心和說服力。而如果人人都設法讓自己保持在「討人喜歡」的狀態，社會上的暴戾之氣就會變少，社會環境也會更加祥和。然而，在過去的一、兩百年裡，討喜與否，並不是我們通常用來衡量藝術價值的主要標準。許多被我們奉若珍寶、具有創新意義的藝術，反倒都不怎麼討人喜歡，這是因為好的藝術品和藝術家總是會想掙脫既有的規範。然而在讚數暴政的專斷之下，人們看重的就只是讚數而已。在扁平時代，討人喜歡的事物往往會爆紅，而不討人喜歡的事物則註定會失敗。這條法則，在需要觀眾才能生存的業界，尤其寫實。而且由於我們美國人基本上是生活在一個高度資本主義的世界裡，因此美國幾乎所有的事物，多多少少也都遵循著這條法則。

## 空洞的演算法文化

二〇二一年，馬丁．史柯西斯（Martin Scorsese），這位創作了無數優秀藝術電影和商業電影的導演，在《哈潑雜誌》（*Harper's Magazine*）上發表了一篇文章（不過《哈潑雜誌》並非世界知名導演經常亮相的地方，而是以刊登小眾的文學評論聞名）。在文章裡，史柯西斯再次表達了他對義大利導演費里尼（Federico Fellini）無盡的激賞。二十世紀中期，費里尼以攝製了大量史詩級鉅作而聞名於世，史柯西斯也從他身上獲益良多。在盛讚費里尼之餘，史柯西斯也藉機把當代電影批評了一番。他寫道，在這個串流當道的年代，電影已被矮化成了一種供應「內容」的媒介。「內容」一詞「已經成為了指涉所有動態影像的商業術語。無論是大衛・連（David Lean）執導的電影、貓咪影片、超級盃電視廣告、超級英雄系列電影，還是電視影集」，統統都被以「內容」稱之。史柯西斯接著開始分析我們的影視生態系。他指出，如今我們所消費的內容，都是由演算法推薦系統篩選出來的，而演算法基本上只會從我們已經看過、接觸過的主題和片型中挑選它認為適當的東西。史柯西斯寫道：「所謂的演算法，就是一種只會根據計算結果推薦內容，把觀影者矮化成商品消費者的一種東西。」如今我們和各種內容之間只存在著一種互動模式：吞下它，然後喜歡它。

史柯西斯接著指出：把所有影片統統視為「內容」的做法，以及演算法對「大家都看過」的影片的偏愛，已經對電影這種藝術形式造成了破壞。史柯西斯主張：「電影這種東西，從來都不只是內容而已，未來也同樣如此。」電影這種藝術形式，曾經震撼過史柯西斯和其他萬千影迷的生命；電影也曾經擁有挑戰傳統美學甚至傳統道德觀念的力量。偉大的電影並不總是討好觀眾的。觀看偉大電影的經驗，也不僅僅只是普通的娛樂消費而已。它會引領我們質疑既有的社會規範，也會引領我們深入探索自己的內心。然而，電影這門藝術，正在變得膚淺。

史柯西斯認為，相較於當代那些容易入口的內容，費里尼的電影無疑是電影藝術的高峰，尤其是他一九六三年的巔峰之作《八又二分之一》。這部片裡，費里尼用碎片化和自我參照的方式，拍出了他對藝術家生命的省思。史柯西斯回憶道：這部片子首映後，「人們就對它議論不休，因為它是如此地衝擊人心。看完之後，每一位觀眾都會產生自己的一套詮釋，於是影迷們便會圍坐在一起，花數個小時討論片中的每一顆鏡頭，甚至是每一秒鐘到底在拍些什麼。可想而知的是，直到散會，大夥還是沒能得出確切的結論。」由於《八又二分之一》是如此獨特又不尋常的一部電影，史柯西斯當下雖然大受震撼，但他卻花了很長一段時間細細咀嚼，才終於能將費里尼對他的影響融進自己的作品裡。從史柯西斯的文章，我能清楚讀出他的憂慮：他擔心二十一世紀的藝術已不再禁得起這樣的推敲和咀嚼了。如今藝術舞臺上充斥著許多廉價的、速食般的作品。它們輕飄飄地來、輕飄飄地走，從不留下半點痕跡。（史柯西斯寫作這篇文章時，距離他當初看《八又二分之一》已經過了六十年，但直到現在他都還充滿熱情地談論它，足見這部作品對他影響之深。）在演算法的時代裡，創作者全都不得不用飲鴆止渴的方式吸引人潮。作品必須首先成為內容，然後才能有那麼一絲絲機會成為藝術。

這篇文章刊出後，可不是人人都買帳的。不少人都覺得史柯西斯只不過是個愛提當年勇的老頭；也有人感嘆史柯西斯竟然如此落伍，令人不勝唏噓。誠然，時代已經改變了，史柯西斯也不再需要像年輕時那樣吸收新觀念了，因為如今的他不管拍什麼樣的片子都會有人支持。但我們不能忽視的是，許多年輕創作者也都懷有和史柯西斯相同的憂慮。他們的證言，說明了演算法系統確實正在傷害藝術文化的核心內涵。在一檔由全國公共廣播電臺（NPR）主辦的訪談節目中，製片人迪勒（Barry Diller）如此說道：「串流平臺不停地推出所謂的『電影』，但那些東西其實不是電影，它們是由演算法所創造出來的一百分鐘影片。」二〇二一年，對當代文化具有深刻見解的評論家基斯克（Dean Kissick）寫道：「如今有不少文化產品，都是演算法機制所打造出來的，給人一種索然而空洞的感覺。」「演算法」一詞，已然成為了「陳腔濫調」的代名詞，令人聯想起那些缺少複雜內涵的作品，以及那些過度進行了「最佳化處理」的作品。這類作品雖然很能吸睛、產值也高，但是卻缺乏深度，不耐咀嚼。

基斯克所說的那種空洞之感，我感同身受。從二〇一〇年代末到二〇二〇年代初，那時許許多多的文化產品（包括書籍、電視節目、電影、音樂、視覺藝術等）好像都是為了迎合演算法而製作的。創作者使出渾身解數，無不是為了在短時間內吸引眾人的目光。在這類作品裡，我們看不見任何在數十載之後依舊會令人心心念念的傑作。二〇一四年左右，我便注意到了這種空洞化的危機。當時有一群年輕畫家廣受歡迎，其作品無論在畫廊還是在拍賣會上都賣出了高價，而他們的風格也在藝術世界裡蔚然成風。但就在此時，同時身兼藝術家和藝評家的羅賓遜（Walter Robinson）卻用「殭屍形式主義」（zombie formalism）一詞來形容他們的作品。所謂的「殭屍形式主義」，指的是一種抽空了內在情緒和壯闊之感的抽象表現主義；畫家不是用模模糊糊的筆觸在畫布上揮舞，就是用冰冷冷的顏色來創作單色畫。穆里略（Oscar Murillo）和卡塞（Jacob Kassay）等人，都是所謂殭屍形式主義的代表畫家。藝評家薩爾茲（Jerry Saltz）的看法也和羅賓遜所見略同，他指出這批作品實在只能稱得上是「模仿藝術的藝術品」。此外，由於這批年輕畫家大都喜歡描繪一些無意義的裝飾物，於是又有另外一批受到他們影響的畫家開始熱衷於描繪充滿光澤的超現實主義物品，例如梅．史密斯（Emily Mae Smith）所畫的那一系列擬人化掃帚就屬此類（基斯克將這系列畫作稱為「殭屍畫像」）。

這類畫作所採用的技法，其目的就是為了讓畫作在ＩＧ上顯得好看。事實上，有愈來愈多收藏家都開始在ＩＧ上發掘作品（在收購之前，這些藏家甚至可能從未親眼見過作品）。就這樣，演算法系統又再次介入了藝文產業的產銷運作。而這些透過ＩＧ購畫的藏家如果想要脫手物件的話，就只要再把同樣的ＩＧ照片再次發上網就行了，方便得很。二〇一四年，惡名昭著的「挪用藝術家」普林斯（Richard Prince）還順著這股風潮，變本加厲地把ＩＧ上的一系列畫作直接下載下來輸出，然後當成是自己的作品拿去販售，這批「作品」最終還賣到了十萬美元的高價。

許多藝術家對演算法心懷恐懼，是因為如果繼續這樣發展下去，藝術家們恐怕將會徹底喪失立錐之地。試想：如果電腦已經可以創造出藝術品，甚至還能策劃一檔藝術展，那麼人類藝術家存在的意義是什麼呢？有位名叫溫克爾曼（Mike Winkelmann）的藝術家用他的作品回應了這個疑問。溫克爾曼以其暱稱「Beeple」在網路世界廣為人知，他在ＩＧ上用粗糙的電腦合成影像製作卡通，結果吸引了兩百多萬名追蹤者。然而，Beeple的成功顯然是有代價的：他每天都必須發布新的內容，而且其作品一般也都很膚淺，很少能超過十三歲男孩的智力水平。（二〇二一年初，也就是非同質化代幣正當興起的那段時期，Beeple的作品在佳士得以六九〇〇萬美元的價錢拍賣出售。雖然這個價錢高得令人發噱，但不得不承認Beeple的人氣確實非同凡響。）由此可見，如果你立志要成為一名嚴肅的藝術家，那麼你確實應該擔心失去舞臺。但普通的消費者也同樣深受其害。

二〇二二年，音樂雜誌《Pitchfork》的編輯拉森（Jeremy Larson）寫了一篇文章，抱怨Spotify的演算法破壞了聽音樂的樂趣。他寫道：「雖然Spotify上的音樂應有盡有，但卻沒有任何一首特別讓我覺得想聽、有感情，或是合乎我的個性。」或許音樂人依舊用同等的熱情在創作樂曲，但如今「音樂已成為了串流平臺用來吸引聽眾駐足的廣告。你在平臺上花的時間愈多，科技公司就愈是有利可圖」。在這個時代，串流平臺總是試圖擋在樂迷和音樂的中間，代替樂迷選出他們應該聽到的樂曲。但有時候，串流平臺卻沒有扮演好篩選器的角色，反而成為了一堵將樂迷和音樂隔開的高牆。有些音樂人一開始根本就不同意讓串流平臺播放他們的音樂。尼爾・楊（Neil Young）和密契爾（Joni Mitchell）都曾把他們的作品從Spotify上移除，藉此抗議Spotify的某些決策，包括為好幾檔試圖散播政治與文化陰謀論的podcast挹注資金；Spotify在購買歌手阿莉雅（Aaliyah）音樂版權的過程中也曾碰過一鼻子灰，因此聽眾直到二〇二一年起才能在Spotify上聽到她的音樂。除了他們之外，還有許許多多的創作者根本從未在Spotify上亮相過，於是聽眾們也就很少有機會接觸到他們的樂曲，甚至根本沒機會聽說他們。畢竟，對絕大多數的樂迷來說，Spotify上的音樂種類就已經夠滿足他們的音樂偏好了。也因此，即使有位樂迷是尼爾・楊、密契爾或阿莉雅的潛在粉絲，但Spotify依舊不會向聽眾介紹他們的樂曲，因為這麼做對Spotify來說無利可圖。這種現象會在無形中限縮了我們對音樂的認識。借用拉森的話來說：串流平臺創造出了「一個虛構的音樂世界。在這個世界裡，所有存在於Spotify之外的音樂體驗都消失了，我們也失去了和某一首好歌不期而遇的機會」。

在拉森的文章裡，他還用了一個生動的比喻來說明演算法機制如何影響我們的消費模式：「數百萬名用戶，統統肩併著肩，圍坐在一個巨大的唱片架旁。他們每個月只要花相當於一個墨西哥捲餅的價錢，就可以隨意聆聽各種音樂。」借用這個比喻，拉森試圖指出「音樂貶值」這一現象正在發生。Spotify的訂閱價格是如此之低，它能提供給音樂人的分潤，當然就只會更低。然而，從前可不是這個樣子的。在猶如吃到飽自助餐的串流音樂服務和無窮無盡的自動推薦內容出現以前，我們只能依靠黑膠唱片、錄音帶或者是ＣＤ來聽音樂。由於每張專輯都是要花錢買的，因此聽眾都會有種天然的動力想要去一一認識專輯裡的每首歌曲，否則的話，那些花出去的錢可就浪費掉了。但串流音樂服務的特點卻是：一旦你覺得某首音樂有點無聊或者有點聽膩了，你就可以馬上切換到下一首歌，而演算法推薦給你的「下一首歌」，基本上又只會落在你原本熟悉的曲風範圍之內。而且，你不需要為此多付任何一毛錢。

拉森的感受，我心有戚戚焉。每當我在Netflix上看影集時（尤其是一次追很多集時），那種不時想要跳到下一集的感受就特別強烈。當然啦，我不能說這些影集不好看，否則我也不會一直追。但問題是，雖然我看過這麼多Netflix影集，但還真沒有哪一部是讓我銘記在心的。在Netflix上，我最愛看的片種就是美食紀錄片了。我會成癮般地狂看這個類別的所有影片，不管是介紹各大洲路邊小吃的旅遊節目，還是含有許多燒烤牛排畫面的米其林星級主廚傳記片，我都愛看。由於這類節目幾乎都不會請具備個人魅力的明星來擔綱主持（如果都請王牌主持人擔綱的話，就不可能大量產製這類節目了），因此在我的記憶中，所有這些影片都模模糊糊地串接在一起，成為了像是螢幕保護程式一般的存在。這些大量複製、缺乏個性的美食紀錄片，就如那些千篇一律的ＩＧ美景照一樣，其存在的唯一的目的，就是誘導大家無腦觀賞、無腦按讚。

我並不是說像這樣的內容缺乏美感。Netflix買下的幾部創新製作，像是《壽司之神》（*Jiro Dreams of Sushi*）和其續作《主廚的餐桌》（*Chef's Table*），都非常注重美感，經常採用柔焦鏡頭拍攝食物的特寫畫面。ＩＧ上有所謂「美食色情」（food porn）*的說法，而Netflix上那些以美食為題材的影劇，基本上就

* 譯註：「美食色情」指的是把拍攝色情照片的技法或精神運用在拍攝美食上面的攝影作品。

是把「美食色情」的精神轉譯到了影片之上。這些劇裡的所有畫面，都帶有一種平靜、悠閒的氛圍。它不能夠太過擾人，最好還要像環境音樂那樣隨時可以打開來播。要我形容的話，這批影片就像是一張完美的亞麻材質床單，舒服是舒服，但毫無特色可言。看完了這些影片，除了感官上的愉悅之外，你並不會得到任何思想上的啟發。過去，無論是戲院還是影片出租店，他們都得要主動策劃片單內容，確保每一位觀眾都能享受一場有頭有尾的觀影體驗。但如今這些影片卻並不提供一場完整的影音之旅，它們的功用其實更接近於一針令人麻木的鎮靜劑，讓你隨時打開Netflix都可以得到舒緩心神的效果。

我們不妨拿曾在一九九〇和二〇〇〇年代盛行一時的有線電視頻道「美食頻道」(Food Network）來和這些空空洞洞的環境式美食紀錄片做個對比。前者當年開播之後，不但捧紅了許多料理名人，也徹底改寫了居家烹飪的飲食文化；然而我在串流平臺上，卻怎樣都找不到一檔真正的料理節目，彷彿Netflix是因為擔心好的美食節目會激勵大家進廚房做菜，減少躺在沙發上看電視的時間，所以才極力避免推出這類內容。Netflix上的美食節目多半都是毫無內容、具有催眠效果的娛樂影片，其最重要的目的就是讓觀眾成為「活躍使用者」，把串流平臺一直開著。更扯的是，Netflix甚至還會用不同的語言，在不同的國家把自己做的同一檔節目整個重新翻拍一次。例如，《聖誕男友》(*Home for Christmas*）原本是一部挪威出產的迷你影集，講述一位住在挪威勒羅斯鎮（Røros）的單身女子試圖在聖誕節前交到男朋友的故事。影集播出後，Netflix竟又把這齣戲重拍了一次。除了把場景改成義大利的基奧賈鎮（Chioggia）以及把語言改成義大利語之外，其餘的內容幾乎一模一樣。這就是Netflix用來降低影片製作成本的秘方，它一旦發現某檔節目紅了，就會照搬同樣的劇情，反覆製作出不同的版本，反正多數人根本不會發現有何異樣。這些不同版本的影集製作完成之後，就可以把它們全部餵給演算法，進而推薦給世界各地的訂戶觀看。

二〇一六年，在影音串流服務剛剛萌芽時，Netflix便推出了個好壞評價參半的自動播放功能（autoplay）。這項功能開啟後，每當一部影集或電影播畢時，螢幕上就會開始倒數十秒鐘。十秒鐘到了，Netflix就會自動播放系列影片的下一部，或者是由演算法推薦一部全新的影片給你。二〇一九年，有位曾在Netflix任職的工程師寫了一篇文章，貼在「駭客新聞」（Hacker News）網路論壇上。這位工程師回憶道，當初那個十秒鐘的定時器，為Netflix帶來了「有史以來觀看時間的最大漲幅」。自動播放功能推出後，不少人都認為Netflix實在太過離經叛道：影片一旦播畢，不是應該乖乖停止播放才對嗎？如果你習慣看傳統有線電視的話，一集節目播畢之後，你甚至還得等一個星期才有下一集可看呢。但由於Netflix通常都是一次推出一整季的節目，因此如果訂戶啟用了自動播放功能，他們就很容易會受到誘惑，不眠不休地把一整季的節目一次追完。除此之外，自動播放還會引導訂戶觀看相關或是相同類型的內容。舉例來說，當你看完珍・奧斯汀的某一部改編劇之後，它就會再推薦給你另外一部珍・奧斯汀；又例如當你看完一部講述外星人入侵的動作片之後，它很可能會再推薦你再看一部同樣以外星人為主題的電影（演算法顯然不太理解「多樣性」是什麼意思）。

當Netflix連續播了三部影片，或者當訂戶連續看了九十分鐘沒有休息時，Netflix還會自動暫停播放，並在螢幕上顯示出一道命運般的詰問：「你還在看嗎？」這項功能至今都還在，一部分是因為它可以避免在訂戶睡著之後，影片仍然兀自播放不止。在我個人的經驗裡，無論我是在夜晚客廳微弱的燈光下看Netflix，還是用我自己的筆電放影片，每次看到螢幕上出現這道問句，我都免不了一陣尷尬。我很想對著Netflix說：我並沒有睡著，我只是比平常看得更久而已。每當我進入追劇狀態時，缺乏意志力的我，經常就會一集接著一集看下去。雖然Netflix有意誘使我瘋狂追劇，但不知怎麼地，這句每隔一陣子就會跳出來的警告式詰問，總是帶給我一種負面的感受。不過不管怎麼說，當二〇二〇年代來臨時，自動播放功能早已成為了YouTube和TikTok這類應用程式的標準配備。自此之後，演算法推薦的影片便可以無窮無盡地播放下去。在自動播放功能的運作下，所有的影片，統統都成了一個個列隊呈現的內容，再也沒有哪一部影片是獨一無二、不可取代的。

二〇〇七年，亞馬遜推出了「Kindle自助出版」的線上服務（Kindle Direct Publishing），簡稱KDP。透過KDP，你便可以出版電子書，供其他使用者在Kindle上閱讀。傳統的出版產業，有著一套清楚的出版流程；作者在賣出第一本書之前，往往都得要經歷經紀人、編輯、書店業主等不同角色的重重把關。KDP的好處，是讓人可以繞過前述一切關卡，直接就把新書推到讀者眼前。而且KDP使用的推薦系統，就是亞馬遜平常用來推薦女裝襯衫和攪拌機給消費者的那一套演算法。在KDP上大受歡迎的作品，其性質也和傳統的暢銷書不太一樣。在KDP的世界裡，文學就是一種可供消費的內容；書的題材和字數，遠比評論家的意見更為要緊。此外，多出版幾本書，也總是不會錯的。據估計，光是二〇二二年，KDP出版的書就有高達一千兩百萬種。事實上，亞馬遜不光是控制了電子書的出版和銷售；二〇一九年，亞馬遜網路書店賣出的新書數量（扣掉童書之後）便占了美國全年度所有新書銷售量的近二分之一；而如果只計網路書店的話，亞馬遜更是占了四分之三。換言之，絕大多數的文學書都必須在亞馬遜上架，才可能吸引到夠多的讀者。為了因應這樣的現實，不少出版社都會用奇特的形式推出作品，例如把一套大部頭作品拆分成系列作，然後一次出版一點內容——推特上的創作者如果想要獲得眾人青睞，往往也會採取相同的做法。

史丹佛大學教授麥克古（Mark McGurl）的研究領域是現代主義文學在二十世紀的演變，包含追蹤世紀中期的小說如何受到小說藝術創作碩士專班的影響。那些轉行成為教授的小說家為了支持自己的寫作，開始在像愛荷華作家工作坊（Iowa Writers' Workshop）這樣的機構中指導學生，經常引導他們從個人的角度出發，往一種高度自覺的文學寫實主義風格邁進。貝瑞（Wendell Berry）、理察（Richard Ford）、謝朋（Michael Chabon）、慕迪（Rick Moody）、珍諾維茲（Tama Janowitz）等人，都是上過這類課程的名家。直到今天，藝術創作碩士專班依舊扮演著守門人的角色，幫助出版社發掘人才，並引領創作者邁向職業小說家的生涯。可以想見，能在這類專班中脫穎而出的作者，都不會是等閒之輩，再加上傳統出版業封閉而又重視人脈的特質，使得出版社經常能夠發掘出匠心獨運的作者。雖說出版業免不了會被人批評為菁英主義，但他們無疑是在替社會大眾扮演著品味塑造者的角色。

麥克古指出，小說藝術創作碩士專班的開設，確實可能會讓學生的寫作風格趨向一致。但在扁平時代裡，演算法往往卻在更低齡的階段就開始形塑學生的品味。年輕學生在進入創作碩士專班之前，通常就已經在推特、IG或TikTok等平臺上創作過內容了，因此他們大都很習慣把自己打造成演算法會喜歡的樣子。換句話說，早在他們進入創作碩士專班之前，他們就已經擁有一副打磨過的公眾形象了，這個公眾形象甚至還能幫助他們在競爭激烈的入學申請當中拔得頭籌。在年輕創作者摸索習作的過程裡，他們只要透過社群平臺，便能反覆測試自己構思出來的寫作點子，看看什麼樣的題材和寫法最能吸引市場目光。

照麥克古的說法，我們現在正在邁入「亞馬遜文學」的時代。在二〇二一年出版的《亞馬遜時代的小說》（*Everything and Less: The Novel in the Age of Amazon*）一書裡，麥克古寫道：亞馬遜「正在設法讓自己成為文學活動的新平臺。」就跟所有的演算法機制一樣，在亞馬遜眼中，所謂的好作品，就是能賣的作品。一本書的銷量如果高於平均、且讀者讀過的頁數也高於平均，就表示這本書寫得比別的書要好。而對出版者而言，一本書要能在亞馬遜上賣得出去，不僅封面設計得要在小螢幕上清晰可讀，其寫作風格也要針對Kindle進行最佳化調整——意思就是說，每一頁，最好每一行，都要能夠吸引讀者繼續讀下去。（許多優秀的作家也都追求這種風格，但這種風格不見得一定好。）

這可以說是一種民主化的體現：任何人都可以透過亞馬遜出版書籍，然後透過亞馬遜販售；從書寫、包裝到上架，統統一手掌握。KDP的出版者不需要擔心鋪貨的問題，更不必費心思考書店會如何陳列這本書；他們唯一要思考的，就是如何迎合演算法機制而已。超級暢銷作家胡佛（Colleen Hoover）的小說，大致都不脫「浪漫」、「驚悚」和「青少年小說」等類型，而她的第一本書，就是在亞馬遜上自助出版的。由於她的作品實在太過暢銷，因此也吸引到了主流出版社的注意。二〇一二年時，心房出版社（Atria Books）便買下了她前兩部小說的版權，重新排印出版。在此之後，她的小說便成為了全美暢銷書排行榜上的常客。（胡佛準備出版第三部小說時，儘管有好幾家出版社都來爭取，但她依舊選擇自助出版。）疫情期間，胡佛將她早期出版過的幾部KDP小說設為零元，讓大眾可以免費閱讀（這算是一種擴大紛絲群的策略）。這幾部免費小說，後來在TikTok上掀起了熱潮。許多讀者都將自己掩卷流淚的情景拍攝下來，藉此見證他們對胡佛小說的熱愛。截至今天為止，胡佛一共出版了二十多本書，其總銷售量估計達兩千多萬冊。正如《紐約時報》所報導的：胡佛小說的銷量，已經「超過了派特森（James Patterson）和葛里遜（John Grisham）兩位名家的總和」。胡佛小說受歡迎的程度，甚至令胡佛本人都驚訝不解。二〇二二年，胡佛接受《紐約時報》訪問時，她這麼告訴記者：「我讀別人的小說時，經常都會感到嫉妒。我心裡會想：『老天啊，他們寫得比我好太多了，但為什麼我的書賣得比他們好呢？』」

這種邀請讀者大眾都來參一腳的出版模式，可說是對傳統文學史的一種叛離。在文學史上，編輯和學者的看法，通常都比一本書初出版時賣了多少更為重要。正如麥克古說的：經典著作之所以經典，「和亞馬遜的商業模式完全無關。亞馬遜唯一能和經典作品扯上關係的地方，就是有不少學生都會透過亞馬遜書店購買它們。」此外，麥克古還進一步指出，在亞馬遜演算法的篩選之下，「所有會被推薦的小說，都是大眾娛樂小說。」無論是花費十年時間撰寫的一部實驗性作品，還是系列作多到出不完的某部情色小說的第五冊，莫不屬於此類。據麥克古統計，在KDP的市場裡，有少數幾個類型的作品是尤其容易暢銷的，而愛情小說便是其中一例。無論是像「霸道總裁」這類讀者群比較特定的作品，還是像《格雷的五十道陰影》這樣的書，都是商業上相當成功的愛情小說。此外，還有一種愛情小說的次類型叫「軍營裡的兩男一女三人行」（threesome MMF military）也賣得很好。（「軍營裡的兩男一女三人行」這個名稱，是搜尋引擎最佳化後的結果。）至於另一個廣受歡迎的小說類型，則是史詩奇幻小說（Epics）。許多系列作一出再出的奇幻作品，都屬於這個類別。

不難看出，這股亞馬遜文學的浪潮，基本上只侷限在網路書城和Kindle閱讀器可及的範圍之內。由於這樣的特性，許多人都覺得KDP特別適合用來出版一些「很好看，但你不希望別人知道你在看」的書。畢竟，當你使用Kindle時，別人是不會看到書籍封面的。也因此，如果你想要避免亞馬遜對你的閱讀品味造成影響，辦法也很簡單，那就是去實體書店逛一圈就行了。在那裡，店員大都很樂意向你推薦他們認為值得一看的書。不過，在麥克古的書裡，他卻別具洞見地把亞馬遜在讀者身上形塑出來的閱讀習慣，與二〇一〇年代興起的「自小說」(autofiction)風潮聯繫在一起。雖然自小說一般被認為是較為高雅的文學類型，而且這股風潮主要也不是由網路書店或演算法系統所帶動的，但麥克古卻依舊看出了它和亞馬遜文學之間的關聯。

根據麥克古的定義，所謂自小說指的是一種「以大致上未經虛構手法修飾的作者本人為主角」的小說類型。自小說的起源，可以追溯到一九七〇年代的法國。當時法國的文學理論家杜布羅斯基（Serge Doubrosky）便已提出了「自小說」這一概念，但這個文學類型卻一直要到較晚近時才流行起來。赫迪（Sheila Heti）、勒納（Ben Lerner）、庫斯克、克瑙斯高（Karl Ove Knausgaard）等人，都是帶動這股自小說風潮的名家。在他們的書裡，小說敘事者和作家本人之間，往往都有一種緊密而曖昧的關聯。例如，庫斯克從二〇一四年起便陸陸續續推出了《大綱》三部曲，但小說中的敘事者「我」真的就是作家本人嗎？還是說故事中的人物情節純屬虛構呢？閱讀自小說的一大樂趣，就是讀者可以如同偷窺者一般，進入小說世界裡，不斷猜測書中的人事物是否能夠對應到現實當中。事實上，當代的文學讀者早在閱讀任何一本自小說以前，就已經很習慣於享受這種偷窺式的樂趣了——因為他們在社群媒體上都是這麼做的。無論是推特上的短文還是臉書上的照片，社群媒體的用戶總是試圖在網路上展示他們的生活方式和自我形象。但這些短文和照片真的能夠代表真相嗎？真真假假，莫之能辨。從這個意義上說，自小說還真有點像是網紅所經營的ＩＧ帳號，其內容往往並不連貫，充滿了非敘事性的心情小語，而且還經常誇大不實。

麥克古分析道：無論是克瑙斯高還是庫斯克的自小說，都是以系列作的形式陸續出版的。這些系列作為讀者提供了大量的內容，讓他們可以間接感受到「身為名作家」是種什麼樣的體驗。有時候，他們的書裡甚至還會出現「美夢成真」一般的情節，以滿足其目標讀者（一群文化界的菁英）的內心渴望。閱讀這些書，就好像是在觀看由作家們所演出的真人實境秀一樣。小說家查蒂（Zadie Smith）在評論克瑙斯高的成名作《我的奮鬥》（*My Struggle*）時，曾一度語出驚人：「拜託快出下一集吧，我簡直像嗑藥一樣上癮了。」這種評語，像極了《嬌妻真人秀》（*Real Housewives*）的觀眾在催促製作單位推出下一季時會用的語氣。我一向都認為克瑙斯高和庫斯克這兩個人，稱得上是二十一世紀最有趣的兩位小說家，但我可能也在無意間忽略了這兩人看似前衛的文字風格，其實掩飾了書中既主流又平庸的內容。我最近又把庫斯克《大綱》三部曲中的第二部《過境》（*Transit*）找出來重讀，這才發現，《過境》中有大量篇幅，寫的都是有關理髮沙龍和家居裝修的軼事。庫斯克的小說，真的徹底改變了讀者和小說敘事之間的關係嗎？還是說，我只是希望自己住在倫敦，而且擁有一棟地段良好的公寓讓我可以改造一番呢？

我並不是說克瑙斯高在撰寫他那部以挪威鄉村為背景的自小說時，心中所想的都是「ＩＧ讚數」這樣的東西。我要說的重點是：演算法已經大幅度地改造了我們的文化地景以及我們的品味。我們所消費的一切事物，都是在不知不覺中由演算法推送給我們的。即使是一本擺在實體書店裡銷售的書，依舊會受到演算法系統所造就的主流美學和時尚趨勢所左右。這種現象若是推衍到極致，所有的文化產品都會趨於同一。雖然它們必然還是會有點變化，讓你不至於無聊；但它們又不能太有變化，以免你失去了熟悉感。創作者將不再雄心勃勃地追求藝術理念，因為他們個個都成了只關心讚數和參與度的網紅。

在二十一世紀的此刻，許多最流行的文化產品，都已經變得高度簡化。不少作品唯一的功能，就是用來麻痺我們的感官和情緒；還有一些作品則徹底變成了一道簡單的謎題，待觀眾解完謎後，便再丟給他們下一道謎。就連我們這個時代最燒錢的大型製作也不例外，二〇一九年的《復仇者聯盟：終局之戰》（*Avengers: Endgame*）就是如此。多年來，漫威的超級英雄電影拍了這麼多部，《終局之戰》作為最後壓軸，理應要拍出一場終極大結局才對。當年《星際大戰》三部曲結束時，他們就做到了這一點，結果使《星際大戰》成為了永久留在公眾想像世界裡的不朽名篇。《終局之戰》影片長達三個小時，遠比一般好萊塢大片都要長得多，但它卻沒有把重點放在劇情上，而是把大部分的力氣花在呈現動作特效和安插彩蛋上面。如果你是漫威電影的狂粉，你或許會心滿意足——你可以再次看到所有你喜歡的超級英雄一一登場，聯手打敗最終的反派。影視界有個術語叫「粉絲福利」（fanservice），指的是一部作品為了迎合死忠粉絲，因而公開地使用某些只有粉絲才懂的哏。《終局之戰》無疑是部粉絲福利滿滿的電影，但我看完只覺得滿滿的空虛，因為它在情感和創意表達上實在乏善可陳。

很顯然，演算法並不怎麼偏愛具有原創性的作品；它偏愛的是能夠催生更多相似內容的作品。諸如能夠轉成GIF檔，讓網友在推特和TikTok上大量轉發的電影；或是擁有許多搞笑臺詞，讓網友可以做成迷因哏圖的電影。多數的片商為了行銷考量，都會在片中置入滿滿的粉絲福利。

二〇一九年，《權力遊戲》影集即將播畢時，也出現了同樣的現象。據統計，《權力遊戲》的最終結局，一共吸引了兩千萬人次收看，創下了電視史上的收視紀錄。然而，許多觀眾看完大結局後，都覺得像是被潑了一盆冷水。在過去好幾個季度的集數裡，劇組費了許多心思，為劇中角色一一建立起了立體而生動的性格；但沒想到在大結局時，劇組卻把所有這些角色性格統統拋諸腦後。於是，我們便看到丹妮莉絲（Daenerys Targaryen）突然成為了扁平人物，瞬間變得既邪惡又兇殘。此外，原本這齣戲一直在描寫宮廷內各個角色之間的權謀鬥爭，但到了大結局時，卻畫風一轉，變成是在拍奇幻世界裡的武打場面，以及群龍噴火的焚城奇觀——特效畫面壓倒了劇情。於是，當你在推特上看到大結局的部分片段時，你可能會覺得拍得還不錯，但實際把一整集看完之後，你就會發現根本莫名其妙。有件事實相當值得深思：《權力遊戲》原著小說的作者喬治．R．R．馬丁（George R. R. Martin）並沒有來得及在電視版大結局播出以前就把小說結局寫完，因此電視劇的兩位執行製片班紐夫（David Benioff）和魏斯（D. B. Weiss）便自己寫了一個電視版的結局劇本。（在「影劇改編派」和「原著小說派」的鬥爭中，前者又勝了一回。）但兩位製片寫的劇本，並沒有從角色的內在動機出發，而是極盡能事地迎合演算法。最能顯示出這一點的，就是他們竟然用一堆偷懶的答案來填補前面劇情當中提出來的謎團。《權力遊戲》的原著，是一部非常獨特的小說，然而劇組卻想要用「演算法最佳化」的方式來予以改編，結果當然削足適履。因此儘管劇組投入了大量成本，但這最後一季的內容卻彷彿放煙火一般，瞬間就黯淡了下來，沒有在觀眾心中留下長久的印記。

愛爾蘭小說家魯尼（Sally Rooney）被認為是西方千禧世代小說家當中的佼佼者。她出版的前三部小說，是一系列描繪主人公如何在陰鬱的愛爾蘭和歐洲大陸遭遇愛情，並經歷人生蛻變的成長小說。魯尼對小說情境氛圍的掌握相當到位，對各種在地細節的描寫也非常引人入勝。她的文字簡潔而優雅，同時又帶點冷峻，讀起來令人頗感平靜。這三部小說，同樣都講到了年輕主人公戀愛和失戀的過程。書裡描寫的那種戀愛，都是能夠戳穿主人公自憐心態的罕見愛情。在她的小說裡，人物之間最主要的溝通方式，就是靠即時訊息和電子郵件。不少人都認為，魯尼小說的其中一項優點，就是能夠準確反映出數位環境裡的溝通型態。魯尼的作品除了好看之外，書中也指出了不少社會問題。每當她一有新作推出，推特上總會有人將書中點到的社會問題拿出來辯論（魯尼在學生時期，曾是辯論社的明星成員）。在她的第一部小說《聊天紀錄》（*Conversations with Friends*）中，魯尼講述了一則有關多重伴侶關係和自我傷害的故事；在第二部小說《正常人》（*Normal People*）中，她則講述了一則有關受虐式性欲的故事；而第三部小說《美麗的世界，你在哪裡》（*Beautiful World, Where Are You*），則描寫到了不同社會階層之間的階級差異和成名作家所享有的文學名聲。至此，魯尼的文學顯然有朝向自小說發展的跡象。

這三部小說，都引發了不少爭論。其中有不少人特別執著於探討「小說主角的外貌到底有多漂亮」這個問題，這一方面源自魯尼身為女性小說家的性別立場，另一方面則因為這三部小說都跟「美貌」有關——在她的小說裡，美貌經常是推動故事發展的原動力。魯尼的前兩部小說都被改編成了電視影集，兩部都由英國廣播公司參與製作，並在串流平臺播出。二〇二〇年的電視版《正常人》影集或許最適合被看成是一系列軟性色情的GIF集合體，如果Tumblr沒有在二〇一八年禁止成人內容的話，這些內容可能會在該平臺上大受歡迎。魯尼本人也擁有推特帳號，而且她也很習慣參與推特上的各種流行議題，這點和其他的千禧世代作家並無二致。但是當魯尼成為了公眾人物之後，她便告別了推特，因為她不喜歡網路上有那麼多人追蹤她的帳號。然而她的小說已經永遠和網路上的那兩部串流影集連繫在一起了。

在扁平時代的文化生態系裡，許多事情都是本末倒置的。例如原本應該是要先有好的文化產品，然後再想辦法行銷出去；但如今卻是先訂好了行銷目標，然後再來做文化產品。這些文化產品通常都會附帶很多的衍生內容，以方便進行網路行銷；與此同時，各個網路平臺也都能靠這些衍生性內容賺得流量。於是乎，文化產品的生產者和網路平臺之間便形成了一種共生關係（或甚至可以說是一種惡性循環），驅使生產者不斷設法迎合各個平臺上最主流的偏好。畢竟對生產者而言，嘗試針對演算法機制進行最佳化調整（預先猜測什麼樣的內容會投演算法之所好），實在是比開發一條充滿創意的另類途徑要容易得多。也正因此，如今許多當代的藝文作品，都一一開始模仿社群平臺的調性，甚至開始美化社群平臺，以求能有機會被演算法相中，從此一炮而紅。

## 網紅的興起

《艾蜜莉在巴黎》算得上最能代表演算法時代的一部影集。在這部戲裡，當代文化的扁平化現象可謂一覽無遺。《艾蜜莉在巴黎》從二〇二〇年十月開始在Netflix播映。雖說當時由於疫情的緣故，全世界大多數人都困居家中，許多人除了追劇以為也沒有其他事情好做，但這齣戲瞬間爆紅的程度，依舊令人瞠目（當時在網路上，不管是工作群組、朋友群組，還是其他什麼群組，都有人在討論它）。《艾蜜莉在巴黎》的總製作人名叫史塔（Darren Star），他過去曾經擔任過《欲望城市》（*Sex and the City*）的導演和製片。《欲望城市》是以一九九〇年代後期的曼哈頓為背景，女主角群時而光鮮亮麗時而碰得一鼻子灰的精彩故事，曾為史塔贏來了不小的名聲。《艾蜜莉在巴黎》同樣是為了有線電視而設計的一齣劇，但最終卻落腳到了串流平臺上播出。當第一季的《艾蜜莉在巴黎》在Netflix上架時，旋即引發了一陣追劇狂潮。

《艾蜜莉在巴黎》的劇情，和社群媒體大有相關。女主角艾蜜莉（Emily Cooper）是位出身芝加哥的二十出頭歲女子（飾演艾蜜莉的演員柯林斯〔Lily Collins〕，實在是把艾蜜莉演得甜蜜蜜的，無論扮相還是言談舉止均如此），她在行銷公司上班，興趣是下班後束起馬尾，穿上運動服在城市裡慢跑。有一天，艾蜜莉意外得到機會，前往巴黎一家名叫薩維瓦（Savoir）的公司分享她從事行銷工作的經驗（薩維瓦是家虛構的公司，專門替時尚品牌做行銷業務）。她的任務，是幫薩維瓦公司訓練員工，教他們如何在網路上創建有用的行銷內容。在巴黎，艾蜜莉像極了一位滿懷好意但不懂文化差異的傳教士。她所到之處，原本悠閒的巴黎午餐變得不再悠閒，雜誌廣告和時裝走秀也都失去了原有的巴黎風味。此外，艾蜜莉還把巴黎人的樣貌拍了下來，以製作IG的貼文。

在同樣由史塔製作的《欲望城市》裡，主角凱莉（Carrie Bradshaw）的職業是一名報紙專欄作家。她本人的約會經驗、購物習慣，以及她和朋友們的深厚友誼，統統都是她寫作的題材。不過，觀眾們其實看不到凱莉在文章裡寫了些什麼，因為鏡頭最多只會拍到她坐在筆電前面、臉上掛著一絲憂鬱的神情在打字的樣子。但不管怎麼說，凱莉終歸是一名作家，而作家是文化領域裡最重要的貢獻者之一。經年累月的筆耕生涯，使得凱莉創造出了一套獨特的人生哲學和愛情哲學。而相較之下，艾蜜莉就只是一名擁有行銷專業的文化消費者而已。她從來不會像凱莉那樣坐下來寫一篇文章，若真的有需要製造出一點什麼內容的話，她也只會抓起手機四處拍照。

在《艾蜜莉在巴黎》的第一集裡，有個鏡頭便是艾蜜莉拿起手機，在巴黎住處的閣樓裡拍了一張自拍照。然後，觀眾便看到螢幕上出現了艾蜜莉的手機畫面。艾蜜莉經過一番操作之後，便將照片貼到了一個看起來很像ＩＧ的應用程式裡（只是很像但不是，以免侵權）。接著，我們便看到在這款應用程式裡，艾蜜莉的追蹤人數開始向上成長。隨後，艾蜜莉又把她的帳號名稱從 @emilycooper 改成了 @emilyinparis。在第一集的後半部分，艾蜜莉又拍下了另一張自拍，然後又再把它發到應用程式上，而這時我們看到她的追蹤人數已經翻了四倍，並且還在持續上漲。看到追蹤人數增加得如此迅速，艾蜜莉又驚又喜。在第二集裡，當艾蜜莉又再一次貼出新照片時（這次艾蜜莉還特別拍了一張某某市場的照片），她的追蹤人數已經暴增到了原有的十倍。艾蜜莉獲得的讚數和留言，就像吃角子老虎機的輪盤那樣不住地翻轉著。艾蜜莉瞬間成為了網紅。許多素未謀面的網友，都對她的私生活產生了興趣。

在整齣戲裡，每次艾蜜莉每回拍了一張自拍、一張派對活動的照片，或者是一張新衣服的試穿照，她總是會把它上傳到應用程式上。但這些照片的立意既不新奇，其視角亦不獨特。艾蜜莉拍下它們，只是為了替自己的帳號增添內容並收集追蹤人數而已。一名好的攝影師在按下快門前，往往都會費心構圖，力求畫面達到水準以上；但艾蜜莉傳到「類ＩＧ」上的那些照片，卻顯然都是隨手就拍。她的雙眼彷彿專門只會獵捕社群媒體渴求的畫面，一個勁兒地將她的生活轉化為可供粉絲消費的內容。

我第一次看《艾蜜莉在巴黎》時，便注意到這部戲用影像化的方式，把社群媒體的運作邏輯給呈現了出來。雖然艾蜜莉的行為在現實中也很常見，但我依舊感覺到一股反烏托邦的氛圍侵襲而來。如今每個人心中彷彿都住著一個ＩＧ幽靈，它每分每秒都在促使我們用ＩＧ式的眼光審視人生，並督促我們拍下每一幅值得上傳的畫面，以便讓演算法有更多素材可以運用。更糟糕的是，《艾蜜莉在巴黎》竟然還美化了將生活轉化為內容的過程，將其塑造成角色成長的證明。在劇中，艾蜜莉之所以能順利在薩維瓦公司完成任務，正是因為她嫻熟於操作社群媒體。在專業上，艾蜜莉靠著操作社群媒體來行銷時尚精品；而在她的私生活領域，她同樣靠著把玩社群媒體來推播自己的人生。她的工作和自我，彷彿已經沒有了界線。她把自己經營成了一個商業品牌，而她顯然徹底樂在其中。

然而，這部戲的背後，其實潛藏著許多教人不願面對的真相。艾蜜莉雖然擁有諸多社會優勢，但這一點在劇中卻從未被道破。她是白人，身材極瘦，擁有符合主流審美觀念的外貌，並總是精心化妝打扮。借用建築師庫哈斯說過的話，艾蜜莉在劇中呈現出來的，其實是一種「常規化的幻覺」。艾蜜莉每次出場，總是身穿華美昂貴的行頭，但劇中卻從未以任何方式交代這些服裝到底是哪來的。而且這些服裝雖然上相，卻不怎麼適合移動。（艾蜜莉就像是童話故事裡的公主，可以隨心所欲去做任何喜歡的事；只不過她最喜歡的事，恰好就是拍照上傳。）其實，不只艾蜜莉是白人，從艾蜜莉的戀愛對象到艾蜜莉的老闆再到她的大部分同事，都是白人。然而，巴黎身為國際大都會，單一人種的比例不可能如此之高。可見在這齣戲裡，巴黎並不是巴黎，而只是艾蜜莉用來自拍的一面背景。

「網紅」之所以紅，通常不是因為他們創造出了什麼了不起的事物，而只是因為追蹤他們的人很多、願意幫他們按讚的人也多。在劇裡，艾蜜莉成了網紅之後，她便得到了薩維瓦公司的肯定，讓她替公司客戶執行行銷任務。艾蜜莉聽聞了這項消息，便開心地慶賀了一番。她的欣喜之情，庶幾無異於從前獨立樂團努力多時，終於獲得一紙唱片公司合約時的那種感覺，也令人聯想起舊時筆耕不輟的小作家終於得到出版社垂青時的喜悅。市場行銷已經完全取代了創意工作，演算法所造就的一致性，也已經取代了百花齊放的創意表達，兩者都不再與原創性密切相關。無論是時裝、零售店裡的百貨商品，還是公共空間的裝置藝術，都得要設法讓自己好拍、好上傳才行。《艾蜜莉在巴黎》這部戲，鉅細靡遺地拍出了文化扁平化的過程，但它對此卻未置一句批評之語，反而極盡逢迎之能事。戲演到了第三季時，這種態勢更是變本加厲：每一個重要的戲劇衝突點，幾乎都是靠劇中那款「類ＩＧ」應用程式來解決的。更誇張的是，第三季中的好幾集都有明顯的廣告置入，舉凡麥當勞、麥拉倫汽車（McLaren）和時裝品牌AMI Paris，均在劇中堂皇現身——劇中虛構的品牌行銷，頓時成為了真正的行銷。

這部戲之所以大肆頌揚成為網紅的好處，其原因倒是有跡可循。根據二〇二二年美國做的一項調查，有高達五十四%十三歲到三十八歲之間的受訪者都說，如果有機會成為網紅的話，他們都很樂意過過成名之癮。二〇一九年的另一項調查則顯示，在受訪的三千名孩童中，有三十%將來都想成為YouTuber，比想成為運動員、音樂家或太空人的孩童都要多。從二〇一〇年代起，網紅的影響力便日益升高，頗有成為這個時代最具聲量的角色之勢。畢竟，如今大部分的文化產品都存在於雲端，並且靠著社群媒體來傳布，那麼還有誰能比在觀眾當中擁有聲量、具有強大導流能力的網紅，更有條件成為最具權威性的文化名流呢？（演算法時代的網紅，其地位堪比西部拓荒時代的牛仔。）

網紅不見得非得要男帥女美，只要你要有辦法向受眾傳遞訊息，就有機會成功。眾多不同網紅間唯一的共通點，就是他們都靠網路在賺錢。他們經常會向粉絲提供贊助廠商的業配，就如同雜誌和podcast經常會在內容裡置入廣告那樣。當然啦，粉絲們大都不是為了看廣告才追蹤網紅的，他們通常是受到網紅的生活方式或人格特質所吸引。也因此，許多網紅都會特意營造自己的攝影環境，把它布置得美美的，並且熱衷於參加許多有趣的活動。有些網紅的公眾形象比較率性自然，有些則比較精雕細琢，但無論採取何種風格，他們的生活場景都會大量地呈現在社群平臺上，而中間則會伺機安插贊助廠商的業配內容。除了採用的媒介不同之外，網紅和傳統媒體還另有一處重大的不同：過去無論是在街上派發的報紙還是向社會大眾播送的電臺節目，其主辦人都可以掌控報社機關或廣播電臺的營運設備和運作方針。然而，對於社群媒體的設備和營運，網紅們卻都完全無從置喙。他們只能被動依循社群平臺設定好的演算法推播方式，並盼望受眾們會在手機應用程式上看到他們精心布置的內容。

其實遠在網路發明以前，人類社會早就出現過類似「粉絲迷網紅」的現象了。在歷史上，許多人都曾靠著迷人的外貌或獨特的生活方式吸引了眾多追隨者，而與此同時他們的社會地位也得以提升。舊時最有條件這樣引領風騷的人，若不是王公貴族，就是城市裡的知識分子。在舊時代裡，由於這些人的社交圈子都很小，因此每天都可以互相觀察彼此的穿著打扮和舉手投足，就像現在我們每天都透過IG來觀察朋友一樣。十七世紀時，有位名叫蘭可婁（Ninon de L'Enclos）的法國名妓，便稱得上是四百年前的網紅。她出生於一六二〇年的巴黎，家庭原本相當富裕，但自從父親遭到流放而母親又不幸逝世之後，她便開始獨自討生活。矢志永不結婚的蘭可妻後來成了巴黎的著名妓女，一大票出身貴族的人士都成為了她的恩客。除了豔名遠播之外，蘭可妻還是一位作家，寫過好幾篇批判基督教的哲學著作。蘭可妻鬧過的一則最著名的緋聞是這樣的：她曾有段時間住在鄉下，和維拉索侯爵（Marquis de Villarceaux）相好，但後來蘭可妻把侯爵給甩了，自己一個人返回巴黎。侯爵於是跟蹤蘭可妻來到了巴黎，並搬進了她家對面的房子裡，試圖監視蘭可妻，看她是否找到了新歡。蘭可妻為了安撫侯爵的情緒，便把自己的長髮剪下了一綹，送給侯爵作為贈別。這份禮物確實奏效了，但同時也引發了一股意料之外的風潮：許多人都學蘭可妻把頭髮剪成了鮑伯頭的樣子，史稱「蘭可妻頭」（cheveux à la Ninon）。這段風流韻事，是我從皮奧洛（Betsy Prioleau）的著作《誘惑者》（*Seductress*）中摘述出來的。這股由著名人物所帶起來的髮型風潮，無疑正是當年流傳甚廣的一則迷因。

一八八二年，英國的社交名媛兼演員蘭特里（Lillie Langtry）成了史上第一個接到商品代言的名人，她代言的商品是梨牌香皂（Pears Soaps），廠商還把她的肖像印成了廣告到處宣揚。梨牌找上蘭特里做代言，原因是她的肌膚天生白淨。雖然這一點更可能是得益於遺傳而非香皂，但在蘭特里的加持下，廣告受眾還是很願意買單。事實上，蘭特里正是靠著香皂廣告才聲名遠揚的。在成為了代言人後，幾位著名的英國畫家便應聘前來替她畫像，隨後她的畫像又被印在了明信片上。當年，很少人有機會成為印刷品上的人物，因此只要登上印刷品的次數夠多，就足以表示一個人廣受認可——就跟今天「讚數多表示有道理」的現象差不多。

消費大眾向來都很關心名人們過著什麼樣的生活；至於他們為什麼有名，倒不是關心的重點。因此，我們會對名演員的餐飲規畫感到好奇，也會想知道某位大亨如何選購他的賽馬，更不會放過名畫家的風流韻事。名氣這種東西，不但能夠吸引目光，還能產生一種光環，使得名人身邊的一切事物都饒富意趣。一九六〇年代，安迪・沃荷曾和一群「超級巨星」拍過一系列電影，徹底把「名人的光環」推衍到了極致。六〇年代早期時，沃荷曾拍過一系列名為《銀幕試驗》（*Screen Test*）的短片，拍的對象是當時幾位沒什麼名氣的反叛青年。沃荷架好攝影機後，便把鏡頭對準了他們的臉龐，一動也不動地長時間拍攝，就好像他們在替一部不存在的電影做試鏡一樣（今天看來，這些片段或許更像是TikTok短片的排練鏡頭）。《銀幕試驗》證明了只要我們凝視某人的臉龐夠久，我們就會覺得他很重要。也就是說，沃荷光靠一組攝影機和投影機，就複製出了名人光環的魔力。

如今，任何人只要擁有電腦或手機，就可以施展相同的魔法。在TikTok上，人人都可以享有名人的光環，這或許也是扁平時代的一種體現。沃荷曾經說過：「在未來，每個人都能成名十五分鐘。」但一九九一年，音樂家兼老牌部落客Momus卻把這句名言改編成了這樣：「在未來，每個人都能在十五人的圈子裡成名。」這句改編，頗具先見之明。對社群媒體上的追蹤者而言，他們所粉的帳號，就是名人無誤。

網紅們大致上繼承了部落客在網路生態系中的位置。二〇〇〇年代初，部落客算得上是網路世界裡的明星。和當今的網紅們很像的是，當年的部落客也會利用數位工具自助出版，並運用一則則簡短的文字搬演生活中的有趣經驗。在這波部落客集體竄紅的浪潮中，就屬發軔於二〇〇二年前後的「媽咪部落客」最顯突出。部落客也是靠廣告流量賺錢的，他們會撰寫廠商贊助的文章，也會在網站的周邊和頁面上緣張掛起條幅廣告。然而根據Google搜尋趨勢，從二〇一一年起，「部落客」一詞的熱門程度便不斷下滑，「網紅」一詞的搜尋頻率則在二〇一六年初時開始上升，而這恰好正是ＩＧ用戶數正式突破五億人的時期，也是各家社群平臺開始廣泛採用演算法推播內容的那個時候。對職業網紅而言，ＩＧ稱得上完美的社群平臺：不需要長篇大論，也不需要掏心掏肺，只要照片夠亮眼，就能吸引足夠追蹤者，讓你可以穩定變現。「部落客」這個詞描述的是從事實際寫作活動的人，而「網紅經濟」（influencing）則更接近其中的金錢面向。網紅和推銷員，其實沒有太大的差異，他們都會先向你展示出美好生活的圖景，然後再把能夠達成這樣生活的產品賣給你。

我採訪過一位名為派翠克（Patrick Janelle）的網紅，他給人的感覺就像是真人版的艾蜜莉，只不過他比艾蜜莉更早開始他的網紅人生。早在二〇一〇年代上半，派翠克便開始把生活中的事物拍成數位內容，並逐漸成為了一名職業網紅，後來甚至還成立了一家網紅經紀公司。如今的派翠克雖然已把注意力從ＩＧ轉移到了其他平臺，但他在ＩＧ上依舊擁有四十多萬名追蹤者，以及十年來累計發布的六千多張照片（他相當平易近人的ＩＧ帳號叫@aguynamedpatrick）。成名後，派翠克上傳的照片，看起來都像是《ＧＱ》雜誌拍的，其背景若不是富麗堂皇的飯店房間，就是寬敞的咖啡店座位區，再不然就是他那棟裝潢精美的曼哈頓公寓裡的一面掛滿畫作的牆，這些照片的男主角，當然都是又帥又粗獷的派翠克本人。派翠克向來都自己擔任攝影師，而他用的攝影機就是iPhone。他的相片總是對焦清晰、色彩鮮豔，且帶有一種幾何上的趣味，有時派翠克還會利用遙控器來按快門。然而，二〇一二年，他剛剛加入

ＩＧ的時候，他的照片並不總是那麼精雕細琢。

幾年前，我第一次和派翠克見面時，我們是約在一家叫「荷蘭人」的餐廳。餐廳是他挑的，位在紐約蘇荷區的一角，鄰近他的公寓。餐廳的天花板裝有球形吊燈，牆上則有開放式的置物架，這兩樣東西都是他照片裡常見的元素。對派翠克來說，這家餐廳就形同他的工作室，他甚至還在他的網站上推薦過這家餐廳。派翠克是在二〇一一年搬到紐約的，那時他剛滿三十，並開始替飲食雜誌《胃口大開》（*Bon Appétit*）從事平面設計。那時起，ＩＧ便成為了他和朋友們聯繫感情、分享生活的管道，包括和他一起在羅拉多州長大的幾名好友，以及出國旅行時結交的朋友。「ＩＧ就是用來記錄生活用的。」派翠克這麼跟我說。他的神情始終沉著而自信，就像是一位專業的模特兒。在每天的設計工作開始之前，派翠克常會去曼哈頓找間咖啡店坐下來，然後點「小杯卡布奇諾」（short cappuccino）。這是當年在咖啡愛好者圈子裡最受歡迎的一款咖啡，派翠克還專門為它創了一個hashtag：#dailycortado。每次去咖啡店，他總會把咖啡放在大理石或木質的餐桌上拍照，然後上傳ＩＧ——咖啡上的拉花，當然也是要入鏡的。照片裡的每一樣物件，都擁有豐富的紋理和親近自然的感覺，既昂貴又高檔，跟光滑扁平的手機螢幕恰成對比。

派翠克的照相美學，後來大受歡迎，甚至進一步鞏固了通用咖啡店的視覺風格和裝潢品味。此外，派翠克還鼓勵大家都來使用#dailycortado這個hashtag，使得這種風格的照片愈趨風行。十年後的今天，#dailycortado的hashtag依然活躍，儼然成為了ＩＧ上最具標誌性的hashtag之一。如今，有許多人都會在貼文中放上一大串hashtag以便增加曝光度，而#dailycortado正是許多人無論如何一定會放的hashtag。

稍微回顧一下派翠克拍的照片，我們會發現有個很矛盾的地方。這批照片的步調都很緩慢，彷彿捕捉到了我們專注看著咖啡杯時的人生片刻——點了一杯咖啡後，在享用它之前，決定先花片刻時間好好欣賞上面的拉花。這是繁忙都市生活中短暫的一刻寧靜：街上的人們快步疾行，而你氣定神閒地坐在咖啡店裡。但與此同時，IG的演算法卻不斷試圖在最短的時間內推送最多的內容給你，這恰恰是「緩慢專注」和「氣定神閒」的相反。對於平臺方來說，他們希望受眾盡可能消費愈多內容愈好；而對於像派翠克這樣的網紅來說，他們則希望按讚數愈多愈好。作為一名職業網紅，派翠克確實偶爾會放慢步伐，但他只有在拍攝工作用的照片的時候才會這麼做；粉絲們則或許只有在看到照片的那一瞬間得以放鬆心神，隨後就又會被推送而來的更多內容給牽引走。

我和派翠克談起了他早期拍的相片，他說：「剛開始，我除了拍咖啡，就只會拍些自己覺得好看的照片而已，它們代表的是我在紐約市的生活。」派翠克早期拍攝的主題，包括消防逃生梯、建築物的外牆、擁擠的人群等，都頗具街頭攝影的特質。但時間久了之後，派翠克發現IG上愈來愈熱鬧，於是他便開始模仿當時正在崛起的幾位網紅。他放棄了街頭攝影，轉而拍攝一些豪奢的背景和服裝，結果證明把自己打扮得很豪奢，確實是賺錢的一種方式。派翠克說道：「你扮成什麼樣，就會成為什麼樣的人。」他解釋道：「隨著我發的照片愈來愈多，就有愈來愈多廠商邀請我參加活動，賺的錢也愈來愈多，後來我便成立了一家公司。」雷夫・羅倫馬球（Ralph Lauren）便曾經來找派翠克合作，對方看上的正是他在自拍中展現出的個人時尚品味；還有一次，派翠克上傳了一張渡假照片後，馬上就有飯店邀他免費入住。

派翠克已經成為了網紅，但他不喜歡人家說他是品味塑造者。他說：「我不覺得我在塑造品味。我只是把我覺得新奇有趣的東西挑出來、拍下來，如此而已。」二〇一四年，美國時裝設計師協會首次將「最佳ＩＧ時尚網紅獎」納入年度頒獎，而首屆得此殊榮的人，就是派翠克。不過，我是一直要到二〇一五年，才終於在ＩＧ的探索頁面上看到演算法將他推播給我。演算法之所以覺得我會對派翠克感興趣，我猜是因為我追蹤了許多紐約市的餐廳和好幾個專做室內裝潢的帳號，而且我又喜歡幫一些帶有Loft風格或世紀中期現代主義風格的家具按讚，因此演算法便把派翠克推播給我。

那時節，我只有二十六、七歲，住在布魯克林區，普通得很。那時候的我，經常捏著手頭上僅有的閒錢，到處在網路上逛，看看別人眼中有品味的大人們都穿些什麼，而派翠克發出的那些照片，確實給了我不少靈感。（但他早期的街頭攝影，其實更能吸引我；後來他轉型成一個身穿華服的風流大少，反倒使我產生了疏離感。）此外，由於我不是在時尚雜誌上看到派翠克的照片，而是在他的ＩＧ帳號上，因此我便不由得產生了一種幻覺，覺得這個人真的是把他平常生活的樣貌呈現了出來（雖然實際上那些內容也都是經過ＩＧ官方篩選過的，只不過他們的考量點和時尚雜誌不會一樣罷了）。派翠克告訴我：「我知道我正在扮演一個眾人嚮往的人物。觀眾們看到我的照片，難免都會心想：『這種生活好棒啊！』因此，我想激勵人們為自己努力一把，創造更好的人生。」

派翠克的家庭並不富裕，成長過程中他也為此吃了不少苦，但他卻選擇把自己裝扮成上流階級的消費者。靠著這身裝扮，他不但真開始富了起來，他拍攝的照片也進一步了鞏固了上流階級的象徵（網紅之所以紅，正是因為他們引發了眾人的嫉羨之情）。由於派翠克是白人，外型符合傳統審美，而且身材瘦削，因此要他扮演一擲千金的富少形象，先天上就頗能服眾。他的長相不管走到哪，接受度都很高，這正好就是演算法機制最喜歡的樣貌。都市富裕階級的服裝穿到他身上，件件都顯得有說服力。不過，其他人就未必和他一樣了。正當派翠克的追蹤數不斷往上攀升時，許多人不是被降低了觸及，就是被過當的審查機制給封鎖掉了。舉凡喜歡張貼政治哏圖的倡議人士、自我推銷的性工作者，以及想要像派翠克一樣裸露上半身的女用戶，都難免會遭到演算法機制的懲罰。（解放乳頭運動所控訴的，正是社群平臺上男女不平等的現象。）

派翠克多年的網紅生涯，其實和社群媒體的演變史息息相關。二〇一〇年代，派翠克在IG上的追蹤數達到了高峰；自此之後，他在美學上也便開始裹足不前。在這個時期，他在IG上發的內容不外乎以下三種：偽工業風的餐廳（這類餐廳的名稱中通常都會有個「&」符號）、精心調製的手工雞尾酒，以及整齊俐落的男士時尚（這種穿搭使得每位男士看起來都像西裝筆挺的伐木工人）。雖然派翠克的IG直到今天都很活躍，不過據他自己所說，從二〇一六年起，他便逐漸和IG分道揚鑣。起因是從那一年起，IG便放棄了依照時間順序排列貼文的機制，改成採用演算法來排列貼文。

派翠克說：「對我個人而言，貼文的順序有重大的意義，但他們卻把排列貼文的權力交到演算法的手上，這真是有史以來最糟的決定。」過去在IG上，派翠克常會在一天之內貼出數則內容。由於所有貼文都會依照順序出現，藉此他便可以呈現出一則有頭有尾的圖像敘事。但是現在，他卻完全無法掌控貼文的呈現次序。派翠克指出，這讓粉絲和創作者都感到相當失望：「我們沒辦法決定自己貼文的順序，因此也就無法用最有效的方式來呈現它們；一切都變成演算法說了算。」

除此之外，歷來ＩＧ還做過許多其他重大的調整。起初使用者只能上傳靜態圖片，但後來ＩＧ模仿了Snapchat的經營模式，新增了限時動態的功能。再接著，ＩＧ又推出了ＩＧＴＶ的功能，讓使用者上傳長篇幅的影音內容。再到後來，ＩＧ眼見TikTok如此爆紅，於是便跟著推出了稱作Reels的短影音。原本的ＩＧ，是一個相對簡樸的相片分享空間，讓人展現自己獨特的美感，但如今卻早已經不是那麼一回事了。對此，派翠克評論道：「ＩＧ的政策不停在變，卻沒有哪個政策真的可以留住創作者。ＩＧ做的決策，目的只是為了吸引用戶和擴大市占率而已。」

由於ＩＧ一變再變，今天我們已經沒辦法再用派翠克原先設想的方式好好品味他的作品——ＩＧ並不允許你回頭採用二〇一五年時的介面環境來體驗從前的貼文。然而，文化要能長遠發展，文資保存是極其重要的一環。我們之所以需要博物館，就是因為它讓你有機會看到某位攝影師在幾十年前所拍下的負片。但由於ＩＧ的介面一變再變，原有的情境脈絡早晚會消失無蹤。正如派翠克指出的：「不是只有當下的貼文會隨公司政策而變動。由於平臺上所有的東西都是數位檔案；公司只要隨意更改一個設定，不管多久以前的內容，統統都可能面目全非。在數位平臺上，沒人真正擁有自己的作品。我們就連想要用特定的順序來呈現它們都做不到。」早年ＩＧ一律只能上傳正方形的相片，現在則是什麼尺寸都可以上傳；從前只能上傳靜態的相片，但現在什麼喧囂吵鬧的影片都有了。面對如此巨大的轉變，ＩＧ官方只是淡淡地說：這一切都是為了可以用更快的速度，向用戶們提供更具吸引力的個人化內容。

許多ＩＧ網紅都紛紛跳槽到了TikTok——跳槽，是許多靠流量謀生的網紅都會做的事，但派翠克卻不想要跳到TikTok去。雖然他知道那兒有更多的商機，但他認為轉移到那裡會過度消耗他的創造力。

（話雖如此，TikTok演算法的威力終究還是大到無法招架：就在我採訪完派翠克數個月後，他終究還是跳到了TikTok。）網紅們不斷跳槽以求發展的現象，令我想起二十世紀初，有許多在默片時代成名的演員都試圖轉戰有聲電影；再到後來，又有一批劇場演員試圖轉戰電視圈。不過，並不是每位演員都能成功轉型，因為有些人的藝術天賦就是只適合在舊的平臺上發展。

舊時代的演員，或許每隔幾十年才會面臨新平臺的挑戰；但今日的網紅卻每隔幾年（甚至每隔一年）就會面臨到是否跳槽的問題。因此，每個網紅都必須花大量的時間摸清楚每個平臺的底細，避免跳去那些根本不會紅的新興平臺，例如Quibi就是其一（Quibi是英文「快速咬一口」〔quick bites〕的意思）。儘管Quibi官方投入了相當高的預算，製作出了一系列適合手機觀看的串流短片，但最終吸引到的用戶數卻相當少，因此才推出不到一年便熄燈了。事實上，許多新興平臺常常都是雷聲大、雨點小；網紅們要是一時不察，把大量時間精力投入到某個不成氣候的平臺上，可就得不償失了。

不過，派翠克確實是位精明的企業家。他很早就洞察到：在扁平時代裡，趨勢的變化如此迅速，光靠一人之力很難隨時掌握。為此，他創立了一家叫「無題機密」（Untitled Secret）的經紀公司，借助眾人之力，幫公司旗下的十幾位簽約網紅和贊助廠商洽談生意。這幾年，無題機密的公司員工愈聘愈多，而派翠克也逐漸成為了一位最能操縱網紅動向的網紅。

派翠克曾在二〇一〇年代帶動了一股工業風的潮流。儘管這股風潮至今還遠未消退，卻早已不在時尚的尖端。如今，網紅界的潮流風向很亂，不同的人擁抱不同的風尚，甚至有不少人喜歡刻意呈現出自己不真實的那一面。此外，由於許多網紅動輒擁有數百萬追蹤者，根本不可能一一回覆粉絲留言，而這也使得網紅變得更像是傳統明星，和普通人之間的距離變得很遠。真人實境秀《與卡戴珊一家同行》和其他類似的節目也捧紅了一批新型態的網紅；他們不停地游移在電視螢幕和手機之間，使得觀眾到處都看到他們的身影。例如，觀眾在《與卡戴珊一家同行》節目上看到了主角金．卡戴珊（Kim Kardashian）之後，便可以馬上追蹤她的IG。如今在IG上，卡戴珊已經擁有了三億四千九百萬名追蹤者，相當於一整個美國的人口數。卡戴珊獲取粉絲的方式和派翠克有根本的不同：派翠克主要是靠IG才紅起來的，但IG則只不過是卡戴珊用來吸納粉絲的其中一種方式而已。畢竟，早在經營IG以前，卡戴珊就已經大有名氣了，而「名氣」正是吸引演算法青睞的法寶——有名的人事物，很容易就會變得更加有名。

社群媒體剛剛興起時，它們曾經誇口說要幫助我們和朋友保持聯繫；但事到如今，社群媒體上卻充斥著許多我們根本不認識的明星和網紅，其中有些甚至不是真人。二〇一六年，科技公司「Brud」的兩位創辦人麥克費德里（Trevor McFedries）和德庫（Sara DeCou）創了一個叫作@lilmiquela的IG帳號。根據該帳號的自介，帳號的主人叫「米克拉小妹」(Little Miquela)，是位巴西裔的美國少女，芳齡十九，而她上傳的照片都是些IG上最常見的那種照片：閒暇時的自拍照、與三五好友一起合拍的快照，還有一些是在城市公共空間的牆壁前擺拍的肖像照。但米克拉小妹並非真人，而是電腦創造出來的人物。他們的做法是把早已在IG上紅翻天的網紅照片收集起來，以此為藍本，設計出符合多數使用者審美觀的女性外貌——就像通用咖啡店一樣，米克拉小妹完全是一位「通用網紅」。

米克拉小妹的肌膚異常光滑，並隱隱透顯出光澤，就像打了蠟一樣；然而，她的雙眼卻相當無神，非常詭異。儘管如此，她卻經常和許多真人一起入鏡，身穿真實的服飾，腳踩真實的地點。由於她是個虛擬的3D模型，任何的姿勢她都可以擺給你看，非常擬真。說實在的，米克拉小妹那一系列肌膚過度光滑的照片，頂多也就是比時尚雜誌的風格再假一點點而已。但無論真真假假，米克拉小妹終究成為了一名貨真價實的「虛擬網紅」，並且還登上過媒體頭條。成名之後，她甚至還跟經紀公司WME簽訂了一紙演藝合約（嚴格來說，是麥克費德里和德庫和WME簽訂了合約）。截至今日，米克拉小妹在IG已有將近三百萬名追蹤者。她經常會和Calvin Klein和Prada等時尚奢侈品牌合作進行商業推廣，顯示出她的IG經營方針和真人網紅並沒有不同。

事實上，正因為米克拉不是真人，她反倒比大多數的網紅都更好賣。由於她不具備個性，因此不管要她業配什麼商品都行。像派翠克這樣的真人網紅，偶爾還會對IG心生不滿，但米克拉就沒有這樣的問題。不管下一輪紅起來的數位平臺長什麼樣子，米克拉肯定都能無痛適應。此外，她的年紀也是永遠不變的。她永遠都會是青春洋溢的十九歲少女——除非某天她的經營者發現將她設定為另一個年紀更加好賺。甚至，當米克拉哪天終於過氣時，經營者也不用替她煩惱；他們只要關閉她的帳號，並重新捏塑一位符合潮流的網紅就行。事實上，當演算法推播的內容愈來愈多，速度愈變愈快，不同內容之間的可取代性也就會愈來愈高。當某位網紅被演算法替換掉時，我們甚至根本不會注意到有什麼不同之處。曾經，有不少像派翠克這樣的網紅都利用社群媒體所創造出來的親密氛圍吸引粉絲，但現在，同樣那幾個社群媒體，卻一個個都在追捧虛擬的角色——例如，許多網紅都會接受廠商饋贈，讓他們可以免費出外旅行、並全身穿戴免費的行頭；但網紅們往往不會揭露自己接受贊助的事實，而是裝作一副本來就負擔得起的模樣。如此一來，網紅便等於是把自己變成了虛擬角色，和早餐穀物片品牌打造出來的卡通吉祥物沒有兩樣。

網紅早已是一門高度分眾化的專業工作。他們設法迎合演算法機制、獲取粉絲，然後再叫人出錢購買粉絲的注意力。以達梅利奧為例：喜歡跳舞的她，原本只是康州郊區一個沒沒無聞的青少女，但自從二〇一九年五月加入了TikTok之後，她的人生就不一樣了。憑藉著模仿熱門舞蹈，達梅利奧成為了一名擁有一億五千多萬追蹤者的網紅。事實上，她很可能是有史以來竄紅速度最快的網紅，而這一切都得要歸功於TikTok的演算法機制。在短短幾年內，達梅利奧便從一個小有名氣的人物，一躍成為了主流文化界的名人，甚至因此有機會和卡戴珊家族中一位較不出名的成員交往——這樣的人生轉折，簡直堪比八點檔。

然而在最近這十年裡，網紅卻於來愈難紅了，因為人人都已經是某種意義上的網紅。今天許多人只要一連上社群平臺，就會感受到一股壓力，要他們去做許多原本是網紅才會做的事，例如不斷發布新的貼文、吸引並累積追蹤者、然後設法變現——無論是直接製作業配文來變現，還是慢慢吸引同儕關注，並最終出售他們的注意力。無論是在IG上試圖吸引畫廊或策展人關注的視覺藝術家，還是在推特上一點一滴記錄自己書寫過程的小說作者，又或者是在TikTok上分享自己烘焙過程，並隨時回覆留言，希望能在住家附近建立客群的素人麵包師，統統都是在做網紅的事業。除了他們之外，現在還有「約會網紅」和「個人財務規劃網紅」等小眾類別。在扁平時代裡，網紅們走什麼樣的路線並不重要，重要的是懂得遵循演算法立下的規則。正因為演算法所帶來的壓力如此之大，以至於許多宣傳的內容甚至壓過了實際要推銷的東西。

## 「內容資本」也是一種資本

在扁平時代裡，各種文化產品都要多次進行最佳化調整才能推出。如今，想要拿到劇本就直接拍出一部電影，或是寫完書稿就直接出版一本書，已經愈來愈不可能了。要想發表一部完整的作品，創作者首先得要發表它的試閱稿或預告片，描繪一下成品可能的樣子，然後設法在網路上累積粉絲，這樣才有機會完成作品。以書籍為例：作者首先要在推特上發表不錯的推文，再來還要挑幾個段落貼到網路上，以求激起公眾討論。在這之後，作者還得要能趁勢寫出續篇，或是將文章改寫成專欄。此外，讀者也得要在推特或IG上幫忙摘錄金句，如此一來出版社的經紀人才會注意到這位崛起中的寫手，進而簽下這位作者。換言之，只有當作者的網路聲量累積到了一定程度，出版社才會考慮採用他的書稿。（有句話說「人氣就是實力」，真不是亂講。）當書終於印好、裝幀好，而書店也終於把書放上書架亮相時，作者就可以再次利用各種社群平臺，向粉絲發布貼文、貼出書封，或是上傳新書開箱的影片，以盡可能多樣化的方式吸引粉絲購買。（您正在閱讀的這本書，理論上也要歷經這一切，才會交到您手中——如果我沒偷懶的話。）

在推出作品之前，先在社群上培養粉絲，何以成為創作者慣常的做法？在學術界，有人試圖借用「內容資本」（content capital）這一概念來予以解釋。「內容資本」最早是在二〇二一年時，由學者愛科恩

（Kate Eichhorn）所定義出來的。在其學術專著《內容》（*Content*）中，愛科恩運用這一概念來描述網路時代的景況：「近年來，一個人能否以藝術家或作家為職業，愈來愈取決於他或她是否擁有內容資本。所謂的『內容資本』，並不是指一個人生產藝術作品的能力，而是指一個人能否生產和「創作者」這一身分相關的內容（無論是藝術家、作家，或是表演者）。」換句話說，作品本身並非重點，作品周遭的氛圍才是。既然某個人是用創作者的方式在生活，就必然會產生出和他這個人相關的附屬內容。這類內容可以是ＩＧ上的自拍照、畫室內的紀錄照、旅行途中的物件、推特上隨性發表的觀點，也可以是TikTok上的一段獨白。前述這些內容，都能為創作者本人贏取目光，但他所創作出來的作品，反倒不一定和其本人有那麼強烈的關聯。巴特（Roland Barthes）在一九六七年寫過一篇文章宣稱「作者已死」，但現在作者非但沒死，反而搖身變成了眾人注目的焦點，作品本身反倒像是死了一般。

社會學家布赫迪厄曾在一九七〇年代提出「文化資本」（cultural capital）這一概念，而愛科恩所提出的「內容資本」之說，正是對布赫迪厄的回應。「文化資本」指的是一個人對高雅文化的熟悉程度。如果一個人對高雅文化表現得熟門熟路，那麼社會地位便會隨之而來；而另一方面，菁英階層也能藉此識別一個人的出身高低。舉例來說，擁有文化資本的人，就會知道喀什米爾羊毛比普通棉花更有價值，也會曉得波洛克的繪畫和小孩子的恣意亂點差在哪裡。（布赫迪厄曾說，在西方世界，菁英階層通常都很能接受充滿實驗性的抽象作品。）他們不僅只是懂得欣賞藝術而已，更重要的是，他們瞭解藝術作品在特定的社會脈絡下意味著什麼，也明白不同流派的藝術家和藝術品的相對位置。相較於此，「內容資本」則是指一個人對於數位內容的熟悉程度。一個人擁有內容資本的話，就會知道該在什麼樣的平臺上創作什麼，也會熟稔不同平臺上的演算法機制，並且能準確預判用戶看到內容時會產生什麼反應。

一個網紅擁有的粉絲數愈多、參與度愈高，就愈會被認為是一名優秀的網紅，這是網路世界顛撲不破的鐵律。（也因此，雖然在現實世界中認識數百個人就已經是人腦的極限，但沒有一個網紅會只追求這個數字。）不斷上升的數字，就是促使網紅們繼續努力的誘餌。愛科恩寫道：「想要充實自己的內容資本，那就必須經常上網。準確點說：累積內容資本的不二法門，就是在網路上發布貼文，並且邀請其他使用者參與討論。如此經年累月，你所累積的粉絲數和貼文數就會變多。」內容資本還可以轉換成其他形式的資本：例如和廠商合作業配並收取贊助金，或是直接向粉絲們販售自己生產的商品。從這個意義上說，一件上面印有網紅帳號的T恤，和網紅自費出版的一套精裝書，兩者其實沒有太大的差異；因為在粉絲眼中，兩者都是足以代表網紅本人的小物。

總之，粉絲數愈多，能賺的錢也就愈多，不管哪種形式的文化產品都如此。觀看數、點擊數，以及轉換率，這些數字就代表著文化產品的價值。且由於所有創作者都在追逐相同的數字，因此只要有個什麼東西紅了，大家就會一窩蜂地模仿，使得文化產品愈趨同質。愛科恩寫道：「近年來，不同媒介之間的界線（電影、電視、錄音、書籍）和不同類型之間的界線（非虛構作品／虛構作品，電視影集／情境喜劇）似乎都愈來愈不重要了。」愛科恩指出，所有的創作者都面臨著無止無盡的壓力：「所有人都得用愈來愈快的速率，發布愈來愈多的內容。這彷彿已經成了唯一重要的事。」在《內容》一書裡，愛科恩還寫下了這麼一句力透紙背的話：「一旦有了內容，就會召喚出更多的內容。」

然而，內容卻不保證會召喚出藝術。事實上，創作者為了迎合演算法需求，只能不斷產製內容，卻沒有時間好好創作。愛科恩分析道：「從前無論是作家、導演還是畫家，他們都只需要專注於寫書、拍片或是畫畫就好了。但今天的創作者卻得要花大量的時間製造各種數位內容（不然就是要花錢請人做），而且這些內容往往跟作品無關，而是跟創作者本人有關。」要經常性地生產這類附屬內容，其實是很令人分心的一件事——只要你有在網路上試圖拓展事業的經驗，不管你是做麵包銷售的、幫人規劃派對的，還是搞室內裝潢的，相信都能同意這一點。以作者本人我為例：我時不時就得要把我的書桌照片貼上IG，以便讓粉絲觀賞一下我那充滿藝術感的凌亂桌面；每隔一陣子，我還得回去檢查一下讚數有無增加。每天光是忙這些，就幾乎快沒時間寫書了。

拋開創作者的身分不談，有時即使我只是想要和朋友們交流，卻也不免會擔心自己的內容資本不太足夠。舉例來說，某些餐廳的美食和某些度假勝地的美景發上網後，能夠吸引到的讚數就是比較多。同樣道理，某些人生里程碑總是會比別的事件更能在臉書上掀起漣漪。有些人甚至會刻意發出自己生日或者結婚的貼文，以便提高觸及率（真假姑且不論）。然而，讓更多的人看到你的貼文，並不保證一定會讓你備受肯定。

在TikTok上，有些人會訴說自己遭遇的創傷，也有些人會展示自己的藝術創作，這些都合情合理。但我曾在評論區見過有人瘋狂追問創作者：「這件衣服是哪一牌的？」還有人問：「這件家具是哪裡買的？」搞得好像衣服和家具比創作者的創傷經驗或藝術巧思更為重要。我還看過有位女士在TikTok上訴說她在工作場合被人騷擾的經驗，她的正臉直面iPhone，表情相當嚴肅，但底下的留言者卻不停追問她穿的那件肩帶式露背上衣是哪裡買的——答案是Zara，但這絕對不是重點所在。由此可知，即使是表達個人創傷經驗的影片，也難免會被貶低為只是含有視覺刺激物的一則內容。此外，我還看過有個以美食為主題的頻道，創作者在影片裡平靜地切菜、炒菜、煮湯，同時一邊訴說她所遭遇的種族歧視。她之所以這麼做，或許是因為意識到「遭受歧視」並不是演算法偏好的內容，因此便以做菜作為掩飾，讓影片更有機會滑進到用戶們眼前。

要累積內容資本，著實是件耗費心神的事，但你若是想要接觸到觀眾，你就別無選擇。因此，扁平時代的藝術作品，幾乎都很能吸引眾人目光，不過像艾雷拉（Carmen Herrera）這樣的畫家，其作品就徹底與此相反。二〇二二年去世的艾雷拉在一生中絕大多數的時間裡，都是一位沒沒無聞的畫者。她一直要到九十多歲時，才終於在藝術圈獲得了極簡主義大師的名聲。然而在今天，無法吸引演算法、無法吸引眾人目光的那種作品，恐怕也不會有人去創作了。

我所擁有的內容資本並不算多。雖然我從二〇〇八年起就在推特上發文，後來又當了十多年的記者，但至今我也「只」擁有兩萬六千名推特追蹤者；而在ＩＧ上，我的追蹤數又更少了，只有四千多。但其實我並不知道這些人為什麼會追蹤我的ＩＧ，畢竟那上面只會放我個人的生活瑣事而已，像是自己做的晚餐、我養的狗等，頂多就是偶爾我會模仿我最欣賞的攝影家肖爾（Stephen Shore）拍一些平靜而普通的場景。我在ＩＧ上發的照片，大都沒有什麼特別的用意，也沒有想要吸引粉絲，純粹只是自己看了開心而已。也因此，我在ＩＧ上的內容資本顯然很少。

在很久以前我就下定決心，不要嚴格遵照演算法的規矩來撰寫貼文，或者應該說：我很早就意識到我不是網紅的料。我這個人既不夠酷，也不夠搞笑，外貌也不驚人，更沒有天生網紅的頭腦，無法時時刻刻掌握當下最熱門的話題。我寫的推特很少有爆紅的，而我發的ＩＧ照片當然更不可能紅。但即使我不是那種動輒擁有上百萬粉絲的大網紅，多年下來我依舊注意到：我確實是對我的觀眾群擁有一定的影響力。他們會固定收看我的文章，而他們給我的反應，也默默影響著我的創作走向。

我發現，只要我以某些特定的套路書寫，我的貼文就能得到較好的反應。於是我下了一番苦工，在推特上用好幾種不同的套路分享了我的報導，試圖找出哪種套路最能受到青睞。我試過把一個惹人好奇的問題放進標題裡，也試過把文章中最具戲劇性的一句話擷取出來。我竭盡所能地迎合讀者，也盡可能只寫粉絲們預期我會寫的主題：小眾取向的設計評論、對矽谷文化的怨言，以及藝術史上的奇聞軼事等等。經過一番試驗之後我發現，如果文章內容跟我本人的生活有關，讀者反應通常都會很好。例如我曾去一家咖啡店寫稿，但店家的餐點和服務都不怎麼樣，於是我便寫了一篇文章大吐苦水，結果引發了廣大迴響。文章紅了，我當然高興，但麻煩的是，自此之後我便搞不太明白那些題材到底是我自己想寫，還是演算法勸誘我寫的。我本人到底對什麼事情感興趣呢？這個問題，未來只怕是會愈弄愈不清楚了。

在過去的年代裡，人們會用尼爾森收視率（Nielsen rating）提供的數字來判斷電視節目熱門與否；如今演算法則是透過按讚數來判別哪些貼文該多加推廣，哪些該被打入冷宮。而對創作者來說，即時變化的讚數則像是個「讀者反應測量儀」，讓他們可以隨時監看每則貼文是否引發迴響，於是使得文化產品愈趨扁平。此外，更由於含有衝突和爭議的貼文通常都會受到演算法青睞，因此我們的公共討論和政治論述也都難免會往極端化的方向偏移。而與此同時，那些試圖呈現幽微情感和多重涵義的貼文，也就愈來愈難以為人所見。

## IG詩人

在數位平臺上，那些最容易獲得演算法青睞、按讚數也最多的文化產品，和過去那些由品味塑造者所塑造出來的文化精品，兩者無論是在表現形式或內容題材上，差異均相當巨大。演算法對藝術品的形式和傳播都造成了重大的影響，而最能清楚呈現這一點的，便是詩這種文學體裁。在過去十年裡，有群新世代的「IG詩人」開始在IG上崛起。他們靠著把作品寫成適合發表在IG上的樣子，合計已經賣出了數百萬冊的詩集。在他們之中名氣最大的一位，就是考爾（Rupi Kaur）。考爾是出生在印度的加拿大人，生於一九九二年的她靠著在IG上寫詩，至今已經累積了四百五十萬名追蹤者。她的詩大都很短，每一行的字數也不多，很適合放入IG的正方形框格裡。每回貼出詩作前，她還會在正方形周邊畫上一些簡單的裝飾性線條。在IG上，考爾的詩都是用標準字體來呈現的，而且統統都只用小寫字母，令人感覺像是用手機隨手寫下來的（但這也有可能是因為受到了不區分大小寫的旁遮普語的影響）。在其中一首詩裡，考爾寫道：

沒有人告訴過我，心會痛成這樣
沒有人警告過我
友誼，是一件如此令人心碎的事

考爾每回發布詩作時，她總會在ＩＧ那塊正方形的一角貼上自己的小寫署名（即rupi kaur）。這個做法除了可以突顯「考爾」這塊招牌，同時還有另外的好處：即使詩作被人截圖下來，貼到了別的地方（這種事經常發生），讀者依舊可以辨認出那是誰的作品。

ＩＧ上還有另外一派也很受歡迎的男性詩人，他們擁抱自己脆弱的一面，展現出刻板印象中鐵漢柔情的樣子。一位筆名喚作阿提克斯（Atticus）的匿名詩人，就是其中代表。他在ＩＧ上擁有一百六十萬名追蹤者，而且還出版過好幾本暢銷詩集。他很喜歡用一些圖庫照片當作背景，例如一些紅酒酒瓶或是度假勝地的照片，而他所寫的詩則往往都跟愛情、美人，以及貪杯有關。茲舉一首，全詩如下：

親愛的
讓我和你一起漫步人生一下下吧

還有一位叫Ｒ．Ｍ．德睿克（R. M. Drake）的詩人也很著稱，他在ＩＧ上擁有兩百八十萬名追蹤者，其作品大多以散文詩的形式寫成，並且經常把一些正能量格言寫進詩裡。例如他有一首短詩，開頭是這樣的：「失去了一個沒把你當朋友的朋友，等於沒有損失。」由於德睿克也會在ＩＧ的貼文一角附上自己的署名，因此有不少人覺得他就像是男版的考爾。而就像ＩＧ上的視覺風尚帶動了通用咖啡店的興起，這批ＩＧ詩人也帶動了一股「通用詩歌」的風潮。這些通用詩歌的特色，和我在本書中一再指出的那些扁平時代的原則完全相符：這些詩不能只是文字而已，同時也要搭配圖片；還有，為了要在不同的平臺上順暢流通，所以這些詩／圖片都要能夠輕鬆改編成臉書貼文，甚至還要可以改編成靜態影片放在TikTok上才行；至於詩的內容，則愈容易讓人感同身受愈好，因為這樣一來這些詩才更容易被分享出去。也因此，這些詩很少講述獨特的個人經歷，也很少闡發某個特殊的觀點，而是盡可能只寫舉世皆然、大家都很熟知的情感和經驗。

這些內容空洞的詩，招來了不少批評家的責難。其中承受最多砲火的，就是IG詩人當中最負盛名的考爾。但持平地說，考爾其實只是代罪羔羊而已，因為造就這種空洞風格的始作俑者，其實是IG本身。考爾從小就展露了詩人的天賦。她在青少女時期，就曾經登臺發表過口述詩（spoken-word poetry），不久後她便轉戰Tumblr，二〇一三年時，又轉戰到了IG。二〇一四年，她自費出版了第一部詩集《奶與蜜》（*Milk and Honey*）。隨著考爾的文名在網路世界愈變愈響，到了二〇一五年時，便有出版社買下了《奶與蜜》的版權，將之重新編排出版。《奶與蜜》這個集子，後來一共賣出了兩百多萬冊，還曾經登上《紐約時報》暢銷書榜的第一名。然而，專業的批評家卻對此不表欣賞，集體把考爾批得體無完膚。（詩歌這種文學體裁相當小眾，因此在大多數的時候，這批專業批評家便是詩作唯一的品評人。）在批評家眼中，考爾的詩缺乏修飾，而且很像是會印在節慶賀卡上的那些字句，禁不起細讀和推敲。

其中幾位批評家的話，正好在無意間指出了考爾的詩是如何地迎合了IG演算法對創作內容的要求。例如，評論家菲甦丁（Fareah Fysudeen）便說道：「考爾經常用意識流的手法，表達一些淺顯到一望即知的詩意。若要說趣味性的話也只是還好，但其視覺效果倒是不錯。」菲甦丁繼續說道：「她的詩從未讓人出乎意料。其特色就是詩意淺顯、內容空泛。就像錯覺畫那樣：雖然畫成很深的樣子，實際上卻毫無深度。」在ＩＧ上，所有的事物都必須具備一定程度的視覺吸引力才行。考爾大量分行的寫法，便為其詩作增添了視覺上的易看性；而她自行手繪的那些線條，更是增添了不少視覺上的趣味。此外，在ＩＧ上，淺薄的詩意，倒也不失為一項優點。畢竟，如果一則貼文只會在你的動態消息牆面上出現一次，而你也只會用區區數秒的時間讀它，那麼淺顯而空泛的詩意，就不能說不是一項美德了。二〇一九年，小說家阿蘭（Rumaan Alam）也在《新共和》雜誌上寫了一篇評論考爾的文章，標題叫作〈考爾是近十年來最具代表性的作家〉（《新共和》向來是文學批評家的傳統堡壘），文中寫道：「智慧型手機和網際網路，是當代生活中最具標誌性的科技產物。而考爾最大的藝術成就，就是她用她的詩具體地呈現出了現代人依靠手機和網路過活的景況。」

阿蘭的文章刊出後，遭致了許多批評家同行的反彈。為了瞭解阿蘭如今的看法，我在二〇二三年時撥電話和他聊了一番。他告訴我：「這幾年過去，我覺得我的觀點更加得到了證實。」他解釋道：「一篇作品如果能讓你一眼就看完、甚至連往下滑動螢幕都不需要的話，自然就會吸引讀者。」為了說明他的觀點，他舉了二〇一六年的一首詩〈風水寶地〉（Good Bones）為例。該詩是由瑪姬（Maggie Smith）所創作的，由於全詩很短，只要用一張螢幕大小的圖片就可以收納，無論是分享在推特或ＩＧ上都極為方便。這首總共只有十七行的詩，頭兩行是這麼寫的：

人生很短，但我不想讓我的孩子們知道這一點。

人生很短，而我已經揮霍了大半。

阿蘭說：考爾「算不上是偉大的詩人，但她的影響力卻不容小覷。近年來，大眾的文學品味已經不若以往，而文學的傳播方式也有所變化。考爾之所以能夠橫空出世，某種程度上正是因為她抓住了這些變化。」阿蘭繼續說道：「文學會傾向於不斷自我調整，直到符合當代生活所容許的注意力上限為止。」

儘管評論家對《奶與蜜》的反應並不很好，但這無損於考爾的外貌令人眼睛一亮的這項事實。她生來就有張瓜子臉，下巴尖得恰到好處；她的雙眼眼距稍寬，使得她看向鏡頭時，眼神帶有一種戲劇性的張力。她的ＩＧ上除了詩之外，還有許多是她本人的自拍照。近年來，她的ＩＧ已經形成了「詩」和「自拍」交替出現的穩定節奏。她的自拍照大部分是全身肖像（而非常見的那種隨性自拍），身上穿著時尚華服，臉上則化了全妝。對考爾來說，無論是外貌形象還是詩歌創作，似乎都是她的作品。這種熔詩文與容貌為一爐的做法，並非每一位創作者都有辦法做到或想這麼做（以人類的標準來說，我們每個人的好看程度都不相等，這是一套不同的演算法）。當然不是說一定要長得漂亮才能成功，但在這個ＩＧ的時代裡，長得好看，助益確實不小。

考爾和她的詩，都含有豐厚的內容資本。她既是網紅，也是詩人，這兩種身分在她身上並無矛盾，反而有彼此強化的效果。她之所以能夠成為網紅，有部分正是因為她寫了詩；而她的詩之所以會紅，有部分也是因為她是網紅。同時身兼網紅及攝影師的派翠克，同樣受益於這種彼此強化的效果——我們在貪看派翠克呈現出來的生活場景的同時，也順道欣賞了他的攝影技藝。而像香村翔宇（Sean Thor

Conroe）這樣的小說家，則是另一個例子。在二〇二二年的小說《富克博伊》（*Fuccboi*）中，香村翔宇大量採用了人們會在社群媒體或文字訊息中所使用的語句，包括一些簡短的格言和網路世界的俚語。《富克博伊》最終版的小說封面，用的是一個抽菸男人的形象，和香村翔宇本人在IG上的形象非常相似。因此，小說封面和作者本人得以相得益彰：作者本人的生活方式在這幀封面上得到了反映，而這幀封面同時又以戲劇化的方式將香村翔宇塑造成一位酷酷壞壞的小說家。在文學史上，任何一位成名的作者，多多少少都會成為受人議論的公眾人物；但在扁平時代裡，你卻先要擁有一副完美的公眾形象，然後才能有機會成名。

IG的演算法不斷在網紅身上施加壓力，引導她們選擇特定的風格，考爾也清楚意識到了這一點。二〇一七年，她接受《娛樂週刊》（*Entertainment Weekly*）雜誌專訪時說道：「為我贏得最多愛心的寫作題材，一個是愛情，另一個是心痛。」至於其他的主題，讚數都明顯少很多，例如性暴力就是如此。曾有一度，考爾花了一個月，統統只貼有關愛情和心痛的作品，結果參與度便明顯上升了許多，但她卻不由得產生了一種不踏實的感覺。對創作者來說，迎合觀眾的喜好，始終是一大誘惑，必須要動用意志力才有辦法抗拒。（與此同時，觀眾們也始終承受著誘惑：演算法會一直根據你過去的喜好，推薦你你已經喜歡的東西。）考爾指出：「創作者如果深陷誘惑，就會讓觀眾反客為主地決定你要創作什麼。」如果社群媒體上，創作者始終被動地寫，而讀者始終被動地讀，那麼我們就會喪失掉深刻覺察自我的能力。考爾也承認這點，雖然正是因為多數讀者已經失去了這種能力，考爾那些貌似很有深度實則平凡無奇的作品才得以廣受歡迎：「我們如此沉浸在網路世界，以至於幾乎忘了傾聽自己內心的聲音。」考爾如此說道。根據考爾在訪談中的說法，她並未在自己的手機上安裝社群軟體。就和許多名人一樣，她並未親自管理她的帳號，而是交由專業的團隊來經營。也就是說，雖然考爾的帳號總是展現出一種親密感，但她的私人生活其實和她的公眾形象分得很開。

傳統的藝術創作，多少都帶有一點菁英主義的性質，和社群媒體的調性不太對盤。傳統的創作者之中，有許多人都畢業自常春藤盟校，透過文學雜誌發表作品，或是在雀兒喜區的藝廊展出畫作。這些廣受認可的創作者養成路徑，並不是人人都能接觸到的。但利用吸引人的形象或網路上的樣子，可以培養出最初的觀眾，藉此證明自己具有一定程度的關注度（有些創作者就不用展示這點），並打入這個封閉的生態系。讀者們可能會被創作者作為網紅在網路上形象的可親近性所吸引。考爾就是個最好的例子：許多人都對她的詩留下了印象，並且購買了她的書、追蹤了她的ＩＧ；而她只要在ＩＧ上貼出一則新的圖文，就總是會收到數十萬個讚。近年來，詩的讀者群明顯有變多的趨勢。根據美國詩人學會網站Poets.org的後臺數據，從二〇二〇到二〇二一年，該網站的流量增加了二十五％。此外，詩集的銷量也有提升。以英國為例，從二〇一八到二〇一九年，詩集的總銷量便提升了十二％。之所以如此，有一部分或許得要歸功於網際網路所帶來的文字碎片化現象；過去數年來的網路亂象，可能也讓許多人想要從詩歌當中尋求平靜。不過，雖然嚴肅詩作（文學菁英和文學刊物偏愛的那類作品）依舊長銷，其銷售數字卻遠遠沒有ＩＧ詩歌那麼亮眼。

說起嚴肅詩作，就不能不提我偏愛的一位詩人：出生於一九五七年的韓裔詩人金詠梅（Myung Mi Kim）。她有些詩作同樣很短，或許也很適合放進ＩＧ裡廣傳，但她的詩卻往往帶有一種曖昧難解的特質，讓人無法一眼看穿。例如有一首叫〈〈土地的累積〉〉（[accumulation of land]）的詩就是如此。依照金詠梅的設計，這首詩由三個直欄所構成，每一直欄中都含有數個短語，包括「數算牲畜的數量」、「產品繼承人的數量」和「生兒育女的重擔」等，而讀者可以用自己選擇的順序來閱讀。這幾個短語都讓人想起上古和史前時期的景象，但又不止步於此；這首詩碎片化的布局，同時也讓我們想起了當代生活中的碎片化訊息。金詠梅另有一首詩叫〈〈序言：萬事萬物如何命名〉〉（[Exordium: 'In what way names']）。這同樣是一首短詩，但或許也可以說是一首無窮無盡的詩。金詠梅用短短的幾行字，便指向了一種宏大的解構：「各種各樣的名稱，過去是如何對應到萬事萬物的？過濾。有些名稱曾被用過，但至今已經不存。」（第一個問句的過去式起初很隱微，隨後卻令人心碎。）

無論是直白好懂、既簡單又固守表面意涵的詩，還是晦澀難解、充滿曖昧和歧義的詩，都各有其讀者，並無好壞優劣之分。然而在扁平時代裡，我們身處的文化環境卻不可抑止地優待前者並貶抑後者；因為唯有簡單好懂的詩，才能得到演算法青睞，從而跨越重重阻礙，在各個平臺上廣泛流傳。無論創作者選擇在推特、IG、TikTok還是亞馬遜上發表作品，他們都得無止無休地和「演算法」這隻看不見的巨獸爭鬥。創作者可以選擇不顧一切，只求做出內心想要的作品，但如此一來，他們的粉絲數和參與度恐怕就不會太好，生計方面恐怕也要遇到困難；或是創作者也可以選擇迎合演算法推薦和觀眾——這相當於只創作跟愛情或心痛有關的作品——期望成為網紅生存下來，靠著廠商贊助和粉絲小物賺錢支應，如果創作本身無法帶來收入的話。總的來說，演算法推薦系統或許不會導致創作的消亡，但它經常對創作構成了阻礙。

## ＩＧ上的「書帳」與TikTok上的「抖書」

網紅，已經漸漸成為了商業市場上的行銷主力。靠著網紅們的推薦，無論是時尚潮牌的最新單品，還是某個有損民主機制的政治觀點，都可能瞬間爆紅。在扁平時代裡，如果你想要強力推銷某樣事物，最快的方法，就是請網紅們幫忙。如今由於網紅勢力的崛起，整個商業世界的地景地貌都被徹底重塑了一番。二〇一八年，德普（Hannah Oliver Depp）在她的家鄉華盛頓特區設立了一家經營快閃書店的公司，稱作「忠心書店」(Loyalty Books）。打從一開始，她就決定要以的「書帳」作為書店主題。書帳（Bookstagram）是晚近在ＩＧ上興起的一類網紅。有別於那些專門分享時尚精品和旅遊景點的網紅，書帳主要是靠著推薦書籍來吸納粉絲。近年來，由於書帳的勢力和影響範圍都愈來愈大，因此出版產業也不免受其影響。在我訪問德普時，她這麼說道：「我意識到這是一次難得的機會，可以打造出一個我自己會想要置身其中的美麗書店。像這樣的一家書店，正是ＩＧ所需要的。」德普所經營的快閃書店，其特色就是店裡一定會擺一張毛茸茸的扶手椅，椅子本身不但極為上相，訪客亦可以坐在椅子上擺姿勢照相。後來，德普注意到TikTok上也出現了一批讀書網紅，稱作「抖書」。為了吸引抖書們前來逛店，德普還特地把忠心書店做了調整，以方便他們拍攝動態影片。

我和德普初次見面，是一位我們共同認識的小說家牽線促成的。當時，那位小說家朋友剛出了新書，正在進行全國巡迴的新書講座。在她準備要巡迴到華盛頓特區時，她便邀請我擔任其中一個場次的主持人。而這場講座，正好就是辦在德普的忠心書店裡。當時由於疫情的緣故，現場沒有任何觀眾，只有我和那位小說家朋友坐在臺上，兩個人對著一架攝影機說話，然後再透過Zoom把畫面直播到世界各地的觀眾眼前。活動一結束，我、小說家，再加上德普三個人，便立刻前往德普推薦的酒吧「紅色德比」（Red Derby）小酌談天。那是一家店面雜亂無章、裝潢破舊不堪的酒吧。牆邊堆滿了雜物，但屋頂的區域倒是相對開闊，且有各種口味的薑汁威士忌可供享用。紅色德比是一間徹頭徹尾不甩自己在網路上得到幾星評論的那種酒吧。它極為看重自己所在的地理位置和社區鄰里，並引以自豪，從不會為了迎合IG而擺出美美的姿態。此外，在地居民都知道，紅色德比的老闆對藝術家社群頗為照顧，經常聘請當地的藝術創作者擔任職員。事實上，德普在規劃快閃書店時，她的靈感來源之一，就是紅色德比所創造出來的那種熱情而好客的氛圍。

酒過三巡之後，德普便和我聊起了網路對閱讀所造成的影響。我們討論的範圍包括書籍的寫作和銷售、讀者找到書和閱讀書的方式等等。德普身上帶有一種天生的領袖氣質。要知道，出版業和書店業都是白人主導的產業，圈內的同質性相當地高，行事作風也偏向保守；身為黑人女性又是酷兒的她，勢必得要設法闖出自己的一條路，才能開創出像忠心書店這樣的機構。德普早年學的是藝術史，使她培養出了一套視覺藝術的品味。她也在特區的政治與散文書店（Politics and Prose Bookstore）和其他幾家知名書店任職過。在書店工作的期間，德普曾先後在推特和IG上發現有人專門為有色人種開設了討論書籍的社團，這使得德普下定決定要創辦一家專門服務少數族群的特色書店。（演算法的另外一項功能，就是幫助人們找到志同道合的人。）忠心書店剛開張時，並沒有一個固定、永久的地點。但德普發揮了巧思，利用店內的陳設和裝飾，創造出了一種永久留駐的效果。德普告訴我：忠心書店的裝設，其實是抄襲自她家客廳的空間布局。「總之就是古董店加ＩＫＥＡ的混合體啦。」德普如是說。

德普同時也注意到：華盛頓特區有非常多人都在經營書帳。這有部分是因為特區居民中有不少人都是受過良好教育的公務人員，他們一方面口袋有錢，同時又有一定程度的閒暇餘裕。除此之外，經營書帳的人還有另外一項特點：他們往往都覺得自己被主流的文學圈子所排拒，是文學世界的邊緣人。而實際上也確實如此：文學圈子通常都只看重文學批評家（會在紙本書刊上現身的批評家）的意見，而看輕ＩＧ書帳。直到最近幾年，才終於有出版社開始找書帳合作，試圖把書籍推廣到傳統管道無法企及之處。德普指出：ＩＧ書帳「往往都是由女性或酷兒所經營的。他們很希望能有一家書店歡迎書帳經營者拿著手機前來拍照，而不是動不動就質問他們『為什麼要在這裡拍？』或甚至是鄙夷他們的閱讀品味。」在書帳們的宣揚之下，確實有不少文學作品都被捧紅了，其中大多都是愛情小說和奇幻小說，例如麥奎斯頓（Casey McQuiston）寫的《王室緋聞守則》（*Red, White & Royal Blue*）和舒瓦（V. E. Schwab）寫的《艾笛的永生契約》（*The Invisible Life of Addie LaRue*），前者講述的是英國威爾斯親王和一名美籍男子之間的同志愛情故事，而後者講的則是有關時光旅行和永生詛咒的奇幻故事。

因此，當忠心書店後來搬入了固定地點時，德普便費了一番苦心，把店面的每個角落都打造成了完美的拍照背景，讓ＩＧ愛好者每走幾步就忍不住想按下快門。「好看的畫面，就是最好的行銷。我們的目標就是要讓人一走進來就忍不住驚嘆：『天啊，這個一定要上傳！』」德普對我說道：「店裡的每樣東西，都是以能夠隨便拍、隨便美為原則而擺設的。我們不是只考慮顧客在三維空間中的真實體驗而已，我們還會想像畫面被裁切成正方形之後，效果如何？如果被拍成影片，夠不夠吸睛？」換言之，忠心書店是一家經過「社群平臺最佳化」的書店，以便讓店內的景象（包括店內的書）能夠透過演算法機制推送到不同的人眼前。如此一來，無論是道路上的行人還是網路上的過客，便都能夠被忠心書店所吸引。

不過，究竟哪些書會受到書帳和抖書們的推崇，德普並沒有把握。一般而言，IG上的趨勢比較具有在地性，各種潮流來去的速度也比較慢，因此對實體書店來說，IG書帳是個相對較好的趨勢指標，可以藉此得知應該多進哪些書。（有鑑於此，許多書店都設了一張書桌，上面專擺「你在IG上看到的書」。）但TikTok就不是如此了。TikTok的趨勢來去極快，而且往往不受地域上的限制。「TikTok實在是太快了，讓人難以掌握，」德普評論道：「他們用的演算法實在有夠強。」事實上，出版社也常常弄不清楚某本書為什麼突然就紅了，以至於常會陷入印量不足的窘境。也因此，像忠心書店這樣的實體店面便經常會發生顧客上門卻買不到書的窘況。於是乎，有不少讀者都選擇重回演算法巨獸的懷抱——亞馬遜商城。亞馬遜能夠貯存的貨量比一般書店都多，這一方面是因為他們的倉儲量體較大，另一方面也是因為出版社通常都會優先供貨給像亞馬遜這樣規模較大的銷售平臺。

此外，網紅們會分享的書，其同質性往往也都很高。德普向我解釋：「長據銷售排行榜的書，通常有幾個特色：作者是白人、女性、異性戀者，然後書的內容通常都要帶點感性的成分。像心靈勵志類的書，還有愛情小說，大致上都是如此。」胡佛除了是愛情小說的作者，在抖書圈子裡，她的作品也享有極高的知名度。同樣受惠於抖書的還有米勒（Madeline Miller），她的《阿基里斯之歌》（*Song of Achilles*）和《女巫瑟西》（*Circe*）這兩部小說都賣出了破百萬冊的佳績。（這兩部小說都是從古希臘神話改編而來的。米勒等於是用當代浪漫愛的情感和語彙，把宏偉壯闊的古代神話改編成了現代化的版本。例如在她的小說裡，尤利西斯便被改寫成了一名渣男。）

在TikTok上，人氣往往是全有全無式的。當一本書或者什麼東西流行起來時，往往就會有巨量的創作者為了蹭流量而競相拍攝相同的影片。「同質化的東西，看久了很容易膩。更麻煩的是：這些影片要嘛就是過度冒犯，要嘛就是過度小心，因為只有這兩種影片才最容易紅，」德普繼續向我解釋，「在TikTok上，這個禮拜不是你紅，就是我紅，競爭非常激烈。所以許多人會在根本沒讀過某本書的情況下就發布影片，只因為它是當週最熱門的話題。一本書剛開始紅起來時，或許不少人都是真心喜歡它；但是當它成為了熱門話題之後，人們談論的事情就跟原本那本書沒有關係了。」對演算法而言，書的內容和文學價值從來都不是重點，能否勸人把影片看下去才是。

事實上，就連TikTok用戶，都開始對演算法感到不滿。最近剛考上研究所的作家絲德恩（Eleanor Stern）本身就是一名抖書經營者，但她照樣對抖書文化抱持質疑的態度。絲德恩是在二〇二〇年疫情期間加入TikTok的。她在上面看了幾個月的短影片之後，便決定開始製作自己的抖書。絲德恩在做的事，其實和傳統的文學批評家很像。每當她讀完一部作品，她都會架起手機，對著鏡頭喃喃說起。她評論的範圍從深奧的語言學著作，到最近出的新書，再到雜誌上的文章，無所不包。如今她在TikTok上一共擁有七萬多名的追蹤者，對於抖書網紅來說，這已經是相當高的數字了。然而，絲德恩卻不諱言地指出，TikTok的演算法機制正在驅使文學文化「變得愈來愈像」。在絲德恩看來，演算法提供的那些「為您推薦」，在某種程度上其實是「你的個人意識的外部表徵」。據她觀察，TikTok會鼓勵用戶幫自己貼上標籤，以便演算法分門別類地將內容推薦給你，而這使得用戶們的興趣範圍愈分愈細，也讓我們能接觸到的內容愈變愈窄。絲德恩說道：「對演算法而言，你看什麼樣的影片，就決定了你是一個什麼樣的人。」在TikTok上，最當紅的那些書籍其實不太像是書，反倒更像是某種擺設或飾品，讓你可以用影像化的方式呈現出你的自我認同——在扁平時代裡，就是人人都趨向於孤芳自賞、自我陶醉。

德普觀察到一件奇妙的事：每當TikTok上又有某本書突然爆紅，就會有不少人跑來店裡找書；而當他們發現那本書沒被放在C位或甚至根本沒進貨時，都會面露驚訝。這些人或許是把書店當成了演算法系統的延伸，覺得TikTok上紅什麼，書店就該賣什麼。但忠心書店的選書方式卻並非如此。店裡的每一種書，都是由德普親自選出來的。換言之，忠心書店採用的演算法，就是德普本人的眼光和品味。她說道：「有些人可能是網路用得太多了，以為既然網路上的事物都是演算法挑選的，所以我們肯定也是透過演算法來選書的。」在扁平時代裡，店家或許都要適度迎合演算法才能生存，但太過依賴演算法顯然也會造成問題，兩者之間的平衡點極難拿捏。對一家書店來說，透過蹭流量來賺取利潤，始終是難以拒絕的誘惑；但如果過度依賴這一招，久而久之，書店也就難免會喪失掉敏銳的嗅覺，而長此以往，我們恐怕也就會失去對文化的想像力，演變成演算法推薦什麼，我們就看什麼了。

## 演算法如何對創意工作者施加壓力？

我在二〇一〇年代初認識了一位朋友哈莉（Hallie Bateman），當時我們都住在布魯克林區。那時她剛從舊金山灣區搬來，一邊在咖啡店當店員，一邊在累積圖書插畫的工作經驗。我是透過一位共同朋友和她結識的，當時這位共同朋友有經營一個部落格，哈莉在上面畫漫畫，而我則在上面寫文章。後來我和哈莉互相加了推特和ＩＧ，從此之後，我們每天都會在這兩個平臺上關注對方的作品。每當有媒體刊登了哈莉創作的圖文，我總是會留言恭喜她。她的作品曾經登上過《鑽子》（*The Awl*，一家總部位於紐約的部落格網站，已於二〇一八年關閉），後來就連《紐約客》網站都曾經刊過她的作品。

我一直都很喜歡她的畫。她的畫風始終帶有一種古靈精怪的氣質，很有特色。我記得在二〇一〇年代，多數的平面設計師都喜歡乾淨整潔的視覺風格，他們會大量使用平滑的粉彩色，務求把畫面弄得像是被熨斗燙過一樣。（在推特上有個叫「Humans of Flat」的帳號，收集了非常多這種風格的平面插畫。當年，這類插畫都屬於最容易受到演算法青睞的通用風格。）但哈莉的畫卻與此不同，她堅持要在紙上作畫，並且用極具素描感和律動感的線條來描繪人物，令人聯想起漫畫大師巴里（Lynda Barry）和查斯特（Roz Chast）的畫風。「完美無瑕」從來都不是哈莉追求的目標，她所重視的始終都是情感表現。她筆下每一根線條都是有注入感情的，無論那是一張她的狗狗的速寫，還是一幅畫滿了人生中各種混亂場景的眾生百態。她最廣為人知的一件作品，是一幅發表在ＩＧ上的一幅漫畫。這幅畫以純白色的正方形為底，上面畫了幾個正在走路的迷你小人，每個小人的後頭都拖著一條長長的直線。這幾條直線顏色各異，而且每條線好像都沒有要跟別人交錯的意思。在正中央處，哈莉寫下了這麼一句話：「能和你相遇，是一種奇蹟。」這真是一件苦中帶甜的作品：世上有那麼多人，但和我們相遇的人卻如此之少；所以說，有緣相聚，這本身就是件值得慶賀的事。事實上，這件作品受歡迎的程度，已經遠超出了哈莉本人所能掌控的範圍。有許多人都把這幅漫畫刺成了刺青，卻不曉得原創者是誰——演算法用去脈絡化的方式，強行推銷了這幅漫畫。

哈莉住在布魯克林區時，我曾在她的公寓客廳度過無數個夜晚。哈莉的室友當中，有學者、有作家，還有藝術家。我記得我常跟他們圍坐在一起，在低矮的咖啡桌旁徹夜談天。那是一個允許創意自然流洩的氛圍：即使你不是畫家、不是音樂家、不是詩人，你都可能會忍不住想要畫一幅畫、彈彈樂器，或是寫下一首詩。即使真正的專家就在現場，他也不會覺得有資格貶低你的創作。（網路上的氛圍剛好與此相反：每個人都覺得自己有資格對任何作品大放厥詞。）哈莉也利用她本人的聲量，試圖在網路上實踐這份精神。即使她在IG上已經累積了十萬多名追蹤者，並透過IG販售作品，還曾靠著IG得到主流出版社的注意並出版了幾本書，但她依舊發文表示自己已經受夠了IG。

哈莉的插畫家生涯，正好反映出了從二〇〇〇年代末到二〇一〇年代末的網路創作文化史。在這十年中間，前幾年流行的都還是創作者自己搭建的小規模網站，但是到後來，這些分散各處的網站卻逐漸被少數幾個超大型的社群平臺所取代。在這段過程中，演算法推薦系統也趁勢崛起，並取得了能夠主導觀眾注意力的最高權威。弔詭的是，這幾個超大型平臺當初能吸引到大量的用戶，靠的正是有許多深受喜愛的創作者都在上面發表作品；如今這些平臺卻一腳踢開創作者，轉而擁抱一套自動化推播系統，切斷了創作者和粉絲之間的連結。

哈莉搬去了洛杉磯之後，我有回撥了通電話給她，她告訴我她在她的公寓裡弄了個工作室，裡面滿滿都是她的繪畫作品，但她已經不會再像從前那樣天天都把畫作發到網路上了。她還告訴我，她在自己的衣櫃上方貼了一張紙，紙上用高高瘦瘦的大寫字寫著一句簡單的話：「要對自己有信心。」哈莉當初是在二〇〇七年加入了推特，那時她還是個在加州大學聖塔克魯茲分校念書的學生。當時哈莉覺得推特是個只有她自己會看的空間，於是在設定推特帳號時，她便隨便取了一個名字：hallithbates，後來這個帳號便成為了她在所有社群平臺上的稱號。同樣在那段時期，哈莉也在Blogspot上建立了自己的部落格，並在那兒發表了她的第一件圖文作品。但哈莉卻一直到了大學畢業後，才終於加入了ＩＧ。根據她本人的說法，當時她之所以想上ＩＧ，是因為「覺得自己有些孤單。」那時，哈莉獨自一人去了巴黎和巴塞隆納旅行。

哈莉曾向某個以科技為主題的網站投過履歷，希望能應徵上一份插畫繪圖師的工作，但最後卻不了了之。求職碰壁後，哈莉搬到了布魯克林區，做起了兼職咖啡師的工作。正是在那段期間，她開始在推特和ＩＧ上分享自己的創作，並在上面認識了不少創作者。當時，這群創作者們經常會在社群上討論各種畫筆和紙張的性能和特色，而哈莉總是會仔細閱讀他們的使用心得，並且盼望著有朝一日也要成為像他們那樣的創作者，或甚至和他們一起共事。在那段已然逝去的歲月裡，社群平臺為創作者們提供了一個互相交流的空間。事實上，哈莉也是靠著推特牽線，才終於在現實中見到了幾位她所仰慕的創作者。

哈莉說道：「當時，我並沒有想在ＩＧ上發表創作。我只是把我的素描本翻拍起來上傳而已，完全是臨時起意。」但這幾張照片得到的讚數卻異常地高，這讓她開始產生了自信，覺得自己或許可以朝網路插畫家的方向發展。雖然哈莉沒有任何藝術方面的資歷或學位，但依舊有不少人關注她的作品，甚至成為了粉絲。「這感覺就像宇宙許給了我一大堆的讚，鼓勵我繼續畫圖。」哈莉剛搬到紐約時，她在ＩＧ上只有一千名追蹤者，然而到了二〇一五年，她便已經擁有了兩萬多名追蹤者。於是，她開始認真在ＩＧ上發表作品；她投入了更多的心血，總是不斷編修自己的創作，並且使用專門的機器來掃描。

然而，ＩＧ的演算法，似乎只偏好某些類型的作品。哈莉的作品向來都包括圖像與文字，但她發現作品裡如果含有清楚的文字訊息，那麼按讚、分享的人往往就會特別多。「如果只有圖好看，那麼參與度就會少很多。」哈莉說道。其實，創作者自己喜歡的作品，和消費者會喜歡的作品，本來就不會完全一樣；但演算法系統的出現，卻加速了作品的傳遞速度，讓創作者能夠立即收到觀眾回饋，因此也讓創作者更清楚地知道觀眾們想看什麼。哈莉觀察到：就在她開始發布名為〈方向〉（Directions）的一系列作品時，她的ＩＧ追蹤數迎來了有史以來最大幅度的增長；從原本的三萬名粉絲，增加到了超過六萬。〈方向〉系列的特色，就是哈莉會用粗粗的墨水筆，在每一幅色彩豐富的圖畫上寫下一句人生格言。例如：「令你傷心的人事物，不見得很有深度。」還有另一句是：「你愛一個人，但你到底愛他哪裡？試著說看看吧。」

「但那些都只是套路而已，很容易複製。我通常都會批量生產一大堆，然後再一張一張上傳發表。」哈莉說道。這其實就像是在流水線上組裝產品，只不過哈莉是在網路上組裝一堆迷因一般的東西。圖畫中那些明亮的顏色，能夠為偶爾滑到作品的粉絲們增添一點生活上的趣味，畫中的那句文字，也能順道傳達勸人向善的訊息，而粉絲們之所以追蹤哈莉，就是為了要看這樣的東西。哈莉也說：「他們追蹤你，就是為了要看這些。」在〈方向〉系列中的每一張圖，最終都獲得了至少數千個愛心。也就是說，單只考慮參與度的話，〈方向〉算是非常成功的作品，但哈莉卻對它有著五味雜陳的感受，因為她一向是個不喜歡重複的創作者。她說道：「在〈方向〉愈來愈紅的同時，我卻感到徬徨，因為我的其他作品都沒有那麼受歡迎。於是我定下心來告訴自己：『不要被這一切牽著鼻子走，要照著自己的步伐向前邁進。』」是否因為其他作品的讚數較少，所以它們就比較差呢？是否因為〈方向〉系列的讚數較多，所以就應該繼續做呢？哈莉備感壓力。她覺得好像應該把一切作品都弄得跟〈方向〉一樣，充滿明亮清楚的線條以及簡單好懂的字句。哈莉所感受到的這份壓力，音樂家們也心有戚戚焉：他們經常被迫把副歌插入到開頭，以便讓它在TikTok上脫穎而出；作家們也是，他們經常必須從文章中截出一句最吸睛的話，以便讓它有機會登上推特的熱門話題。

那段期間，IG本身也有了變化。派翠克在二〇一七年左右便感覺到IG的演算法明顯變了，哈莉也是如此。她說道：「從前在IG上發表圖文，是充滿樂趣的一件事，但後來樂趣卻漸漸消失，取而代之的則是疲憊和厭煩。由於IG的政策經常變來變去，令我不知如何是好。」從那個時期起，演算法便開始將哈莉的作品推薦給追蹤者之外的受眾。此後每當她畫的圖或寫的字涉及到政治時，她就會收到許多仇恨性的留言。

為此，哈莉決定退出社群平臺。雖然她依舊創作不輟，但她卻不再把作品發到IG了。從前，她的創作無可避免地會受到網路上的趨勢所影響，她自己也會忍不住去看後臺數據。但現在，她已經徹底變了：「從前，我是一個『不斷試探哪種風格最受歡迎』的藝術家，但現在，我是一個『我手頭上有很多事情在忙但如果你不是我朋友我就一個字也不會跟你說』的藝術家。」哈莉說道：「我不再為了IG而創作，我現在是為了自己、為了人類而創作。」

這種挖掘自我內在的創作方式，正是扁平時代最罕見的一種取徑。事實上，在這個時代裡，就連願意全程獨立思考並完成作品的創作者似乎都很少見，因為無論創作者腦中蹦出了什麼樣的想法，他都可以先把點子公諸於世，看看受眾們反應如何，再隨時調整自己的做法。網紅們通常都不是內省式的創作者，而是會依據時尚潮流的變化調整內容。哈莉的自省，令我警覺到了自己的可悲：我是否已經失去了獨立思考的能力？如果沒有了觀眾的掌聲，我還會繼續創作嗎？哲學家韓炳哲曾經說道：在後網路時代（post-Internet）的社會裡，人們恐怕已經「失去了擁有無意識的空間」。這句話真是一針見血。

在過去長達數個世紀的時間裡，文化產品始終都有一套特定的創作和傳播方式，但如今這些都已經徹底被推翻掉了。過去，創作者通常都會在工作室或書桌前安安靜靜完成作品，不會有觀眾來干擾。如果他們也像現代人一樣緊盯後臺數據，就不可能創作出真正深具革命性的作品。現代的創作者們往往在創作階段就忙著迎合觀眾的胃口，有些人甚至還會隨時更動作品，以求跟上最新趨勢。這樣的作品無論再怎麼受歡迎，都不可能對既有的思維造成衝擊；而對創作者和消費者而言，這都不是件好事。正如哈莉所說的：「人們往往要等別人秀給他們看，才會知道自己要什麼。我當然可以只做觀眾愛看的東西就好，但我心中的聲音卻告訴我：不是只有這樣。」

我問過哈莉，想知道她會否擔心生計方面的問題。她告訴我，她其實並不擔心，因為自從擺脫演算法機制和各種後臺數據的束縛之後，她反而更加安定，因為此後她所有的創作，都不會再受到各種變來變去的政策所干擾。不管流行趨勢如何變化，她都可以自己決定每件作品該是什麼樣子。「如果我不斷追逐潮流、每出現一個新的平臺我就搬去那裡，這樣的話，我等於是在建造一個又一個必將毀壞的沙灘城堡。社群平臺的演算法機制一直變來變去，未來也肯定不會穩定下來，它就像一個陰晴不定的壞朋友一樣。」哈莉如是說道。

「沙灘城堡」這個比喻，用得相當精準。在社群平臺上，無論是追蹤數、按讚數、參與度，還是那些依據我過往紀錄而推播給我的同質化內容，統統都是隨時會變化的東西。只要平臺的政策一改，這些東西都可能再也找不回來。在二〇一〇年代，臉書曾經快速崛起，如今卻已逐漸喪失了影響力。臉書的興衰史，足以證明沒有哪個平臺是大到不能倒或者不會被取代的。只要有新規範或新科技浮現出來，就連臉書這樣的霸主都有可能徹底消失。而當這種情況發生時，身為臉書用戶的你我亦別無他法，只能自求多福。因為這些社群平臺從來就沒把用戶們的利益放在心上，它們在乎的只是商業利益而已。

# 第五章
# 生在扁平時代，我們還能怎麼辦？

## 少女莫莉的故事

面對演算法推薦系統，普通的使用者便成了任憑宰割的魚肉。就像《科學怪人》故事中說的那樣：人類創造出了科學怪人，但科學怪人卻反過來宰制了人類。我們無法控制它，也無法改變它。身為一個生活在現代社會的成年人，雖然我很想徹底擺脫演算法，卻無法真正做到。數位平臺幾乎已經跟郵政系統、下水道系統和供電系統一樣，成為了現代生活中不可或缺的設施。然而，數位平臺卻並未受到政府監督或管制，我們手中的選票也無從決定數位平臺的未來——我們正在放任演算法為所欲為。或許因為演算法的影響看似只侷限在文化生活的範圍內，因此我們便覺得無論它再怎麼猖狂，也總不會造成比自來水系統失靈更嚴重的後果。如果有某位Spotify用戶聽完了一張金屬製品（Metallica）的專輯之後，發現演算法不分青紅皂白地推了一堆金屬音樂給他，那麼這件事頂多也就是傳為笑談或是被當成可以忽略的小故障。人們似乎不覺得演算法特別危險，畢竟最大的風險就是無聊而已；然而演算法不斷推薦特定內容的現象確實可以是攸關性命的問題。

二〇一七年十一月，倫敦西北部的一名十四歲女學生莫莉（Molly Russell）自殺身亡了。這起案件，和演算法推薦系統脫不了干係。二〇二二年，北倫敦的資深驗屍官沃克（Andrew Walker）便指出，莫莉的死，是因為她「為憂鬱症所苦，同時又受到網路訊息的負面影響，於是產生了自我傷害的行為，最終導致其死亡」。沃克的證詞，指出了社群媒體確實可能對我們的身心健康造成危害，甚至致人於死。和大多數的青少年一樣，莫莉也經常使用社群媒體。對於像她這樣的網路重度使用者來說，現實和虛擬世界中的生活經驗，往往都是同等真實的。根據英國政府公布的案件調查報告，莫莉在自殺前的六個月裡，曾在ＩＧ上瀏覽過一萬六千多則內容，而其中有高達十三%（也就是兩千一百則內容）都跟自殺、自殘或憂鬱情緒有關。此外，莫莉也在她的Pinterest上收集了四百六十九張和前述這幾個主題有關的圖檔。可見，社群媒體早已不僅只是朋友或情人之間用來聯繫感情的管道而已了；任何主題的內容，都可能藉著社群媒體到處傳播。靠著演算法的力量，社群媒體可以吸引成千上萬的人進到電影院看漫威電影，也能讓一首歌瞬間衝上熱門榜單，但除此之外，社群媒體也能加劇精神疾病的嚴重程度。

如果沒有演算法，莫莉根本不可能在短時間內看到如此大量可能會加劇精神疾病的訊息。根據《連線雜誌》報導，莫莉自殺前，Pinterest曾發了一封email給她，標題是「你喜歡憂鬱症的圖片嗎？我們幫你收集好了！」信裡的其中一張圖片，是一把沾了血的刀。不僅如此，信的內文甚至還建議莫莉把這張圖片儲存到自己的Pinterest頁面裡。Pinterest的演算法，原本並不是設計用來處理和憂鬱症有關的內容的，而是為了處理類似像「居家裝飾照片」這一類的內容。也因此，Pinterest的演算法完全是用處理居家裝飾照片的方式在處理憂鬱症的圖片。後來，臉書也透露了有關莫莉在臉書上的活動情況。臉書承認，在莫莉自殺前，臉書的演算法曾向莫莉推薦過三十個粉絲專頁，而這些粉專的名稱當中「都含有使人沮喪或憂鬱的字句」。而在推特上，莫莉則用她的秘密小帳號轉貼了許多頌揚自殺的圖片。發布這類圖片的推主，則大多都是用「憂鬱書摘」這一類的稱號來當作自己的名稱。此外，莫莉也曾透過推特和幾位曾經談論過「憂鬱症」這一主題的網紅傳遞訊息。根據驗屍官沃克的說法，社交平臺上的內容，很可能促使莫莉在自殺前進入了所謂的「連續追看期」(binge periods)。在這段期間，演算法曾大量推薦容易致鬱的內容給莫莉看，而她也一一追看不止。

莫莉之死，是社群媒體過度依賴演算法造成的結果。當演算法不斷以人腦無法處理的速度和規模到處傳遞訊息時，根本沒人有辦法阻止悲劇的發生。然而，傳統媒體就比較不會犯下類似的錯誤，因為沒有任何一個雜誌編輯會把那麼多可能致鬱的內容編進刊物裡，也不可能有哪一個電視頻道會連續播放頌揚自殺的節目，但演算法推薦系統的特性，就是會把所有相同主題的內容統統搜羅起來，在極短的時間內，大量推薦給曾經觀看過相關內容的人——而這不巧就是發生在莫莉身上的事。在扁平時代裡，演算法機制所造成的傷害，已經是一種結構性的傷害。我們或許可以改變自己的上網習慣，但我們依舊無法改變演算法的運作方式。而數位平臺之所以採用演算法，並不是為了使用者的福祉著想，而是為了吸引人們的注意力，以便獲取廣告收益。身為普通使用者的你我，在網路上其實沒有多少能動性可言。我們或許可以主動搜尋和某個主題相關的內容，但我們卻無法更改演算法推薦系統的設定；且由於我們的網路生態已被少數幾家大型公司所掌控，因此我們別無選擇，依舊只能透過它們來獲取我們需要的訊息。

## 大型科技公司對網路產業的結構性壟斷

如今，少數幾家網路平臺，已經壟斷了我們的數位經驗。原本散布各處的使用者，如今都被驅趕到了推特、臉書、IG、TikTok和YouTube上。且由於人潮集中在那裡，因此創作者自然也必須在這幾家數位平臺上發布作品，並遵循演算法立下的規則。創作者如果不這麼做，很可能就要承受沒沒無聞的代價。雖說我們在平臺上面看到的許多作品都是「使用者原創內容」（意思是這些內容是使用者自行上傳的，沒有經過平臺審查，也沒有廠商提供贊助），但他們還是要配合由大型科技公司決定的預設模式。不過，回顧歷史，我們可以看到在過去幾十年裡，網際網路的生態其實經歷過好幾輪從集中走向分散，然後又再從分散走向集中的過程，而早期的時代可能提供了在使用者經驗上更好的範例。

一九六九年時，全世界可以連上網路的電腦非常少，而且全部都掌握在美國國防部國防高等研究計劃署（Defense Advanced Research Projects Agency）的手裡。事實上，由高等研究計劃署所研發的「高等研究計劃署網路」（ARPANET，通稱阿帕網），正是有史以來最早的外網網路。當時整個網路世界的規模小到只要用一張小小的圖表，就可以把全美各地的連網電腦統統表列出來。這樣的網路環境，當然是集中式的。當時的人若是想上網，就只有去政府機關或大學院校才有可能。阿帕網的連線型態，有點像是地下鐵路系統，只有在特定的地點可以讓人上下車；但一九八〇年代創建的Usenet系統，就比較像是公路交通網了：只要你有車（有連線設備），就隨時可以上路（上網）。Usenet是最早可以用來傳播和獲取內容的網路系統之一。就其本質而言，Usenet其實就是一個數位看板系統；上面所有的數據資料，最終都一定會連回阿帕網。當時，任何人只要擁有伺服器，就可以在Usenet上設立「新聞群組」（Newsgroup），然後就可以在上面發布文章。於是在那段時期，許多不同主題的新聞群組紛紛冒了出來。大夥討論的話題，從近期的政治新聞，到在家釀酒的撇步，統統都有。每個新聞群組都有各自的主題和規則，也沒有哪個特定的群組能夠主導輿論的風向——每一個新聞群組的樣貌，都是由每一位參與者共同形塑出來的。

不能忽略的是，這群在當年就積極參與新聞群組的使用者，絕對都不是等閒之輩。他們個個都對新興科技瞭若指掌；他們的教育程度和收入水準，都比一般人高上許多。在那個年代，許多人第一次連上Usenet（也就是第一次上網）的時間點，都是在剛上大學的那個時候。也因此，每年九月新生入學時，Usenet上總是會有一大群不懂規矩的新手（noobs）湧入各個群組（套用我這個世代的網路俚語）。這些新手不是故意要鬧事，他們只是缺乏經驗罷了。但這些大量湧入的新手，確實把各個群組弄得亂哄哄的。有些人喜歡發表一些和主題無關的言論，還有些人喜歡興風作浪，在群組裡掀起論戰。於是，許多原本一團和氣的群組，瞬間變得面目全非，就像一台轟然作響的推土機闖入到了寧靜的森林裡，把許多經驗豐富的老手都弄得不堪其擾。更令這批「老人」不滿的是，當時許多公司都開始提供家用的撥接網路，讓更多的人可以直接從家裡連線上網。一九九三年，美國線上公司便開始提供這類的家用網路服務，結果當年的九月分，就有特別多的新手湧進了群組，令老人們苦不堪言，史稱「度日如年的九月」（Eternal September）——這群大量湧入的新手，把老人苦心建立起來的小眾氛圍給破壞掉了。在電腦網路史上，這是一起「數位文化遭受外來者破壞」的早期案例。但網路生態並沒有就此滅絕，而是繼續開展出了新的面貌。

為了吸引更多消費者申辦家用網路，美國線上公司把原本繁複的上網流程簡化了一番，把網路世界的紛雜資訊，統統彙整到了單一頁面裡。美國線上公司的做法，等於是把原本分散式的內容集中在一起，而這也使得該公司的用戶數在二〇〇〇年時達到了頂峰——當時他們一共擁有兩千三百萬名用戶。當年，美國線上公司出品的光碟可說是無所不在。無論你是否已經申辦家用網路，美國線上每個月都會透過郵寄的方式把光碟送到你家；而你只要把光碟載入電腦，就會看到螢幕上出現一個簡單的選單式頁面，上面有著一排按鈕，有的是代表「娛樂」主題的資訊，有些則是代表「體育」和「個人財務規畫」等等。點選某個主題之後，你就可以進入一個精心設計的主題網站，並且在那兒瀏覽訊息。從本質上來說，這些光碟片的功能和Usenet是一樣的，只不過使用起來比較簡便，而且使用者原創的內容也比較少。在我本人剛開始上網的一九九〇年代，我也是用美國線上提供的光碟片來遨遊網路的。當然啦，我當時的年紀還很小，因此我最常造訪的主題網站就是「兒童專屬」網站。那裡有一個專為兒童而設的安全聊天室（但偶爾還是會出現兒童不宜的內容），裡面不但設有「學校作業小幫手」，也有一些最簡陋的線上遊戲可以玩（還能透過排行榜和各地好手一較高下）。

童年時期，每次爸媽帶我去探望祖父母時，我都會借用祖父母家中的桌上型電腦登入網路。或許是因為每次去到那裡，爸媽都會忙到沒空管我，所以我都會趁機跑到電腦桌前坐好，然後盯著那台又大又白的顯示器開始上網。在祖父母家的客廳旁，有一間所謂的「電腦室」，但其實不過就是一間堆滿雜物的小房間，裡頭放了一張小小的電腦桌，以及一張世紀中期現代主義風格的旋轉椅，周邊還有一大落的

CD盒，盒子裡滿滿都是如今早已過時的遊戲和軟體。正是在祖父母家的那間電腦室裡，我發現上網可以做的事情實在是太多了。只要用美國線上公司附贈的瀏覽器，就幾乎可以完成所有我想做的事情。那種充滿無限可能性的許諾，深深地吸引了我。如今回顧起來，美國線上公司的那些光碟片，其實就是我最早使用的社群媒體。我第一次在網路上接觸到藝文創作，也是透過那幾張光碟片。這些經驗使我意識到：在我看不見的地方，有許許多多的人都和我一樣都坐在電腦前面，一邊動手打字，一邊動腦思考。

不過，我很快就跨出了舒適圈，跑到美國線上公司建立好的網路空間之外。在那裡，我遇見了一個更寬廣、更去中心化的網路世界。那時，有不少人都開始嘗試用HTML自架網站。由於他們未必擁有電資方面的專業，也沒有人來監督他們，因此這些自架網站的業餘氣息都相當濃厚，主題也非常龐雜，無所不包。例如當時有個網站是專門為了電視影集《吉爾莫女孩》（*Gilmore Girls*）而設的，還有個網站的主題是教人如何建造獨木舟。那時，這些百花齊放的自架網站，透過Google搜尋都很容易可以找到；而如果你完全沒有電腦方面的知識但又想要自架網站的話，你也可以利用像是一九九四年推出的「雅虎地球村」（Geocities）這樣的網頁代管服務來創建網站。透過雅虎地球村，你只要學會幾個最基本的工具，就可以創建出想要的網站。而且，透過雅虎地球村架出來的網站，幾乎沒有哪兩個是相同風格的。這些素人自行架設的網站，其頁面布局往往都很雜亂，上面也常常充斥著許多古怪的GIF，就像小朋友的美勞作品一樣。

令我印象深刻的還有一九九九年推出的LiveJournal。在那裡，你可以公開發布自己的日記，而且其操作方式非常簡便直覺，但缺點是所有使用者都只能在同個頁面上發表日記。LiveJournal算得上是後來廣受歡迎的部落格的前身。不久之後，部落格便正式問世了，於是使用者便可以創建自己的個人頁面，也可以自行設計或選用不同的視覺主題，藉以突顯自己的個性。除了部落格外，當年也有不少人嘗試創建自己的網路論壇。透過像vBulletin或phpBB這樣的程式工具，便可以自行架設可供討論各種話題的公共空間（每次提起vBulletin和phpBB這兩套工具，我彷彿都會看到一排排的大頭貼和簽名檔）。當時，由於我很著迷於大型多人線上角色扮演遊戲（massively multiplayer online role-playing game，簡稱MMORPG），因此我便加入了好幾個不同的網路論壇，專門去裡面找人切磋。

我加入的其中一個網路論壇叫「商人行會」（Merchant Guild）。它是一個以金綠色襯底為視覺主題的電子布告欄系統，許多網友都會在上面討論像是《仙境傳說》這樣的網路遊戲（《仙境傳說》是一款由韓國公司製作發行的MMORPG）。我的青少年時光，就是在《仙境傳說》的世界裡度過的。在那裡，我可以和許許多多的陌生玩家互動；大家彼此都是使用假名相稱，而且平等對待，沒有誰高於誰。當時身為一名高中生的我，每天都在學校裡認真上課；學校雖然有電腦，但頂多只能用來玩《數字大嘴巴》（*Number Munchers*）或《奧勒岡小徑》（*Oregon Trail*）這類富含教育意義的遊戲。唯有在《仙境傳說》中，我才能真正體會到自己做主的滋味。在學校課堂裡，我只是一個在英文課上舉手回答問題的學生；但在《仙境傳說》裡，我卻可以和陌生玩家長篇大論地爭辯騎士角色應該擁有什麼樣的裝備。那些年泡在網路上的經歷，真的讓我學會了很多，只不過這些東西都要在我後來的人生當中才會派上用場。在商人行會之外，我還加入了好幾個討論音樂的網路論壇，其中有的是專門以特定幾支即興樂團為主題的，另外還有一些是專門讓演唱會愛好者分享錄音用的。當時如果沒有那些網路論壇的話，那麼我根本不可能找得到人和我討論那些小眾話題。雖說擁有相同興趣的人一直都存在，但當時的我卻沒有管道在現實中接觸到他們。

在那個年代，如果你見到有某個網站正常運轉，那肯定是因為有某個人（有時是一群人）在背後不斷付出心血設法維護。二〇〇二年，高中一年級的我在學校裡認識了一位名叫帕克（Parker）的女生朋友。她為了展示自己的美術作品集，於是便架了一個自己的部落格。每個星期，我都會固定收看她的部落格。看了一陣子之後，我告訴她我也想要擁有自己的部落格，於是她便幫我架了一個。部落格架好之後，我又花了無數的時間在那上面調整橫幅和字體。經過一番苦心整建，我把我的部落格打造成了很像是咖啡館的樣子——我記得我在那上面放了一個顯眼的橫幅，上面貼了一張明顯修圖過的熱咖啡照片。此外，也有些人覺得我的部落格很像圖書館裡的閱覽室，因為背景處的柔灰和柔棕色調，帶給他們一種圖書館般的幽靜氛圍。不過那時候的我，對圖書館和咖啡店的認識都相當淺薄。當年我唯一常去的咖啡館，是一家有著得來速的星巴克。每次去那裡，我也幾乎只會點一杯總是稍嫌有些燙口的綠茶。但不管怎麼說，星巴克的氛圍，總是能讓身為高中生的我萌生一種奮發向上的鬥志。

在我真正明白「發表」意味著什麼以前，我就已經在部落格上發表過十幾篇文章了，其中大部分都是有關學校或父母的抱怨文。當時的我甚至還覺得隨便什麼人都能看到這些心情小語，實在是有些討厭。在二〇〇〇年代，上網是只有少數電腦阿宅才會做的事。不過身為阿宅一員的我，在學校裡卻並沒有遭到嘲笑，原因是多數同學根本不曉得網路論壇是什麼。不像現在的社群媒體每天都有人被炎上，當年的網路環境，實在要比今天安寧許多；酸民和網軍，也都還沒有出現。那時，不管是什麼樣的網站，規模一般都很小，因為當時的網路生態就是分散式的，不像今天這麼集中。也因此，除了帕克之外，我還真不知道有誰會看我的文章。不過，寫部落格的經驗，還是讓我學到了不少事，其中之一就是：我發現每個人在網路上都會呈現出不太一樣的「網路人格」。當我注意到自己也擁有網路人格時，我感到非常新奇，好像發現了新大陸。經過一番試驗之後，我還發現我可以主動塑造自己的網路形象。不過，我其實不太曉得網路上有些什麼人，因為那個時候大家都是用假名上網，也很少人知道我在現實當中是什麼身分（那時候，在網路上秀出自己的全名是很怪的一件事）。由此可見，雖然社群媒體如今在全世界大行其道，但在當年，玩社群媒體的人其實寥寥可數，是個非常小眾的愛好。然而，隨著社群媒體漸趨主流，網友們的網路人格和現實人格之間的分野也漸漸消散；最後，網路終於成為了我們每一個人現實生活中不可分割的一環。

二〇〇四年，我在MySpace上創了一個帳號。但就我所知，我們高中全校也就寥寥幾個人有在玩MySpace而已。那時，我們在上面最常做的事情，就是重新排列自己的最愛歌曲和好友的清單。當時還有另外幾個社群媒體也相當出名。例如，在比我年紀稍長一點的網友圈子裡，他們就比較喜歡用Friendster。Friendster創立的時間比MySpace更早，而且也一路延續到今天都還存在。當然臉書也是不能不提的。臉書最初推出時，是專門針對大學生的社群媒體。就像當年的Usenet一樣，你得要進入大專院校才能註冊臉書。雖然臉書現在成了全球最大的社群平臺，但當年臉書的功能其實不多，主要就是用來聯絡大學同學、發發派對照片或者宣布誰又跟誰交往中。不過臉書接著很快便成為了海納百川的發布平臺，各式各樣的內容都開始在臉書上出現（尤其是在它開放讓社會人士註冊之後）。

於是漸漸地，臉書上的近況更新變得少了，取而代之的則是各種熱門社團的貼文、新聞報導，還有廣告，而這些全都是演算法介入臉書之後才有的東西。然而，臉書上的內容之所以琳瑯滿目，倒不是因為用戶們想看，而是因為臉書想要拓展商業規模。在臉書公司看來，如果臉書可以做到什麼都有、什麼都賣的話（就像沃爾瑪〔Walmart〕或亞馬遜那樣），那麼用戶就可以直接在臉書上消費，而不必去別的商城買東西了。回看早期大家用HTML自架網站的那個時代，各個平臺都非常專門化、分眾化，但是到了最近這幾年，社群平臺卻勢不可擋地朝包羅萬象的方向發展。臉書就是最鮮明的例子：它既是部落格，又是網路論壇，又是新聞媒體，也是網路相簿，真的是什麼都有。很顯然，祖克柏不是只想架一個網站而已，他其實是想讓臉書成為我們數位生活的全部。而在臉書崛起的過程裡，分散式的網路空間也逐漸萎縮，只剩下少數幾個超大型平臺在分食著大餅。

在二〇一〇年代初，臉書其實是有競爭對手的：推特和Tumblr都曾經想和臉書一較長短。推特問世的時間比臉書晚了兩年，他們最初想要吸引的用戶，是那些有新聞焦慮的使用者。由於他們總是想要用最快的方式獲取消息，因此推特最初的設定是想提供一面即時新聞看板，貼文的順序就依照發布的時間來排列，並且每則貼文最多不能超過一百四十個字符（確實是相當吸引人的規定）。至於Tumblr則是一個以圖像為主體的社群平臺，並且強調用戶可以在上面建立自己的私密小圈圈。從某些方面來說，Tumblr其實和當年的LiveJournal很像，那上面的用戶也往往都喜歡分享一些心情小語和人生心得，再不然就是收藏一些品味極度小眾的圖片。我記得我曾在上面看過不少懷舊動畫的截圖，以及一些中世紀手抄本上面的插畫，那些都是令我難以忘懷的小眾收藏。（Tumblr上的色情圖也是滿多的，有些還拍得頗具藝術性。由於其他社群平臺幾乎都有色情禁令，因此色情圖可說是Tumblr的獨門特色。）不過，推特和Tumblr都從未動搖過臉書的地位，而是一直要等到ＩＧ橫空出世之後，臉書才真正感受到了威脅。我記得我是在二〇一一年加入了ＩＧ。那時，我真覺得ＩＧ是一股清流。事實上，ＩＧ之所以能取得成功，那正是因為他們做了臉書剛推出時原本有在做的事：讓你可以在上面看到朋友們的生活近況。此外，由於當時的ＩＧ規模還比較小，因此沒有一大堆良莠不齊的內容；而且它也沒有像臉書那樣試圖海納百川，因此介面相對整潔清爽。當時的ＩＧ甚至連演算法系統都沒有，它的功能和目的就只有一個：讓你可以把手機裡的圖片修得漂漂亮亮，然後發布給朋友們欣賞。

雖然當時ＩＧ一共只有十三名員工，而且根本還沒發開始賺錢，但祖克柏很快就意識到：這間規模遠比臉書小得多的公司，對臉書是一大威脅。據聞二〇一二年時，祖克柏還曾向臉書當時的首席財務官抱怨過幾個新興的社群軟體，其中就包括ＩＧ、Path和Foursquare。祖克柏說道：「如果它們繼續成長、規模變大的話，那我們就慘了。」對此，祖克柏提出來的解決之道，就是趁這幾家公司規模還小，把它們買下來。於是，祖克柏開出了價碼，試圖用五到十億美元的超高價錢，說服幾位創辦人把公司賣給他。據聞祖克柏曾經表示：收購這幾家公司，「可以替我們換來一年以上的緩衝期，把這幾個平臺一一整併到臉書裡，然後避免再有任何公司成長到足以威脅我們的規模。」換言之，臉書收購這幾家公司的目的，是為了把它們整併到臉書的生態系裡，然後直接襲用他們開發出來的產品和功能，以避免將來有其他公司跑出來和臉書競爭。「我們只要把規模盡可能做大，這樣一來，不管別的公司推出了什麼新品，都不會有太多的人關注。」祖克柏如是說。

臉書確實執行了祖克柏提出的計畫。他們向ＩＧ開出了十億美元的收購價碼；到了二〇一二年的四月，ＩＧ的執行長兼創辦人斯特羅姆（Kevin Systrom）便同意了這項交易。不過，斯特羅姆似乎認為自己別無選擇。他曾對一位ＩＧ的投資者解釋道：「祖克柏不爽我們很久了，我想我們遲早得面對他的怒火。」在斯特羅姆看來，祖克柏採取的策略是這樣的：最好可以把ＩＧ給買下來；萬一不能買下來，那臉書就會利用它的規模優勢，阻止ＩＧ取用臉書的軟體和社群數據，從而讓ＩＧ發展受阻。簡單來說，祖克柏的戰略就是：「買了它，或是埋了它（buy or bury）。」

剛被臉書收購時，ＩＧ並沒有發生太大的變化。然而到了二〇一五年，ＩＧ卻突然有了廣告。到了二〇一六年，ＩＧ便放棄了依照時序排列貼文的模式，改為採用演算法。然後到了二〇一七年，ＩＧ又新增了限時動態的功能（這項功能讓你可以發布一則短暫存在的貼文，時間一到就會自動消失。但這並不是ＩＧ原創的功能，ＩＧ只是在模仿它的競爭對手Snapchat，試圖避免Snapchat擴大規模）。在這段過程中，ＩＧ和臉書變得愈來愈像：兩者都擁有海納百川的龐雜內容；兩者都同時有個人帳號和粉專；而且演算法推給你看的東西雖然未必是你想看的，但保證都是公司想要你看的（像是熱門影片啦、線上商品啦等等）。在ＩＧ向臉書亦步亦趨的過程裡，ＩＧ原有的簡潔感消失了，取而代之的是混亂的介面和龐雜的內容，令許多用戶相當失望。斯特羅姆把ＩＧ賣給了臉書之後，他本人也繼續在臉書供職了一段時間，但是在二〇一八年的年尾，他卻和ＩＧ的另一位創辦人克里格（Mike Krieger）雙雙離職了。（斯特羅姆表示：「沒有人會因為一切都太棒了而離職的！」顯見他心中有著諸多不滿。）

ＩＧ被臉書收購之後，網路世界又再度往「不自由」的方向邁進了一點。在雅虎地球村流行的那段日子裡，使用者們自架的網站雖然雜亂，但卻都很有個性；在Tumblr剛推出的那幾年裡，上面也充滿了各種高度個性化的內容。但如今，這些充滿無限可能性的網路空間，統統都被關閉了。我們的數位生活，正在不斷變得更加模板化。過去，當我們自行架設網站或是部落格時，我們會覺得自己好像在一片空白的畫布上任意揮灑；但現在我們擁有的卻是一個一個早已設計好的方框框，只能依照原有的格式填充內容。（你無法更動你的臉書個人檔案的視覺風格，最多只能改換大頭貼。）對此，我一直頗感失落。回想臉書剛推出時，我多少還是對它懷有期待：如果犧牲掉自由揮灑的空間，可以換來更多人願意加入社群媒體，那倒還是挺划算的——如果可以在同一個社群平臺上和所有的朋友保持聯繫，這事豈不美哉？但久了之後我就發現，太常暴露在親朋好友的雙眼環伺之下，其實也是挺累人的。我不禁開始懷念在從前那個年代裡，網際網路還是一個私人化的空間，可以保有一定程度的私密感。對我而言，網路就該是一個躲避日常雜務的隱密之地，而不應該是倒過來，讓網際網路主宰了我們日常生活。然而隨著網路世界的自由空間愈來愈少，演算法對我們生活的影響力也就愈變愈大，其權威性也愈來愈不容置疑。

網路世界的創新速度，明顯變慢了。雖說新的數位工具和網路平臺還是不斷推陳出新，但只要它們一冒出頭，就會迅速被臉書或Google的勢力壓制下去。二〇一三年，推特推出了短片分享網站Vine，但由於管理不當，後來在二〇一七年時便停止運行。二〇一一年，Google推出了自家的社群平臺Google+，隨後又在二〇一九年悄然退場（自始至終，Google+的市場定位都曖昧不明，令人費解）。此外，現在雖然有像Kickstarter和Patreon這樣的群眾募資平臺，讓觀眾可以直接付錢給喜歡的創作者，藉此讓較小眾的文化產品有機會被創作出來；但這兩家平臺的用戶人數，都未能達到像Snapchat或TikTok

那樣的規模——事實上，Snapchat和TikTok，是唯二在使用人數上能和臉書一較高下的平臺。

在此之後，臉書又感受到了新的威脅：即時通訊軟體的崛起。臉書注意到：有一批新問世的應用程式，它們懂得利用手機內儲存的通訊錄，因此可以在極短的時間內為用戶建立起完整的線上即時通訊網，並藉此逐步取代了傳統簡訊和蘋果iMessage的功能（這批新興的通訊應用程式是靠網路來連線的，而不是靠電話訊號）。雖然早從二〇一一年起，臉書就有了自己的即時通訊工具Messenger，但他們一直都很擔心其他公司的即時通訊軟體會把用戶從臉書上吸走，從而形成更大規模的社群網路。

二〇一三年初，臉書的其中一位副總裁便一語道出了臉書對即時通訊軟體的憂慮心情。他指出，即時通訊這塊領域，「可說是臉書最岌岌可危的一座灘頭堡。那些通訊軟體隨時都有可能形成足以和臉書分庭抗禮的規模。」二〇〇九年推出的WhatsApp，便是被臉書視為頭號大敵的一款通訊軟體。無論是在亞洲或是歐洲，WhatsApp都極受歡迎。在推出當年的年底，WhatsApp便已擁有了四億多名用戶，而且其收益來源並非廣告，而是來自用戶下載軟體和購買服務時所付的費用。為了解決這個頭號大敵，祖克柏再度使出了他的老招：收購。二〇一四年初，臉書向WhatsApp開出了一九〇億美元的收購價碼——雖然WhatsApp前一次的估價顯示，它的市值才只有十五億美元左右而已。可見，祖克柏開出的價碼，是個高到任誰都難以拒絕的價錢。後來，臉書順利收購了WhatsApp，但自此之後，WhatsApp便改變了原有的經營風格：從二〇二〇年起，它便開始向用戶投放廣告。然而自始至終，WhatsApp都未曾創建出足以和臉書分庭抗禮的通訊網路，因為臉書收購WhatsApp的目的，就是為了要避免它發展出比臉書更大的規模。祖克柏靠著「收購」這一招，又再度解決了一樁可能會威脅到臉書領導地位的危機。

歷年來，臉書一共收購過十幾家公司，IG和WhatsApp只不過是其中較知名的案例罷了。除了臉書之外，Google也正在做著一模一樣的事。二〇〇六年，Google對YouTube的收購案便是一例。YouTube被Google收購後，便從一個單純的影片分享網站，轉型成為了大型的媒體平臺，而且頗有取代傳統有線電視之勢。除了YouTube之外，其他幾個較小型的社群平臺，也幾乎都經歷過被大公司收購的命運，Tumblr就是如此。這款曾經一度和推特及臉書齊名的社群媒體，在二〇一三年時被雅虎以十一億美元的價格買了下來。但更悲慘的是，被收購後的Tumblr在營運方針上出了問題，用戶成長的速度也減緩，於是到了二〇一九年時，Tumblr又再次被賣給了WordPress——這次一共只賣了三百萬美元。如今，就算再有另一個像IG這樣的應用程式異軍突起，恐怕也還是難逃會被臉書這樣的大公司收購的命運。臉書的規模實在是太大了，不僅已經「大到不能倒」，甚至可能已經大到了違反法律的程度。二〇二〇年，美國聯邦貿易委員會便向臉書提起了訴訟。由於這次的訴訟，許多有關臉書的內部資料都被披露了出來。聯邦貿易委員會指控：臉書已經成為了「社群媒體」這一領域的非法壟斷者，因為它在搶食社群媒體市場占率的過程中，曾經做出過「違反市場競爭的行為」。美國有些州的州政府也都贊成聯邦貿易委員會的看法，並一一加入了這場訴訟，或是另行向臉書提出了類似的指控。

網際網路的發展史，就有點像是盪鞦韆那樣。每當鞦韆藉著一股風潮擺盪到了最高點，就會迅速落下，然後朝著相反的方向擺盪。比如說在我小時候，大家上網時都要取個暱稱，但後來我們又被要求要以真名示人。過去，我們為了架設自己的網路空間，於是去學習了各種架站工具，並盡其所能地表現出自己獨特的個性；但現在，我們被要求要改上大型社群平臺，並直接套用平臺方設定好的一套模板。然而，每當一股風潮吹到了極盛之時，總是都會由盛轉衰。雖然隨著科技進展，有些事情總是會不斷向前發展，例如硬碟的容量就總是不斷在變大，但網際網路卻與此不同：沒有人能夠預判數位平臺發展到最後會變成什麼樣子，因為網路的歷史總是迂迴發展，不會永遠朝同一個方向前進。網路的歷史，是一種往復循環的歷史；它就像鐘擺一樣，永遠會在「中心化」和「去中心化」這兩端來回搖擺。

網路世界裡的創新事物，通常都是從一個微小的點子開始的。例如說，只要有一小群使用者培養出默契、開始發布一種新型態的內容，或者是有某個應用程式創建出了一種新型態的社群，那麼就有可能會掀起一股新的潮流。而每當有新的潮流興起時，數位環境往往就會變得生機勃勃，讓使用者產生耳目一新之感。但不久之後，這些由小團體或新應用程式所帶起來的潮流，幾乎一定都會被大型公司所抄襲。有時他們會直接做出一樣的東西，有時他們則會透過收購或合併等商業手段來達成目的。大公司抄走這些新奇的功能之後，許多用戶又會回過頭去使用那些舊有的應用程式。但問題是，大公司往往都會過度榨取新功能的商業價值，於是用戶們的新奇感也很快就會消退。也就是說，不管誰發明出了新功能、新介面或新的表達方式，大公司都會傾向於用殺雞取卵的手段利用它。而其中最常見的一種手段，就是增加廣告。以上這整個過程，正猶如不斷推著巨石的薛西弗斯一般，陷入了永恆的輪迴。真正具有創新意義的事物，總是不斷遭到破壞，用戶們也總是對大型公司的做法感到失望透頂；但不久之後，整個過程又會再度循環一次。事實上，在這個過程裡，大公司也不會永遠都高枕無憂。就像Snapchat當年推出限時動態功能和TikTok當年推出全演算法動態的時候那樣——這兩個小小的新玩意，都對當時市占率最高的公司造成了威脅。除此之外，一項功能用久了，使用者們也總是會厭倦。因此科技產業其實也有點像時尚產業那樣，必須要時時推陳出新，才能持續吸引使用者群的注意力。

但不管怎麼說，當今的網路生態，無疑是有史以來最顯單調的一段時期。原本百花齊放的各式網站，如今都已被少數幾個大型平臺取代掉了。所有的內容，統統都套用著相同的模板。當然啦，內容創作者還是可以選擇要在哪個平臺上發表作品，但問題是，如今所有的平臺都變得愈來愈像；彼此的介面、功能和運作方式也都相差無幾。於是創作者雖說是有選擇，但能選擇的範圍卻是如此窄小。而另一方面，現今的網路巨頭卻又是如此地強大，他們動輒擁有數十億名用戶、市值高達數千億美元，因此就連最具創造力的新創企業都很難不被網路巨頭的勢力給壓垮。且由於網路巨頭已經占盡了各種好處，他們不會有任何誘因想要改變前述那套不斷模仿、收購新興應用程式的做法，也因此，網路上的各種文化產品，似乎還將會繼續趨於扁平。正如聯邦貿易委員會在控訴臉書時所提出來的觀點：臉書成為了壟斷者之後，「其結果便是競爭減少了、投資減少了、創新減少了、用戶和廣告商的選擇空間也減少了。」

無論喜不喜歡，我們正在面對的是個不斷扼殺創意的網路生態。你我身為普通的使用者，我們不可能單憑自身的力量就改變這一點。沒錯，我們可以屏棄某些應用程式並改用他款，當然也可以調整某些應用程式的部分設定，但這麼做也只是杯水車薪而已。要破除扁平時代的危害，那些始作俑者的大型公司本身也必須要有所變革，這樣才能真正改變網際網路的生態。總體而言，網路環境愈是去中心化，我們所能享受的自主空間也就愈大；當然與此同時，我們身上的責任也會變重，因為我們必須要學會建立自己的網路空間。但不管怎麼說，去中心化確實是抵抗扁平時代的最佳法寶，也是可以幫助我們在數位世界中培養出更多可能性的養料。但問題就出在，那些大公司不太可能自願接受去中心化的思維，因為這會讓他們的獲益變少。所以唯一可行的路線，就是我們要設法逼迫它們。

儘管社群媒體是個影響力和影響範圍都極其巨大的產業，全球幾十億的人口都和它有關，但政府機關對這門產業的監管力道卻只有點到為止而已。它既不像硬體產業那樣，從工廠設備到生產供應鏈都受到嚴格的監管；同時它也不像傳統的媒體產業那樣，什麼樣的內容應該禁止、什麼樣的內容又屬於憲法所保障的言論自由，始終都受到嚴密的檢視。但社群媒體難道不應該像報紙或電視那樣，為出現在其中的內容負起責任嗎？這一直都是社群媒體不願面對的課題。或許有人會說，社群媒體比較像是電話線路，只是一個幫助人們傳遞訊息的中立角色。但當真如此嗎？其實，從引入演算法推薦系統的那一天起，他們就已經不是中立的傳訊者了。所以說，我們或許應該要用對待特種行業的標準，用較嚴格的法規來監管社群媒體，以避免它對使用者的身心健康或人身安全造成危害。畢竟，有很多社群媒體的使用者，確實已經都上癮了。

雖然社群媒體和傳統媒體之間究竟有無差別，至今依舊莫衷一是，但至少有一點是很清楚的：社群媒體確實需要一定程度的監督和管制。身為普通的使用者，我們對社群媒體的架構和決策均毫無置喙的餘地，只能逆來順受地接受其結果。然而，如果我們期待將來能有不一樣的文化產品、如果我們期待使用者將來會有不一樣的行為模式，我們就必須打破這些大型公司對市場的寡占或壟斷。

## 公開透明，辦得到嗎？

要改善數位平臺的運作模式，最快能夠見效的辦法，或許就是強制它們採取公開透明的政策：要求這些公司公開說明演算法究竟是如何以及在何時運作。這麼做至少可以讓廣大的使用者稍微知曉演算法為什麼會不斷推播某些特定的內容，或許也能讓我們更有能力抗拒演算法對我們的影響，進而做出真正屬於自己的決定。

二〇一六年川普當上了美國總統之後，美國公眾總算是意識到了演算法擁有操縱資訊的能力。很多民主黨人都無法理解為什麼會有人票投川普，因為他們無論是在臉書還是推特上，都很少看到挺川的言論——這其實就是帕理澤所說的「資訊濾泡」，也就是所謂的「同溫層效應」。在他們的同溫層裡，大家都覺得川普很荒謬，所以他們便誤以為全世界的人都這麼想。與此同時，川普的支持者也一樣被他們的同溫層所環繞：在那裡面全世界的人似乎都同樣挺川。演算法已經把美國公眾區隔成了壁壘分明的兩類閱聽人，兩者完全沒有交流的餘地。然而，在由人類所編輯的報紙或電視新聞裡，不同陣營的聲音反倒更有可能呈現出來。當然啦，傳統媒體也還是會有過度偏頗的可能。例如《紐約時報》便曾因為認定川普必敗，因而不願在報導中引述川普可能勝選的觀點。

川普的勝選之所以讓不少人震驚，在很大程度上就是同溫層效應所帶來的效果。由於親自由派的人士在社群媒體上幾乎看不到挺川的言論，因此他們從未把川普現象當一回事，也未能及早防範川普帶來的威脅，而這多少也讓川普在勝選之路上走得更加平穩。

利用演算法來抬高聲勢，確實是川普的選戰策略之一。川普陣營利用了臉書針對目標客群投放廣告的功能，極其有效地辨識出了可能挺川的選民，並專門對其推播有利川普的訊息。在投票日的前五個月內，川普團隊一共花費了四百四十萬美元，投放了五百九十萬則臉書廣告；而相較於此，希拉蕊團隊則只投放了六萬六千則廣告而已。不僅如此，川普團隊還和臉書密切合作，利用軟體來測試投放什麼樣的廣告效益最高。這麼做是因為臉書廣告的計價方式並非以廣告呈現出來的次數來計算，而是依據其成效的高低來計算。例如，假如某位使用者看到了廣告後什麼也沒做，那麼該次呈現就不會計入到廣告費用裡；必須要等到用戶因為看到了廣告而點擊了連結，或甚至是透過廣告提供的連結捐款給了川普，那麼川普陣營才需要為此付費。在這樣的機制底下，臉書的演算法當然會盡其所能地把廣告呈現給最有可能支持川普的選民，從而把整場選戰的風向往有利於川普的方向帶。

與此同時，使用者則開始覺得「付費的廣告內容」和「他們真的有追蹤的朋友和粉專」之間的差別愈來愈不明顯，令他們深感困惑。而這卻正中了競選團隊的下懷，因為使用者看到的訊息愈是混亂，他們操縱訊息的空間也就愈大。由於上述種種亂象同時爆發，導致美國公眾紛紛開始對臉書表達不滿——在此之前，公開反對臉書的言論，向來都是相當逆風的。

說起二〇一六大選時期的亂象，那就不能不提發生在蓋德（Krishna Gade）身上的事。蓋德是一位工程師出身的人才，曾經在Pinterest和推特都擔任過領導職位。臉書在二〇一六年十一月間聘用了他，請他擔任臉書的新聞訊息工程經理，負責執行有關新聞內容排序的工作。以當時的選戰氣氛而言，這是一個頗能左右大局的職位。在接受我的採訪時，蓋德告訴我：「臉書內部，大家都在問：新聞訊息到底應該如何呈現？」蓋德指出，演算法確實會向使用者推播相同的訊息：「如果只靠演算法來排列訊息，不管你滑手機滑得再久，永遠都只會看到同一邊的觀點。我們要怎麼做才能打破這個模式呢？」

於是，蓋德開發出了一套供臉書用戶參考的分析工具，叫「我為什麼會看到這個？」，其功能是讓人可以快速瞭解演算法機制是基於什麼樣的理由，在特定的時間把特定的內容推播給你。有了這套工具之後，你便可以在每則內容旁邊看到一個小小的圖示。圖示一點開來，就會呈現出演算法究竟是基於哪些原因決定要把該則內容推播給你，其原因包括：「因為發文的人是你的朋友」、「因為你更常在附有圖片的貼文底下留言，所以我們推了有圖片的貼文給你」，以及「該則貼文在你所屬的某某社團當中很受歡迎」等等。臉書演算法背後的邏輯其實相當簡單，只要抓住幾個最重要的參與度數據，就大致能判斷什麼樣的貼文會廣受推薦——一言以蔽之，參與度愈高，就愈是容易被推薦。蓋德所開發的這套分析工具雖然不能改變演算法的運作方式，但至少可以讓人稍微有些概念——只要點按圖示，就能大致抓出一則貼文被推送到你眼前的原因。

在蓋德眼中，讓使用者瞭解數位平臺的運作方式，是很要緊的一件事。「使用者有權知道自己正在使用的平臺到底怎麼一回事。」蓋德如此說道。蓋德所堅持的這項原則，一般稱作「演算法透明性原則」（algorithmic transparency），意思是指：身為公眾的我們應該要有權知曉演算法是基於哪幾個變數決定了我們在數位平臺上看到的內容。也就是說，演算法背後的機制，應該要像時鐘背面那些滴答運作的齒輪一樣，只要拆開時鐘面板，就能一覽無遺。二〇一六年，《新媒體與社會》（*New Media & Society*）期刊登載了一篇論文，作者安尼（Mike Ananny）和克勞馥（Kate Crawford）指出，所謂

「透明性」這個概念，就其理想上而言，指的是「讓人能夠隨時理解、掌握並管理一套複雜系統的方法」。——如果能有一套機制讓使用者瞭解演算法的運作方式，同時也讓他們明確知道哪些行為會被演算法納入計算，或許就能有效地消除許多人的演算法焦慮。不過，只有這樣還是遠遠不夠的。畢竟，演算法透明性只是讓你知道演算法如何運作而已，但你依舊無法調整演算法的運作方式。一如安尼和克勞馥在文章中所指出的：「僅僅只靠透明性原則，並無法創建出一套具備可課責性的系統。」

二〇一五年，科技研究與調查辦公室在聯邦貿易委員會底下成立了，而「研擬演算法透明性原則的實踐方案」便是其主責的項目之一。也就是說，早在二〇一五年，便有人在關注演算法透明性的問題了，顯見當時演算法的影響力就已經大到了不容忽視的程度。聯邦貿易委員會當時的首席技術專家索塔尼（Ashkan Soltani）在接受《個人電腦世界》（*PC World*）雜誌訪問時，曾經說道：「有些消費者並不瞭解演算法是什麼，但我們每個人天天都在跟它打交道。然而，直到今天，我們對於演算法背後的機制，最多也只是一知半解而已。我們既不明白演算法是受哪些數據所驅動的，也不曉得它們所用的資料庫長成什麼樣子。」然而從二〇一五年科技研究與調查辦公室成立至今，數位平臺在透明性方面的改進，只能說是少之又少。事實上，該辦公室雖然花了不少力氣試圖監管數位廣告、加密貨幣和使用者的隱私保護，卻沒有花太多的力氣去調查演算法推薦系統的運作情形。

在推出了「我為什麼會看到這個？」功能之後，多年來臉書在透明性上的長進，只能用原地踏步來形容。我曾特意花了數個月的時間做過實驗：每次看到不同的貼文，我都會點按「我為什麼會看到這個？」，久了之後我就發現，它經常都只會用「因為這則貼文比你看過的其他貼文更受歡迎」這個空泛的理由來塘塞我。

二〇二一年，在臉書母公司Meta擔任全球事務總裁的克萊格（Nick Clegg）曾滿口大話地承諾，說臉書將會設法完善演算法的透明性機制（克萊格曾經做過英國的副首相）。這段話主要是寫在克萊格發表在Medium上的一篇文章，標題叫〈演算法與你：缺一不可的探戈雙人舞〉（You and the Algorithm: It Takes Two to Tango）。克萊格寫道：「身為使用者的你，應該要擁有向演算法系統說『不』的權利，也應該要能夠在知情的情況下，自主地調整演算法預測你偏好的方式，或是徹底忽略演算法推薦給你的東西。」根據克萊格的說法，臉書甚至應該要提供使用者「一個讓人能夠放鬆心情、調勻呼吸的留白空間，讓使用者可以在不受干擾的情況下，不疾不徐地調整演算法呈現內容的方式」。克萊格確實畫出了一塊美好的大餅，甚至暗示臉書應該要設計出一個讓人不受演算法干擾的獨立空間，但實際上，Meta卻幾乎完全沒有做克萊格承諾要做的事。目前在臉書的操控介面裡，只有「加入最愛」和「暫停追蹤」等極少數的選項讓使用者可以自主調整演算法呈現出來的內容。你可以把少數幾個帳號或社團加入你的最愛，據說這樣演算法就會比較常推播有關他們的消息給你；又或者你也可以暫停追蹤某些帳號或粉專，這樣就可以降低你看到他們的頻率（但也只是暫時的而已）。問題是，過了一段時間之後，演算法又會重新奪回主導權。使用者無法自行安排想要看到的內容比例——你想要多看一點朋友們的消息，少看一點新聞報導嗎？沒辦法喔。你想要多看一些令人愉快的內容，少看一點政治口水戰嗎？沒辦法喔。雖說演算法會依據我們每個人的興趣和習慣，餵給我們每個人不太一樣的內容，但從根本上說，演算法的運作方式，仍然完全掌握在Meta公司的手裡。

蓋德於二〇一八年十月離開了臉書。離職後，他找人合夥成立了一家叫Fiddler的公司，並嘗試靠自己的力量解決演算法透明性不足的問題。Fiddler的業務，主要就是替客戶解析各個公司所使用的機器學習模型背後的邏輯，並協助客戶瞭解不同模型的運作方式。舉例來說，Fiddler可以幫助銀行經理準確理解某個演算法為什麼老是拒絕（或接受）某位客戶的貸款申請，也可以幫助亞馬遜的開發人員瞭解為什麼亞馬遜的語音助理Alexa老是誤解某個單詞的意思。也就是說，如果Fiddler能夠存取臉書的資料庫並查看它所使用的機器學習模型的話，那麼理論上Fiddler也能夠幫助我們瞭解臉書的演算法之所以老是推薦某些特定內容的原因。

Fiddler還創建了一個叫「儀表板」的功能，讓客戶可以自行調整各項變數，看看演算法算出來的結果是否會有所不同，並據以調整他們的演算法模型。由於各類演算法的內部機制常常都很不透明，因此許多人都把這些機制暱稱為「黑盒子」，但Fiddler開發的這項功能，卻能幫助客戶查看黑盒子的內部。蓋德告訴我：所謂「黑盒子」的講法，「其實是有點誇大啦。」他向我解釋道：雖然經過機器學習之後，演算法往往會發展出一些難以理解的抽象模式，但我們還是可以用軟體把它們用看得懂的方式呈現出來。「Fiddler就像是一架顯微鏡，讓你可以一窺演算法的內部架構。」蓋德如是說。

透過視訊鏡頭，蓋德向我秀出了Fiddler開發出來的儀表板功能，並當場演示了一番。據他所說，客戶只要把自家公司的演算法模型和資料庫交給Fiddler，Fiddler就可以「衡量客戶所用的演算法模型是否具備公平性」。舉例來說，Fiddler可能會利用儀表板功能來更動某一筆資料的性別標記或種族標記，看看演算出來的結果是否會和原本有所不同。此外，由於演算法模型每每碰到像是「貼文」、「字幕」或

「評論」這類的文字內容時，都必須要做出詮釋，把文字轉譯成機器看得懂的形式，但在這個過程中，文字內容卻常常遭到誤解。例如曾有某個演算法模型把「同志」(gay）一詞詮釋為「含有極度負面的意義」，因此該演算法也就很少向人推薦任何含有「同志」一詞的內容。但在很多情況下，「同志」一詞顯然也具有正面的含義，又或者是說，我們根本應該把「同志」一詞看作是中性的詞彙才對。蓋德繼續向我解釋：如果我們放任演算法胡亂詮釋人類的語言和行為，「我們有可能會害某個特定的族群被集體消音而不自知。」演算法透明性之所以重要，原因就在於此。

身為一名推特的使用者，我本人就曾親身見證過缺乏透明性所帶來的危害。二〇二二年，馬斯克宣布要把推特買下來之後，許多人都對這位企業家寄予厚望，期待他能讓久已裹足不前的推特呈現出新的風貌。然而，馬斯克掌管了推特之後，這家老牌的社群平臺卻草率地推出了一連串莫名其妙的改革，反而把用戶體驗弄得更糟。在動態訊息的呈現方式這上面，馬斯克的改革成效尤其糟糕。在那段時期，如果你同時使用了推特的行動版應用程式、官方網站和桌面應用程式的話，你甚至會覺得它們根本是三個完全不同的平臺。此外，在某些介面裡，推特允許使用者切換到「最新貼文」的呈現模式。選擇了這個模式之後，照理講所有的貼文都應該要從新到舊，按照順序排列才對。但不知為何，使用者實際上看到的，卻是一大堆跟用戶本身沒什麼關係的推文不斷出現，而且這些推文還都是由已經付費驗證並且拿到「藍勾勾」標章的帳號所發布的；除此之外，演算法推薦的推文依舊時不時就會夾在中間跳出來找你。那次經驗使我意識到：既然推特的演算法政策可以朝令夕改，那麼無論他們說了什麼長期的承諾，恐怕也都是唬人的居多。自此之後，雖然我還是會為了工作的緣故而上推特，但每次我一登入它，我都會提醒自己「我對其背後的演算法機制一無所知」。由於推特不願意向使用者負起責任，而且從來沒把演算法透明性放在心上，所以它當然也就無法提供長期而穩定的服務品質。

## 數位平臺是出版者嗎？

數位平臺不只是把「提高透明性」的責任撇得一乾二淨，甚至當演算法開始大力推廣根本不應該出現的內容時，他們照樣搬出一副什麼責任都沒有的樣子；就好像不管平臺上流行什麼樣的內容，都跟他們沒有關係。數位平臺之所以能如此不負責任，主要是因為有一條法令在替他們撐腰：一九九六年修正通過的《電信法》（1996 Telecommunications Act）當中的《通訊端正法》（Communications Decency Act）第二三〇條。在過去二十多年裡，網路產業正是靠著這一條法規的保護，才得以成長到今天這樣的規模。然而，在社群媒體的時代，這條法規早就不合時宜了。傳統媒體播出的內容，向來都要接受政府的監管；但這條法規卻**允許社群媒體不必接受和傳統媒體相同的監管**。根據《通訊端正法》第二三〇條規定（以下簡稱「第二三〇條」），一個公開的網路平臺（如臉書），和使用者在該平臺上所發布的內容，兩者是可以脫鉤的。第二三〇條稱：「在第三方提供資訊的情況下，互動式電腦服務的提供者與使用者不應被視為資訊的出版者或發言者，而擔負法律上的責任。」* 傳統意義上的「出版者」對其出版的內容，當然必須負擔法律上的責任：如果有某本雜誌刊登了一篇誹謗他人的文章，那麼受誹謗的那人是可以控告雜誌社的。然而，如果有某位使用者在臉書上發表了一篇誹謗他人的貼文，受誹謗的那人卻沒有辦法控告臉書，因為根據第二三〇條，臉書並非出版者，也不是發言者。

一九九〇年代，在第二三〇條正式立法之前，美國曾有過兩個相關的判決。首先是發生在一九九一年的「庫比訴康普社案」（*Cubby v. CompuServe*）。庫比（Cubby）和康普社（CompuServe）都是當時的數位媒體公司，有一回，庫比的老闆布蘭查（Robert Blanchard）在對手康普社經營的網路論壇「八卦村」（Rumorville）上發現了一篇文章，文章內容對庫比旗下的新聞服務平臺「閒話處」（Skuttlebutt）極盡誹謗之能事。布蘭查一怒之下，將康普社的老闆菲茲派翠克（Don Fitzpatrick）告上了法院。菲茲派翠克經營的康普社是九〇年代一家家用網路服務的供應商，當時算是相當知名。布蘭查不只是告了菲茲派翠克，他同時也控告了康普社。但美國聯邦地區法院的判決結果卻認為，康普社最多只能算是誹謗性內容的分銷者（distributor），但不能算是其出版者。也就是說，在法院看來，康普社的角色比較像是書報攤或書店；它並不掌控資訊的內容，頂多只能掌控消費者接觸資訊內容的方式。對法院來說，「出版者」和「分銷者」之間的區別是很要緊的，因為根據一九五〇年代的一個判例，法院認為像書店這樣的分銷者根本不可能一一審閱店內書架上的書，確保其中沒有任何不法的內容之後才販售書刊，因此法院認定，書本內容的審查責任並不在書店身上，而應該是在出版者的身上才對。

然而，另一個判決卻提供了不一樣的看法：一九九五年由紐約州最高法院所審理的「史崔頓證券訴

* 譯註：此處《通訊端正法》第二三〇條的條文翻譯，參考自盧建誌：〈假訊息管制與言論自由的平衡：美國網路中介責任的邊界探察與反思〉，《中華傳播學刊》第四十三期（二〇二三年六月），頁165。

波德鉅案」（*Stratton Oakmont v. Prodigy*）。在該案中，身為被告一方的波德鉅公司也經營有一個網路論壇，而論壇底下則設有一個討論區，專門供使用者討論財務金融的相關話題。有一回，有位使用者在那個討論區上發表了文章，對史崔頓證券公司和其總裁波魯什（Daniel Porush）做出了誹謗性的攻擊。從表面上看，這起案件和庫比訴康普社案相當類似，但卻有一處關鍵性的不同：在文章發布之前，波德鉅公司曾經審查過該篇文章。事實上，波德鉅所經營的網路論壇訂有明文的討論規範，明確規定了什麼樣的內容可以發表、什麼不行。而且，該論壇還設有審查機制，其中既包括自動審查機器人，也包括了人工審查者。法院據此認定，波德鉅公司在這起案件中並不只是分銷者而已，而是實際的出版者，因此波德鉅公司必須要為這篇出現在其論壇上的誹謗性文章負起法律責任。判決書中如此寫道：「哪些文章可以刊登，其決定權顯然在波德鉅公司的手上……而擁有這樣的決定權，便構成了編輯控制之事實。」在這起案件的訴訟期間，波德鉅公司雖然曾以庫比訴康普社案的判例為由，要求史崔頓證券公司撤回訴訟，但並未奏效。最終，波德鉅公司依舊敗訴收場。

法院在這兩起案件中所採取的立場，導致了一個悖論般的結果：那些並不審查貼文內容的網路平臺將會受到法律保護，而那些為了維護資訊品質和安全性而審查了貼文的網路平臺，卻反而會遭到法律制裁。也就是說，網路公司如果想要審查資訊內容的話，那就等於是搬石頭砸自己的腳。好在美國有兩位國會議員考克斯（Christopher Cox）和懷登（Ron Wyden）看出了這個問題，並且積極處理。考克斯在接受《連線雜誌》訪問時如此說道：「如果法院繼續依照這兩個判例進行判決，那麼網路世界很快就會變成野蠻的大西部，因為根本沒人有誘因要在網路世界裡維繫文明。」由考克斯和懷登所提出的第二三〇條修正案，正是為了解決這個問題而生的。根據該修正案的精神，數位平臺可以針對「淫穢、猥褻、情色、不堪入目、過度暴力、性騷擾，或其他形式的不適當內容」進行適度的審查，但不必為此負擔出版者的法律責任。也就是說，只要網路平臺干預資訊內容的舉動是「出於善意」，而且其做法看起來符合使用者的利益，那麼平臺方就不會受到懲罰。考克斯和懷登提出的這項修正案，後來在一九九六年初時經由總統柯林頓簽署，正式成為了法律。

然而，到了二〇一〇年代，主流社群平臺的運作方式和規模，都已經無法和當年的網路論壇相提並論了。別的不提，就說一九九六年時，整個網路世界一共也才只有一千六百萬名用戶而已。任何的網路平臺，必然也都是相對比較小眾的媒體，在資訊傳播方面的影響力不會很大。但如今，推特和臉書都已經成為了擁有數以億計使用者的超大型媒體，每天都有無數的人在那上面消費各式各樣的資訊，從新聞報導到娛樂性的影片，無所不包。

從某種意義上來說，社群媒體早已取代了出版社的角色——它們透過廣告賺取收入，利用演算法系統挑選內容，並替消費者決定他們該看到哪些創作者的作品。如今，傳統的媒體和出版業者，都已經快被社群媒體摧殘殆盡了。與幾十年前相比，媒體產業的收益下滑了超過一半，而出版產業的從業人數也大幅縮減。但即使大環境如此殘酷，傳統媒體依舊必須要為刊登出來的每一篇文章負起責任。然而，數位平臺卻仰仗著第二三〇條規定，大言不慚地聲稱它們並非媒體。

時至今日，出版者和分銷者之間的界線，早已經失去了意義。在現今的傳播生態系裡，數位平臺有權決定消費者接觸到什麼樣的內容，因此它們當然也都扮演著出版者的角色。在庫比訴康普社案裡，是因為康普社並未干預發表在八卦村中的言論，所以該社才有辦法主張自己只是中立的分銷者。然而，臉書的演算法卻天天都在為讀者挑選內容並且加以傳播，其過程就和傳統的報社編輯揀選新聞內容，並決定要把哪幾則報導放進頭版相差無幾。但第二三〇條只要一天不修改，社群平臺就永遠都可以理直氣壯地宣稱使用者發布的內容與之無關；無論那是一則有關#MeToo案件的司法調查，還是涉及種族歧視的言論，抑或是針對某人的暴力威脅。好在，目前已經有愈來愈多的人開始質疑這條法律了，也有不少人嘗試透過訴訟的方式，要求社群平臺為他們所分銷的內容負起責任。

二〇一五年十一月，巴黎受到了一系列的恐怖攻擊。伊斯蘭國（ＩＳＩＳ）的成員聲稱，這一連串攻擊事件的幕後主使者就是他們。在一百三十位遇襲而死的人員當中，有一位是時年二十三歲的美國籍學生，名叫龔莎蕾絲（Nohemi Gonzalez）。龔莎蕾絲的家屬認為，Google、推特和臉書都應該為她的死負起部分的責任，因為這幾家社群平臺（尤其是Google所掌管的YouTube）都透過其演算法機制向使用者推送了大量有關伊斯蘭國的內容，結果使得巴黎那批恐怖份子的意識形態變得更加極端。然而，家屬向Google提起的訴訟卻遭到駁回。法院所持的理由是：Google並未用其廣告收益對伊斯蘭國提供支持，也從未用特殊的方式對待有關伊斯蘭國的內容（也就是說，Google完全是用一視同仁的態度在對待這些恐怖主義的內容），因此就理論上而言，Google依舊是個中立的分銷者。然而，就其本質而言，這些社群平臺既然刊登了和伊斯蘭國有關的內容，而且也確實曾經向部分的閱聽人推播過這些內容，他們也就應該負起責任才是。

這起訴訟案，後來又有了新的轉機。二〇二二年十月，美國聯邦最高法院決定重新審理龔莎蕾絲的案件，並且將之和另外一起同樣涉及數位平臺的案件併同審理。最高法院針對這起案件給出的判決，很有可能將會成為演算法時代最重要的判例之一。龔莎蕾絲的家屬在上訴法庭上申言道：「這些由演算法系統所驅動的平臺，到底還能否適用第二三〇條規定？幾乎每一位美國的成年人和孩童在上網時，那些所謂的『互動式電腦服務』的供應者都會不斷地把五花八門的資訊推送給他們。」除了龔莎蕾絲家屬的指控之外，霍根（Frances Haugen）也支持修正第二三〇條規定。霍根曾是臉書的吹哨者；她曾經將臉書的內部文件公諸於世，從而揭露了臉書對演算法可能造成的危害心知肚明。二〇二一年，霍根在參議院所舉辦的小組聽證會上證言道：「臉書向來都會故意干預平臺上的內容排序，而這往往會對公眾造成負面的後果。如果我們能夠修改第二三〇條，迫使臉書對其排序方式負起責任的話，我相信他們會放棄依照參與度高低來進行排序的做法。」

過度依賴演算法，往往會助長不實資訊的傳播，也會把使用者鎖進窄小的意識形態同溫層裡，讓他們以極端化的內容為食，從而使他們變得愈來愈基進。第二三〇條最根本的問題，在於它把我們的法律導向了一個很奇怪的境地：沒有任何一個人必須為演算法承擔起法律責任。而既然法律沒有要求，那些科技公司當然不可能主動負起責任。它們只會依照公司內部的規章程進行管理，而結果就是平臺上的內容往往參差不齊，甚至連最基本的品質都沒有。而要是我們發現演算法錯誤詮釋了我們的內容，又或者是我們發現演算法竟然協助傳播虐待性或剝削性的言論時，我們這些使用者往往都求助無門；唯一能做的，或許就只有跳槽到另一個社群平臺而已。但是，在社群平臺的寡占市場裡，我們的選擇卻又極其有限。我們就像是被關進了牢籠裡，既無法改變演算法背後的機制，又無從遁逃於演算法對我們所造成的巨大影響。

然而，我們不能光是把第二三〇條廢掉就算了。持平地說，這條規定確實發揮過一定程度的功用：它保障了網路使用者的言論自由，並且讓我們所熟知的那幾家社群平臺不至於因為有人在上面發表侮辱性或謾罵性的言論就被告到倒閉，但我們確實應該好好修正它。二〇二一年十月，就在霍根將臉書的內部文件公諸於世之後，眾議院的議員們提出了一項試圖修正第二三〇條的法案，即《對抗惡意演算法的正義法案》（Justice Against Malicious Algorithms Act，簡稱ＪＡＭＡ）。根據這項法案，「當網路平臺明知其使用的演算法機制或其他科技產品會向使用者推送將會導致身體損害或嚴重助長精神損害的內容時，第二三〇條中的免責條款將不再適用。當網路平臺因草率使用演算法機制或其他科技產品而致上述損害發生時亦同。」除此之外，當「演算法向特定個人推送個人化的推薦內容」時，第二三〇條的免責條款也不再適用。不過，如果使用者是自己主動搜尋資訊的話，例如使用Google搜尋引擎，或是網頁代管服務、雲端儲存空間等網路服務，那麼免責條款就依然有效，因為這些網路服務並不會主動傳播特定的內容，確實較為中立，屬於當初第二三〇條規定立法時所要保護的對象。

二〇二三年二月，最高法院針對「龔莎蕾絲家屬訴Google案」（*Gonzalez v. Google*）和「推特訴塔姆納案」（*Twitter v. Taamneh*）等兩起案件舉行了聽證會。推特訴塔姆納案的起因，是和另一起伊斯蘭國的恐怖攻擊活動有關。該起恐怖攻擊事件發生後，其中一位罹難者的家屬向推特、Google和臉書都提起了訴訟。他們指控前述這些公司違反了美國法律中有關反恐怖主義的條款，不但在其平臺上刊登有關伊斯蘭國的內容，甚至還向用戶推薦了這些內容，形同於對恐怖主義提供支持。

在聽證會上，凱根（Elena Kagan）大法官一開始便承認，最高法院大法官對於數位平臺的運作方式，恐怕只是略知皮毛而已。她語帶自嘲地說道：「在座的這九位大法官，恐怕並不是世上最瞭解網路議題的人。」此話一出，引發了一陣哄堂大笑。不過，凱根大法官倒是明確指出，在網路世界裡，演算法機制已經占據了主導的地位。她說：「不管何時，任何人只要上網，肯定都會看到演算法推播的東西。」後續在聽證會上，幾位大法官還就演算法推薦系統的功用和性能探詢了一番，也針對「演算法系統能否稱為『中立的』推薦機制」這個問題交鋒了幾回（我的看法是：不能）。然而，原告一方的委任律師施納珀（Eric Schnapper）卻費了九牛二虎之力，才終於讓幾位大法官搞懂 YouTube 影片中的「縮圖」是什麼東西。由此不難想見，幾位大法官確實對於網路生態缺乏瞭解。二〇二三年五月，最高法院針對該案做出了裁定。面對第二三〇條所引發的法律爭議，大法官們依舊選擇了站在最為保守的立場，認定那幾家科技公司無需負責。

如果我們真能大幅修正第二三〇條的話，我們的資訊生活肯定會變得大不相同。如果我們可以迫使社群網站為演算法推薦的內容負起責任，那麼他們或許就會改變做法，把絕大部分內容都放在演算法推薦的範圍之外。這樣一來，使用者們就必須透過主動追蹤或主動搜尋的方式，才能看到自己想看的主題。而那些依舊會受到演算法推薦的內容，則一定都會經過最嚴格的審查，確保它們百分之百人畜無害——例如像是可愛寵物的影片啦、好人好事的報導啦，等等。在那樣的一個平行時空裡，我們對於何謂「可接受的資訊」或「中立性的資訊」的集體認知，就會成為演算法推播的許可範圍。（也就是說，平臺方推薦給你的那些內容，依舊要經過演算法過濾才行，只不過到時候演算法的功能會變成是負責分辨哪些內容是「安全的」。）而與此同時，像TikTok那樣把各種內容分類到極端細緻地步的做法，也將不再可行。平行時空裡的TikTok，很可能會刪掉平臺上絕大多數的影片，只留下那些無害到可以直接放進《歡笑一籮筐》（*America's Funniest Home Videos*）中闔家觀賞的內容。這樣一來，TikTok還是可以保有相當高的娛樂價值，但卻比較不會讓人一看就上癮或者被洗腦。總之，在那樣的世界裡，各家數位平臺對於內容的審查，都會變得嚴格許多。

如果各家平臺都放棄使用全自動化的演算法推薦系統，部分改採人工編輯的方式，將原本散亂的內容用主題性的方式串織在一起，如此一來，使用者就會比較少接觸到有害身心的內容；但這麼做的代價是，各種內容的傳播速度必然會變得緩慢許多。所以歸根結底，真正的問題還是在於到底哪些類型的內容應該要能夠在網路世界裡暢行無阻，而哪些卻應該要對其傳播的速度施加限制，又或者根本就不應該讓它們出現在網路世界裡。

我們在二〇〇〇年代見證了網際網路的大眾化發展，接著又在二〇一〇年代見證了大型數位平臺的崛起，而接下來的二〇二〇年代，我們或許又會再次迎來另一波去中心化的浪潮。在未來幾年裡，「能動性」或許會成為網路領域最重要的關鍵詞，因為會有愈來愈多的創作者和消費者都想要自主決定數位內容呈現出來的樣貌。像雅虎地球村那樣的網路服務，或許會再次捲土重來。它們將會為使用者提供最大限度的客製化服務，讓每個人都可以展現最具獨特性的自己，並且還可以利用二〇二〇年代興起的各種多元媒體來呈現內容。對於這樣的一個未來，我滿懷期盼。如今的網路世界，已經愈來愈單調無聊；但在我腦海中的未來世界，網際網路將會是一座大型的遊樂場，或者也可以說是一款沙盒類的開放式遊戲。它將會變得比現在更為散亂，但也將變得更加好玩。

像是Mastodon這樣的自由開源部落格平臺，或許會成為未來的趨勢。在Mastodon上，使用者可以創建自己的社群網站，其使用方式與現有的推特相當類似，只不過目前Mastodon在使用上還是有著不少的缺點。主要是由於目前習慣使用這類自由開源網路的人數還是比較有限，因此Mastodon上面的人也不多，要找到人互動也比較困難。而且，不見得每一樣你感興趣的話題，都會有人想要討論。雖然在Mastodon上面，不想莫名其妙爆紅的人可以鬆一口氣，但盼望著一夕成名的人卻也難免大失所望。但無論如何，如果我們想要打造出一個更合理、更具永續性的網路環境，這些就是我們必須付出的代價。

## 如何阻止演算法大量傳播有害訊息？

少女莫莉自殺前，她在網路上看到了大量令人沮喪的內容向她推送而來。由此可見，在現有的網路世界裡，任何內容，無論是正面的也好，負面的也罷，統統都可能受到演算法推薦系統的大力播送。雖然演算法或許是用相同的方式對待所有的內容，但不同內容所帶來的後果卻不完全一樣。在COVID-19疫情期間，一系列有關伊維菌素（Ivermectin）的不實內容，就曾經傷害過不少使用者的身體。伊維菌素是一種通常用在馬匹身上的藥品，但當時卻有網路傳言說它具有抗COVID-19的功效。因此，許多人都開始瘋狂購買、使用伊維菌素，但事實上對人而言，伊維菌素根本是弊大於利，甚至還有人因此送醫。那些錯誤的訊息之所以能夠廣傳，主要就是因為有關伊維菌素的內容有著很高的參與度。而有意思的是，這些訊息的參與度之所以高，又有一部分是因為川普政府政治言辭的推波助瀾。像這一類的不實資訊，都很容易成為演算法系統的寵兒。因為相關的話題一旦出現，就會有許多人參與討論，於是演算法就會再度把相關的訊息推播出去。

要阻止不實訊息大量傳播，最容易想見的做法就是針對訊息內容進行審查，一旦發現有哪篇貼文出現問題，就直接封鎖，這樣一來，其他使用者就不會有機會看到它。目前社群平臺通常的做法是：先利用機器學習模型初步過濾所有的內容（它們可以自動把含有某些特定詞彙的內容挑出來），再把這些內容交給人類員工審查，以免錯殺。臉書就採取了這樣的做法。它把大部分的人工審查任務外包給了一家叫「埃森哲」（Accenture）的公司，而埃森哲則會再把這些審查任務交託給公司聘雇的審查員。這些審查員的居住地遍布全球，包括在葡萄牙和馬來西亞都有。審查員的日常工作顯然並不美好，因為他們每天都會接觸到成千上萬則令人心驚膽戰的內容，其中包括各種死亡瞬間的畫面、暴力虐待的畫面，以及兒童色情。他們的處境，令我想起在迦納等國的大型電子垃圾場裡，每天都有許多拾荒者暴露在有毒化學物質的周遭，只為了把一些尚稱還有價值的電子零件揀選出來。也就是說，光靠演算法，其實並不能瞬間就把有害的內容清理乾淨，而是要有許多人類員工投入時間和精神才有可能。然而，這些人類員工的存在卻鮮為人知。

無論審查如何嚴密，總是會有漏網之魚。而那些有害的訊息一旦出現，往往就會創造出極高的參與度，促使演算法大力推播那些內容。阻止這件事發生的其中一個辦法，就是立法規定某些主題的內容不能受到演算法大量推播。在某些版本的第二三〇條修正案中，就有類似的規定。此外，英國國會為了避免像少女莫莉那樣的案件再度發生，因此也正在考慮修改該國的《網路安全法》（Online Safety Bill）。在針對《網路安全法》修正案所做的宗旨說明中，英國國會申言道：「任何網路服務的提供者，如果有意要讓兒童使用服務的話，即有責任保護兒童免受不當內容的傷害。」而即使是那些無意提供給兒童使用的網路服務，也必須要遵循透明性原則，向大眾說明他們的平臺是用什麼樣的方式處理有害內容的。其中一個可能的做法，就是主動把有害內容的「推薦順位」調降一些，從而不讓那麼多人有機會接觸到那些內容。

社群媒體必須要在眾多衝突的利益當中做出權衡。對大多數的使用者來說，我們或許都是把社群媒體當作是種人與人之間溝通的工具，用它來傳遞訊息或是關心朋友們的近況。但社群媒體同樣也扮演著類似像廣播電臺或電視頻道那樣的角色，可以一瞬間就將某些訊息傳播給數百萬使用者知曉。因此，社群平臺上的內容，也就可以粗略地區分為寫給朋友們看的私人內容，以及寫給社會大眾看的公共內容。目前的社群平臺，大致上都是用相同的演算法在對待以上這兩種內容。然而，根據曾任教於康乃爾大學的科技學者葛拉斯彼（Tarleton Gillespie），這兩種內容的差異其實相當巨大。

葛拉斯彼的現職是微軟公司的首席研究員。在接受我訪問時，他說道：「社群平臺營造出了一種朋友之間親密對話的氛圍，但與此同時，它們卻用一種統包式的系統，用對待統計數據的方式介入處理每一則內容。」這種統包式的系統，不太可會去考慮特定內容出現的前後脈絡。相反地，它會把所有的貼文一則一則孤立起來看待。而這也就意味著，我們所發布的每一則貼文，都有可能脫離其原有的脈絡，變成一則四處廣傳的熱門貼文。事實上，有非常多的使用者都在期待這樣的事降臨在自己身上。葛拉斯彼說道：「許多人都對社群平臺抱有不切實際的期待：他們不僅希望自己可以在平臺上自由發言，還期盼著演算法系統會幫助他們傳播自己的言論。」換句話說，許多人幾乎已經把「讓自己的言論獲得演算法推廣」當成一種天經地義的權利。

然而，我們或許應該要把觀念改過來才對。我們應該要學習在一個演算法不再占據主導地位的網路世界裡生存。畢竟，把自己的言論推播到眾多陌生人的眼前，這並不真的是我們所擁有的一項權利，而是一種特權，因為並不是每一則貼文都有廣泛傳播的必要。在網路世界裡，演算法就猶如一台擴音器。它可以讓普通的言論變成遠揚千里的擴音廣播，從而讓一則內容的傳播半徑擴大到遠遠超出其原本可能觸及的範圍。而扁平時代的核心問題，其實就是現有的社群平臺濫用了演算法的「擴音」功能：它會讓某種特定的內容到處廣傳，從而壓縮了其他言論的生存空間。所以說，如果我們能透過法律來限制演算法的擴音功能，或許就能讓網路生態系變得更平衡一些。

二〇二一年，史丹佛大學網路政策中心數位平臺監管計畫的主持人凱勒（Daphne Keller）在哥倫比亞大學旗下的機構發表了一篇文章，標題是〈演算法的擴音效果及其不滿〉（Amplification and Its Discontents），文中說道：「演算法的擴音效果既能載舟，亦能覆舟。」根據凱勒的看法，要讓擴音效果適切發揮功能，就必須要對演算法實施監管。而監管的要訣就是要「發揚演算法的好處」，並「減少其壞處」——也就是說，要讓演算法能夠幫助使用者發現新的觀點或興趣，同時也要能減少有害內容的大量傳播。凱勒向我說明道：「在美國，絕大多數有關『演算法監管』這個議題的文章，都在探討什麼樣的內容是適合廣傳的，但卻很少有人意識到：對不同的人而言，『適當內容』的定義可能根本就沒有交集。」凱勒指出：我們或許都曾抱怨在Spotify上聽到了太多相同的音樂，我們或許也都曾經覺得自己太常在臉書上看到某幾位家族成員的政治貼文，但畢竟每個人的品味和偏好都不太一樣，因此也很難說有什麼樣的內容比例是適合推薦給所有人的。

凱勒所謂的「內容比例」，就有點像是「健康飲食金字塔」那樣的東西。根據美國農業部（USDA）的建議，每個人每天都應該攝取少量的脂肪、油脂和醣類，以及大量的蔬菜和水果。如果我們確實用法律手段將演算法的擴音效果納入監管，或許我們就能要求各個平臺依照特定的比例將不同性質的內容推送給使用者，例如推播給某人少量養眼的內容、大量富含教育意義的內容、大量富含在地資訊的內容，以及大量符合政治中立原則的內容。若是真的頒布這樣的法令，那我們或許就再也不會在動態消息裡無止境地看到相同的內容了。

在現行法當中，其實已經有一部法律設有了類似的規定，那就是《兒童電視法》（The Children's Television Act）。該法最早是在一九九〇年頒布施行，一九九七年修法之後，其規定甚至變得更加嚴格。《兒童電視法》規定，所有主要的電視臺，每個星期至少都要播放三小時專為兒童攝製的節目；這些節目除了必須要「符合教育目的並提供正確資訊」外，還必須符合其他林林總總的要求，包括只能播出符合規範的廣告，以及不能向觀眾展示商業網站的網址等等。根據媒體教育中心於一九九七年編製的一部小冊子所言，像《比克曼的世界》（*Beakman's World*）和《比爾教科學》（*Bill Nye, the Science Guy*）這樣的兒童節目，都是在《兒童電視法》的規定下催生出來的。

但隨著時代演進，《兒童電視法》中的規定也變得愈來愈不合時宜。一九九〇年代，全美最主要的電視臺也就那麼幾家，但是有線電視興起之後，觀眾可以選擇觀看的頻道便多了許多。二〇一〇年代興起的影音串流平臺，則甚至完全不用受到《兒童電視法》的規定所限。除此之外，到底什麼叫「符合教育目的」的節目，也是一個充滿爭議的課題。有些頻道甚至會用一些「號稱是專為青少年而拍攝的真人實境秀節目」來權充時數。更有甚者，有些電視臺雖然播放的是不折不扣的教育性節目，但電視臺卻依舊靠著它大發利市。例如由公共電視臺製播的節目《小博士邦尼》（*Barney & Friends*）就是如此——多年來，與該節目相關的周邊玩具，已經熱銷了上萬件。

雖然有著諸多缺陷，但二十多年來，《兒童電視法》確實發揮了一定的約束力。二〇〇七年，環球電視網就曾因為違反了該法，而被聯邦通訊委員會裁罰了兩千四百萬美元。原來環球電視網試圖用肥皂劇權充時數，但美國政府卻判定那些節目不符合教育目的。環球電視網遭罰後，也就只好摸摸鼻子，乖乖開了一個總稱叫作《行星大學》（*Planeta U*）的塊狀節目，播放真正具有教育意涵的影音內容。由此可見，《兒童電視法》已經為內容監管開創出了先例，讓我們知道確實有可能透過法律手段改變媒體向觀眾發布的內容。那我們不妨再想一想：如果說網路社群媒體和傳統電視網同樣都具有「決定觀眾該看到什麼」的能力，那麼我們是不是也應該用同等的力道監管這些網路平臺，要求它們播送對我們有益、對社會有益的內容呢？

演算法推薦機制最擅長的事，就是利用大數據判斷出哪些內容會讓我們下意識地一直去看。即使你沒有點讚，演算法也能靠著分析你的滑鼠游標停在哪裡，判斷出你對什麼樣的內容最沒有抵抗力。觀看TikTok時，如果你在往下滑之前猶豫了一兩秒，演算法就會把那一兩秒也納入計算。演算法推送的內容，很像是垃圾食物或成癮性物質，很容易讓我們吸收過量，因此或許我們需要靠外在的力量來幫助我們選擇健康的內容。正如凱勒對我說的：「我們在幫演算法推播的內容按讚時，大腦基本上就是處在一個跟猴腦差不多的狀態。我們去雜貨店買東西時，之所以常會在結帳前抓了一把糖果，也是基於同樣的原因。」演算法助長了我們最糟糕的衝動，而且是針對我們每一個人。這也就是為什麼我們在網路上總是很容易看到刺激性的內容（例如暴力的畫面、挑釁的言論，以及充滿誤導性的傳言），但卻比較少看到較有價值，需要我們耐住性子才能看下去的內容。

「長此以往，我們就會變成一群資訊偏食的人，」凱勒繼續解釋道，「諸多的社會問題，就是因此而起。」對此，凱勒提出的對策是：「我們要強迫社群平臺把『蔬菜』融入到菜單裡，不能讓它們整天只是供應糖果了事。」本質上，我們必須接受演算法推薦的內容可能不是我們最想看到的，或者並非我們最可能參與的內容——就像我們接受新聞編輯知道哪些內容最重要並且須要傳達給受眾一樣（我想大概沒人會覺得《紐約時報》應該要依照讀者的個人喜好來安排頭版吧）。在社群媒體中，那些較有營養的「蔬菜」或許可以透過官方審核過的專案主題來播送給使用者，又或者也可以透過類似全體廣播的形式來廣泛傳播。雖然如今這種「全社會一致關注某個話題」的現象，已經相當罕見了，但如果能透過社群平臺廣泛推播某個值得關注的主題，或許能有效扭轉這一頹勢。在未來世界裡，網路平臺或許將會用中立客觀的態度呈現好萊塢電影的最新訊息，又或者是在全國性新聞中穿插會讓人感到愉快的當地報導。當然啦，以上這些東西，都是傳統媒體慣常會提供的內容，但這些恰恰正是現在的網路社群媒體所缺乏的東西。

社群媒體的興起，曾為文化和娛樂產業帶來了新的氣象。無論何時何地，使用者都有巨量的內容可以挑選，而創作者只要把作品上傳網路，就可以輕鬆接觸到比以前多得多的觀眾群。過去，電視機前的觀眾們只能被動接受電視製作人為他們攝製好的內容；但如今，我們卻把個人化的內容視為理所當然。這種新興的媒體形式雖然看似更加民主、更加平等，但卻也讓我們誤以為舊時代的法律規定和對傳統媒體的監管已經不再適用。也因此，在網際網路的年代，身為閱聽人的我們或許擁有了更多自主選擇的空間，但法律上的保障卻反倒更為稀少。

提起演算法監管，那當然不能不提言論自由的議題。為此，我曾經訪問過在聖克拉拉大學任教、並同時擔任該校科技法中心共同主持人的法學教授戈德曼（Eric Goldman）。戈德曼教授立場堅定地告訴我：「網路平臺上原本就有各種言論，而演算法只不過是把這些言論編碼起來罷了。」而前文提到的凱勒雖然主張對演算法實施監管，但她依舊審慎地指出：那些真正有害的內容（包括言語上的暴力威脅或仇恨言論）和所謂「有挑釁意味但合法」的內容，兩者仍是有區別的。如果有些使用者就是喜歡看含有挑釁意味的言論，止不住地一直幫它按讚，那法律到底應不應該介入呢？在少女莫莉的案例中，由於她曾經接觸過一些有關憂鬱症的內容，於是演算法便把更多相關的內容推給了她。如果只是這樣的話，莫莉的病況或許還是有機會好轉，因為有可能她會藉此在網路上找到能夠傾聽她心聲、並對她的處境感同身受的群體。但壞就壞在這類的內容出現得實在太過於頻繁，結果便導致了悲劇。當然，這也是演算法同質化現象的又一惡果。

如果要對演算法實施監管的話，就必須要對不同的內容做出分級。當然，這不是一件容易的事。凱勒說道：「哪些偏好是法律所不能接受的、必須要予以禁絕？如果使用者無法在數位平臺上看到想看的內容，平臺勢必就得要拿出些什麼東西來代替。如果能拿得出『蔬菜』，那當然很好。但問題是：所謂的『蔬菜』到底應該包含哪些內容？坦白說，我也沒有答案。」不過，凱勒還是提供了她的想法。她認為，我們或許可以為網路平臺加裝一個「煞車器」。這個煞車器，必須是「內容中立」的。它不會代替人們決定內容是好是壞，但只要有某一則內容突然紅了，那麼煞車器就會發揮作用，避免它再繼續廣傳。而當剎車器啟動時，人類審查員也會主動介入，判斷其內容安全無虞後，才會予以放行。煞車器的機制一旦實施，媒體全球化的現象自然就會減緩，每個人所發布的內容也將更常被保留在其原有的脈絡之內，不會像現在這樣經常被單獨抽出來廣傳。如此一來，像搞笑影片這樣無傷大雅的內容，或許就不會再像現在這樣如此廣受推薦；但這也意味著像莫莉這樣的少女，不會再接收到如此大量有害身心的迷因——如果煞車器存在的話，Pinterest或許就不會向莫莉發出那樣一則自動收集了許多致鬱圖片的電郵件了。

一則內容是好是壞，最終的決定權應該還是保留在人類的手中才對。這不僅是因為機器學習系統直到今天都還無法分辨細微的差異，同時也是因為相關的決定有可能影響到許多人的生命。如果論起速度的話，人類當然不可能比得上電腦軟體。畢竟，一個人不可能同時監控數百萬名用戶的身心狀況，也不可能逐一審視所有獲得演算法推薦的貼文。也因此，我們必須要建立起一種機制，讓人可以告訴演算法「什麼樣的內容是危險的」。而且，所謂「危險」的定義也必須要隨時調整才行，包括像是「禁用詞彙表」這樣的文件，就必須要經常更新。因為我們的文化總是不斷在演變。不過，面對扁平時代的挑戰，或許還有其他幾帖有用的藥方。這幾帖藥方並不需要我們對各式內容做出評價，而是試圖在二〇一〇年代的網路架構之上進行改善。其基本理念是：如果說我們能夠改變網路平臺運作的方式，那麼我們也可以改善我們現有的資訊生活。

## 歐盟的法律

二〇一〇年代的臉書，就像是一位細心的偵探；它會追蹤你在網路上的每一步軌跡，將你瀏覽過、點擊過的全部內容記錄下來，當然也不會放過你搜尋過的每一個詞語，以及和你有過來往的每一個人。事實上，當年的臉書不僅僅會追蹤你在臉書上的動向，只要它能存取你的Cookies，它就會在沒有明確取得同意的情況下存取你在其他網站上的活動紀錄。臉書的目標，是為了蒐集足夠的數據，這樣當你滑臉書時，它就能投放和你最為相關的廣告給你。例如有廠商正在尋找「住明尼蘇達州、介於四十到五十歲、對園藝器材有興趣的人」，而你又剛好符合，那臉書就能把你的注意力賣給廠商。其實絕大多數的應用程式，也都是用同樣的模式運作的，從而將你我包納進一個無所不在的數位監控系統裡。無論你走到哪，都總會有某些應用程式把你的數位足跡記錄下來，藉此謀取商業利益。從前，如果你不想暴露自己的足跡，唯二的方法，就是使用無痕模式瀏覽網頁，或者是透過VPN偽造你的足跡。但問題是，數位平臺通常都會要求你登入以使用更多的功能；一旦你登入之後，你的足跡便會再次暴露。

二〇一六年四月，歐洲聯盟通過了一部法規，叫《一般資料保護規則》（General Data Protection

Regulation，簡稱GDPR）。這部法規早在二〇一二年時就開始研擬，目的是要賦予網路使用者更完善的保障，避免個人數據遭到濫用，並且成立一個跨成員國的數位監管機構。在GDPR條文裡有所謂的「資料主體」（data subject）一詞，指的就是像你我這樣的網路使用者。資料主體只要上網，就會在網路上留下足以識別身分的足跡，包括姓名、所在位置，以及「有關該名自然人的身體、生理、基因、心理、經濟、文化或社會認同的一項或多項特徵」等等。「資料主體」一詞固然是法律用語，但它在哲學上也引人深思。在哲學領域，「主體」（subject）指的是某個具有能動性和獨特個人經驗的實體；然而「資料」（data）卻幾乎正好是「主體」的反面：它是一種無形體、無生命的東西，它本身並不擁有經驗，只能把發生過的事情記錄下來。

對GDPR而言，我們的資料，就是我們。資料不僅記載了我們做過的事，也左右著我們將會做的事，或者至少能夠預測我們未來最有可能會做的事。因此，我們應該要能夠掌控並擁有自己的資料，就像我們都能掌控並擁有我們的身體一樣。在GDPR裡，有一系列條文都是關於「資料主體的權利」：這些都是我們所享有的基本人權，所有的數位平臺都必須尊重。其中第一項權利是資料透明權（the right to transparency）——如果使用者想瞭解自己的資訊是如何被使用的，那麼平臺就必須要以「簡單且清楚的語言」答覆之。第二項權利則是資料近用權（right of access）——如果使用者想取得數位平臺上有關自己的資料，那麼公司就必須複製一份交給使用者；而使用者若是想瞭解這些資料是以何種格式儲存的、每筆資料各是在什麼時間點收集的，以及這些資料總共已在伺服器上儲存了多長時間等，公司依法也都必須一一回覆。

二〇一七年，《衛報》記者茱狄絲（Judith Duportail）就曾依規定要求Tinder提供她在該平臺上的所有數據。結果，茱狄絲收到了一份厚達八百頁的資料，其中包括她在臉書上按過的讚、她和每一個潛在對象之間的互動數據以及對話內容，還包括她在Tinder上傳過的一千七百多則私訊（她絕對是個資料主體無誤）。茱狄絲寫道：她「從沒想過我竟然主動向Tinder透露過那麼多訊息。」其實，Tinder之所以能運轉，靠的就是有大量的使用者提供數據供他們運用。Tinder上的男男女女，都在盼著演算法幫他們配對成功，而這一切都需要獲取他們的親密資料才能辦到。

GDPR保障的第三組權利，是資訊改正權（right to rectification）和資訊刪除權（right to erasure）。前者指的是使用者有權編輯或修正有關自己的資訊內容；後者指的是當某筆資訊「不再有保留的必要」時，或是當使用者本來同意但後來反悔時，數位公司都必須刪除相關的資料。當然，如果某筆資訊是透過非法的手段取得的，也必須刪除。資訊刪除權還有個詩意的別名，叫「被遺忘權」。雖然美國直到現在都不保障這項權利，但歐盟卻從二〇一四年起就開始保障。至於第四項權利，則是拒絕權（right to object）——使用者有權要求數位平臺不要收集關於自己的資訊。這項權利最大的用處，就是可以幫助使用者避免廣告訊息的干擾。其條文如下：「當資料主體拒絕提供資料供行銷之用時，便不得再次使用該資料以供此類用途。」如果你不想成為目標式廣告的投放對象，那麼你就可以行使拒絕權（雖然數位公司還是有其他方法向你投放廣告）。此外，拒絕權還包括了「不受純自動化演算機器得出之結果影響的權利」——意思是，除非取得你的同意，否則你不會看到任何演算法系統推播的東西。藉此，你可以避免臉書像偵探一樣地跟蹤你，只為了猜出你接下來可能想看的東西。

GDPR於二〇一八年五月二十五日起生效。它不僅規範了所有位在歐盟的公司，同時也規範了所有向歐盟公民提供商品或服務的公司——也就是說，所有主要的數位平臺，幾乎都包括在內。從表面上看，新法帶來的改變似乎不大。最讓人有感的，大概就是自此之後，每當你初次造訪某個網站時，都會有個視窗跳出來，詢問你是否同意讓它收集你的資訊，並邀請你瀏覽落落長的使用條款。Cookies——這個源自一九九〇年代的程式術語「幸運籤餅」（fortune cookies）*的詞，指的是用來追蹤使用者網頁瀏覽活動的資料封包——從此成為常見的用語。但除此之外，GDPR其實帶來了一項靜水流深的變革：從此之後，網站不再能夠肆無忌憚地收集使用者資料了，否則就必須付出代價。GDPR剛生效時，歐盟成員國的反應並不積極；但從二〇二〇年起，各國都開始要求國內的公司依法提供保障，相關判決的數量也快速增加。截至二〇二三年初，各歐盟國的法院依據GDPR，已經累計開出了一千三百多份罰單，總金額達二十三億歐元。

二〇二二年十一月，臉書便因為違反GDPR，面臨了兩億七千五百萬美元的罰款。事件的起因是臉書沒有保護好使用者的隱私，致使五億多名用戶的個資外洩，並且被公開放在某個駭客論壇上。該次事件，並非Meta公司首次遭罰。早在同年的九月，IG就曾因為未能保護未成年用戶的個資，因而遭罰了四億美元。二〇二一年，WhatsApp也曾因為未能提供明確的隱私權政策給使用者知曉，而遭罰了兩億兩千五百萬歐元。不過，若要說最鉅額的罰款，那就不能不提亞馬遜了。該公司曾因為不允許使

* 譯註：原文稱「Cookies」一詞的語源是「幸運籤餅」，但經查「Cookies」一詞的語源應是程式術語「magic cookie」才對。

用者拒絕系統追蹤個資，遭罰了七億四千六百萬歐元。除了這幾個科技公司外，許多較小型的公司也都曾因為違反GDPR而面臨罰款。二〇二〇年三月，荷蘭資料保護局就曾對荷蘭皇家草地網球協會（該協會是荷蘭網球運動的國家級管理機構）祭出了五十二萬五千歐元的罰款，理由是該協會「非法販售個人資料」。原來該協會曾為了行銷目的，將三十五萬名會員的個資賣給了贊助商，整個過程都沒有取得會員同意。然而根據GDPR，如果使用者沒有主動選擇參與這類交易，就算是違法。

不過，和大型科技公司的營收相較起來，裁罰的那些錢只能說是不痛不癢。雖然GDPR多多少少有一定的約束力，但它並不是人們想像中的完美解方。例如，雖然許多網站現在都會詢問使用者「是否接受所有Cookies？」但只要使用者按下「同意」鈕，他們就會像從前那樣被追蹤。正如美國倡議團體「科技負責任」（Accountable Tech）的共同創辦人吉兒（Nicole Gill）所指出的，對數位公司來說最有利的做法，就是盡可能誘導使用者輕鬆被動地按下「同意」鈕。吉兒說道：「所有的網路公司，一定都會在合法範圍內，找出最能讓使用者按下同意鈕的方法。」輕鬆無礙，始終是扁平時代的企業所追求的目標；因為一旦你停下來思考，你就會開始懷疑是否真的要讓眼前的網站追蹤你的個資。「一旦使用者放慢腳步，就會開始思考自己的行為是否妥當。」吉兒接著說道。其實，當我們在使用Spotify或TikTok時，情況也是如此——一旦你開始思考，你很可能就會放下手機。

我得承認：我也很常進入被動的狀態。上網時，如果我看到網站上跳出了「是否接受所有Cookies？」的視窗，在絕大多數情況下，我都會按同意。當我瀏覽私心偏愛的網站時（例如我特別喜歡看一個叫「食客」（Eater）的美食網站），我甚至還會開開心心地按下同意，因為我覺得我好像可以信任它。還有，由於我一向都很欣賞觀點左傾的英國《衛報》，因此當它的網站問我是否接受Cookies時，我也欣然同意了——這能有什麼大不了？要是選擇「不同意」的話，那反倒像是在自找麻煩。如果我心血來潮，想要展現正義感，那或許我會怒按不同意，以顯示我反對數位監控的決心。但如果我只是想圖個方便，我就會覺得按個同意也沒差——說不定按下同意之後，演算法還會更懂我，推薦給我更多個人化的內容呢。

除了我個人的懶惰之外，這些網站的介面設計，也是讓人傾向於同意的原因。「同意追蹤」的按鈕，通常都比「不同意」的按鈕黑白分明且顯眼得多。所以如果我真的要按「不同意」的話，我的腦袋還得多轉幾下才能找到正確的鈕。但更關鍵的還是這些網站所營造出來的一種感覺——即使我按了「不同意」，無論對我還是對其他人來說，網站的呈現方式也不會有任何不同。正如阿姆斯特丹大學專門研究數位平臺相關議題的學者里爾森（Paddy Leerssen）所說的：「絕大多數人根本沒在管，反正一律按同意就是了。」里爾森過去也曾在史丹佛大學的網路與社會中心擔任過研究員，他向我指出，GDPR所要求的事項，最終反而是把重擔加諸在了使用者的身上。他說道：「GDPR要求數位平臺向個別的使用者負起責任，但這種制度坦白說並不是很管用。」因此，繼GDPR之後，歐盟所頒訂的監管法規，都已不再強調保障個資，而是直接介入演算法系統的推薦方式。據里爾森所說，這些較新的法規，都試圖「指示並規範數位企業該做什麼、不該做什麼，而不是把問題留給個別使用者自己去決定。」

二〇二二年七月，歐盟的《數位服務法》（The Digital Services Act）獲得通過，並於二〇二四年生效。這部法律算是延續並且加強了GDPR對資料透明性和演算法透明性的要求。它規定：數位平臺

「應以易於理解的方式，清楚呈現出內容推薦系統所採用的主要參數，以確保使用者明白他們所接收到的內容是以何種順序向他們呈現的。」此外它也規定：必須提供使用者「自訂演算法」的機會，讓使用者自行決定想要收看的內容比例，或是依其意願選擇資訊來源。也就是說，數位平臺必須提供「演算法之外的推播選項」。

二〇二二年九月，另一項歐盟法規《數位市場法》（Digital Markets Act）也獲得通過。該法旨在抑制大型企業壟斷數位產業的現象，並積極鼓勵市場競爭。在《數位市場法》裡，幾家最大型的數位企業被稱為「守門人」（gatekeepers）。針對這幾家「守門人」，該法祭出了明確的規範，包括：除非取得使用者同意，否則公司不能將用戶資料提供給旗下的另一項產品使用。例如，除非WhatsApp的用戶同意分享資料給臉書，否則Meta公司不能夠徑直將WhatsApp和臉書的用戶資料合併在一起。此外，《數位市場法》也禁止守門人做出「自我優待」的舉動。過去無論是Google還是亞馬遜，都常會在搜尋結果或演算法推薦內容中優先呈現自家商品，使得網路世界的同質化現象進一步加劇，但《數位市場法》禁止了這樣的行為。企業要是違反了規定，可能會面臨到高達公司年營收一成的罰款。而要是屢犯的話，罰款最多還能達到年營收的兩成，使得大企業再也不能輕忽法律的要求。

隨著上述幾部法律一一生效，我們的網路環境很有可能會產生大規模的變化，讓使用者擁有更多的主導權，甚至可以自行決定偏好的資訊來源和內容比例。這樣一來，我們也就擁有更大的空間可以捏塑自己的品味，並主動依照自己的心意來實踐數位生活。在那樣一個美好的未來圖景裡，演算法將不會再像現在這樣既單調又同質，且宛如黑盒子般教人摸不清楚底細；相反地，演算法將會成為我們手中自由掌控的一項利器。你將可以擁有自己獨特的演算法機制，而我也可以自行設計屬於我的演算法系統。如果真能如此，我們的網路文化肯定會變得更加多元且滿溢生機。

歐盟的一系列法規頒布之後，許多科技公司確實改變了做法。二〇二三年八月，Meta公司便宣布從此之後，臉書和ＩＧ都將為用戶提供完全沒有演算法推薦內容的使用介面。但是，這個選項只對歐盟用戶開放。而美國人呢，由於我們的法律在這方面遠遠落後於歐盟，因此截至目前都無法享有這個選項。因此當我在新聞中看到歐盟的立法進展時，我的心中既羨慕又嫉妒。

## 美國的法規

歐盟頒布的一系列法律，間接引發了美國社群平臺之間的戰爭。雖然歐盟法律不適用於美國，但這些規定問世之後，還是對美國的科技公司造成了壓力，也讓他們終於採取不一樣的做法。二〇二一年四月，蘋果宣布會在iPhone的作業系統內新增一項功能，叫「應用程式追蹤透明度」，這項功能要求iPhone上的所有應用程式在取用使用者資訊之前，都要先透過一個彈出式視窗取得使用者許可。此外，蘋果還在系統裡設置了一個列表，讓使用者可以一一調整每個應用程式的追蹤權限。這項功能看似沒什麼大不了，但效果顯著：據統計，這項功能剛推出時，只有十六％的使用者選擇讓應用程式追蹤自己；雖然一年後上升到了約二十五％，但依舊是個偏低的數字。至少對我個人而言，由於我覺得手機比網頁瀏覽器更能透露我的隱私，所以我通常都會要求應用程式不要追蹤我。然而，這項功能卻讓許多科技公司大受打擊；因為它們絕大部分的營收，都是透過在行動設備上投放目標式廣告賺來的錢。二〇二二年年初，Meta便曾預估，蘋果推出的這項新功能，將會為臉書帶來至少一百億美元的損失。果不其然，就在這項功能推出之後，Meta的股價便下跌了超過二十六%，市值蒸發了兩千三百多億美元。

蘋果推出的這項功能，猶如一場大型的社會實驗，讓我們看到美國的數位服務使用者們對於數位隱私權的真實看法。結果顯示，除非有明顯的好處，否則美國人大都不喜歡被應用程式追蹤。（只有在玩遊戲類的應用程式時，使用者同意追蹤的比率會明顯比較高。）藉由推出這項簡單的功能，蘋果不但成功美化了自己的企業形象，同時也重重地踹了競爭對手好幾腳。而這件事同時也說明了世上最大規模的幾個數位科技公司並非不可憾動的巨人；只要禁止它們追蹤我們的個資，我們就能改寫扁平時代的樣貌。

歐盟的立法程序，畢竟和美國有所不同；為此我特地請教了史丹佛大學的法學學者，同時也是現任史丹佛網路政策中心共同主持人的帕斯里（Nathaniel Persily）教授。他告訴我：歐盟的法律通常都比較寬泛，條文的語意也比較模糊，因此雖然歐盟法律的前瞻性往往很高，但其理想卻經常無法立即付諸實踐，包括GDPR和《數位服務法》都是如此——它們恐怕還需要經過「數十年的討論，才能成為完善的法律」。但帕斯里同時也指出，歐盟的法律確實值得參考，其他國家亦不妨邊看邊學。他說道：「歐盟這幾個法案的影響力看似不大，但確實可能改變美國法律的走向。」GDPR頒訂至今，至少說明了一項重要的事實：強化對個資和隱私權的保障，並不會導致網路產業土崩瓦解。我們還是可以像從前那樣繼續消費各式各樣的內容，只不過我們的安全性和自主權都提高了。

在過去幾年裡，數位平臺和使用者之間的關係，以及數位平臺和政府之間的關係，都發生了重大的轉變。二〇一八年，在帕斯里的協助之下，「社會科學一號」（Social Science One）正式成立了。它是由臉書和學界人士共同組成的協作組織，相當具有開創性。透過社會科學一號，學界終於有辦法取得臉書的內部數據並進行研究。二〇二〇年，他們還曾釋出一個資料集，裡面收集了超過一艾位元組（也就是十億多GB）數量的網址，而其中有三千八百萬個網址，都是臉書使用者們分享過或點擊過的連結。帕斯里指出，臉書之所以願意公開這些資料，主要是為了要彌補不久之前爆發的「劍橋分析數據醜聞」。事實上，社會科學一號成立的機緣，也正是由於該起事件。在這起事件當中，有家名為「劍橋分析」（Cambridge Analytica）的英國顧問公司在未經使用者同意的情況下，收集了數百萬名臉書用戶的個人數據，並將之運用在政治活動當中，其中包括川普在二〇一六年總統大選期間的競選活動。這樁醜聞爆發之後，人們對演算法和數位平臺的不滿情緒日益升高，於是臉書才終於改採較為公開透明的態度，並願意接受一定程度的監督。正如帕斯里所指出的：「人們迫切希望採取一些作為。」

要彌補這次醜聞所造成的傷害，其實有眾多亡羊補牢的辦法。例如修正《通訊端正法》第二三〇條、加強保障資料權利、用監管的手段介入演算法機制，避免大量傳播特定主題的貼文等等。但在帕斯里看來，提高透明性依舊是其中最為關鍵的一環。透明性之所以重要，有一部分是因為如果我們只看數位公司自行提交的報告的話，我們還是無法確知演算法機制到底是怎樣運作的。因此，如果專家學者有辦法在確保資訊安全的情況下，使用平臺方所提供的去識別化資料進行研究，我們就能借重這些研究成果，進一步討論如何設立數位監管的法規，同時也能讓科技公司不敢做出太踰矩的行為。正如帕斯里所說的：「透明性一旦提高，數位公司肯定會改變它們的做法。」

雖然社會科學一號正式成立了，但臉書卻並不總是樂意提供相關資料。臉書的律師經常以「恐有侵犯使用者隱私之虞」為由拒絕提供資料給研究人員。而這也讓帕斯里開始思考是否該透過訂立聯邦層級的法律來強制要求社群媒體——提供資料供研究使用，明明是對公眾有益的事，但臉書卻始終不願意做；對於這樣的媒體，應該要有處罰機制才對。帕斯里指出：「如果要深入瞭解當代人的行為，數位平臺上的資料，是極為關鍵的一環，因為如今絕大部分的人類行為，都是在網路上發生的。」事實上，帕斯里已經起草了一份聯邦法案，並且獲得了一群社會科學家和公法律師的回饋。帕斯里告訴我，他是因為受到霍根揭開臉書黑幕行為的刺激，才加快起草法案的速度的。草案完成後，帕斯里還特地選在霍根赴參議院參加聽證會的那天向世人公布了草案。

草案公布後，德拉瓦州的參議員昆斯（Chris Coons）便迅速聯繫了帕斯里，並將草案納入到了他自己正在推動的一項有關透明性的法案當中，於是這份草案的提倡者，瞬間變得更多了。帕斯里的構想，後來脫胎成為了《平臺課責制度和透明性法案》（Platform Accountability and Transparency Act，簡稱PATA）。二〇二二年十二月，美國國會在兩大黨的共同支持之下，正式頒布了這部法律。至此，學術界的理念終於落實成為了法律。根據PATA，研究者如果想取得社群平臺的數據資料，可以向國家科學基金會提出申請，審核通過後，社群媒體公司便有義務提供相關資料；否則的話，該公司便不再適用第二三〇條的免責條款，從此必須為其平臺上的一切言論負起責任。

PATA頒布後，有好幾位國會議員也受到鼓舞，紛紛提出了相關的法案，其中包括二〇二二年時，由民主黨參議員克羅布查（Amy Klobuchar）和共和黨參議員拉米斯（Cynthia Lummis）聯手提出的《推動用戶促進良好社群媒體使用經驗法案》(The Nudging Users to Drive Good Experiences of Social Media Act，簡稱NUDGE)。儘管如此，數位人權在美國的進展，才只是剛剛開始而已。我們或許已經意識到演算法正在傷害所有人的身心健康，但公權力到底應該如何監管演算法，我們現有的知識還相當不足。

通常我們在面對政治問題的時候，都會祭出政治手段進行管控。演算法確實為我們帶來了不少政治問題，包括言論自由、網路性騷擾、歧視和偏見，以及過度助長資本主義等；但在扁平時代，我們所面臨的卻不僅僅只是政治問題而已，因為我們生活中的各方各面都受到了演算法的影響。如果我們禁絕了網路上的仇恨言論，這當然也會影響到我們所接觸的電視影集和音樂專輯中的內容。也就是說，監管的手段一旦介入，演算法也就不再能夠單方面決定我們的文化生活。

然而，用法律來管制文化，不見得是最好的做法。(在文化領域，公部門的政策往往並不怎麼成功。)法律或許可以強迫數位平臺把有問題的內容下架，但它卻沒法要求Spotify為你提供更具挑戰性或創意性的歌單。畢竟，憲法從未保障我們享有「個人品味的權利」。因此，我們必須設法改變自己的消費習慣，更加注意我們選擇文化產品的方式，避免對演算法推過來的東西照單全收。就像許多人會特地選購貼有「有機食品」標章的食物那樣，將來我們或許也應該用相同的態度選擇數位產品；例如主動親近那些願意呈現另類作品的數位平臺，從而讓創作者們可以更自在地展現出異質性的思維。

此外，我們也必須謹慎選擇我們的資訊來源，並主動瞭解數位平臺提供的分潤機制，以便確保我們的按讚和分享都能為創作者帶來收入。如果在某個社群平臺上，創作者只能靠目標式廣告的投放次數來獲取分潤，或許就要考慮是否繼續使用這樣的平臺。數位世界裡的地景，就像是一片森林。臉書和TikTok就像高聳的巨木，遮蔽了絕大部分的陽光。但如果我們願意尋找，依然會在陰影處發現許多不同的可能性。

其實，現在就已經有好幾種不同的方法可以直接付費給創作者，Bandcamp就是其一。Bandcamp就像是一家線上版的獨立音樂唱片行，你可以透過它向獨立音樂人購買音樂作品，並且以數位檔案或線上串流的形式收聽；如此一來，你付的錢就不必受到Spotify的分潤機制所左右。Patreon也有類似的功能，它讓你可以直接向創作者購買他們的作品，無論是文章、圖畫或者是音檔都行。而且每位創作者在Patreon平臺上的作品都是依照順序排列的，因此觀眾付費訂閱之後，可以完全依照順序欣賞這些作品。另外，Substack的功能也相差不遠，如果你想付費訂閱有品質的電子報，就可以考慮使用它。

二〇〇八年，《連線雜誌》的編輯凱利（Kevin Kelly）寫下了一段著名的話，他說創作者其實只需要「一千名真正的粉絲」，並且說服他們每年付一百美元支持你，你就可以過上專職創作的生活了。這種商業模式，和在大型數位平臺上當一位盡可能追求更多粉絲的網紅大不相同。凱利寫道：「比起累積一百萬名粉絲，倒不如設法尋找一千位客戶。」但麻煩的是，上面提到的那些較小型的數位平臺，也個個都面臨著演算法機制的誘惑。一旦它們引入了演算法，就有可能吸引到更多的使用者、創作者和消費者註冊加入。此外，既有的大型公司也不停地在擠壓著這些小型平臺的生存空間，甚至威脅要收購它們。因此，雖然這些小型平臺至今都沒有使用演算法機制，但難保永遠都會如此。

怎麼辦呢？最簡單，或許也最有用的辦法是：不要再使用那些會剝削你注意力的平臺。我們還是可以繼續上網、享受科技生活，但我們應該主動選擇那些更加尊重使用者的網站和公司。此外，我們還應該嘗試使用那些自由度更高的數位平臺，試著自己ＤＩＹ。如果你願意更基進一點，你甚至可以替自己設定一段不上網的時間，親身去接觸藝文作品。在過去這十年裡，我們的網路環境已經變得愈來愈封閉，而臉書就是罪魁禍首。它就像是一株數位世界裡的藤蔓類植物，不斷用它那藍色的莖葉，阻礙網路往更為開放的方向發展。事實上，隨著臉書的規模愈變愈大，我本人也逐漸對它失去了興趣。雖然臉書已經成為了一個什麼都有的平臺，但它終究不可能在每件事上都面面俱到——雖然它什麼都有，卻只是一堆雜亂無章的大雜燴。不只是臉書，祖克柏主導下的ＩＧ也是如此，埃克（Daniel Ek）主導下的Spotify，以及馬斯克主導下的推特，也都是如此。社群媒體發展到了二〇二三年，似乎已經徹底陷入了弊大於利的窘境。

我總覺得現在的網路環境，讓我有種窒息的感覺。在過去的年代裡，我可以透過個人部落格緩慢地累積讀者、緩慢地和世界溝通，但現在的我卻無法像從前那樣充分地展現個性。今日的網路平臺不僅太過單一，步調也實在太快。二十年前的數位科技雖然沒有現在這麼先進，但當時的網路生態，卻比起今天要更有創意得多，常常可以在上面看到有許多充滿瑕疵但個性豐滿的作品，而且，那時的網路環境也比今天自由得多。透過法律手段實施管制，當然是改善網路世界的可行辦法，但法律畢竟只能給予我們最基本的保障。要復興網路文化，不能光靠法規。文化的事，需要有人悉心照料、澆水灌溉，才能開出滿室的花朵。而栽花蒔草，最需要的就是時間。所以，在探討完法律議題之後，接下去我們就要在日常生活中付諸實踐，才有可能栽植出不一樣的數位生活方式。

# 第六章
# 策展的力量

## 我的實驗計畫：戒除演算法

二〇二二年的夏天，我徹底地被困在扁平時代裡。兩年的疫情時光，讓我的生活大小事都更加依賴演算法：與朋友互動、透過串流平臺看電視和電影，以及藉由推特獲取有關周遭世界的即時新聞（而那裡**永遠**有新聞可看）。我所接觸到的所有媒體和資訊，都是數位平臺幫我挑選好的，我自己沒有什麼控制權。只要一有空閒，我就手機不離身，讓每分每秒都充滿新的刺激。即使我追蹤的帳號近期沒有發文，應用程式還是不斷在更新動態消息，確保我二十四小時都有內容可看。TikTok更是用它那永不歇止的演算法填滿了我的生活。無論是輾轉難眠的凌晨三點，還是遛狗散步的午後時光，又或是在餐廳用晚餐時去上廁所的那幾分鐘光景，我總是能看到隨時更新的各種新奇內容。

各式各樣的推薦內容自然而流暢地進入我生活的方式實在相當驚人。接收它們就像菸一支接著一支抽那樣，我每次都是一則內容接著一則看，很難停得下來。每天起床時，我總會打開推特看看深夜發生了什麼；每晚到了就寢前，我也總會打開Netflix挑部今晚想要看的片。雖然我一直以來都有這些習慣，但疫情讓我更加沉溺其中。身為一名對各式各樣的文化產品都感興趣的作家，這些平臺是我與使我接觸到新奇有趣事物的人聯繫的地方。我很珍視我在推特和ＩＧ上投入的時光，以及我在上頭結交到的好友和工作夥伴。但我開始覺得，雖然我靠著推薦內容看到或聽到原本不會接觸的事物，我對它們的過度依賴卻也讓我不再能享有另外一些在這十年間已經被我忘記的、相當不同的經驗：與有限而非無限的相遇；自己判斷並選擇我某個時刻想看什麼的過程，且中間沒有滑手機這回事。

許多人之所以有演算法焦慮，其中一原因是擔心演算法會誤解我們；另一個原因則是擔心被演算法所挾持，覺得好像怎樣都無法逃脫。如今，太多人都過度沉溺於動態訊息，因而也讓演算法取得了過度膨脹的影響力。但截至目前為止，政府對演算法的監管力道還是相當不夠；而且就算有了法規，多數使用者恐怕也很難放棄演算法所帶來的新奇內容。演算法是種頗具成癮性的資訊工具，它總是會悄悄地塞給你一堆觀點相同的內容，讓你以為自己的文化品味、政治觀點和社會偏見都是普世真理，但你實際上看到的只是自己的鏡像。這事讓我深感焦慮，因為我發覺我的生活（尤其是我的數位生活）漸漸變成是由動態訊息所構築起來的一則虛構敘事。雖說我每天都會看朋友們的動態消息，也會關心某幾個城市又發生了哪些事、當天有什麼新聞報導，甚至外面天氣如何；但問題是，這些資訊統統都是演算法投餵給我的。近年來，演算法推薦的資訊愈變愈零碎，資訊品質也愈變愈差；甚至會把好幾天前的貼文當成是最新消息推播給我。更糟的是，雖然有些人會看我的文章，而我也藉著他們的眼光省視自我，但我卻根本不曉得那些人是誰，因為他們也都是靠著演算法推薦才發現了我。假使演算法系統一夜之間消失，「我」還會是原本的我嗎？我不敢肯定了。那些和我一樣在數位平臺上耗費大量心血、認真經營數位帳號的人，我猜他們也都和我一樣迷茫。於是，一種恐懼感襲擊而來。我開始思考：過去那幾年，我完全用被動的方式，不斷把我感興趣的內容滑過來又滑過去；在這個過程當中，我是否已經喪失了自主性，不再知道如何主動尋找有意義的東西？

為了掙脫這股無力感，我決定做個實驗，看看我是否有辦法不看、不聽任何來自演算法的內容，就像有些基督徒會在大齋期間戒糖，也像有些人會參加一月不喝酒挑戰那樣。雖然腦袋放空、讓演算法代替我做決定，那種感覺確實很誘人，但我就是想試試如果一切都由我作主，結果會如何。

這個挑戰，起初並不困難。眼下我所要做的，就是刪掉某幾個應用程式，然後登出某幾個網站，以免我下意識地點開。不就是這樣？但這其實比我想像中困難很多，畢竟我的文章都在推特上，我的好友們都在ＩＧ上，而我的音樂則都在Spotify上。除此之外，我還很擔心我會錯過網路上發生的重要事件。我擔心會跟不上好友們的近況，會無法即時讀到某篇我可能會喜歡的文章，或甚至會失去一些很不錯的工作機會。這種焦慮感似乎比錯失恐懼症還更嚴重——如果我不再參與社群討論、跟隨潮流，那「我」這個人還會繼續存在嗎？如果我徹底退出演算法，那就算我寫了再多文章，是不是都沒有意義？這令我想起藝術家河原溫做過的一組作品：〈我還活著〉（I Am Still Alive）。在這組於一九六九年展開的系列作中，河原溫一共發出了數百封電報，但電報內容只有同樣的一句話：「我還活著。」

不過，當我靜下心來沉思時，我卻發現我的焦慮感其實是種很無謂的東西。如果我沒看到某位朋友在度假期間上傳的那幾張照片，那又如何？如果我沒看到網紅們如何評論出版商強力炒作的某部最新小說，或者沒能參與推特上最新、最夯的話題，那又怎樣？在真實生活中，這些內容對我幾乎沒有任何意義。曾有一度，我很擔心一旦停止上網，我就會失去人與人之間的連結；但我發現如果我去外面遛狗，我就能和鄰居聊上幾句話。而這種面對面的交流，比社群平臺上的互動要實在得多。於是，我得出了一個結論——過去的我，隨時都要抓住手機上網，深怕錯過最新資訊，而現在的我則是啥也不看。在這兩個極端之間，我相信一定有個剛剛好的平衡點，讓我可以心情愉快地吸收資訊。所以接下來的問題就是：到底每天應該吸收多少數位資訊才剛剛好呢？其實，我們往往都會高估數位資訊的重要性，但事實上卻並非如此。

我把我的實驗看作是一場戒除演算法的淨化之旅。我相信，主動調整我所接收的資訊比例，可以讓我活得更健康。此外，我也想趁這次機會瞭解一下，除了靠演算法推薦之外，還有什麼別的方式可以接觸當代的藝文作品。坦白說，我想做這樣的實驗已經很久了，只不過我一直在拖延。直到二〇二二年八月的某個週末，當我發現無止無盡地滑手機比乾脆退出不滑還要累的時候，我才終於啟動了這項實驗。當時，那位靠著特斯拉發了大財的馬斯克正語不驚人死不休地表示要把推特給買下來，並且還說要把推特改造成他的私人遊樂場（同年十月，馬斯克真的就把推特買下來了）。自此之後，推特的使用體驗就每況愈下。同一時期，IG的使用體驗也愈變愈糟——他們為了要跟TikTok打對臺，於是把短影片的推薦順序調得很高，弄得大家怨聲載道。

對我來說，TikTok就像是一帖暫時麻痺身心的藥劑。它彷彿像是會讀心術一般，你只要在上面滑來滑去，它就會推給你一堆你喜歡看的內容，完全不用思考。無論何時，如果我想暫時抽離五分鐘，我只要打開TikTok就能辦到（不過往往都會暫時抽離一共十五分鐘）。那感覺，堪比一趟鼠尾草精油的療癒之旅，讓你可以短暫地脫離世界，而且其過程愉快無比。這令我想起作家華萊士（David Foster Wallace）寫過的一本小說《無盡的玩笑》（*Infinite Jest*）。在書中，華萊士描寫了一種「娛樂產品」，由於它實在太吸引人了，因此沒人有辦法停止享受。TikTok的娛樂效果，庶幾近之。華萊士是這麼寫的：「它非常地空虛、空洞。整個敘事完全沒有戲劇性，不知道要把觀眾帶向哪裡，構不成一則真正的故事。」拿這句話來形容TikTok，整個就是貼切到不行。TikTok的特色就是缺乏結構、只重氛圍；沒有前後連貫的訊息，有的只是一瞬之間的感受。很顯然，TikTok並不會使我變得更加聰明，而我身為一名作家，我的工作就是要創造出複雜的思想。一直狂看TikTok，恐怕沒法讓我成為好的作家。

當我啟動我的實驗計畫時，我並沒有在社群媒體上宣布，也沒有和大家道別，因為這兩件事都和我的初衷背道而馳，做了只是顯得自我膨脹而已。事實上，如果你一段時間不發文，根本就不會有人在乎，因為演算法會自動用別人的貼文來取代你。在扁平時代，任何人都是可以被取代的。你的那些所謂的粉絲，他們之中的絕大多數，根本就不會注意到你不見了。你的帳號一旦休更，演算法就會把你的帳號排到比較後面的位置，所以大多數的人根本就不會留意到你。

就這樣，在八月的某個星期五晚上，在我結束掉了一整天的工作之後，我就把自己徹底抽離了數位平臺。我一一登出了我的社群帳號，同時心知肚明：這次登出之後，我有很長一段時間不會再登入了——至少會長達數個月之久。由於社群媒體是二十四小時營運的，過去它們總會不停地把最新消息推送給我；但自從我的實驗計畫開始之後，我的手機卻彷彿變成了一塊磚頭，長時間地動也不動。

第一個週末過去了，情況還不算太糟。畢竟週末一向是我的休息時間，不看社群上的資訊本來也就很正常。唯一不習慣的是：當我不得不利用週末短暫工作時，我非常懷念推特上那些喋喋不休的推文，就像懷念小時候的下課時間那樣。不過，當星期一到來時，那才真的是痛苦的開始。我不但一直手癢想要滑手機，而且，我的頭腦似乎出現了戒斷反應；它不停地發出訊號，告訴我它渴望看到最新資訊排山倒海而來的畫面。我的戒斷反應，和焦慮症的臨床症狀相當類似：肌肉不由自主地跳動、脾氣變得暴躁，而且全身不舒服。拋開演算法之後，我並沒有找到心靈的平靜，反而更加心神不寧。好吧，也許我稍微誇張了些；但實驗前後，我整個人的差別真的超大。從前，我每天都會看到千百則各形各色的貼文，但現在我每天看到的訊息用十根手指就能數完。我的退出演算法之舉，就像是在一條名為「資訊生活」的高速公路上重重地踩了煞車。

實驗期間，我為了轉移注意力，還去下載了幾款手機小遊戲。這些遊戲的玩法不外乎就是堆疊積木啦、調整電燈開關啦等，其功用就跟用來消除緊張情緒的安神念珠差不多。例如有一款叫「紓壓神器」（Antistress）的小遊戲讓你可以用吸塵器把骯髒的地板吸得清潔溜溜，確實紓壓。不過，雖然焦慮是緩解了，但我卻覺得好像都在做些沒意義的事。於是，我打開了筆電，創了一個空白文檔，將它命名為「不會發在推特上的推特文」。然後，我便開始寫下一些我不會發在推特上的短文。如今回看當初那批短文，坦白說並沒有什麼亮點。例如有一句是：「馬克思主義者艾芙倫（Nora Ephron）說過：『一切都是資本。』」還有：「從前，你只要在折疊手機上輸入『二四四二四四』就可以自動發推特，真是教人無限懷念。」以上這些莫名其妙的垃圾話，除了可能在推特上吸引到個位數的讚之外，真的是沒有任何意義。不得不承認，我感受世界的方式，已經深深被推特所影響。

戒斷任何一種東西，都會帶來暴躁易怒的情緒，戒斷演算法也不例外。過去不管我在推特上發了什麼，都總是會有看不見的觀眾幫我分享按讚；但如今沒有了推特，我只好不停地在潔絲耳邊嗡嗡說著一些無聊透頂的話。潔絲大部分的時間都懶得理我（誰想理我？），使我陷入了深深的苦惱。由於我不斷向她輸出我的不安情緒，又一直討拍，搞到最後她也受不了了。在那段期間，潔絲經常在深夜時分以遛狗為藉口，溜出我們的公寓，時隔許久才回家。

實驗又接著進行了好幾個星期，我這才發現：如今整個網路世界，幾乎都已被演算法所挾持。用物流系統來比喻的話，演算法就像是城市裡最重要的幾條貨運路線；它能夠確保各形各色的內容順利抵達目的地，而無論是創作者還是消費者，都不需要費心思考物流的問題。無論你是獨立作者、媒體公司或是出版業者，你所要做的事情，就是把內容發在網路上，然後把一切交給演算法。雖然這個方法並不總是有效，但至少大部分的時間裡，消費者只要打開動態消息，就會看到一連串令自己感興趣的內容。傳統的部落格和老派的網站傾向於不使用演算法，而是讓人類編輯或使用者自己去蒐集感興趣的新聞資訊和熱門話題，然而這類老式的平臺在演算法的進逼之下，早已消失殆盡了——已經關閉的高客網（Gawker.com）就是如此。又由於演算法是如此勢力強大，如今就連許多老牌刊物也都順應潮流，大幅改造了它們的網站，把首頁弄成一次只呈現出少數幾則文章的樣子，而且每篇文章一定都會配上一張大到不能再大的圖，以及一段短到不能再短的文字。當我瀏覽這些網站時，我總覺得自己像是一名誤闖私宅的不速之客。我彷彿聽到這些網站在我耳邊大喊：「**你不是應該出現在臉書或推特上才對嗎！？**」

在實驗期間，我還發現有許多我沒料到會使用演算法的軟體，都早已裝設了演算法系統。在我開始戒斷之後，我決定使用《紐約時報》的應用程式來看新聞，但我沒想到就連他們的應用程式上都有一個「為您推薦」的頁面，而且操作方式還跟TikTok很像：它會記錄你點了哪一篇文章、讀了多久時間，然後再依據這些數據推薦更多類似的文章給你。《紐約時報》的演算法很快就抓住了我的喜好，把一堆藝術和文化類的文章推送給我，中間還夾雜一些有關室內裝潢的文章，完全投我所好。但問題是，我就是因為想要拓展自己的視野，才展開這項實驗的啊！於是，我決定不再打開那個「為您推薦」的頁面。但我的視野卻沒有因此變得寬廣，因為整個應用程式基本上只會呈現編輯們選定的少數幾個主題，而這幾個主題並不都是我感興趣的——顯然我對於「個人化內容」還是有所偏愛，而我必須主動抗拒這份偏愛才行。

二〇二二年九月的某一天，英國女王伊莉莎白二世逝世了。那時，我已經有好一陣子沒有追著新聞看了，所以我遲了好幾個小時，才從潔絲口中聽說了這件事。出於無聊，我打開了《紐約時報》應用程式，開口朗讀一篇由布魯克斯（David Brooks）所寫的編輯特稿。過去我對布魯克斯其人其文，都沒有特別的興趣；潔絲見狀，還幾度猶豫是否要出手干預。但就在那一瞬間，我突然明白了在老式的情境喜劇裡，當劇中人物在早餐桌上摺起報紙，並引述一段平凡無奇的新聞報導時，是一種什麼樣的心情——沒有了推特之後，我唯一能依賴的訊息來源，就只剩下報紙而已了。

要全面逃離演算法，幾乎是不可能的任務，畢竟Google搜尋就是由演算法所驅動的。此外，無論是哪一家公司的電子郵件服務，也一定都會使用演算法系統來分類郵件——我總不可能把自動辨識垃圾郵件的功能關掉吧。還有，像我這樣一個大路痴，要是沒有了Google地圖，恐怕哪兒也去不了。不過，起碼在文藝創作這塊領域，我是有辦法做到盡可能不依賴主流的數位平臺來接觸文化產品。在屏除了演算法的干擾後，我只能強迫自己主動選擇有用的資訊來源，電子報就是其中之一。在前網際網路時代，許多創作者都會透過手工印刷的小冊子來推廣作品，而如今的電子報就有點像是當年的那些小冊子，讓我有機會可以和我所信任的發行者建立聯繫。近年來，電子報之所以再度風行，正是因為有許多人都想要擺脫演算法的干擾。電子報的內容都是經由人工選輯出來的，而且其發行數量必定有限，不可能無限推播給不特定的人觀看。而這使得電子報很像是紙本雜誌，同時又很不像是演算法推薦系統。

有一點倒是如我所願地發生了：我變得更常把長篇文章一次讀完，而且我瀏覽器中開啟的分頁數也變少了，我想這是因為我沒有其他事情好做的緣故。過了一個月之後，就連我那不斷想寫推特的衝動也消失了，我反倒開始寫起了長篇的日記。我的大腦總算不再死死遵守兩百八十個字符的篇幅上限，也不再一直想發短篇廢文了。至此我才終於看出，我之前寫下的那些「不會發在推特上的推特文」到底有多麼不正常。它們徹底缺乏上下文，只能片片斷斷地反映我當下的思緒殘渣。（正如一句名言所說：「推特和真實生活是兩碼子事。」）此外，我的拍照習慣也改變了——這點倒是出乎意料。雖然我還是老樣子，天天都把iPhone裝在口袋裡到處跑，但我拿起手機拍照的慾望卻大大降低了，我想這是因為我已經脫離了ＩＧ的緣故。偶爾，我還是會拍些照，但那些照片卻有了明顯的不同：它們大多都是我自己想看的照片，而且多數都拍得很怪或很醜，並不符合ＩＧ的標準美學。現在，無論是在派對上或是聚餐時，我都絕少掏出手機拍照。反倒是城市街頭的情景，還有我家附近的狗公園在夜晚時分被路燈照亮時的畫面，都慢慢出現在我的相簿裡。雖然這些相片放到ＩＧ上效果肯定不會太好，但我還是拍了。（不過，我還是經常會拍我的狗狗，這一點倒是未曾改變。）

這場實驗，雖然沒有為我帶來翻天覆地的變化，但我的思緒確實變得更加澄明，各種紛紛擾擾的雜念也變少了。我慢慢意識到：不管是閱讀新聞、觀賞照片，或是聆聽CD，「有意識地選擇」都是極其重要的一環。當然，這也意味著從此之後，我必須花更多的功夫，主動去選擇我想親近的事物，並放棄那些自動推送而來的內容。不過，在實驗進行到了第二個月時，我便已經養成了主動選擇的習慣。也正就是在那個時候，我產生了一種似曾相識的感覺。我回想起：在我的青少年時期，我也曾經擁有同樣的習慣。那時，主流的社群媒體還尚未出現，每一個上網的人，都必須為自己做出選擇。

## 在演算法席捲全球以前，我們曾經擁有什麼樣的數位文化？

一九九八年，日本的漫畫家兼作家安倍吉俊創作的系列動畫《玲音》（*Serial Experiments Lain*）首次在日本的電視臺播映。過了幾年之後，當時還是青少年的我靠著網際網路之助，因緣際會地在美國看到了這部作品。《玲音》不僅形塑了我的美學意識，同時也促使我開始思考「上網」到底意味著什麼。雖然吉卜力工作室的動畫在美國非常吃得開，但相較之下，安倍吉俊的動畫在美國就不怎麼出名。《玲音》一方面借用了卡夫卡小說中的晦暗色調，同時又融入了梵谷畫作中的視覺元素。它的故事情節，完全可以解讀為網路世界的一則當代寓言。在這部動畫裡，一位名為玲音的青少女發現世上藏著一個叫作「連線」（Wired）的虛擬世界，於是展開了一連串的故事。片子裡最常出現的一處場景，就是玲音的臥室。

由於故事經常發生在深夜時分，因此這部動畫的整體色調略顯黑暗，但氣氛相當柔和。每當我重看《玲音》時，我都會想起我青少年時期的家；那裡有一間地下室，裡邊就放著我的桌上型電腦。每到夜晚時分，我也常常會躲進那裡，孤身一人連上網路，然後開始和虛擬共同體裡的眾多帳號連線互動。

偉大的藝術作品，總是會衝擊人們的思維，《玲音》也不例外。在《玲音》的世界裡，所謂的「連線」，其實就是世上所有資訊網路的總和，抱括電視和電話，也包括網際網路。當所有這些通訊工具連結在一起時，就形成了一個同時包羅真實世界和虛擬世界的更高現實。在這個更高的現實裡，虛擬世界所發生的事，同時也會對真實世界產生影響。玲音在「連線」世界裡闖蕩了一番後，發現自己不再只是一個內向的國中女生，而是擁有了一個更真實的身分。漸漸地，「連線」成為了玲音的專屬空間；透過「連線」，玲音甚至取得了重新定義自己的能力。

在我的成長過程中，網際網路也曾經重新定義了我。因此，縱使我對演算法機制有著諸多不滿，我終究不可能斷絕我的網路生涯。雖然網路世界確實有其黑暗的一面，但在我看來，其正面的力量卻遠大過於負面的力量。所以我從未想要勸告大家放棄數位生活，而是想要探討我們可以做些什麼來改善它，讓它變得更加有益人生。（事實上，在這個高度全球化的世界裡，我們也已經不太可能棄絕網際網路了。）打從我小時候躲進地下室、用我父母的那台老舊電腦撥號連線的那時候起，網際網路就是一個可以讓我暫時躲起來的空間。在網路世界裡，你可以去認識新的朋友、探索不同的文化，甚至還可以在裡面建立起一個超乎日常想像的新奇世界。它就像是一座二十四小時開放的亞歷山卓圖書館，而且隨時都有樂於助人的圖書館員為你服務。在我成長期間，雖然我的父母、家人總是鼓勵我培養各式各樣的興趣，但要是我生在一個沒有網路的世界，那我無法想像我會和多少的小說、音樂、電腦遊戲和電視節目失之交臂。在康乃狄克州曠無人煙的郊區地帶，童年時期的我，除了附近少數幾間環境堪慮的音樂表演場地外，真的沒有什麼地方可以去的。但即使年少如我，只要透過網路，就可以接觸到最具革命性的藝文作品。

我的這段成長經歷，千禧世代的美國人大概都有共鳴吧。對我們這個世代的人而言，網際網路的興起，讓我們可以隨時取得自由，並且決定自己要逛去哪裡，就好像擁有一輛自己的汽車一樣。每個千禧世代的人，各自的品味當然都不一樣，喜歡的東西也大相徑庭，但我們發掘自身興趣的管道，卻大都彼此相似；這是因為我們所身處的時代和當時的科技，已經替我們決定了自我探索的方式。對比我年長幾個世代的人來說，他們年輕時如果想聽一些特別的歌曲，或許都得要去迪斯可舞廳或是收聽獨立電臺才有辦法。而對二十一世紀的少年人而言，他們則可以透過TikTok短影片和Spotify的熱門播放列表來發掘新曲。總之，像我這樣的千禧世代人，在我們度過青春期的一九九〇年代末和二〇〇〇年代初，我們大多都是靠著網路論壇和盜版MP3來聽音樂的。當時無論是要上網還是拷貝MP3，都得要花不少的時間和精力，和在TikTok上靠著演算法看影片完全不同。現在這種模式雖然輕鬆方便得多，但也使得我們的個人品味變得輕薄，缺乏一種「得來不易」的感受。

在串流影音和社群媒體出現以前，文化產品給人的印象是數量稀少、難得一見；若是想找找不到，那也沒辦法。記得在我小時候，每個星期一到星期五，我和弟弟每天一早都會打開電視機，以免錯過任何一集的《超級瑪利歐》卡通。在卡通播映前，我們都會在錄影機裡放進一卷空白影帶，為的是錄下某一集特定的《超級瑪利歐》，就像我們偶爾會用空白錄音帶來捕捉廣播放的歌曲那樣。我們想要錄下的節目，是瑪利歐冒死把耀西從一座充滿火焰的地牢裡救出來的那集。我記得我和弟弟第一次在電視上看到這集時，我倆大受震撼。雖然我們很想再看一次，但當時我們既沒有Google又沒有Netflix，唯一可行的辦法就是等，看看有線電視哪天會不會重播這一集。要成功錄到這一集節目，我們需要的是雙倍分量的運氣：首先，這一集重播時，我們要剛好能夠守在電視機前；再者，這集播出時，錄影機還不能出任何差錯才行（當年的錄影帶並不是很可靠）。只有這樣，我們才能真正擁有它，並且隨時觀看它。

這段過程不僅歷盡艱辛，而且充滿險阻。然而，正是因為它如此得來不易，所以當我們終於成功錄到時，那卷影帶在我倆心目中的重要性，真是難以言喻。二十多年後的此刻，雖然那卷影帶已經被我們堆進了老家的倉庫裡，但那集卡通的內容，卻依舊歷歷在目。而如果當初它是透過演算法系統推播給我的，我恐怕就不會如此印象深刻了。雖然我們或多或少都會在演算法推播的內容裡發現一些我們喜愛的事物，但假若我們沒有抓住機會、付出時間和精力探索它的內涵，那麼它恐怕很快也就會船過水無痕地消失。在扁平時代，一切事物都如此迅速地來，如此輕而易舉地走。我們得要有意識地抗拒這種「迅速」和「輕而易舉」才行。

在網路時代的早期，如果想要發掘有意思的文化產品，主動深入挖掘，肯定是少不了的一道功夫。我人生中的第一部日本動畫，是一九九〇年代末時，我在美國的有線電視上看到的《七龍珠Z》。但如果我想看劇情更豐富一些的日本動漫的話，唯一的方法就是上網去找。在網路論壇上，我看到有許多比我資深得多的動漫粉絲都在上面爭辯哪一部作品才是最讚的，但沒有人是為了要吸引粉絲或是爭取廠商贊助才這麼做的，他們純粹是真心愛著那些作品。在學術界，有個專有名詞叫「消費社群」(communities of consumption)，指的是在網路上為了一個共同目的而建立起來的群體；其中有些是以交換產品使用心得為目的，有些則是以討論前衛文學為目的，不一而足。在其中一篇相關的論文裡，作者形容道，消費社群其實是一種「互相學習」的場域；讓成員們可以集眾人之力，一起探究「我們在尋找什麼」以及「如何找到它」等課題。然而，像推特或臉書這樣的社群平臺，由於其操作介面經常改變、資訊內容又高度受到演算法所操縱，因此算不上是個互相學習的好場域。

如果你有意進一步探索某一類型的文化產品，那你有許許多多不同的方式可以深入挖掘。但如果你把一切都交給演算法，它就會在一秒鐘之內推播一大堆相同的東西給你。TikTok的演算法就是如此：它可以讓你在看完有生以來第一部ASMR海綿擠壓影片之後，就馬上沉浸到數十部相同主題的內容之中。記得有一天早上，我都還沒來得及下床，TikTok就開始推薦我一系列住在丹麥的美國僑民的影音日記。於是我瞬間對丹麥的育嬰假政策有了諸多認識，也瞬間瞭解到丹麥的咖啡店可以悠閒成什麼樣子。丹麥當然一直都有美國僑民，只是我過去從不知道他們把自己的生活拍成了六十秒鐘的短影片。順著演算法的推薦，我對其中幾位美國僑民的帳號按下了追蹤。但沒想到追蹤完之後，演算法反倒再也不推薦相同類型的內容給我了。即使我特意去找，也是找不到。我注意到：那幾部美國僑民做的影片，並沒有使用hashtag。由此可見，演算法之所以替我挑了這幾支影片，並不是因為它們的主題，而只是因為它們的參與度比較高。其實不只是TikTok，Spotify和推特也是用相同的模式在推薦內容的——在某個當下，你會瞬間收到一大堆目不暇給的內容，但是一旦你漫步離開，一切就都再也找不回來。

因此，較為謹慎的做法，是主動去尋找自己想要親近的作品，並且一一記錄自己的探索軌跡。例如我們可以用瀏覽器上的書籤功能來記錄信任的帳號，主動和有相同興趣的網友建立連結，並且交換彼此的探索心得。少年時期的我在動漫論壇上就是這麼做的；從前推特剛剛冒出頭來、還沒成為難以控管的超大型平臺時，我也曾經把它當作同好交流基地。用這種方式親近文化產品，雖然速度比較慢，但我們可以保有更高的自覺。事實上，在演算法全面席捲網路以前，這是文藝愛好者親近作品的唯一方式。這種做法，令人想起了「鑑賞家」（connoisseur）這個稱號。在西方藝術史上，「鑑賞家」的詞源最早可以追溯到十八世紀。當時所謂的「鑑賞家」，指的是那些光用看的就能夠看出畫作的畫者是誰的業餘收藏者。他們對各門各派的畫風都做過扎實的研究，於是自然能夠辨別畫作出自何人之手。鑑賞家們吸收專業知識的管道，主要是透過觀賞和收藏。十八世紀的德國考古學者溫克爾曼（Johann Joachim Winckelmann）就是這樣的一位鑑賞家。雖然他並非出身貴族，早年也只是位普通的教師，但他卻透過自己的努力，成為了古希臘和古羅馬的文物收藏家和研究者。至今我們說起藝術史，溫克爾曼都是繞不過去的一位人物。

然而，想要透過TikTok成為鑑賞家，簡直是不可能的事。TikTok並不允許你看到作品的前後脈絡，所以你也就很難真正認識一件作品。要想成為鑑賞家，你首先得要脫離對演算法系統的依賴，並且慢慢花時間吸收、琢磨相關的知識。主動花功夫認識作品，雖然很費時間，卻能夠產生更深刻的理解，甚至還能導引其他人用你的方式去認識一件作品。透過這種主動認識的功夫，我們便不再只是把每一件作品都當成閱後即棄的內容；相反地，我們可以認真對待每一件作品，並且讓它在我們的生命中稍做駐留。

若是想要對事物產生原創性的理解，花功夫、花時間，都是少不得的。我的藝評家朋友蓋特（Orit Gat）曾經半說笑、半認真地說過：「畫家用多長的時間畫完一幅畫，你就該花多長的時間欣賞它。」在演算法推薦的動態牆面上，一下子就有那麼多彼此毫無關聯的內容擠在一起，使得我們根本無法好好認識它們、也沒有機會感受並理解它們，更不用提引領別人認識它們了。在扁平時代，我們的整體文化地景之所以愈趨扁平，很大一部分就是來自於這種「無法好好認識作品」所帶來的淺薄視野。

在我還是青少年的時候，我就曾經下過功夫，只求成為一名動漫界的鑑賞家。我的動漫欣賞史，始自於《七龍珠Z》；後來多虧了網路論壇的引薦，我開始看了一些浪漫喜劇式的動漫，像是《純情房東俏房客》和《Chobits》等等。雖然這類動漫經常都有過度充斥男性凝視（male gaze）的弊病（它們甚至有個別稱叫「後宮型作品」），但角色的內心小劇場和故事中的科幻元素，依舊令當時的我感到相當新奇。由於當時我的生活周遭完全沒人在看日本動漫，所以我也只能繼續在網路社群裡深入挖掘。不久之後，我就遇上了《玲音》，以及其他幾部同樣由安倍吉俊所創作的作品。看完這些作品後，我才終於覺悟到我離「鑑賞家」這個身分差得有多遠。安倍吉俊在完成了《玲音》這部高度內省的賽博龐克式作品之後，他又繼續投入製作了另一部叫《灰羽聯盟》（*Haibane Renmei*）的動漫。和《玲音》相比，《灰羽聯盟》的異境色彩甚至更加強烈。《灰羽聯盟》一開頭，觀眾們就看到有位名叫「落下」（Rakka）的少女從繭裡面誕生了出來。落下的背上長了一對翅膀，雖然無法飛翔，但卻讓她以一種類似「煉獄天使」那樣的形樣登場。雖說是以惡夢般的場景作為開頭，但很快地，落下就來到了一個滿載田園風光的小鎮，鎮上還隨處可見古代遺留下來的圍牆。後來隨著劇情的推展，落下被半推半就地加入了一個詭異的組織。

在組織裡，有許許多多長有雙翅的天使，他們都被稱做「灰羽」。「灰羽」們不被允許擁有任何新的東西，也不被允許使用錢。他們都有義務要在組織裡承擔工作，而且被嚴令禁止去到圍牆之外。

雖然情節相當晦暗，但從頭到尾看完的話，其實還滿療癒的。整部動漫雖然有著夢魘般的開場，但愈到後面就愈像是一部神話般的寓言。我第一次看《灰羽聯盟》時才只有十四歲。那時的我還不認識「惆悵」這個詞，但時至今日，我覺得最適合用來形容這部作品的詞彙就是「惆悵」。在我看完這部動畫之後，即使已經過了許久，那種惆悵之情卻依舊時不時就會輕輕冒上心頭，久久不散。除了劇情之外，安倍吉俊還利用手繪線條的粗糙感，以及自然素樸的色調加強了這種惆悵的氛圍。多年之後我又發現，這部動漫原來是以村上春樹一九五八年出版的小說《世界末日與冷酷異境》作為靈感來源。就這樣，一部作品引領著我走向了另一部作品。村上的小說和安倍的動畫共享了相同的情調、語彙和思想；兩部作品都是以充滿圍牆的城鎮作為舞臺，而且同樣都運用了「蒸汽龐克」（steampunk）的美學風格。此外，兩部作品的主角都經歷了一段超乎現實的旅程；在異世界裡走了一遭後，他們都學會用嶄新的眼光重新看待人生。《灰羽聯盟》是我生命中第一部自己發掘到的作品。它就像個藏身在暗處的珍品，而我幸運發現了它。年少的我看完了《灰羽聯盟》之後，我馬上就明白它不是那種我生活周遭的人也會喜歡、會有共鳴的作品。但它確實深深觸動了我，縱使這種感受難以言傳。

如果沒有網路的話，那我是無論如何不可能遇見《灰羽聯盟》的。在我成長的年代，像它這樣的小眾作品，就只有在網路上才可能找得到。《灰羽聯盟》首次在日本播出的時間是二〇〇二年，但當時並沒有任何英文版本可看。於是，一群動漫迷便自動自發地組成了「字幕組」，自行把它翻譯成英文並且加上了字幕。字幕組之所以能成立，靠的全是粉絲們的熱情。他們產出的字幕並非十全十美（許多處都有明顯的拼寫錯誤和疏漏），但是對於像我這樣不曾學過日語的人來說，這卻是讓我們可以稍微一窺動漫世界的管道——而這也正是「消費社群」的有益之處。

從另一方面說，字幕組的成員們如果沒有了網路，那麼他們就算空有一身翻譯能力，也不可能取得精彩的動漫影片來服務同好。事實上，早期的字幕組其實都是根據網路上的盜版檔案來進行翻譯的。當時，線上串流平臺還尚未出現，但像Kazaa和BitTorrent這樣的分享軟體卻早已行之有年。靠著它們，使用者便可以集體上傳、下載各式各樣的媒體檔案。舉凡MP3、影片檔、PDF檔，應有盡有。只要有某位使用者願意用他的頻寬把檔案上傳，那麼其他使用者就能搜尋到該份檔案，並且把它下載下來。當然，不同檔案的下載速度有快有慢，檔案的品質也參差不齊。但只要有愈多人願意分享同一個檔案，其他人下載的速度也就會愈快。這可以稱得上是前演算法時期的某種排名機制：大致上而言，愈多人喜歡的檔案，其品質和下載速度往往也就愈高。用BitTorrent的術語來說，只要有愈多人「做種」（意思是上傳同一份檔案），別人就愈有可能下載到一份品質良好的檔案。我所說的檔案品質，除了是指解析度的高低和字幕的正確性以外，同時也是指該份檔案在藝術和文化上的成就——因為如果有許多人願意犧牲頻寬上傳某一件作品，同時又有許多人甘冒盜版的風險下載它，那就說明了它已是廣受認可的傑作。

我還記得，我曾連續數日甚至數週都把電腦掛在網上，就為了下載某一張專輯或者某一部動畫。看著綠色的下載進度條慢慢填滿，我的心中也漸漸充塞著興奮之情。那個年代的個人電腦，每隔一陣子總是會進入到休眠狀態，所以我還得要時不時去碰一下電腦，以確保BitTorrent持續運作。偶爾有些時候，當我終於辛辛苦苦下載完一整份檔案，打開準備享受時，才發現檔名被人誤植了。碰到這種狀況，不管上傳者是有意誤導還是犯了無心之過，我都只能摸摸鼻子，重新再載一次。不過，當年我們下載檔案，雖然常常曠日持久，但這種共享檔案的活動，卻也在無形之中把粉絲們串連了起來。在網路世界之外，年少的我完全不可能找得到第二個場所，讓我可以和其他人分享那些我真心熱愛的動漫。但在網路上，我的同好們不僅不會鄙夷我的興趣，反而會給予我肯定和鼓勵。（當然啦，我之所以會對動漫如此熱衷，有一部分也是出於青春期的叛逆心理。雖說當年以我的體格無法入選田徑校隊，但假使我有機會入選，我依舊會嘗試培養不一樣的興趣愛好，以顯示我與眾不同的性格。）如今人人都說：我這個世代的人，是在網路世界裡成長起來的，這話一點也沒錯。我人生中第一次意識到自己「是個大人了」，就是發生在我上網的時候。對我而言，網際網路是一個擁有眾多可能性的空間。我可以在那裡找到各式各樣的靈感，並重新認識自己是誰。每當我連上網路，我都可以暫時離開日常生活，自由地接觸各種文化產品，汲取其中的養分，然後藉此重新構築自我。對一個身心都在快速成長的青少年來說，還有什麼地方比網路更適合我們的呢？

一九八三年，學者海德（Lewis Hyde）出版了《禮物》（*The Gift*）一書。在書中，海德將藝術作品理解為藝術家藉由其創意工作而創造出來的一份禮物，且無論作品落入何人之手，都不減其禮物的本質：「一件藝術作品，必然含有禮物的精神。」而在我看來，「品味」其實也可以是一份禮物。你可以憑藉你的品味，向別人介紹一件他們可能會喜歡的文化產品；這麼做既不會讓你損失分毫，同時還能讓別人獲益多多。說到底，文化絕對不能只靠「一對多」的方式來傳遞，而是要靠像BitTorrent那樣「點對點」的方式才能有效傳播。如果我們都能有意識地參與這一分享的過程，我們就能讓真正重要的文化產品永遠流傳下去。正如海德所說的那樣：「唯有眾人接續貢獻己能，禮物的精神才能永存不滅。」

除了日本動漫，音樂也曾是我人生中重要的養分來源。雖然有點羞於承認，但我從母親那裡繼承了對大衛馬修樂團的喜愛。在亂哄哄的九〇年代音樂界，他們算得上是最具代表性的一支原聲即興樂團。在我的青少年時期，由於我常常會去一家距離我家有一小時車程的巨型outlet賣場收購最新出版的英譯日漫，因此我也常會在那兒順道購買CD。但我後來其實是在網路上走過了不少彎路之後，才終於找到了我自己的音樂品味。

在我的上網生涯裡，第一個真正令我留戀的空間，是一個專門討論大型多人線上角色扮演遊戲（MMORPG）的網路論壇。在那裡，你可以找到數千名同樣喜歡MMORPG的遊戲玩家。而除此之外，我還會去那裡附設的一個小小的音樂討論區。但不久之後，我就轉移陣地，去到了一個專門討論大衛馬修樂團的論壇AntsMarching.org。再後來，到了二〇〇〇年代初，我又轉移陣地，跑到了一個叫UFCK.org的獨立音樂論壇。那兒的音樂品味，比起大衛馬修樂團的粉絲來說稍稍兼容並蓄了些。事實上，UFCK.org的成員當中，有許多都是以前曾經喜歡過大衛馬修樂團，但長大後就發現該樂團已經不能滿足他們的人。

由於UFCK.org在二〇〇六年就關站了，現在的我只能像個考古學家一樣，試圖從古老的土堆中挖掘出當年的遺跡。如今還能出土的相關內容，絕大部分都是論壇成員在UFCK關站之後，跑到其他平臺上撰寫的追憶文章。在我的青少年時期，UFCK就是我生命的重心。在那上面，我總算找到了幾個後來真正塑造了我的音樂品味的歌手和樂團：安朱鳥（Andrew Bird）、壓軸樂團（the Decemberists）、史蒂文斯（Sufjan Stevens）。不過，這幾位音樂創作者，並不是只有我喜歡而已。在當時的北美地區，如果你是個太常上網的阿宅，又或者你是個標新立異的文青的話，那麼有很高的機率你會和我一樣喜歡這幾位創作者。這一點其實是網路同質化現象的早期例證：即使身處不同的地點，眾多網友依舊喜愛同樣一批音樂人。但不管怎麼說，對當時的我而言，他們著實不同凡響。起碼在我的生活周遭，我找不到有別人會聽他們的音樂。在UFCK上，還有不少人以分享演唱會的自製錄音為樂，而當中又以大衛馬修樂團的演唱會錄音為大宗。那些自製錄音的愛好者們，經常會自備錄音器材去參加演唱會，然後當場就把麥克風架在長長的一根桿子上，接上卡式錄音機錄起音來。由於論壇上常有人分享這些私錄的音樂，也因此論壇的成員們都很熱衷於討論到底哪一場大衛馬修樂團的演唱會才是真正的經典，還有某一首歌是在哪一場演唱會上得到了徹底精湛的演出。論壇上最早的一批錄音，甚至可以追溯到一九九一年，也就是大衛馬修樂團剛剛成軍的那個時候。雖然UFCK上的聽眾規模相對很小，但透過集體討論、共同分享，他們實際上已經形成了一個相對成熟的DIY生態系。（早前死之華樂團〔Grateful Dead〕和Phish樂團的粉絲也都形成過類似的生態系，UFCK論壇算是延續了這個精神。）

隨著我在UFCK上愈混愈久，我所收集的演唱會錄音也愈來愈多。我還模仿了品酒師對待紅酒的手法，把每份檔案一一標記上了錄音年分。在當時的我眼中，唯有九〇年代才稱得上是樂團的巔峰時期，其中又以一九九七年的他們為最。雖然這批錄音若不是充斥著雜音，就是根本沒錄完整，而且當年的大衛馬修樂團還常會做一些很出格的演奏，但這些都無損於這批錄音在我心中的價值。如今回顧起來，我當年所做的事，其實就是一名鑑賞家該做的事——主動收集藝術作品，然後認真評判優劣高低。雖然以「鑑賞家」自詡，似乎顯得有些自命不凡，但你只要願意下功夫，不管你喜歡的是電視實境秀、噪音音樂還是蘋果派的烹飪技藝，你都能成為一名相關領域的鑑賞家。而相反地，要是我們單單只靠演算法系統來接觸作品，雖然方便是很方便，但我們卻不免會失去一名鑑賞家最重要的品性：主動收集的意識，以及深入品賞的耐心。所謂的鑑賞，其實就是深度欣賞的能力。這種能力一方面可以幫助我們瞭解作品，同時也能幫助我們探索自己的品味。

我知道蒐藏盜版錄音是件不道德的事。在多數情況下，它甚至還是一件違法的事。透過盜版行為，我其實是竊取了音樂專輯和動畫節目的智慧財產，使得創作者們即使在美國取得了商業許可，卻依舊無法收取應得的利益。也就是說，雖然我迷那些作品迷得要死，但創作者們卻無法從我身上賺到一毛半角。（在歷史上，盜版議題從來不是新鮮事。歷史學家費吉斯〔Orlando Figes〕在《創造歐洲人》〔*The Europeans*〕一書中就指出：早在十九世紀時，盜版歪風就已經席捲了歐洲。當時許多小說家的作品都曾被外國出版商盜取，其情況就跟二〇〇〇年代許多音樂作品都人用Napster盜拷走了差不多。）但在我看來，若要論起文化產品的傳播模式，當年那種依靠網路論壇所創造出來的檔案分享生態系，實在稱得上是絕佳範例。當年的網路論壇，就是我的亞歷山卓圖書館。早期的網路世界，是個純靠口耳相傳來分享資訊的環境，很少有可以讓大企業介入操作的空間。在那樣的環境裡，專門的資訊幾乎都是用點對點的方式，從一個人的口中傳到另一個人的耳裡。而那些共享了資訊的群體，也往往會逐漸形成團體或社群，並最終凝聚出一種具備整體性意識的文化。

我得承認，我之所以高度肯定那段時期的網路文化，有一部分是出自於我對往日時光的無限懷念。我相信每個人或多或少都會懷念那段不停探索自我、捏塑自我的青春歲月。一般來說，少年人對於新奇的事物都是持比較開放的態度，也比較願意接觸新興的科技，再加上年輕人擁有時間多的優勢，可以長時間浸淫在藝術裡，也因此，年輕人正是最容易蛻變成鑑賞家的一群人。對少年的我而言，網際網路之所以重要，正是因為它允許人們用「個人對個人」的方式互相交流。在我成長的年代，演算法系統還尚未出現。如果有人願意花功夫向我推薦他所喜歡的一件作品，必然是對那件作品擁有足夠的熱愛；而我也得要足夠信任同好們的品味，願意去瞭解他所推薦的作品才行。這種老派的推薦模式，不只是單純的人際互動而已，它同時也是種「分享好東西」的善意行為。在自然界裡，蜜蜂懂得藉由跳舞來和同伴們分享哪裡可以找到花蜜，而當年的我們其實也是用差不多的方式在互相分享著我們喜愛的作品，使我和同伴們的關係非常緊密。

演算法推薦系統，雖然也是種分享東西的方式，但卻缺少了人與人之間實實在在的互動。演算法會把我們每個人的網路足跡統一收集起來，然後再將這些數據打散、平均，用各種算式進行演算，然後藉此創建出一套統一的推薦模板，並強加在所有使用者的身上。演算法機制所到之處，資訊傳播的速度確實是變快了，但卻也阻礙了藝術文化的有機發展。在演算法推薦系統的運作下，唯有足夠扁平、模板化的東西，才最有可能取得優先順位。事實上，我之所以寫下這本書，有一部分正是因為我想要復興「推薦」這個詞原本的含義。所謂的「推薦」這回事，它指的應該是我們互相談論彼此喜愛的事物、一起共享一份體驗、共同建立起一套屬於我們的收藏，並且下功夫辨別我們共同喜歡哪些作品。而我們這麼做的最終目的，並不是為了精準調校演算法，而是因為我們樂在其中。

而且，「推薦東西」原本就是一門由來已久的專業。那些專業推薦者每天的工作，就是去評估哪些文化產品是值得我們關注的，並且根據我們的眼光來調整作品的呈現方式，務求讓我們能拓展自己品味的廣度和深度。舉凡精品店、美術館、廣播電臺、電影院等等機構，統統都少不了專業推薦者的身影。這群專以推薦為業的人，通常被稱作「策展人」。透過他們的努力，許多值得欣賞的作品才有機會呈現在世人的眼前。「鋪陳舊有的脈絡」和「呈現新鮮的東西」，兩者都是策展人的職責所在。他們就像是藝文世界裡的嚮導，懂得如何挑戰我們的品味或認知，從而確保我們不會永遠只看到相似的事物。雖然在今天的網路世界裡，「策展」一詞已經有點被濫用了，但若是回歸到「策展」一詞的真意——個人品味的培養和開展，那麼我們在「策展」這方面下的功夫，顯然還遠遠不足。

## 策展的力量

在古代的西方，所謂的「策展人」（curator）一詞，帶有「負責照顧某樣東西」的意思。根據我所查考的字典（編訂於一八七五年），「策展人」一詞，是源自於古羅馬人對公職人員的稱呼（curatore），而且這一稱呼早在古羅馬皇帝奧古斯都稱帝（也就是西元前二十七年）之前就已經存在。這些被稱為策展人的公職人員，必須要負責城市各個方面的維護和管理，例如有些人是專門負責照顧臺伯河的

curatore，也有些人是專門負責購買糧食或負責維護城市水道的curatore，此外，負責辦理公共競賽活動的人同樣也叫curatore。在拉丁文裡，還有個跟curatore很像的動詞「curare」，意思就是「照顧」；另外還有個也很像的名詞叫「curatio」，指的則是「注意」和「管理」。但過了幾個世紀之後，人們愈來愈少用這兩個字來指涉世俗事務，而愈來愈常用它們來指涉宗教或心靈方面的事，但大抵上這兩個字仍然和「關懷」、「照顧」等觀念相關。例如到了十四世紀時，人們便開始用「curate」一詞來指稱宗教上的領袖。有部出版於一六六二年的英語版《公禱書》便是用curate來指稱教區層級的牧師助理，而這些牧師助理的職責就是要引導教區的教友，並且「照顧」（cure／care）他們的靈魂。至於「策展人」一詞的現代用法，則可以追溯到十九世紀中期（或甚至更早一點）。當時的人們便已開始用「策展人」一詞來專指負責管理博物館和其收藏品的人，而他們所管理的藏品，既包括歷史文物，也包括藝術作品。也就是說，策展人就有點像是一名專業的管家；只不過他們不涉人事，專管物品。

從上述的考據中可知，策展之所以重要，除了因為它可以幫助人們接觸文化產品、展現品味、塑造自我，更因為策展人是一群懂得「照顧文化」的人。他們不僅知識豐富、手法嚴謹，而且策展人照顧文化的傳統從未中斷。二十世紀下半葉，一群知名策展人的崛起，更為同世代的人們塑造出了集體共享的文化品味。史上首位在紐約現代藝術博物館建築部門擔任策展人的強生（Philip Johnson）就是其中一例（該館的建築部門之所以能成立，靠的正是強生家族的捐助）。自一九三二年起，現代藝術博物館在強生的帶領之下，在世界範圍內掀起了一波現代主義建築的浪潮。密斯．凡德羅（Ludwig Mies van der Rohe）所設計的那些俐落簡約的工業風家具，就是因為被強生相中，才得以在現代藝術博物館展出。

雖然在當時的人眼中，密斯．凡德羅設計的家具驚世駭俗，但他的作品在館內展久了之後，卻反倒成為頗受歡迎的風格。除了強生之外，紐約大都會藝術博物館的格爾德札勒（Henry Geldzahler）也曾是一位引領風騷的策展人。在一九六〇年代以前，像大都會藝術博物館這種等級的展覽空間，通常只會展出已故藝術家的經典作品。但出生於比利時的格爾德札勒卻獨排眾議，專門策劃了一系列展覽，展出了許多在世藝術家的創作。在普普藝術剛剛冒出頭的那個年代，幾位最具代表性的普普藝術家，包括安迪．沃荷、霍克尼（David Hockney，他是安迪．沃荷的好友）、勞森伯格（Robert Rauschenberg）和瓊斯（Jasper Johns）等人，都曾接受過格爾德札勒的大力支持，取得了展出的機會。（策展人在策展時，總是會帶有一些個人風格在內，而格爾德札勒便是個人風格尤其強烈的一位。）由於普普藝術的作品往往用色花俏、技法平庸，因此在早期觀眾的眼裡，普普藝術教他們難以接受。但在格爾德札勒的策劃之下，大眾逐漸學會了用脈絡性的眼光看待普普藝術，並知曉了它在藝術史上的重要性。也因此，到了一九七七年，也就是格爾德札勒離開大都會藝術博物館的那時候，普普藝術的風潮已經廣受認可，成為了載入史冊的經典風格。

正如博物館學研究者阿修勒（Bruce Altshuler）在一九九四年出版的《引領風騷的策展人》（*The Avant-Garde in Exhibition*）一書中所說的，二十世紀下半葉是「策展人崛起，並開始從事創造性工作」的年代。到了二十世紀末和二十一世紀初，一連串橫空出世的策展名家，更是把策展的重要性推向了更高點。包括奧布里斯特（Hans Ulrich Obrist）和克莉斯多夫—芭卡姬芙（Carolyn Christov-Bakargiev），都是這段時期的代表人物。這批人就像是民間外交家一樣，經常來往不同的國家，去不同的機構參與策展。他們每到一處美術館或藝廊，總是會策劃出一檔又一檔既符合其個人品味又緊扣時代脈動的特展。在他們的手裡，「策展」簡直被玩成了一種提高國際能見度的方式。出身自奈及利亞的策展人恩威佐（Okwui Enwezor）就曾策劃過許多具有國際重要性的展覽，包括一九八九年的「大地魔術師」特展（*Magicians de la Terre*）和二〇〇二年的卡塞爾文獻展（Documenta），都是其中顯例（卡塞爾文獻展是每五年會在德國舉行一次的當代藝術展）。在恩威佐的展中，他總喜歡把廣受忽略的藝術家和西方世界裡已經出名的藝術家並列展出。例如，他曾把來自中國的藝術家黃永砅，以及來自澳洲的原住民藝術家馬溫朱爾（John Mawurndjul）兩人的作品，和德國藝術家基弗（Anselm Kiefer）的作品並列展出，等於是把當代的策展領域，轉化成了一個供全世界的藝術家互相交流的舞臺。

不妨這麼說：這些充滿個性的策展名家，正好就是演算法推薦系統的反面。他們懂得運用自身的知識、專業和經驗，調動我們全身上下的感官，用最平易近人的方式向我們展現重要的作品。說到這裡，我想大概不會有人反對我把策展人列為世上最酷的職業之一。也難怪，現在不但有很多人崇拜策展人，還有很多人開始自稱策展人——就連自動化機器，都在想著要取代策展人的地位呢。

這個「人人自稱策展人」的現象，始於二〇一〇年代初，且直到現在都絲毫沒有衰退的跡象。在過去，「策展」曾經是個只有專家學者和業界中人才會使用的術語，但現在你只要上IG，不管演算法推給你看的是化妝調色板還是時尚品牌推出的配件，貼文裡最常出現的詞彙之一，就是「策展」。我見過有位網紅說她「策了一個展」，而展覽的內容只是她曾經幫哪幾家公司撰寫過業配文。還有人把某場活動的賓客名單收集起來發到網路上，然後就說這個叫作「策展」。有某家餐廳把近期有供應的酒品整理到了菜單裡，然後宣稱他們完成了一次「酒品的策展」。有某家美食廣場宣布道，由於他們邀請到了幾個不同的廠商來擺攤，於是這就算是「策了一檔美食展」。有某家飯店業者推出了一檔「策展企畫」，讓旅客可以自由選擇他們想住的房間（說得好像每個房間都能提供獨一無二的住房體驗一樣）。有某家線上串流影音平臺宣稱他們依據演算法而做的內容推薦，就是一種「影展策畫」。有某位音樂人在接受全國公共廣播電臺採訪時說道，他「為自己的職業生涯做了一次策展，並選擇了一條非傳統的音樂道路」。其實，在社群媒體的時代，每當我們重新編寫自己的個人檔案時，也很容易會產生一種「正在策展」的感覺。因為當我們把最能代表自己的人生經歷和相關內容挑選出來時，我們就像是在策劃一檔關於自己的展覽。美國的網路藝術家哈里斯（Jonathan Harris）在一場二〇一二年的講座中曾經說道，「策展」一詞的興起，代表著「『策展』已經逐漸取代了『創作』，成為了一種自我表達的方法」。但我想指出的是，如今很多人所謂的「策展」，其實不像是在用心關照事物，反而比較像是在展現自戀情結。

然而，就像品酒師應該要有能力鑑別出特等的干邑白蘭地，策展人也應該要有能力判斷什麼才是最好、最重要的事物才對。畢竟，比起一團未經整理的散亂事物，多數人都會更想參觀一檔經過認真策劃的展覽，不是嗎？但如今，你只要從一團事物當中隨意挑選幾個，並且擺出專家的態勢或口吻，似乎就可以算是策展了。甚至還有不少人以「策展」一詞來描述演算法推薦系統所做的事，縱使大家心知肚明演算法就只是一堆沒有主觀意識的算式而已。事實上，就在我撰寫這段文字時，我的手機正好向我推播了一段訊息，告訴我它剛剛替我「策展」了我的照片；但實際上，它不過是從我的照片圖庫當中，挑選了幾張它認為對我來說有意義或吸引人的照片而已。（但究竟是怎樣挑選出來的，它並沒有告訴我。）

其實，如今人們之所以會覺得前述這些都算是策展，那多多少少是因為在這個時代裡，絕大多數的人根本連「挑選事物」都不需要，因為演算法已經替你選好了一切。也就是說，當大多數的人都不做選擇時，偶爾會自己做選擇的人，就彷彿擁有了策展人的光環——縱使這種光環可悲大於可敬。如果真的依照「策展」一詞的當代標準來講，那麼在演算法出現之前，無論是電視機上的節目，還是收音機裡的歌曲，萬事萬物，肯定都是策展過的產物。

在大眾過度使用「策展」一詞的過程中，「策展人」的形象也逐漸變得模糊。大家漸漸忘記了策展人應該是一個時時刻刻關心某些特定的事物，並憑藉其專業知識，從萬千種可能的選項中做出優秀選擇的人。我在讀高中的時候，我的人生理想，就是成為像那樣的一名策展人。那段時期，我除了喜歡閱讀有關當代藝術史的書之外，也喜歡搭乘通勤列車，從康州去到紐約現代藝術博物館，一年起碼去個好幾回。我之所以會想成為一名策展人，多多少少正是因為受到了那些藝術書籍和現代藝術博物館的啟發。為了往策展人之路邁進，我還曾利用放學時間，報名上過一門由奧爾德里奇當代藝術博物館所辦理的課程。在那門課上，奧爾德里奇的幾位策展人會輪流向學生們說明他們如何和藝術家合作、藝術家都是些什麼樣的人、如何協助藝術家完成作品，以及如何如何組織一檔展覽等等課題。

在上那門課之前，身為一個高中生的我，曾經誤以為策展人只要負責決定把畫掛在哪裡就好，就跟在家妝點自己的房間沒有太大的差異。在我的想像中，策展人每天的工作就是仔細思量每一幅畫懸掛的位置、考慮每一幅畫的擺放順序，並設計出一個完美的觀展動線，讓參觀者以最佳的順序體驗那些作品，就算大功告成。後來我才知道，雖然為展品排列順序，確實是策展工作當中重要的一環，但這僅僅只是這份工作最為大眾所知的其中一個面向而已。上了大學之後，我花了一整個暑假的時間去波士頓美術館的當代藝術部門實習。那時我才意識到，這門學問遠遠比我想像中要艱深得多。它不只是一種知識性的工作，也是一種近乎修行般的工作。古人用「curate」一詞來指稱神職人員，良有以也。要策劃一檔出色的展覽，沒有經過數百個小時的研究、書寫、思考和維護，是斷無可能的。在我去美術館當實習生的那個暑假，我把大部分時間都花在了「更新卡片目錄」這樣細瑣的事情上。而我之所以要這麼做，就是為了讓策展團隊能夠精準地掌握館內每一件藏品的存放位置。不過令我出乎意料的是，多年以後，有次我去參觀波士頓美術館時，我竟然在加斯頓（Philip Guston）的一幅大型畫作旁發現了我當年寫下的一張小字條。不少參觀者都好奇地湊上前去，想要讀一讀我當年寫下的文字。我的貢獻雖然很小，但我很高興我曾經參與過那段策展的過程。能夠運用自己的所學，幫助策展團隊精準掌握有關藝術家和那幅畫的事，令我感到與有榮焉。

策展是非常考驗功夫的一件事。它需要長期的關心和照顧、要懂得串連人力和資源，同時也要懂得用脈絡化的方式呈現作品。今天的網路世界雖然到處充斥著「策展」一詞，但多數人在使用這一詞彙時，卻往往不會想到前述這些繁瑣的事務，因為這些事務大多都已經被外包給了演算法推薦系統。為了深入瞭解演算法所帶來的影響，我特地去訪問了一位真正的策展人：安特那利（Paola Antonelli）。從一九九四年起，安特那利就開始在紐約現代藝術博物館擔任策展人，且如今已經成為了該館建築與設計部的資深策展人，同時也是該館研究與發展部的主任。若要說起當代最具創新精神的策展人，安特那利毫無疑問是其中之一。我很榮幸和她有著十年以上的交情，每次開啟話匣子，我們總是能聊上好半天。

藝術、設計、科技，以及文化領域的未來發展，都是我們經常討論的話題。

安特那利出生於義大利的薩丁尼亞島，後來負笈米蘭學習建築。畢業後，安特那利去到了現代藝術博物館任職。透過安特那利的努力，現代藝術博物館開始收集了許多設計方面的藏品，而其中有許多都是過去不太可能納入典藏的非正統物品。在這一點上，安特那利顯然是延續了強生的精神。二〇一〇年，在安特那利的主導下，現代藝術博物館入藏了一件相當不正統的收藏品：「@」這個符號（且由於它是公有領域中的資源，因此博物館不花一毛錢就入藏了它）。此外在二〇一二年，現代藝術博物館還一口氣入藏了十四款足以展現電玩遊戲發展史的遊戲作品，其中包括《俄羅斯方塊》、《迷霧之島》和《模擬市民》。

安特那利指出，這個世界上，其實無處不設計。從路上的消防栓到電腦上的按鍵，都是設計過的產物。而安特那利藉由策展，把這些日常物件重新做了一次定位。她把它們放進到了一個新的脈絡當中，從而讓我們看見這些物件背後驚人的創造力。在她二〇一一年策劃的「對我說話」展（Talk to Me）中，安特那利便收集、展出了許多能夠展現「人與物相互溝通」的物件。「物品是會對人說話的。」安特那利寫道。這檔展覽呈現的展品，包括了一些可以用來呈現代碼的積木方塊、一個可以用來模擬經痛的裝置（以便讓那些不曾來月經的人瞭解），以及一台來自一九九九年，真的曾經在紐約地鐵服務過的自動售票機。這檔展覽的空間布置也值得一提。通常來說，當代藝術的展覽，都會把空間布置得相當簡約，但安特那利卻把展間布置得像是一間令人興奮的超市賣場；各種展品就像商品一樣，統統被展示在展間中央的亮橙色貨架上。

我至今記得我當初去看這檔展時的心情。安特那利飽含能量的空間布局，深深地震懾了我。她利用實體的物品，在三維空間中創造出了拼貼創作，並藉以重構出了一個人與科技物不停互動的世界。在這個世界裡，各種數位的、實體的裝置，總是穿梭在人與人之間，扮演著中介的角色，不停地調停著人際之間的關係。安特那利以一種樸實而又精準的手法，將不同的物件擇取出來，並藉以呈現出蘊含在現代生活之中的思想體系。在這檔展覽中，安特那利雖然沒有把演算法推薦系統放進展場，但如果有的話，其實也頗為切題。

我和安特那利約好要在現代藝術博物館進行訪談。那一天，我搭乘美鐵（Amtrak）從華盛頓特區抵達了紐約，然後走路進入了曼哈頓中城。我穿越了少年時期曾經多次穿越過的相同街區，路過了好幾座令我感到熟悉的公共雕塑，也看到了幾輛停放在人行道旁的清真小餐車——從前每次要入館參觀前，我總是會先在餐車旁邊解決午餐。每次前往現代藝術博物館，我都覺得像是在進行一趟朝聖之旅。那種慎重其事的心情，我想和當年那些去大教堂朝聖的中世紀農民並無二致。現代藝術博物館可以說是我的藝術啟蒙之地。在那裡，我遇見了許許多多令我鍾愛的作品，以及過去只在書本上看到過的作品。畢卡索那幅高度抽象的名作《亞維農的少女》，就是掛在現代藝術博物館裡。由於現代藝術博物館收藏的作品高達二十萬件，無論館方如何擴增空間，都不可能一次展出那麼多作品。也因此，幾十位在現代藝術博物館服務的專業策展人，總是要馬不停蹄地思考如何呈現藏品、用什麼樣的概念挑選藏品，以及該把藏品放進到哪一個展間。

訪談就在現代藝術博物館的員工區外頭進行。策展人通常都會把自己打扮得很時尚（畢竟他們是最善於挑選物品的一群人），他們尤其喜歡用黑色系的服飾來妝點全身。但那天安特那利並沒有穿黑色衣服，而是穿了一件紅色的上衣，衣領處還有白色的條紋，並且搭配了一條色彩相襯的裙子。我記得在很多年前，我就曾經聽安特那利說過：一名頂尖的策展人，必然也是一名「值得信賴的嚮導」。安特那利說道：「和世上所有的專家一樣，策展人也是在某個領域學有專精的人。」差別只在有某些專家是對超市裡的橄欖油瞭若指掌，而策展人則或許是對一九六〇年代的美國繪畫頗具心得。除此之外，策展也是一個必須設法聆聽觀眾反應的工作。策展人必須始終把觀眾們的看法、接受程度，甚至情緒狀態放在心上。安特那利告訴我：「在某種意義上，策展其實就是一門表演藝術。」她繼續說道：「你要很努力很努力，才能在這一行受到矚目、受到信任，並建立起屬於自己的聲譽。即使成名了之後，你還是得要努力維持聲譽才行。」也就是說，策展人並不是在開幕茶會辦完之後就沒事了，而是要持續精進，沒有終點。

策展人也必須要給予觀眾足夠的尊重、讓他們有自主思考的空間。安特那利表示，她策劃的每一檔展覽，都會刻意留白，開放給觀眾自行思考。安特那利說，她總是只會「把麵包烤到九分熟」，至於剩下的那一分，就是觀眾自由發揮的空間了。而事實上，觀眾也確實會將自己的生命經驗帶進作品，主動替策展人補完概念上或論述上的空白部分。在安特那利看來，一檔展覽如果規劃得太過嚴密，觀眾反而會產生一種疏離的感覺，覺得好像整場展覽都沒有可以參與的空間。「我相信策展人的工作並不是要告訴大家什麼是好的、什麼是壞的，而是要激發大家用批判性的眼光來重新審視這個世界。」安特那利說道。就像廚師會用精緻的開胃小點來喚醒你的食慾，使你張開味蕾，好好品味接下來的主菜；策展人則會用一組精心挑選出來的作品，刺激我們的感官，從而使我們對藝術這回事產生全新的理解。因此，策展人不僅需要具備敏銳的感官，而且也要對世界有整體性的認識。現有的演算法推薦系統，根本不可能做到這件事。

為了向我說明她的策展理念，安特那利起身帶我走進了第二一六號展間。這裡的許多藏品，都是在安特那利的努力之下收購得來的。它們都是一些和設計或建築有關的物件，而且往往帶有一種視覺上的趣味。在這個展間裡，占據最核心地位的展品，是由克勞馥和約勒（Vladan Joler）這兩位藝術家兼學者所創作的，叫《AI系統解析》（*Anatomy of an AI System*）。這件作品基本上就是一張資訊圖表；它以純然的黑色為底，尺寸和一面牆的大小相當。圖表的內容，則記載了一款由亞馬遜公司所發售的智慧型喇叭「Amazon Echo」的運作方式。透過這張圖，觀者便能瞭解要讓這款喇叭順利運作，需要徵聘多少不同類型的人力、建立起哪些基礎設施，以及投餵給它多少筆數的資料。在安特那利眼中，這件作品可以呼應到「提取」（extraction）這個主題。也因此，在二一六號展間一進門的角落，安特那利特意擺放了和「提取」互有呼應的另外兩件展品。其中一件是一張造型長凳。它是用皮革製成的，看起來就像是一隻俯臥在地上的牛。此外還有一件是高達近兩公尺的巨大標誌——原來是策展團隊把Google那極具辨識度的位置圖釘放大後印了出來。

那張長得像牛的凳子，叫《沃特勞牛凳》（*"Waltraud" Cow-Bench*），是由設計師羅曼（Julia Lohmann）創作的。這張凳子雖然像牛，但卻是隻沒有頭的牛，因此在可愛中帶有一絲詭異的感覺。凳子表面那油光煥發的棕色皮革是真皮，來自一頭曾經活生生的牛——牠的皮被剝下來後，又被塑造成了牛的樣子。安特那利解釋道：「這張牛凳，是這個展間最根本的元素。」它象徵著人類為了製造稀有物品，於是不停地從動物和環境當中提取資源。當然，它也是一張貨真價實的坐凳。展期間，偶爾會有孩童想要爬上去，這時警衛們就會趕來制止。至於旁邊那件Google圖釘，其圖案是在二〇〇五年時，由當時在Google任職的軟體工程師拉斯姆森（Jens Eilstrup Rasmussen）設計的。後來Google應了安特那利的要求，把這個圖案送給了現代藝術博物館。隨後安特那利便決定把它印出來，而且印得比手機裡的圖釘大上許多。這是一種把日常物件陌生化的手法——Google圖釘被放得如此之大，看起來便不再像是圖釘了，反而像是一幅形似紅色水滴的抽象畫。

這三件相鄰的作品，不僅形成了一幅視覺畫面，同時也引人進一步深思。各別來看，每件作品都自成一格，但是在安特那利的策展之下，當它們被擺放在同一處角落時，這三件作品的共通之處就被突顯了出來。這大概是每位策展人都很常使用的手法：把我們習以為常的事物表面翻轉過來，然後把某些令人感到陌生、或甚至令人感到不快的一面呈現出來。這三件作品之間並不存在著簡單的互補關係，策展團隊也不是像Spotify自動播放功能那樣，把曲風相同的音樂直接串聯在一起。這三件作品彼此互有衝突，但是在互相碰撞的過程中，卻又能迸發出新意。三者摩擦出的火花，使我想起了超現實主義詩人洛特雷阿蒙（Isidore Lucien Ducasse）的著名詩句：「美得宛如一架縫紉機和一把雨傘在解剖檯上的偶然相遇。」把不同的物件並置在一起，總是能夠創造出新奇的美感。正如安特那利說的那樣：「博物館收藏的物件，以及策展人選出來的展品，背後都有許多演算法無法計算的考量。」

訪談告一段落後，安特那利便開始在幾個展間裡穿梭、巡視。任何微小的疏漏，統統躲不過她的法眼。在某個展間裡，安特那利發現牆上的解說牌已經磨損，出現了起毛的現象。在另一個展間，團隊原本規劃要用投影機打出展覽標題的部分字母，但實際投影出的效果卻有點跑掉了。還有一個展間設有互動式的電玩裝置，特別需要警衛駐守，但警衛卻沒有出現。發現這些狀況之後，安特那利馬上拿出手機傳訊息給她的團隊，並請一名助理迅速趕到現場排除問題。為了贏得觀眾的信任，每一處細節都必須做到好。

策展是一門細火慢燉的事業。然而在網路世界裡，一切都是如此倉促匆忙，缺乏脈絡感。安特那利形容道：「社群媒體就像是一處死氣沉沉的空間，充斥著許多雜音。」（拿這段話來形容扁平時代，實在是再貼切不過了：一切都很平庸、沒有任何突出的事物。）安特那利繼續說道：「之所以說演算法機制是策展工作的反面，其原因就在於此。」如果我們把一檔展覽裡的展品交給演算法去呈現的話，那麼它肯定會打亂策展人精心布置的並置關係，使得整場展覽的主題變得支離破碎，讓人無法理解不同的展品是如何連繫在一起的，也讓人難以看出每件展品的獨特之處。演算法非但無法讓我們依次體驗到不同的內容，還往往會把不同的事物攪和在一起。任何上過網的人大概都會同意：靠演算法來學習一門學問，那是不可能的事情。如果你真想要累積對某個領域的瞭解，那你終究還是得關掉手機，靠自己把知識理出頭緒。正如我的藝術家朋友哈莉說的：即使你費了一番功夫，把自己的心血放上了網路，但哪天演算法或許就會把你的心血結晶統統打亂。說到這，我不禁又想起Spotify因為更動了使用介面，結果把我收藏的專輯統統弄亂的往事。無怪乎哈莉曾經說道：在數位平臺上收藏東西，就像是在沙灘上建造城堡。

博物館的典藏機制，是至關重要的一項機能。當代的作品一旦入藏，就能得到永久流傳的機會。由於世上可供收藏的物件、資料和文物如此眾多，因此博物館也就不可避免要做出選擇。至於什麼東西應該保留、什麼東西又應該割捨，每位策展人心中都有自己的一把尺。而全人類作為一個整體，我們也會集體創建出一套典律（canon），並據以判斷什麼是具有重大價值的物品。典律當然可能會變化，也有可能會拓寬，進而容納更多的事物和觀念。然而，典律不可能無限擴張。一件事物能否納入典律，並不是看它受歡迎的程度就可以。安特那利說道：「有些策展人可能覺得典律已經不再重要，但事實上，我們無所遁逃於典律，只能擁抱它。」美麗漂亮的東西會納入典律並不稀奇，但許多怪異、嚇人、令人不安、不舒服的東西之所以也會納入典律，往往正是得益於策展人的眼光。靠著他們不懈的努力，某些特殊的物件和特殊的美感，也才會被我們所看到、經驗到，進而讓我們有機會重新思索它們的內涵。

安特那利完成巡視後，便走回了她的辦公室，而我則繼續在博物館裡漫遊。後來在其中一個區域，我撞見了法國超現實主義藝術家歐本菡（Meret Oppenheim）的一檔回顧展。歐本菡生於一九一三年，卒於一九八五年。我對她所知不多，只記得她創作過一件著名的雕塑作品，標題叫《物體》（*Object*），有時還會附帶一個副標題《毛皮上的早餐》（*Breakfast in Fur*）。在這件作品裡，歐本菡找來了一組茶杯、茶碟和茶匙，然後用羚羊的皮把它們包裹起來，使得這些日常物品瞬間變得怪誕至極，讓人忍不住多看幾眼。這件誕生於一九三六年的作品，是超現實主義的代表作之一。但除此之外，歐本菡其實還創作過許多其他作品。在這檔回顧展裡，策展者用上了六個展間的篇幅，將她生涯當中的各項作品嚴格依照時間順序予以排列。這些作品的風格差異，不可謂不大。歐本菡年輕時，曾創作過許多卡通般的圖畫，這些畫給人一種焦躁的感覺，但同時又充滿了趣味。然而到了她的成熟時期，她卻開始創作一些看起來像是異教神靈的雕塑作品。透過這檔展覽，我鉅細靡遺地見識到了歐本菡終其一生的創作實踐，並感覺到一股源頭活水注入了我的胸懷。雖然歐本菡和我生活在不同的時代裡，但在策展團隊的辛勤努力之下，她的藝術和觀點都真真切切地在展廳裡取得了新生。

如果我只是在家滑ＩＧ的話，演算法或許依舊會把歐本菡的《物體》和她那張迷人的黑白肖像照推薦給我。事實上，歐本菡的許多作品，都是很能得到演算法青睞的那種類型。觀眾往往只消看一眼她的作品，馬上就能感受到視覺上的驚奇和愉悅。因此，當它們出現在ＩＧ上時，我或許還是會興味盎然地看下去。但如此一來，我就會失去深入認識歐本菡的機會。我不會知曉她曾經和時尚品牌合作過；也不會意識到她在二十世紀中期時，曾經是位公眾視野裡極其罕見的女性藝術家。她生涯早期的那些塗鴉創作，更是不可能為我所見。（我想起一九七四年時，歐本菡曾在一場演講當中說過：「自由不是別人給的，你得自己去爭取。」）我並不是說我們一定只能透過博物館來認識藝術，而是說，演算法投餵給我們的內容，往往只是藝術世界裡一處狹窄的截面而已。演算法存在的目的，只是為了要投放更多廣告給你；至於你對某位藝術家有沒有深入瞭解的興趣，那就不在其考量範圍之內。這也就是為什麼時至今日，我們依舊需要策展人來幫助我們拓展視野、深化眼界。唯其如此，我們才能得到更深刻的滿足感。

無論是Netflix、Spotify、臉書還是TikTok，演算法唯一能做的事，就是把資訊內容一個接一個推薦給你。它會替你把一切事物統統挑好，並要求你依照它所選定的順序接觸內容，而這也就不可避免地會影響到你對藝術作品前後脈絡的理解。像安特那利這樣的策展人之所以重要，就是因為「把不同的事物連綴起來」是一項事關重大的工作。我們應該把這項工作留給擁有深厚學養，對手中的物件抱有無窮熱愛的人去做才對。這些專業的策展人，正正就是「把事物連綴起來」的專家。如同安特那利所言，策展人是一群「值得信賴的嚮導」。甚至可以說：連綴事物這項行動，其本身就是一種藝術實踐。

## DJ也是廣義的策展人

策展並不容易——不僅要有深厚的學養，還得要有敏銳的感官。不過，策展人並不是博物館裡的稀有動物，在其他許多領域，策展人同樣是至關重要的角色。可惜的是，一般大眾往往會忽略策展人的功勞和貢獻，就連我也不例外。我是一直要到有一回開車塞在車陣中動彈不得時，才意識到電臺DJ其實也在扮演著策展人的角色，串流平臺的自動化推薦，根本無法與之比擬。

二〇二二年感恩節過後的那個週末，我和潔絲坐上了車子，準備從康州驅車返回特區。那真不是一個理想的駕車時間點，因為大部分出外旅遊的美國人都擠在那個週末開車返家。當我們開到了紐約市周邊時，附近的道路都被堵住了。在那段漫長的塞車時光裡，我和潔絲唯一的救贖，是我們偶然轉到的一檔廣播節目。那是一個名為WFUV的廣播電臺，一九四七年由位在紐約的福坦莫大學出資設立。我們碰巧聽到的那檔節目叫《音樂卡瓦流》（*Cavalcade*），是由DJ卡瓦孔（Paul Cavalconte）所主持的，每週日晚間八點到十一點定時播出。

當時，我對卡瓦孔這號DJ一無所知。我只知道我們在車上聽到他用溫和的嗓音，娓娓道來一段獨白。他的聲音就像撞球桌上的綠色氈布一樣柔順，於是我們便順著他的引介，走進了一條通往他個人的音樂宇宙的隧道。在那晚的節目裡，卡瓦孔為了呼應感恩節後家家戶戶都有大量剩菜的景況，於是便以「留給明日的菜餚」為主題，設計了當晚的歌單。歌單中有不少是翻唱歌曲，也有一些是較為冷門的「B面歌」。雖然這些曲目未必都是最能代表某位歌手的作品，但也因此更加有趣，能夠藉此一窺歌手們罕為人知的側面。聽了一陣子之後，我甚至發現卡瓦孔為他的節目設計了更深一層的結構。他以「翻唱」為線索，把好幾位歌手的曲目串接了起來。起先，卡瓦孔放了〈金屬心〉（Metal Heart）一曲，但那並不是原唱者貓女魔力（Cat Power）的版本，而是俏妞的死亡計程車樂團（Death Cab for Cutie）翻唱的版本。順著這條線索，卡瓦孔接著放了貓女魔力所翻唱的〈再一次被孟菲斯藍調困在莫比爾小鎮裡〉（Stuck Inside of Mobile with the Memphis Blues Again）。由於〈再〉曲的原唱者是巴布．狄倫，於是卡瓦孔又再放了狄倫所唱的〈大黃計程車〉（Big Yellow Taxi）。這首歌的原唱者當然也不是狄倫，而是密契爾。就這樣，卡瓦孔讓我們看到了歌手和歌手之間隱含的聯繫，以及他們互相影響的軌跡。上面提到的每一位歌手，同時也都是其他歌手的粉絲。當他們翻唱別人的歌曲時，他們也會把自己的風格帶進原曲，從而迸發出不同的聆聽感受。例如貓女魔力便用她那帶有苦中作樂意味的煙嗓，將狄倫原曲中的旋律和律動感發揮得淋漓盡致。且由於當時我正好在執行演算法戒斷實驗，許久沒有被推薦新曲，因此感受尤其強烈。

如果說連綴展品是安特那利的策展手段，那麼卡瓦孔就是透過「連綴歌曲」來達到相同的效果。聽完了卡瓦孔的「策展」後，我對音樂的理解也加深加廣了許多。是的，DJ也是廣義的策展人。在一份精心挑選的歌單背後，我們往往能聽出DJ深厚的學養和敏銳的音樂感性。相較於此，每當Spotify切換到電臺模式時，我總是對它自動推薦的歌單感到失望，因為它就只會把相同曲風的歌串在一起而已。

相反地，卡瓦孔播的每一首歌，都是經過仔細推敲、編排出來的，因此才這麼百聽不厭。就像博物館會在展品周邊放上說明牌一樣，卡瓦孔也常會在曲子和曲子中間稍作停歇，向觀眾說明每首樂曲的來歷以及他個人的看法。雖說在演算法機制的影響下，今時今日的ＤＪ已經不再像從前那樣呼風喚雨；但許多聽眾依舊準時收聽他們的節目，為的就是借助ＤＪ的耳力，來發掘一些過去從未聽聞的歌曲。

在我撰寫本書時，「在電臺裡獨立工作的ＤＪ」的形象，時不時就會從我的腦海中跳出來。在我看來，ＤＪ的音樂節目，正正就是前演算法時代文化傳播模式的典範。在網際網路普及以前，廣播電臺早就開始向聽眾們提供了二十四小時不間斷的全天候音樂服務。由於廣播是靠無線電波進行傳播，因此必然只能服務特定區域的聽眾（無線電波傳遞的範圍是有限的），而且由於是現場播出的緣故，廣播電臺完全可以為特定時間、特定區域的聽眾量身設計播出內容。例如他們可以為了某個地方的天氣做一集節目，也可以為特定時段收聽的聽眾做一檔節目，或是為說某種方言的聽眾做一檔節目等等。擁有一檔量身訂做的節目，這聽起來或許有些夢幻，但對廣播聽眾來說，這其實很稀鬆平常。正猶如人類首次聽見留聲機播出樂音時，曾經覺得那是奇蹟，還有當人們首次見識到演算法推薦系統的威力時，也曾一度大感驚艷，但現在我們早就對此習以為常。然而，如果我們收聽的是某位我們信任的電臺ＤＪ所主持的節目，那情況就又不一樣了。這種時候，我們通常都會專注聆聽很長一段時間，不會一個不爽就轉臺。

一檔好的藝術展覽，往往會衝擊我們的世界觀，讓我們看見更多的可能性，而一檔好的廣播節目亦復如是。在我高中最後一年的某個晚上，我就是靠著一檔廣播節目得到了啟蒙。我的方向感一直以來都很差，常會在老家附近山谷裡那條沒有路燈的路上迷路。那段時期，每當我拜訪完朋友，深夜要從他家開車途經那條路返家時，我經常都會收聽一個叫WPKN的在地電臺。WPKN是非營利的電臺，裡面的主持人和DJ，大都是由橋港大學的師生志願擔任的。《紐約客》曾將WPKN譽為「世上最棒的廣播電臺」，雖然是帶著半開玩笑的口吻，但這麼說也不能算錯。在少年時期，能有WPKN相伴，我感到相當幸運。說回我受啟蒙的那個晚上：二〇〇五年的某個星期六，我打開收音機，就聽見有位女聲DJ正在主持一檔介紹爵士和藍調音樂的節目。雖然我不知道她的名字，但我很快就認得了她的聲音。她的嗓音輕柔而沙啞，當她偶爾沉默下來時，周遭的氛圍更顯寧靜。除此之外，獨立電臺特有的斷訊情況，亦時相伴隨。雖然當時的我並不是爵士或藍調音樂的超級愛好者（到今天都不是），但WPKN上的音樂總是讓我覺得非常有趣，遠比商業廣播電臺的音樂好上許多。

那天晚上，那位女聲DJ播了首相當特別的爵士樂曲。曲子的開頭是一連串在鋼琴上奮力奏出的和弦，此外還用爵士鼓打出了逆拍的節奏，隨後又有一系列來自低音提琴的節拍聲響。再然後，一支獨奏的銅管樂器倏忽吹出了旋律，既像流星劃破天際，又像鳥兒在清澈的天空中盤旋。從編制上來說，這首曲子是標準的爵士四重奏，但它卻和我此前聽過的任何音樂都大不相同。我一邊開著車子一邊聽，我發現到：每當我以為樂曲即將結束時，它就會猛力前進；從一段節奏舒緩的時期，進入到一段充滿不和諧音的銅管獨奏，並且偶爾才會吹出清晰好認的旋律。曲子就這樣反覆進行，前後一共延續了十三多分鐘之久，一路伴隨著我開回了家。當樂音終於平息下來時，女聲DJ便悠悠開口介紹起了這首樂曲。原來它是柯川（John Coltrane）於一九六一年時灌錄的，曲名是〈我的最愛〉（My Favorite Things）。這首曲子另有一個剪輯過的短版，並以單曲的形式推出過，後來大受歡迎；但這首十三多分鐘的版本，才是真正完整的全曲。（這首曲子並非柯川的原創，而是翻奏自羅傑斯與漢默斯坦〔Rodgers and Hammerstein〕於一九五九年時發表的同名樂曲，但當時的我並沒聽出來。）在柯川的版本中，他演奏的是一把頗有來歷的高音薩克斯風——它是戴維斯（Miles Davis）在一九六〇年時送給柯川的禮物。在當時的爵士樂界，那可是一件稀世珍品。在介紹完了以上這些背景知識之後，那位女聲ＤＪ又悠悠放起了下一首歌。而我則呆呆地坐在駕駛座上，忘記了要下車。

從那時起，柯川的〈我的最愛〉便成為了我的音樂最愛。每個人或多或少都經歷過這樣的事吧：或許是某一首歌，或許是某一幅畫，或是某部電影，它在生命中某個時刻突然出現，瞬間改變了你的人生。但如果未來的世界沒有了策展人和ＤＪ，也沒有了像是廣播電臺這樣廣受重視的文化機構，我們和那件作品偶然相遇的機會，恐怕就要消失殆盡了。

假如我是在Spotify上靠著演算法的推薦，首次聽見了〈我的最愛〉，我大概還是會把曲子聽完，但我絕對不會用我當初專注聆聽節目的方式聽這首樂曲。事實上，Spotify至今根本從未推薦過我任何長達十多分鐘的樂曲。我猜這是因為時長較長的樂曲，更有可能會被使用者半途跳過，於是演算法便認定它們不適合推薦給別人。（還記得嗎？串流平臺興起後，熱門歌曲的時長普遍變短了。）所以說，如果只靠Spotify，我恐怕根本不會有機會認識到柯川和他的作品。雖然在Spotify上可以看得到每位歌手的介紹，而且Spotify也請了一些音樂職人幫它設計歌單，但光靠Spotify的介面，我們還是很難瞭解某張專輯背後的故事，而是只能靠自己Google。在Spotify上，我們甚至連專輯的發行日期都找不到，樂手的名單更是付之闕如。傳統的ＣＤ盒或唱片內頁，往往都能反映出音樂創作者的美學風格，但在Spotify

上，我們既沒有CD盒可以參考，也沒有唱片內頁可以閱讀。

和真正的DJ相比，演算法實在差得很遠；而且似乎連Spotify官方都意識到了這一點。二〇二三年，Spotify推出了「人工智慧DJ」的功能。這位人工智慧DJ會自動在樂曲和樂曲中間稍作暫停，並告知使用者即將播放什麼歌。但坦白說，這項功能完全沒有令我感到新奇，我反倒覺得人工智慧DJ不斷在侮辱我的智商。人類的創造力，顯然還是難以被人工智慧取代。在我和潔絲從康州開車回家的那天，我們一連聽了三個小時卡瓦孔的節目。當我們途經紐澤西，準備繼續南下時，我們突然再也收不到WFUV的廣播訊號；於是我們便拿出手機，連上了WFUV官網，然後透過串流直播的方式，把整集節目繼續聽完。回到特區後，我嘗試和卡瓦孔本人取得了聯繫，而他也同意接受我的訪談。於是在接下來的幾個星期裡，我向他提出了一連串的問題，試圖弄清楚他究竟是如何施展他的魔法，為聽眾設計出了一份如此引人入勝的歌單。當然，我也向卡瓦孔指出了演算法對文化傳播模式的影響，並且詢問他的看法如何。

卡瓦孔擔任DJ，已經有超過三十年資歷了，而且他本人活脫脫就是一副「擁有多年資歷的DJ」的樣子。他的打扮有點宅宅的，高高的額頭上有著一圈稀疏的頭髮；兩隻眼睛總是睜得圓圓的，嘴角則掛著大大的微笑。光看一眼，你就能感受到他的熱情。WFUV的錄音室離他住的地方只要十分鐘的車程，但那裡並不是他的第一間錄音室。早在年輕時，卡瓦孔就霸占了家裡的地下室，把它改造成了一間私人音樂工作室，裡面擺滿了CD架，上面收藏著卡瓦孔擁有的數千張專輯。卡瓦孔是獨生子，而且他的雙親年紀都比較大，因此他最早接觸到的音樂，都是父母親喜愛的古典樂和爵士樂。後來在學校裡，他又接觸到了搖滾樂。至此之後，這三種音樂便占滿了他的世界。一九八〇年代初，當卡瓦孔在福坦莫大學就讀的期間，他曾替WFUV電臺擔任過志工。當時的WFUV，完全是由學生志工所經營的。在卡瓦孔成長的年代，恰好就是FM廣播的輝煌時期。卡瓦孔對我說道：在他年輕時，電臺DJ幾乎就是「音樂作品最有力的評鑑者」。他在說這段話時，我彷彿再次聽到了廣播裡那個知性的DJ在對我說話。他的嗓音一概都是那樣地溫柔滑順，並且帶有一絲來自紐約的口音。

卡瓦孔後來在WLIR電臺展開了兼職工作，算是正式入了行。WLIR是長島地區的一家相當有影響力的音樂電臺，主打的是前衛搖滾的曲目。WLIR最著名的特色，就是DJ常會用一種朋友般的語氣，向聽眾介紹一些並不出名的樂曲。而且他們往往會深入介紹一整張專輯，而不會單純只播主打歌。在八〇年代的新潮音樂剛剛嶄露頭角時，WLIR正是最早一批介紹這些音樂的電臺。後龐克搖滾樂團「B-52s」，還有無浪潮音樂（No Wave）等等，都曾被WLIR大力介紹過。（後龐克搖滾大致上繼承了七〇年代中期的龐克搖滾，只不過又比龐克搖滾再稍微更重視旋律一些些。至於無浪潮音樂則是一支發源自紐約街頭藝術的音樂派別，其作品以充滿了噪音和無調性的聲響為特色。）直到今天，WLIR播放的音樂，依舊在挑戰著聽眾的品味。它始終把自己定位在潮流的最前線，並依循著策展的精神，向聽眾介紹值得一聽的前衛作品。WLIR甚至還發展出了一套二十四小時即時到貨的專輯訂購服務。卡瓦孔離開WLIR之後，分別在紐約市好幾家廣播電臺都當過職，包括WNEW-AM、WNCN、Q104．3、CD101．9、WRXP。以上這些電臺，除了各自擁有不同的節目之外，其播音風格和品牌定位，也都各不相同。

在那段頻繁轉換東家的期間，卡瓦孔還主持過古典樂和爵士樂的專門節目。二〇一三年，他回到了WFUV任職，隨後又於二〇一五年開始製作《音樂卡瓦流》。二〇一七年，《音樂卡瓦流》的播出時間調整到了每週六日下午的黃金時段。在此之前，六日下午的節目，都是由WFUV的王牌DJ史瓦茲（Jonathan Schwartz）主持的。在那個節目裡，史瓦茲會用隨性漫談的風格，向聽眾介紹二十世紀以來的美國經典名曲。但後來史瓦茲因為被爆出了性騷擾醜聞，黯然離開了WFUV，於是卡瓦孔便接手了他的時段。而這個時段，正好就是紐約市居民們外出旅遊或在家放鬆的時刻——這正是卡瓦孔發揮策展長才的大好時機。

卡瓦孔說，他心目中最好的DJ，應該要像一個「酷酷的老師」才對——他們會替聽眾挑選曲目，然後在樂曲中間穿插播音，用他們各自的方式漫談一些有趣的知識。他說道：好的DJ應該要「拉著你淺嚐幾口，隨後就留給你自己去探索」。「DJ有點像是在做教育事業，但同時也會種下反叛之火。」說著說著，卡瓦孔便好似進入了播音模式一般。他的聲音緩慢而穩重，一字一句都清晰入耳，令我寒毛直豎。他說：「在我成長期間，我認識的每一位DJ說話都是那樣悠揚宏亮。那種聲音真的很性感，會讓我心癢癢的，想要瞬間奔進他或她的世界裡。在我的想像中，播音室總是光線昏暗、菸氣繚繞。DJ們只要一開口，我就會覺得自己彷彿置身在那樣的暗夜氛圍裡。」卡瓦孔接著說道：「DJ或許算得上是最早的網紅。他們在特定的地區發揮著影響力，而少年的我則對他們羨慕不已。在當時的我心目中，DJ就是可以一邊喝著免費啤酒、一邊聽著免費音樂的一群人。他們穿著邋遢、行為懶散，但電臺卻照樣付錢給他們。」

就跟博物館裡的策展人一樣，DJ們必須懂得培養「信任感」。當聽眾開始信任一名DJ時，他們就會願意接觸新的曲目。正如卡瓦孔說的：「一旦收音機裡那個有著一把好嗓子的人贏得了你的信任，那麼神奇的事情就會發生。人人都需要陪伴，而DJ提供的正是一種陪伴的感覺。如今所謂的『策展』這件事，其實也就是陪伴而已。」卡瓦孔的一席話，讓我意識到演算法系統最缺乏的東西，或許就是陪伴的能力。它可以提供你無止無盡的內容，但它們總是把東西丟給你就跑，留你一個人在那兒獨自打發時間。直到你失去耐性，把它給你的東西滑走時，演算法才會再次短暫現身。

相反地，在一檔由DJ所規劃的節目裡，你會聽到的是完完整整的一套音樂饗宴。要做到這件事，靠的就是DJ的音樂知識和策展品味。誠如卡瓦孔所言：DJ可以透過挑選音樂，來訴說一個「更大的故事」。如果你是一名在商業廣播電臺工作的DJ，或許你會須要播放公司指定的曲目；但起碼在卡瓦孔的節目裡，他擁有完全的自由，可以依照他自己的音樂品味和專業判斷來選曲。卡瓦孔選的樂曲，不受限於年代，也不拘泥於樂種。經典老歌、民謠、爵士、搖滾、流行、嘻哈，統統在他守備範圍。而這是他花了數十年時間不停鑽研才累積出來的功力。卡瓦孔說道：「品味是我們最終的依歸。無論你有沒有意識到，我們總是不停地依據品味在做各式各樣的判斷。」雖然演算法儼然已經成了DJ的對手，但卡瓦孔並不服輸。他就像民間故事裡的隧道鑽鑿工約翰（John Henry）那樣，不願意向機器低頭，而是向它發起了挑戰。卡瓦孔說道：演算法這種「東西」，如今彷彿「已經成為了你的好友，代替你判斷歌曲好壞，真是噁心」。他說：「我不想要演算法成為我的朋友。我只想和真實的人相處、和有血有淚的人分享音樂。」

不過，卡瓦孔也會用「演算法」一詞來形容自己挑選音樂的過程。他解釋道：「我挑選音樂的方式，其實也是某種演算法。但我不是純靠大數據來選曲的。所有的曲目，統統都是出自於我的思想和體驗。」他繼續說道：「我會想像自己坐在心理醫師的沙發上，放任自己自由聯想。就算我想到了一首愚蠢的歌，我也不會停下來。」例如，雖然卡瓦孔對泰勒絲（Taylor Swift）評價不高，但他還是在感恩節後的那集節目裡播了泰勒絲的歌曲。卡瓦孔說，他之所以會把這位當代的流行天后放進歌單，是因為他想要為節目增添「出乎意料」的趣味，並同時反襯出那些經典老歌和翻唱歌曲的特殊之處。（Spotify的演算法有辦法設計出這種反諷或幽默的橋段嗎？）

分享音樂，必然是種雙向的交流。在DJ這一方，他必須得擔當起策展人的角色，審慎評判曲目的好壞優劣；而在聽眾這一方，他們也必須努力保持開放的心胸。即使某首曲子初聽並不悅耳，但心胸開放的聽眾還是會設法熬過全曲，因為只有這樣才能體會不同曲風的妙處。就像卡瓦孔說的：「DJ的工作，就是要設法取信你的聽眾。如果你真能做到讓聽眾放下想要轉臺的手指，跟隨你從頭聽到尾，那就是DJ工作的最高境界。」

演算法會不停把你早已熟知的內容推薦給你，使得人們經常只會看到最不具爭議性的東西。但DJ卻與此相反：他們總是會想方設法讓我們接觸不熟悉或是不尋常的曲目。DJ不能保證你會喜歡節目裡所有的歌曲，但他們起碼會以「引發你的興趣」作為目標。策展人也是如此。或許你無法喜歡某些展品，但你依舊可以對它產生興趣。一幅太過抽象的畫，或者一首太艱澀的曲子，或許都很難讓人瞬間愛上，但好的策展人就是有辦法讓你對它們產生好奇之心。在藝術的世界裡，一個人完全有可能看不懂某件作品，但依然大受震撼；一件作品也完全有可能讓你心生困惑，但同時又令你魂牽夢縈。然而與此相反的是，在扁平時代裡，你或許會喜歡某樣內容，卻並不覺得它有趣。Netflix推出的《艾蜜莉在巴黎》就是如此。雖然它會讓人心情愉快，但看完之後，卻不會留存在觀眾心裡，而像是蘇打水泡泡那樣，很快就消失無蹤。（真正會讓人產生興趣的作品，還是得要有某種特殊的質感才行，而不是只有一股似有若無的氛圍。）策展這門行當，始終得要朝著未來向前走。它不會也不能老是呈現出相同的事物。借用卡瓦孔的話來說：「ＤＪ的終極目標，就是要讓那些原本不會接觸到某些作品的人有機會認識它們。畢竟，你得先要有機會聽見，才能判斷自己喜不喜歡。」

如果沒有了ＤＪ、沒有了策展人，那麼文化同質化的速度只怕會愈來愈快。卡瓦孔同樣也注意到了文化同質化的現象。身為一名ＤＪ，同時也是重度愛樂者，他對演算法時代的音樂風尚也有許多獨到的洞察。他指出：「科技的發展，讓人可以用隨選隨聽的方式來收聽音樂，許多人於是養成了『不好聽就切歌』的習慣。從前，我們有很多機會可以坐下來好好聆聽一整張專輯。也因此，我們許多人都有過那種『聽見專輯裡某種隱藏的敘事如小說般緩緩展開』的經驗，但如今他們已經不會從第一首歌聽到最後一首了。」在演算法推薦的時代裡，單首歌曲的重要性，遠遠高過了一整張專輯。從前，許多專輯都能提出清楚明晰的音樂主張，但現在，許多專輯只是把好幾首歌鬆散地湊在一起。過去，無論是黑膠唱片還是錄音帶，它們一定都會有時長上的限制，但網路平臺上的串流音樂卻沒有這樣的限制。也因此，一張專輯或一份歌單，只要收錄了盡可能多的歌曲，就能相對輕易地獲得演算法的青睞，從而賺取到更多的版稅分潤。

就以泰勒絲為例吧：從二〇二〇到二〇二二年，她一共發行了三張全新專輯，並推出了兩張「舊曲新錄」的專輯。泰勒絲旺盛的生產力，充分體現出了Spotify的CEO埃克所標舉的精神：當代的音樂創作者，應該要不斷發表新曲才是。（二〇二〇年時，埃克曾經說過，他認為歌手每隔幾年才發表一張專輯是不夠的，因為唯有持續推出新曲，才能維持「和粉絲之間無間斷的互動體驗」。）雖然二〇一四年時，泰勒絲因為不滿Spotify給予創作者的回報過低，憤而從Spotify撤下了自己的歌曲；但最終，她還是接受了Spotify開出的條件，重新加入了串流平臺。在前面提到的三張全新專輯中，有其中兩張是一對風格極其相似的姐妹作，分別是《美麗傳說》（*Folklore*）和《恆久傳說》（*Evermore*），裡面的歌曲都是感傷的民謠。至於第三張全新專輯，則是取名為《午夜》（*Midnights*）。這張於二〇二二年推出的專輯，其中收錄的歌曲大多比較沉靜，充滿了自我指涉的暗示，且用上了許多合成器的音效。在主打歌之外，《午夜》還收錄了七首「B面歌」。這批B面歌數量雖多，但聽起來都很像。也就是說，聽眾可以聽的內容雖然變多了，但翻來覆去卻像是在聽同一首歌。（當今世上另一位流行巨星德瑞克〔Drake〕同樣也在二〇二〇到二〇二二年間馬不停蹄地發表了一系列作品，其中包括二〇二二年推出的《老實說，沒關係》〔*Honestly, Nevermind*〕專輯。身為饒舌歌手的德瑞克，過去一向都喜歡創作鴻篇巨帙的作品。但在這張專輯裡，他卻只用了一些環境式的合成音效，搭配少少幾句歌詞，反覆吟誦著充滿自戀意味的焦慮心情。）

正如室內設計師在IG演算法的壓力之下，紛紛採用了通用美學；當代的流行音樂同樣也在演算法的影響下，興起了一股通用音樂的風格：「整首曲子聽起來像是無止無盡的反覆樂段。聲響單薄、缺乏立體感。雖然節奏鮮明，但旋律卻並不出色。」卡瓦孔形容道。根據他的看法，像怪奇比莉（Billie Eilish）等新世代歌手的作品，就是屬於這種類型。這批新世代的歌手，最初往往都是在自家臥房自製音樂的素人。他們是靠著演算法之助，才得以崛起成為超級巨星。在TikTok短影片的推波助瀾下，聽眾們早已習慣了只聽極簡短的音樂，同時也很習慣一個不喜歡就馬上滑到走。這使得音樂創作人不得不迎合這股趨勢，用一段一段只有數秒鐘長的音樂碎片來組織歌曲；因為聽眾們的注意力就是只能用「秒」來計算，很難聽完一首長達數分鐘的歌。

「從前的流行樂很常用『升Key』來吸引聽眾注意力。但現在的歌曲幾乎都不升Key了，因為這招已經不管用了。」卡瓦孔說著說著，便哼起了惠妮（Whitney Houston）的經典歌曲〈與愛人共舞〉（I Wanna Dance with Somebody），並向我解釋這首歌如何運用升Key技巧創造出了高潮。這種技巧可不是隨便能用的，卡瓦孔說道。在升Key之前，必須要有足夠的時間鋪陳旋律，聽眾才能感受到升Key前後的差異。也就是說，運用這種技巧的歌曲，往往無法被裁切成數秒鐘的音樂片段。「從前的創作者，會用很長的時間鋪陳出戲劇性的張力。但現在——現在他們不會再花時間鋪陳任何東西了，因為一切都必須要在前三十秒內搞定。」卡瓦孔說道。

卡瓦孔的觀察，可不只是他個人的偏見而已。一篇研究報告指出，從一九六〇到一九九〇年代，在告示牌百大單曲榜上的歌曲中，有高達四分之一的歌都用上了升Key的技巧；但終其二〇一〇年代，卻僅僅只有一首歌使用了升Key。此外，從前的流行歌也比較喜歡用音樂來講故事，但如今講故事的風潮卻已經退燒了。相較於故事，現在的聽眾似乎比較喜歡能夠烘托某種氛圍或情緒的作品。過去在九〇年代，無論是聲名狼藉先生（Biggie）的〈Juicy〉還是麥克羅（Tim McGraw）的〈這樣的事〉（Something Like That），都是紅遍大街小巷的敘事歌曲。二〇〇四年，街頭小子（the Streets）的概念專輯《天下沒有白吃的午餐》（*A Grand Don't Come for Free*），同樣也有著明顯的故事情節。但時至今日，創作者們卻鮮少寫出這種需要花費注意力才能聽懂的歌詞。

串流時代的歌曲，普遍都以簡短為尚。最近，格萊姆斯（Grimes）把她二〇二〇年的專輯《人類世小姐》（*Miss Anthropocene*）拿去重新混音，推出了一個豪華版本。在這個版本裡，有其中幾首歌都經過了「演算法混音」的工序。演算法所做的事，無非就是把歌曲中稍有留白的地方刪掉，一方面縮短時長，同時也盡可能讓歌曲一聽就入耳，以便取得演算法系統的垂青。（就有點像是從前那些「電臺剪輯版」的概念。）一九九五年，熱門歌曲的平均時長是四分三十秒，而到了二〇一九年，則只剩下三分四十二秒。也就是說，在過去二十年裡，熱門歌曲的平均時長縮短了超過半分鐘。針對這個現象，加州大學洛杉磯分校的資料科學家進一步做了統計，他們發現二〇二〇年所有在Spotify上推出的歌曲，其平均時長才只有短短的三分十七秒而已。歌曲正在變得愈來愈短。音樂學者斯隆（Nate Sloan）指出，這種現象其實是肇因於串流音樂平臺所採用的分潤機制。舉例而言：在Spotify上，使用者只要播放某首歌曲超過三十秒，Spotify就會認定該首歌曲被播放過了「一次」，並據此支付收益給創作者。因此不難想像，音樂創作者早已沒有了經濟上的誘因要去創作出更長的歌曲。

我並不是說今天的音樂比幾十年前差，我也不是要批評現在的創作者不夠努力。（近年流行的環境音樂，我就非常喜歡。那種擁抱空間氛圍的音樂聲響，令我非常入迷。）當代音樂的整體樣貌，不僅僅取決於個別音樂創作者的品味和創意，同時也取決於音樂發表平臺所開出來的條件。而對你我這樣的消費者而言，如果我們想要打破演算法機制對文化的影響，那我們就應該多多接觸人類策展者所策劃的節目，而不是在演算法推薦的資訊串裡隨波逐流。策展人的職責所在，就是幫助我們接觸到不一樣的事物，甚至幫助我們用不一樣的眼光重新審視已知的事物，從而讓我們更深入地在藝術文化的世界裡探索、體驗。

「我的工作，不外乎就是設法把音樂變得充滿驚奇又有趣。」卡瓦孔說道。在他看來，十五世紀文藝復興時期的義大利畫家波提切利（Sandro Botticelli），就是ＤＪ們的好榜樣。波提切利最重要的作品，是一四八〇年代的一幅畫，叫《維納斯的誕生》（*The Birth of Venus*）。畫裡的維納斯女神站在海面上，好似剛剛誕生的樣子。今天，《維納斯的誕生》已經成了藝術史上最著名的繪畫之一，但在波提切利的年代，時人們卻普遍認為這幅畫不但怪異，而且有悖倫常。由此可見，真正的品味，永遠是在令人「不舒服」的感受當中掙扎建立的。

## 利用網路做策展

「策展」這回事，本質上是種手工活。它沒法完全靠ＡＩ自動化，也沒法像社群媒體那樣採用演算法進行規模化生產。因為無論如何，最終你還是得要親自挑選、親自採認，並且親自安排展品的呈現方式。但這並不表示「策展」只能夠發生在美術館或廣播電臺裡。在經歷了二〇一〇年代後半葉的洗禮後，許多人都警覺到演算法機制所帶來的文化扁平化現象，於是有不少企業家和設計師都默默創建了一些以「策展」為主軸的數位平臺，並且希望盡可能不要讓演算法系統過度介入。這些平臺的使用者規模，往往遠比臉書或Spotify都要小得多。這不僅是因為他們不願張揚，更是因為只有規模夠小，才可能擺脫演算法的影響。

故事得從一九八四年說起。那一年，標準收藏公司（The Criterion Collection）在美國成立了。標準收藏公司的目標，是希望能把世界各地的經典電影蒐集起來，然後用錄影帶、VCD或DVD的格式出版發行。不久之後，標準收藏公司便成為了全美最重要、最知名的電影策展品牌之一，其地位就有點像是家庭劇院界的《米其林指南》。標準收藏公司一共出品過上千部電影，其中有不少都是獨立製片和藝術電影。尚・考克多（Jean Cocteau）、黑澤明、史派克・李（Spike Lee）和艾方索（Alfonso Cuarón）的作品，均在其列。從一九八四年至今，雖然標準收藏公司的初衷未改，但他們卻不斷更新影片的發行格式，從而讓許多老舊的電影至今仍然可以輕易播放。

從二〇〇八年起，標準收藏公司便開始將電影放到網路上串流播出。最早他們是透過一家叫Mubi的串流平臺上架電影，後來則是透過Hulu，再然後則是透過FilmStruck（FilmStruck是美國有線電視頻道「特納經典電影頻道」旗下所有的一家線上串流平臺）。除此之外，標準收藏公司的客戶也可以透過Kanopy看到那些電影（Kanopy是專供圖書館讀者和機構用戶使用的線上串流平臺）。然而二〇一八年時，FilmStruck的母公司華納媒體（Warner Media）卻決定永久關閉FilmStruck。對影迷來說，這事著實非同小可。《紐約時報》甚至用上了「毀天滅地」一詞來予以形容，並且替影迷整理出了「在FilmStruck

消失之前非看不可的幾部片」。FilmStruck關閉後，標準收藏公司別無他法，於是便推出了自己的數位串流平臺，名之曰「標準頻道」（Criterion Channel）。今天，無論你在任何地方，只要你能連得上網，就可以上線觀看標準頻道。就策展的用心程度而言，標準頻道實在遠勝Netflix許多。在標準頻道的資料庫裡，有極其豐富的觀看指南，此外還找得到許多深具歷史價值的導演訪談，你甚至還可以在上面觀看由專業影評人所攝製的講評影片。此外，每隔一段時間，標準頻道就會精選出一系列的電影，就像影展一樣。作為一個真正為影迷量身打造的電影平臺，標準頻道所收錄的電影和推薦觀看的內容，都和Netflix大大不同。

為了深入瞭解標準頻道，我訪問了該頻道的前任主管巴蕾特（Penelope Bartlett）。巴蕾特曾經擔任過標準頻道選片部門的主任，直到二〇二二年卸任為止。在入職標準頻道前，巴蕾特曾在幾個不同的影展工作過，也曾經擔任過製片人。但從二〇一六年起，巴蕾特就一直在標準頻道從事選片。簡單來說，這份工作就是要負責挑選出適合推薦給觀眾的電影，算得上是某種廣義的策展。巴蕾特說，她在標準頻道的期間，經常覺得自己「很像是一間專播藝術電影的戲院所聘請的節目編排小組。我們每天就是要依照主題來選片，將手頭上的電影組合成一系列有趣又能夠吸引人的片單」。例如，選片小組可能會以某位導演或演員的職業生涯為主軸，設計出一系列的回顧展；他們也可能會挑出兩部彼此相映成趣的電影，然後用雙片聯映（double feature）的形式推出企畫。

巴蕾特說：「標準頻道上的每一檔企畫，都是同仁們絞盡腦汁、精心策劃出來的。我們從來不會靠演算法便宜行事。」在今日的網路世界，由於各式各樣的內容實在太過琳瑯滿目，普通人即使靠著演算法之助，也難免都會應接不暇。正如巴蕾特所說的：「串流平臺上的內容真的太多，以至於用戶們常常會被眾多的選項給淹沒。而我們的工作就是每天花數個小時幫用戶們挑選出值得一看的內容。」巴蕾特指出，標準頻道的節目企畫「只是希望能激起用戶的好奇心，從而幫助他們發掘好片、享受電影。此外，我們也會控制每一檔企畫的篇幅和分量，讓用戶只要騰出一個晚上的時間就能看完」。

巴蕾特將自己定位成一名「觀影陪伴者」。她說道：「有些影史留名的人，一生中或許拍過三十部電影。許多觀眾一聽到他們的豐功偉業，都會手足無措，不知從何欣賞起，於是最後連一部片都沒看。」這時，選片小組如果依照演算法的邏輯，把最多人看過的片子推薦給你，或許也不是什麼好主意。對選片小組來說，他們的終極目標並不只是要推薦你值得一看的作品，而是希望能幫助你進一步思考「我為什麼要看這部作品？」「除了這部作品之外，我還能看哪些？」從某方面說，標準頻道有點像是在扮演著「優質好片認證機構」的角色。選片小組並不會依照片子的觀看次數或票房收入來決定推薦與否，而是會專注於考量一部片子的藝術品質究竟如何。

標準收藏公司推出的影片，確實曾經幫助我發掘出自己的觀影品味。如今，如果你問我最欣賞世上哪位影人，那我一定會說香港導演王家衛。在他的電影裡，那種柔和而明亮的光線，以及那種緩慢、懷舊而又浪漫的敘事手法，令我深深著迷。我第一次撞見王家衛的電影，是在我的青少年時期。那時，我去家附近的一間百視達出租店裡找片子，然後就在專放外國電影的架上看到了一部封面上印有標準收藏公司標誌的ＤＶＤ，而那正是王家衛二〇〇〇年推出的作品《花樣年華》。這部電影，背景設定在二十世紀中期的香港，講述了發生在兩對夫婦之間的故事，情感極為深刻。劇中主角所擁有的愛情，以及他們所失落的愛情，至今令我難忘（同樣令我難忘的，還有劇中角色吃的那種外帶餛飩麵）。為此，我對標準收藏公司，以及那位幫忙把《花樣年華》上架到外國電影區的百視達員工都心存感激。看完了《花樣年華》之後，少年的我又去把王家衛更早些年拍的電影《重慶森林》找來看；我還記得那是部關於一名失戀警察的黑色喜劇。在《重慶森林》之後，我又看了《2046》——這部片可以算是《花樣年華》的續篇，只不過它比《花樣年華》更加隱晦，而且還加入了一些科幻元素。

在我的少年時期，我家附近根本沒有播映藝術電影的戲院，也從未聽聞有人辦過什麼影展。因此，如果不是那天在百視達偶然發現了那片DVD，那麼我恐怕要等到青春期結束很久以後才有機會看到王家衛的作品。但是好在，如今這些片子，上網都能找得到。只要登入標準頻道，就可以一邊享受博物館等級的策展，一邊用隨開隨看的速度欣賞世界各國的電影。既無演算法推播之亂耳，亦無親赴影視出租店之勞形。這樣一幅數位生活的圖景，我想每個人都會心嚮往之。

## 網路策展，能賺錢嗎？

如果我們想擁有更多像標準頻道這樣的數位平臺，那我們就不得不思考：要用怎樣的商業模式，才能讓這類平臺生存下來？有一則關於網路服務的金句是這麼說的：「如果你沒有付錢，卻依然可以使用服務，那很抱歉，你並不是這家企業的客戶，因為這家企業賣的就是你。」這則金句的起源，已經不太可考，可能是源自於二〇一〇年時某個人在網路論壇MetaFilter上寫下的一句留言。但無論如何，這話確實深中肯綮：數位平臺之所以免費提供內容給你，是因為它們正在靠出售你的注意力來賺錢。在這樣的商業模式底下，數位平臺當然只會把內容當作是用來吸引注意力的工具。然而，如果你願意付費的話，你所能享受到的內容自然也會更有價值，背後也會有更多資源投入其中。無論對創作者還是消費者來說，這都是更好的一種傳播模式。Netflix和Spotify雖然都有付費訂閱的服務，但這些訂閱費用卻是以一種不合理的規則分配給平臺上的創作者。更糟的是，由於這兩大平臺訂閱人數的成長率都逐漸趨緩，因此它們不約而同都開始把念頭動到了廣告上面，試圖藉由販售更多的廣告版位來增加收益。

幸好，一些規模較小的串流平臺，正在慢慢改寫這門產業的商業模式。它們建立起了一套另類的訂閱和分潤機制，讓你可以付費購買某一套特定的企畫內容，從而給予創作者更直接的經濟支持。除了標準頻道之外，不少其他品牌的小眾平臺，也都經營得有聲有色。其中包括專營英國電視節目的串流平臺，以及專營驚悚片或動畫片的串流平臺等等。當然，專營古典音樂的IDAGIO也是其一。IDAGIO成立於二〇一五年；在成立之初，他們便以「為串流音樂創造出公平交易的環境」作為標榜。正如其創辦人揚丘科維奇（Till Janczukowicz）所說的：既然咖啡公司可以做出承諾，不要用剝削性的方式和咖啡農交易，那麼串流音樂公司應該也做得到同樣的事情。前面說過，Spotify的分潤規則，是以播放三十秒計為一次，但IDAGIO的做法卻與此不同。由於古典音樂普遍比流行音樂長得多，因此IDAGIO是把「每位用戶收聽各首樂曲的時間」計算出來之後（這會是個精確到秒的數字），再依比例將收入分配給音樂創作者。舉例來說，如果某位用戶花了三成的時間收聽DG（Deutsche Grammophon）公司推出的音樂，那麼該用戶所支付的版稅權利金當中的三成，就會支付給這家擁有百年歷史的德國古典音樂唱片公司。通常來講，創作者愈是能夠按比例收取報酬，這樣的分潤機制也就愈有可能長期運作下去。

在過去數十年裡，網際網路一直都朝著免費化的方向發展——愈來愈多的內容，都被放到網路上隨人取用。在一九九〇到二〇〇〇年代初的那段時期，企業通常都會願意花費少少的成本架設網站。這些網站很少有要收費的，畢竟真正能讓他們賺到錢的地方不在那裡。在這之後，Google搜尋和Google廣告便開始大行其道，「賣廣告」於是成為了網路這門生意最主要的盈利模式。由於流量愈大、賺得愈多，因此各家平臺自然也都不會向使用者收取費用。然後緊接著，像臉書、推特和YouTube這樣的社群媒體便開始崛起了。它們透過演算法系統來極大化使用者的參與度，並迫使內容創作者們創作出各式各樣吸引觀眾的內容，以便銷售出更多的廣告版位。但最近這幾年，許多人卻慢慢意識到：比起靠著販售注意力來盈利，直接向用戶收取費用，反而還比較容易賺到錢，而且也比較有可能長久經營下去。過去有很長一段時間，《紐約時報》的線上版都是免費供人閱讀的；但二〇一一年三月起，它卻突然決定嚴格施行付費訂閱制。當時許多人都認為《紐約時報》太過躁進，甚至批評它違背了免費化的潮流；但事後證明，它的決策是對的——正因為它早在十多年前就實施了付費制，所以如今才能擁有九百多萬名付費訂閱者，並且成為全世界規模最大的線上新聞媒體之一。雖然很多人可能認為付費制會讓數位平臺變得更加商業化，但從現實的角度講，如果不實施付費制的話，那麼數位平臺所銷售的東西就會是你的注意力，而不會是新聞報導或者古典音樂等等文化產品。

揚丘科維奇之所以離開他熱愛的古典音樂界，並轉而創辦了IDAGIO這家數位音樂串流公司，正是因為他發現古典音樂在數位時代的浪潮底下適應不良。身為一位來自德國的古典音樂推廣者，揚丘科維奇從五歲那年就開始彈琴，但他後來沒有往演奏家的方向發展，而是逐步開始學習寫作有關古典音樂的文章。長大後，揚丘科維奇還組織過古典音樂的工作坊、參與過錄音工作，並成為了多位著名演奏家、指揮家，和多個著名樂團的經理人。中國的鋼琴家郎朗、日本的指揮家小澤征爾，以及芬蘭的指揮家薩拉斯特（Jukka-Pekka Saraste），都曾和他合作過。在這些音樂人身旁做事的那段日子裡，他發現假如借助網路的力量，這些音樂家的作品應該都更能為大眾所熟知。揚丘科維奇說道：「如果他們的作品沒法放上網路的話，恐怕就會漸漸被淘汰。」他告訴我，IDAGIO真正的目標，並不只是要「建立起一個音樂串流平臺」而已。他說：「我們背後有一個使命，而這也是驅使我們創辦IDAGIO的最高目標，那就是我們有沒有可能透過數位科技來保存文化？」（事實上，「保存文化」正正就是演算法推薦系統一直以來都無法做到的事，因為它總是只會向人推薦「最大公約數」，並捨棄掉其他的一切。）

Spotify的演算法，先天上就只會不斷推薦最熱門的曲目給使用者收聽；但IDAGIO的目標卻是要讓聽眾接觸到較小眾的作品。在古典樂的範疇裡，IDAGIO可謂曲目齊全。截至目前，IDAGIO已經取得了兩百萬多首曲目的播放權，將全球兩千五百個管弦樂團和六千名指揮家的作品盡錄其中，稱得上已經把地表絕大部分的古典樂錄音含括在內。使用者每個月只要繳交十美元，就可以在這座近乎完美的數位音樂圖書館裡盡情探索。不只如此，你還可以一一閱覽每張唱片內附的小冊子，使得IDAGIO堪稱古典樂界的維基百科。當然啦，IDAGIO之所以能做到這種地步，有一部分正是因為它專注於只做古典，從不涉足其他樂種。但事實上，像IDAGIO這樣的平臺，實在也沒必要無止境地擴大規模、把自己搞得無所不包。正如曾在標準頻道任職的巴蕾特所言：「我們沒必要去跟那些超大型的串流平臺比較訂閱數。只要我們擁有一群忠實的用戶，我們就能打平成本、生存下去。」在扁平時代，文化藝術之所以愈趨扁平，演算法科技當然是罪魁禍首；但那種不斷追求增長、無止境擴大規模的資本主義思維，也是原因之一。

一家平臺愈是想要擴大規模，就勢必得要統包一切；而它愈是統包一切，使用者的體驗也就會愈來愈差。臉書就是如此。在臉書的影響下，後起的許多串流平臺也都紛紛效尤，試圖滿足所有類型的影音消費者。結果，由於平臺上什麼樣類型的人都有，於是這些平臺就只能不斷推出最能取悅大多數人，或者至少不會冒犯到大多數人的內容。更由於社會上的優勢群體往往人數眾多，於是文化同質化的現象，便只會朝迎合他們的方向發展；於是乎，非白人、非順性別、非異性戀等少數群體，在數位平臺上就更加被視而不見——畢竟那些演算法模型，基本上都是以「要能夠同時應用在數十億人身上」為目標而設計，不會去照顧到少數人的身分認同。相比之下，像標準頻道或ＩＤＡＧＩＯ這樣的消費社群，規模雖然比較小，但卻有辦法提供更精準的內容，從而創造出更深層次的互動和參與，讓使用者一方面有機會深入認識好的作品，同時也能結交同道好友。這些平臺規模雖小，但只要能持續發展，誰曰它們不是成功的典範？如果我們總是只關注那些大型平臺所帶來的便利性和它們超高的訂閱數，我們就會忽略掉這些小眾的典範。

「有些人覺得 Spotify 很棒，因為只要按一下按鈕就可以聽到音樂。對此我並不買單，因為這樣的音樂缺乏脈絡。」揚丘科維奇一邊點開 Spotify，一邊對著我說。雖然ＩＤＡＧＩＯ上各式各樣的古典曲目都有，完全可以隨選隨聽，但揚丘科維奇說，當他用ＩＤＡＧＩＯ時，「我依舊還是很注重脈絡。」所謂的「脈絡」指的是：當你參加完了由某某樂團所演出的柴可夫斯基音樂會之後，你可能會想要把柴可夫斯基的別首交響曲找來聽，又或者是把同一個樂團所演出的貝多芬交響曲找來聽。Spotify的音樂庫雖然曲目眾多，卻難以提供脈絡性的體驗。然而，ＩＤＡＧＩＯ就不一樣了。ＩＤＡＧＩＯ的介面清晰簡潔，堪比拉姆斯（Dieter Rams）所做的經典設計。他們使用許多幾何圖形來呈現訊息，藉此加強閱讀體驗，讓你可以毫無負擔地讀完文本。在ＩＤＡＧＩＯ上，你可以按照作曲家、演奏者、作品類型，抑或者是創作年代來瀏覽樂曲。參與錄音的每一位樂手，在資訊欄中統統都找得到。此外，現場錄音和錄音室作品，也各自擁有不同的標籤。而如果你想要閱讀隨片附贈的ＣＤ小冊子，那麼你只要按一個按鈕，就可以打開一個ＰＤＦ檔案。走筆至此，我想起策展人安特那利曾把數位平臺形容為一處「死氣沉沉的空間」，因為它們無法呈現不同內容的細微之處。畢竟在演算法推薦的情境裡，多數人恐怕根本不會去注意關於作品的細節訊息。事實上，我也是一直要到使用了ＩＤＡＧＩＯ之後，才意識到每首作品的背景細節，都是有必要存在的。

在我訂閱ＩＤＡＧＩＯ之後，我很高興地在上面發現我最喜歡的古典樂曲，也就是一八八八年由法國作曲家薩提（Erik Satie）創作的《裸體歌舞》（*Gymnopédie No. 1*）。它是一首鋼琴獨奏曲，旋律輕柔閒散，有種像在細雨裡怡然信步的感覺。這首曲子在TikTok上非常受歡迎，有超過十五萬支TikTok影片都是用它來當背景配樂，這些影片的主題從海中水母的生態，到陷入情網時的戀愛自白，無奇不有。發現ＩＤＡＧＩＯ上有這首曲子之後，我便馬上建立起了一個播放清單，把這首曲子的幾十種錄音版本加了進去。這些不同的版本，都是在過去半個世紀裡，由世界各地的鋼琴家所演奏的。其中包括范菲恩（Jeroen van Veen）所演奏的一個特別慢、特別響亮的版本；也包括小川典子用一架一八九〇年製的鋼琴所演奏的版本；還包括普朗克（Francis Poulenc）於一九五一年錄製的一個偏快的版本（當時這首曲子遠沒有今天這麼知名）。在該曲的原譜上，薩提給的速度指示只有幾個字：緩慢且哀傷。如果我們把這些錄音版本依照時序排列下來，我們就能大致一窺不同時代的人如何理解、如何詮釋何謂「緩慢且哀傷」。正由於IDAGIO專門為「古典音樂」這種特定的內容設計了一套使用介面，於是我才能輕輕鬆鬆地做這種版本比較的功夫。相較之下，雖然有十五萬支TikTok都用上了這首樂曲，但畫面上就連作曲家「薩提」的名字都找不到。而在Spotify上，由於每張專輯都是依照不同的邏輯分類、排序的，因此你很難把同一首樂曲的所有版本統統找齊，也很難將這些散落各處的版本依照年分排出順序。

隨著我在IDAGIO上愈聽愈多，我逐漸發現，我之所以能夠在古典音樂的世界裡自在探索，全是靠著IDAGIO的幫助。在IDAGIO上，我不但可以輕易地把鋼琴家趙在赫所有的演奏統統找出來，也可以深入聆聽、比較不同鋼琴家詮釋出來的蕭邦夜曲。雖然我對古典樂知之甚少，但我在IDAGIO上的使用經驗卻相當愉快，甚至比起收聽愛樂電臺更加輕鬆寫意。而這也說明了，即使不依靠演算法機制，依舊有辦法打造出內容豐富的數位平臺。事實上，文化產品原本就有其自身的脈絡，每位創作者多多少少都會受到前輩創作者的影響，而這些創作者又會繼續啟發更多的創作者，這就是藝術史和音樂史的由來。卡瓦孔在他的節目裡所追索的，正正就是這樣一條創作者之間互相影響、互相啟發的脈絡。揚丘科維奇曾說，他最大的目標是想要「保存文化」，如今我對此事又有了深一層的理解。古典音樂的文化要能夠得到保存，不能只是把所有的錄音統統放上網路；更重要的是，要用一種具脈絡性的方式來呈現這些曲目，讓人不光是可以被動地接收資訊，更可以主動在其中自由探索。不只是古典音樂，世上所有的文化內容，莫不如此。如果你享受某件作品，何不嘗試瞭解更多並且深入探索？

在訪問了幾位策展人之後，我發現他們都有一個共通點：他們都非常關心藝術作品在當代世界的生存景況，並且願意以實際行動照料它們。然而，那些大型數位平臺卻對這些文化藝術既不關心，亦不照料。對它們而言，A作品和B作品究竟有什麼差別，並不重要，因為它們唯一的功能，只是用來引人注目。就像對YouTube來說，推薦什麼影片並不重要；重要的只是你會否受到縮圖吸引，把影片給點開。但是，如此一來我們便失去了對文化藝術付出關心、給予照料的機會。而唯有付出關心和照料，我們才能用「對的」方式接觸到藝術、音樂和電影——而這是一件多麼美好的事。從創作者的角度來說，這也同樣是一件美好的事，因為如此一來人們便會用創作者希望的方式來理解或欣賞他們的作品。

藝術之所以重要，就在於它能讓我們彼此之間產生連結。但演算法並不供應我們那樣的連結；它所供應的，只有消費和被消費的體驗而已。要真正產生連結，我們就必須脫離演算法的掌控，放慢腳步，細細品味。在演算法的河道上，你是沒辦法好好讀完CD內附的小冊子的。

## 實驗結束後，回到演算法世界的我

我剛開始戒除演算法時，真的過得很痛苦，但適應了之後，三個月的時間卻一溜煙就過了。雖然我並不懷念從前的我，但我還是決定回到演算法的世界去看一看。畢竟，我是一名報導科技新知的記者，我覺得我還是有責任知道網路世界正在紅些什麼。當時是二〇二二年底，由於馬斯克不久前才把推特買了下來，因此那時全世界最火紅的話題，就是推特之後會變成什麼樣。

此外，我也掛念著朋友們的近況。雖然我並不想看到他們之中有人跑去義大利科莫湖（Lake Como）度假時所拍攝的一大堆IG照片，但我確實非常想念他們所寫的書籍推薦文、他們在家烹調的美食，以及他們的可愛寵物。於是，我帶著不甘不願的心情，把臉書、IG和推特又一一下載回我的手機裡，然後一一再次登入。很快地，我的大拇指又再度重操舊業，熟練地完成了好幾個按鍵操作。

過沒多久，我便驚奇地發現，雖然實驗只維持了短短三個月，但我的大腦似乎已經變得有所不同。那種感覺，就像茹素多年的人再度看到了一塊香嫩多汁的牛排——雖然從前或許會被它吸引，但如今卻只覺得倒胃。我觀看內容的速度慢了下來，無論推送到我面前的是一篇文章、一首歌曲還是一段影片，我都相當審慎地面對。這次回歸，我才意識到演算法更新內容的速度是如此迅疾，但又老是不依照時間順序排列，使我心煩意亂。

過了一段時間之後，我對演算法的忍受度又漸漸提高了。但即使如此，我心中依舊有股揮之不去的厭煩。這場戒除演算法的實驗使我切切實實地感受到，推特上那些氣燄高張的爭吵，和我的真實生活幾乎沒有任何關聯。（我以前一直以為推特上的論戰是我生活中重要的一部分，可見我之前上癮得有多深。）從前的我很喜歡處心積慮追求讚數，但現在，由於我花在那些平臺上的時間變少了，我所累積的那些讚數也隨之失去了意義。我問潔絲：在實驗進行的期間，我的行為和態度有沒有變得和往常不同？

她告訴我，剛開始時，我變得有些暴躁易怒，但不久之後，我就冷靜下來，而且「對網路上發生的事，不再那麼容易焦慮不安」。（此外，她還對另一件事小有怨言：實驗期間，我都沒在ＩＧ上分享她的美照。）在實驗展開後，我和三五好友一起出門時，我的心情也有所不同。過去我從沒注意到朋友們會在聊天時把手機拿出來看，但實驗開始之後，我卻特別注意到了這個現象，我想那是因為我的手機裡並沒有任何吸引我注意力的東西。

菸草公司時常喜歡推出一些標榜「低焦油」的菸品，但實際上抽菸有害健康的問題卻依舊沒有解決。同樣地，數位平臺也經常喜歡把演算法描述成解決資訊爆炸問題的妙方，但實際上卻製造出了更多的問題。演算法可以每天持續地把上千、上萬則會引發我們點閱衝動的內容推送到我們眼前，但其實我們需要的並不是這個。即使我們無法完全退出社群平臺，但假如我們能夠擁有依照時間順序排列的貼文，以及鼓勵我們減少發文的機制，這對於我們的身心健康和文化領域的未來發展，都會有所助益。

在那三個月裡，由於沒有了演算法的干擾，我發現自己多出了大量的時間，可以用來尋找我真正想看、想聽的東西。雖然我接觸到的藝文作品數量銳減，但我卻投入更多時間認真追索少數幾位創作者的生涯軌跡，而這使我得到了巨大的滿足。那一年的年底，Spotify自動幫我總結了我當年度的收聽紀錄；從中我發現：在當年度所有收聽過艾文斯（Bill Evans）錄音作品的人當中，我的收聽時數位列前〇．〇一％（艾文斯是位深具創新精神的爵士鋼琴家，活躍於一九六〇年代）。雖然〇．〇一％這個數字確實有點誇張，連我自己都感到有些詫異，但我明白這個數字是怎麼來的。在那一年裡，我每回開始寫作，都會點播艾文斯的專輯。其中我最常點播的一張，是一九六一年的現場錄音專輯。那一年，艾文斯在前衛村爵士酒館（Village Vanguard）辦了一場爵士三重奏音樂會，後來灌錄成為了全套含有三片ＣＤ的現場作品。這套完整收錄了那場音樂會的專輯，我可是聽得熟之又熟。從最開頭因為磁帶故障而橫遭中斷的〈格洛麗亞的步伐〉（Gloria's Step），到最後面連續兩個不同版本的〈翡翠幻想〉（Jade Visions），我每一秒鐘都瞭若指掌。〈翡翠幻想〉的節奏主要是由低音部的和弦所撐起，運用簡單的旋律，構成了一首引人深思的哀歌。這首曲子是由三重奏組合中的貝斯手拉法羅（Scott LaFaro）所寫的。但辦完這場音樂會後，拉法羅就在車禍當中喪生了，時年只有二十五歲。我每次聽這張專輯，每次都會得到新的收穫，也因此我每次打開Spotify，都會點播它。不管演算法推給我多少其他的歌曲，我都不為所動。

要對抗演算法所帶來的同質化現象，最好的辦法，就是主動去尋找自己喜歡的東西。無論你喜歡什麼，你都可以成為那個領域的業餘鑑賞家。縱然你並非網紅、不會有贊助商捧著銀子來找你，但你的觀點和看法依舊是有價值的。縱然演算法不停誇口，說它會用最先進的數學模型來替你挑選內容，但你其實擁有塑造自身品味的潛能。你所需要的，只是一點點想法，並且願意對你所喜愛的事物付出關心。你其實可以是自己生活的策展人：就如同我們會挑選自己喜歡的食物、會為自己的穿著打扮挑選色系，我們也自然而然會對某些文化產品感到心有靈犀，進而選擇親近它們、瞭解它們。

我知道有的時候，我們就是會想要被動接受Spotify推播的歌曲，或是消極地滑著TikTok。但我擔心的是，如果我們放任這種被動的文化傳播模式繼續發展，那麼文化產業恐怕將會徹底喪失創新精神，而我們的文化生活品質恐怕也將大打折扣。文化的傳播，必須要建立在人與人的交流之上。如果我們把一切都外包給了自動化的推薦系統，那麼我們不只將會失去互相分享的機會，還會失去對我們珍愛的作品做出回應及詮釋的機會。人與人之間的交流分享，其實可以很簡單——如果你看到一件作品，覺得某位朋友可能會喜歡，你就只要把連結私訊給他，並附上簡短的幾句說明；如此一來，或許你們就會展開一場關於文化的對話。

## 容我推薦你一個東西

在這本書結束以前，我想以我個人的身分向你推薦一件作品。我最初接觸到這件作品，其實是拜演算法之賜，但如今它卻已深入我的骨髓，成為了我個人品味的一部分。這件作品，是日本歌手佐藤博於一九八二年推出的個人專輯《覺醒》（*Awakening*）。在我心目中，它稱得上是有史以來最好的音樂專輯。更重要的是，這張專輯裡的許多歌曲，似乎都一一呼應著本書中所討論到的種種課題。《覺醒》中的歌，最早是YouTube的演算法推薦給我的。我記得有某一天，我偶然在YouTube上看到了一首叫〈這個男孩〉（This Boy）的歌曲，於是我便點開來聽。上傳這首歌的頻道主叫「Boogie80」，但Boogie80並沒有留下歌名以外的資訊。經過一番搜索之後我才知道，原來它出自佐藤博的《覺醒》，而且原本的歌名叫作〈告別〉（Say Goodbye）。雖然Boogie80提供的資訊不清不楚，但這首歌一播出來，就瞬間擊中了我。尤其是開頭那段用合成器所創造出的輕巧琶音效果，以及專輯封面選用的那張「黝黑男子在海中游泳」的照片，都深深令我著迷。

我反覆點開這首歌曲，聽了不下數十次。我對它那堪稱完美的簡潔曲風和淒切感人的英文歌詞讚嘆不已。「我走後，希望你不會孤單寂寞，」佐藤博如是唱道。毫無疑問，這是一首祭奠愛情的歌。雖然這首歌在YouTube上擁有兩百多萬的觀看數，但它卻彷彿像是存在於真空當中，與世間其他的一切事物均不相涉。後來，縱使我已經把《覺醒》中的歌曲全部聽完，但在很長一段時間裡，〈告別〉卻依舊是唯一一首令我夢寐不忘的歌曲。然而，我實在有點說不上來它到底屬於什麼曲風。它不完全是輕搖滾，也不是我印象當中滿是誇張聲調的八〇年代美國流行樂。在這張專輯裡，還有一首像是〈只是一場短暫的戀愛〉（Only a Love Affair）這樣的歌曲。在這首歌裡，佐藤博請到了加拿大裔的澳洲歌手馬修斯（Wendy Matthews）跨刀主唱。馬修斯用她那嘹亮飛揚的聲線，唱出了好似在夜店裡，眾人就著閃爍的霓虹光線喧囂歡騰的感覺。

《覺醒》很快成為了我在廚房做晚餐時的伴奏曲。在COVID-19疫情最嚴峻的那段期間，我每天都會把《覺醒》從頭到尾播一遍。每回廚房只要響起了佐藤博的樂曲，我和潔絲總是會隨著樂音手舞足蹈，享受著藝術作品所特有的那種瞬間將人從一個地方轉移到另一個地方的能力。《覺醒》還收有一首名為〈憂鬱與悲傷的音樂〉（Blue and Moody Music）的歌，而且一共收錄了兩個版本。歌詞描寫的是主人公從深夜到早晨，都坐在鋼琴前彈唱，並且從琴音中獲得慰藉的情景。這首歌的其中一個版本，是由佐藤博本人所演唱的。這個版本速度較慢，並且用鍵盤彈出了許多裝飾性的聲響。聽到這樣的編曲，聽眾彷彿就像看到了歌手本人坐在一間擁有落地窗的高樓房間裡，一邊俯瞰著燈火通明的城市夜景，一邊坐在一架平臺鋼琴前自彈自唱。雖然這個版本已經算很不賴了，但這首歌的第二個版本，卻簡直是達到了神一般的境界。這個版本用上了一種帶有熱帶風情的合成器顫音，電吉他持續在背景處反覆演奏，至於主唱呢，則再次請到了馬修斯跨刀演出。在這首歌裡，馬修斯徹底打開了她的歌喉，整首曲子，她的聲音都像流星劃過夜空那樣地耀眼，和佐藤博本人替她和聲的粗礪嗓音相映成趣。這個版本剛開始時節奏稍緩，但隨著樂曲進行，節奏就愈變愈快。到了結尾時，聽眾的情緒也被推上了最高潮，然後樂聲就在那最高潮處緩緩淡出，就好像樂隊永遠在那裡無止無盡地演奏一樣。這首曲子不僅充分反映出了時代特色，同時又超越了它的時代，成為傳世的傑作，真可說是天才的手筆。然而，Spotify的播放數據卻顯示，馬修斯版的〈憂鬱與悲傷的音樂〉，是整張專輯裡點播率偏少的一首歌：截至目前，才只有二十八萬個播放數而已。相較於此，〈告別〉一曲卻是YouTube上的熱門點播，至今已經擁有三百多萬的播放數。

《覺醒》這張專輯，究竟是如何被演算法相中的呢？為了滿足我對《覺醒》的痴迷與好奇，我展開了一番考究。佐藤博自出道以來，直到二〇一二年逝世為止，他都是日本一位相當有名氣的鋼琴演奏家、音樂製作人和詞曲創作者。但美國的聽眾則是一直要到演算法介入之後，才開始注意到他。二〇一〇年代中期時，YouTube的演算法突然對一種叫「城市流行」（City Pop）的曲風情有獨鍾了起來。這種曲風是七〇年代末到八〇年代初之間，曾經在日本盛極一時的流行音樂分支。它確切的定義，始終都很含糊。但可以知道的是，這種曲風是由「Happy End」和同時期的幾支樂團所唱紅的。在當時的東京，Happy End是非常有影響力的樂團。正是他們首開風氣，為搖滾和迷幻民謠音樂率先填入了日文歌詞。Happy End活躍的期間並不長，但樂團解散後，其中一位成員細野晴臣還是繼續和其他音樂家合作推出作品，佐藤博也曾經和他合作過。此外，細野晴臣還組織過一個比Happy End更前衛的樂團——黃色魔術交響樂團（Yellow Magic Orchestra），並嘗試在樂曲中加入了一些深具實驗性的合成器效果。（細野晴臣後來還替東京第一家無印良品創作了一張電子音樂專輯。這張專輯中的曲目全都具有環境音樂的氛圍，非常合乎扁平時代的精神。）

七、八〇年代的日本流行音樂之所以開始出現了像海灘男孩那樣的美式曲風，正是拜佐藤博和細野晴臣那一輩的音樂人之賜。他們嘗試把所謂的衝浪搖滾（surf-rock）和遊艇搖滾（yacht-rock）結合起來，然後再融入他們自己對前衛音樂的實驗想像。一九七七年，樂評家遠野清和曾經形容道，所謂的「城市流行」是一種具有「都會感」的曲風（轉引自二〇二〇年由學者森梅〔Moritz Sommet〕所寫的一篇權威性論文）。不過，遠野同時也指出，「城市流行」一詞，「並沒有什麼特別深的意涵」；它「很像是個你一聽就懂的詞彙，但其實沒人知道它意味著什麼」。換句話說，城市流行這種曲風，先天上就帶有一種曖昧歧義的性質。它可以什麼都是，也可以什麼都不是，端看你對它投射出了什麼樣的想像。一九七八年，細野晴臣和山下達郎合作推出的《太平洋》（*Pacific*）專輯，就很能顯示出「城市流行」一詞的巨大彈性。這張專輯明顯受到了夏威夷音樂的影響，樂曲中運用到了夏威夷式的鬆弛鍵吉他（Slack-key guitar），甚至還用上了一些海浪拍打海岸的音效。但在播完了前面七首充滿熱帶島嶼風情的音樂之後，這張專輯最後竟然給我們來了一首完全由電子合成器所創造出來的樂曲。這首曲子充滿了各種不和諧的、機器般的聲響，讓人覺得剛剛那座歡樂的熱帶島嶼，或許其實是個充滿了自動化機械的科幻敵托邦。由此可見，第一印象，未必就是正確的。

一九七九年問世的 Walkman 隨身聽，同樣也對城市流行這種曲風造成了影響。索尼之所以投入心血打造出了 Walkman，主要是因為索尼的前執行長井深大希望能在國際航班上聆聽古典樂曲。為此，他要求公司製造一台便於攜帶的音樂聆聽裝置，於是，索尼的工程師便找來一台磁帶錄音機，並把它改造成了錄音帶式的隨身聽。井深大聽了之後非常滿意，便將這台原型機交給了索尼的社長盛田昭夫。盛田昭夫聽了之後也相當滿意，於是決定將它量產出來。（盛田昭夫事前並沒有做過市場調查。畢竟這樣一台隨身聽是前所未有的產品，無從預測市場反應。）結果，Walkman甫一上市，就非常熱銷。忽然之間，人們無論走到哪裡，音樂就跟到哪裡。「聽音樂」成了一種隨身攜帶的享受。就像演算法的出現為人們提供了個人化的資訊內容那樣，Walkman的問世，也為人們提供了個人化的音樂體驗。一九八四年，日本的音樂學者細川周平為《流行音樂》（*Popular Music*）期刊寫了一篇題為〈Walkman效應〉（The Walkman Effect）的文章，文中指出：「當人們戴上Walkman時，現實中的一切聲響，似乎都被隔絕在外。如此一來，人們便可以埋首追求專屬於其『個人』的極致聆聽體驗。」戴上了Walkman之後，外在的世界便不再重要了，重要的只是每個人當下聽音樂時的心情。這就好像演算法推薦系統出現之後，世上究竟發生了什麼便不再重要，因為重要的只是每位使用者偏好看到的內容。

Walkman的出現，帶動了一股新的音樂潮流。人們開始喜歡一些適合在移動時聆聽的音樂，特別是那種就算分心了也沒關係的歌曲。此外，在那個日本經濟最繁榮的年代，自小客車的大量普及，也替這種新型態的音樂搭建了舞臺。當日本不斷增長的中產階級人口週末駕車駛離東京去到海邊衝浪的時候，他們所需要的，正正就是城市流行的歌曲。無論是出外旅遊、購物，還是搭乘電車，城市流行都是適合當作背景配樂的曲子。不少音樂創作人也都抓住機會，寫出了許多商業上相當成功的城市流行歌曲，從而趕上了這股資本主義和消費主義爆炸性發展的熱潮。在這些曲子裡，經常都聽得到喧囂的吉他聲和銅管樂器所奏出的宏偉聲響，使得這些歌曲充滿了戀愛般的明媚氣息。

不過在日本，這股城市流行的風潮只維持了幾年就消退了。但當年那些音樂，都以實體唱片的形式保存了下來。二十一世紀的頭一個十年，當新世代的日本DJ們在舊唱片堆中挖寶時，他們意外發現到世上原來曾經存在過那樣的樂曲，於是便向聽眾重新介紹了這批音樂。（不過，存在於數位平臺上的音樂，將來恐怕就沒有這樣的好運了，因為沒有人能保證數位平臺在十年、二十年後還會繼續存在。）這股城市流行的懷舊風潮，同時也傳到了國外。在小眾音樂論壇和部落客的推波助瀾之下，許多西方世界的DJ也都認識到了這樣的曲風。不少人甚至遠赴東京蒐購唱片，然後再回到西方世界和樂迷們分享。YouTube演算法也注意到了這股風潮，於是便大力推播了城市流行的樂曲，最終使得它風靡全球。

YouTube的演算法系統，似乎是對〈告別〉這一類的歌曲情有獨鍾。在〈告別〉之外，由竹內瑪莉亞所演唱的一首曲風相近的作品〈塑膠之愛〉（Plastic Love）也尤其受到演算法青睞。〈塑膠之愛〉原曲發行於一九八四年，是一首充滿朝氣、帶有R&B節奏感和軟體合成器音效的流行小品，聽完之後很容易在頭腦裡留下印象，趕都趕不走。這首歌藉由前幾個小節把節拍建立起來之後，竹內瑪莉亞清亮的歌聲便加入到了音樂當中，唱出了一段關於「走出情傷」的歌詞：

愛情只是一場遊戲
玩玩就好，別往心裡去

中間還夾雜著幾句英文歌詞：

I know that's plastic love.（我知道那只是塑膠之愛。）

二〇一七年，一位名為「塑膠愛人」（Plastic Lover）的頻道主將〈塑膠之愛〉上傳到了YouTube之後，這首歌曲便迅速走紅。截至今日，這首歌曲已經累積了六千三百多萬個播放數。像這樣一首原本籍籍無名的歌曲，基本上只有透過演算法系統的強力推播，才有可能達到這種程度的爆紅。事實上，負責經營「塑膠愛人」頻道的那位匿名人士，最初也是透過演算法推薦才知道這首歌的。二〇二一年，這位匿名人士在接受音樂雜誌《Pitchfork》的撰稿人凱特張（Cat Zhang）訪問時，曾經透露道：「有很多人跑來告訴我，說演算法老是推薦這首歌給他們。但其實我之前也遇到過同樣的情況。我並不是第一個上傳這首歌的人。對於這首歌，我一開始並沒有太大的興趣，但因為它一直出現，所以我就點開來聽了。」換句話說，這首歌之所以紅，演算法的強力推薦，就是主因。

對於這幾首城市流行歌曲的爆紅現象，各門各派的專家學者，都提出了不同的解釋。有些作者不餘遺力地將城市流行和「Lofi Girl」那類的音樂連結在一起，並指出它們同樣都是屬於中等速度、讓人感到放鬆的電子合成音樂，很適合在工作或讀書時播放。* 由於Lofi Girl式的音樂在YouTube上早已擁有

* 譯註：「Lofi Girl」是個專門播放一系列低傳真音樂的YouTube頻道，其前身就是第二章中提到的ChilledCow頻道。Lofi Girl的音樂，總會搭配一個吉卜力工作室風格的女孩圖像一起播出。這位女孩總是頭戴耳機，坐在書桌前一面讀書、一面寫筆記。

數百萬的龐大聽眾群，因此演算法自然會把聽起來很相似的城市流行歌曲推播給那些喜歡Lofi Girl的聽眾。《Pitchfork》的作者凱特張同樣持此觀點。在二〇二一年刊出的一篇文章中，凱特張如此寫道：「演算法直接就把大批『Lofi Girl』的聽眾導引到了〈塑膠之愛〉上。」最近這幾年，我甚至看到有人把「城市流行」和「YouTube」等同在一起。例如在音樂評論網站Rate Your Music上，有位用戶就這麼寫道：城市流行是「YouTube演算法所推薦的核心日文曲風」，而且其中有許多歌曲的點閱次數都達到了十萬以上。另外值得一提的是，〈塑膠之愛〉之所以會成為城市流行這種曲風當中最紅的一首歌，恐怕和這首歌用的影片縮圖脫不了干係：一張竹內瑪莉亞本人的黑白照片。照片裡，竹內瑪莉亞張著大大的雙眼，巧笑倩兮，而且拍攝的那一瞬間她顯然正在律動，使得照片稍微有些模糊。這張充滿了快樂和自由氣息的照片，讓人看了忍不住嘴角上揚。為竹內瑪莉亞拍下這張相片的攝影師萊文森（Alan Levenson）在接受凱特張訪問時，曾經這麼說道：「這張照片和〈塑膠之愛〉如此契合，彷彿就像天註定的一樣。」就如同一只放在純白背景前的鮮艷花瓶，天生就很適合在ＩＧ上傳播一樣；竹內瑪莉亞這張充滿感染力的歡快照片，也非常適合當作YouTube的影片縮圖，用以吸引眾人點閱。

像〈塑膠之愛〉和〈告別〉這類歌曲，雖然都是靠演算法推薦才紅起來的，但它們確實都是製作精良的好歌。當初這些歌發行時，大多並未走紅，但它們無疑都是當年日本最優秀的音樂創作人的手筆。（二〇〇〇年代的美國文青界曾經流傳過一句話：「廣受歡迎的東西不見得好，沒沒無聞的東西也不見得就差。」這句話反過來講也是成立的：「廣受歡迎的東西不見得就差，沒沒無聞的東西也不見得就好。」）這些歌曲的成功絕非偶然：它們都是創作者的心血結晶，是對得起聽眾的作品。只不過當年那些創作者大概從未想到，這批歌曲會在許多年後輾轉流傳到西方世界，然後在全球各地大紅特紅。

就像銀河五百樂團的那首〈奇異〉之所以遠比專輯裡的其他歌曲更紅，正是因為這首歌足夠普通、足夠芭樂，幾乎所有的聽眾都能接受；城市流行這種曲風之所以會紅，其原因大抵也類似於此。雖然城市流行曾經一度沒沒無聞，但由於它足夠大眾，因此來自世界各地的聽眾都能從中聽出一些令他們感到熟悉的音樂語彙。城市流行的歌曲，既東方，又西方；既懷舊，又前衛。說它們東方，是因為來自日本的音樂創作者賦予了它們一種東方世界的美感。說它們西方，是因為它們明顯受到了西方流行音樂的影響。說它們懷舊，是因為聽在二〇一〇年代的聽眾耳裡，這些樂曲顯然具有一九八〇年代的氛圍。說它們前衛，則是因為它們熱烈擁抱當時最新的音樂科技，包括電子合成器和鼓機。城市流行這種曲風，就像好吃的垃圾食物一樣，把各種可口誘人的素材，統統集於一身：高亢清亮的人聲、電子合成器的音響效果、R&B式的節奏感和樂器、貫串全曲的鼓點布局——凡此種種，都讓人難以抗拒地想聽。更由於這類歌曲都帶有神秘的東方元素，因此西方世界的聽眾難免都會對它感到既陌生又好奇，於是便忍不住點進去一探究竟。

事實上，「城市流行」這個稱號本身，恐怕也是它爆紅的原因之一。由於「城市流行」並未指明所謂的城市究竟是哪裡，因此世界上任何一座城市的居民，都能順理成章地將自己投射進去——這就好比Airbnb上的應用程式式空間一樣，不管移動到哪個城市，都能成立。音樂雜誌《Spin》的作者克希（Andy Cush）寫過一篇文章，對這批來自日本的流行音樂提出過類似的觀察：「我們似乎中了演算法的圈套，但好在這些音樂是真的好。」克希所說的「圈套」，在扁平時代裡到處都有。演算法會將引人注目的作品挑選出來，並將其抽離原有的脈絡，然後到處推播，使其成為了空洞而無意義的內容；雖然擁有頗具美感的外表，但其內涵卻是空無一物。

從某個意義上來說，城市流行這種曲風在當代再次走紅的過程，正好佐證了上述這種文化空洞化的現象。二〇一五年，一篇刊載在《日本時報》上的文章指出，所謂的城市流行是「在獨立音樂圈中常用的一個流行語，讓人可以用簡化的方式來召喚出某種高雅、時尚、懷舊的感覺。」城市流行藉此吸引到了為數眾多的聽眾，但慢慢地，這些聽眾卻也逐漸開始感到煩膩，於是演算法就只好繼續尋找新的內容，以便為那永遠不能歇止的消費巨輪提供燃料。而在演算法所找到的新燃料當中，就包括了所謂的「印尼城市流行」。這是一種我新近發現的音樂分支，基本上和日本那邊的城市流行音樂同屬一個時代，只不過發行地點是在印尼。YouTube上有個題為〈雅加達夜行車：八〇年代印尼創意流行／城市流行／爵士串燒〉的影片（好一個囊括了各種熱門字串的標題），就一口氣把其中二十多首旋律甜美，且帶點合成器音效的輕搖滾歌曲統統串在一起。這支彙集了多首印尼城市流行歌曲的影片，自二〇二〇年十二月上傳以來，至今已經累計擁有了將近兩百萬的點閱數。然而，標題雖說是印尼歌曲，但影片附帶的影像，卻是一系列循環播放的日式動漫，呈現出夜晚時分的城市景觀。

在這支名為〈雅加達夜行車〉的影片裡，那二十多首各有脈絡、各有來歷的印尼城市流行歌曲，統統都被化約成為了一股情緒，並且被演算法所採用、所複製，進而在YouTube的世界裡迅速廣傳，從而為上傳者和YouTube帶來了廣告收益。在這則影片的留言區裡，有人留下了這麼一句話：「我在韓國，是演算法把我帶到這的。」這短短的一句話，已經說明了一切。在演算法推薦系統的主導下，全世界的使用者們經常會在特定的某個時期，集體性地聚集在少數某幾個特定的內容底下。這樣的網路生態，令我想起了自然界裡的帝王斑蝶——牠們總是會在特定的時期，集體性地遷徙到墨西哥的某座冷杉林裡。

那些內容之所以能吸引到大量的人潮，或許有一部分是因為它們呼應到了人類文化的根本共性。無論是一首簡短的歌、一組固定的節拍、高度清晰的照片、鮮豔的色彩、幽默的笑話，還是引戰意味濃厚的發言，都很容易讓人沉迷。但除此之外更重要的因素，恐怕還是數位平臺所採用的演算法機制本身。這些數位平臺愈是擴展、愈是寡占，我們的審美經驗難免也就會變得愈加扁平、愈加無趣。在人類歷史上，從來沒有任何一個時代像現在這樣，可以允許這麼多的人，在同樣的時間點，透過各自的螢幕，經驗到完全一樣的事物。而這就是扁平時代的根本特色，人人無所遁逃。

但話說回來，點閱那支名為〈雅加達夜行車〉的影片，未必就會為你帶來負面的影響。在我看來，這支影片其實是相當酷的一件歷史文物，讓我有機會一窺城市流行曲風在印尼的發展。但在看完影片之後，你會做出什麼樣的選擇，這才是最重要的事。你可以選擇瞬間將它拋諸腦後，點開下一支影片繼續觀賞；或者你也可以試著找出將這二十多首音樂串在一起的那位DJ是誰，然後小額贊助他，向他的文化策展致意；又或者，你還可以上網購買其中某幾首歌曲，又或者是把收有某首歌的專輯整張找出來聽；當然啦，你也可以趁此機會瞭解一下印尼的流行音樂史，看看在前獨裁者蘇哈托（Suharto）的統治下，印尼的音樂人如何追隨日漸蓬勃的國際音樂市場，做出了屬於印尼的流行歌曲。從文化的角度著眼，如果我們希望文化產業持續發展、持續茁壯的話，後面那幾個選項，恐怕才是更好的選擇。事實上，就算你僅僅只想追求個人的藝文享受，你都應該嘗試跨出演算法圈定的範圍，才能得到更高的滿足。

如果不想被動接受演算法的擺布，我們就必須找回「策展」一詞真正的精神；為我們所喜愛的作品付出關心和照料，並且成為我們自己的策展人。我們必須要奪回主動欣賞作品的能力，而這並沒有想像中的那麼困難。你所需要的，只是為你自己做出選擇，並且有意識地尋找自己真心喜愛的作品。一旦你開始這麼做，你自然就會替自己找出方向。而你所做的種種選擇，最終都會幫助你建立起一套屬於自己的品味，甚至會幫助你捏塑出一個和以往不太一樣的自我。

# 結語

一九三九年，班雅明修訂完成了他的文章〈藝術作品在其可技術複製的時代〉（The Work of Art in the Age of Mechanical Reproduction）。他在文中所思考的技術便是攝影，當時已經存在了超過一個世紀。早在一八三八年，達蓋爾（Louis Daguerre）就已經拍出了史上第一張含有人物影像的照片。這張照片是從達蓋爾的工作室向外取景的。窗外，巴黎的街景清晰可見，世間的一切都在正常運轉，唯一不同的，是這幅景象首次被凝固了下來。隨著時間推移，攝影技術也逐漸往普及化的方向發展。到了班雅明的時代，照片已經成為相當主流的產品。任何人都可以拍攝肖像照，或者也可以購買一張美麗如畫的風景明信片，把它寄送給其他人一同欣賞。在文章裡，班雅明試圖分析攝影技術的出現如何改變了當代文化的面貌。他指出，攝影技術出現之後，藝術作品便隨之失去了「世間只此一件」的獨特地位。像照片或留聲機唱片這樣的複製技術，「讓原作可以在半途與它的受眾相遇」，班雅明如此寫道。「大教堂離開它的原址，進入到藝術愛好者的工作室裡任人欣賞。」雖然在攝影技術的時代，某種本真性不復存在——複本和原作不可能完全相同，一張攝有大教堂的明信片，只是那座大教堂的影子而已——但藝術也變得更普及了。班雅明珍視的高雅藝術，成為了一種大眾經驗——他在別的文章中稱之為「大眾藝術」。

班雅明寫道：「正如人類集體的存在模式在歷史的長流裡不斷改變，人類感知事物的模式，也不斷地發生變化。」科技不只改變了我們所生產文化的形式，也在同一時間改變了我們感知這些文化的方式。攝影的蓬勃發展，帶來了新的感知模式，從而導致視覺藝術的危機，班雅明主張，有了攝影之後，繪畫便再也不需要承擔起描繪現實的功能了；此後繪畫便得到了解放，並進而發展出了「純藝術」的理念──繪畫不用考慮再現真實，也不必承擔任何社會性的功能，一切正如十九世紀的美學信條所說的「為藝術而藝術」。

在成於一九三五年的〈巴黎，一座十九世紀的都城〉（Paris, the Capital of the Nineteenth Century）一文裡，班雅明則指出，照相機已經把整個世界化為了一幀一幀的影像商品。他寫道：「照相機把大量的人物、風景和事件，統統都捕捉下來，化為影像，傾瀉到了市場裡。這些事物的影像，過去若非全然無法取得，就是只是個人的留影紀念。」*攝影對文化施加了一種壓力，要求它必須具備可攝影性，並以照片的形式流通，而文化無可避免地適應了這點。他寫道：「複製的作品變成了專為可複製性而設計的複製產物。」

我再次提起班雅明是要指出，無論在哪個時代，新科技的發明都會影響到藝術創作的方向，而這不見得是壞事。攝影再怎麼讓藝術作品的靈光（aura）消失殆盡，都不會有人呼籲放棄圖像的複製，也不可能有人叫我們丟掉錄音作品，只聽現場演出。（班雅明的文章也不是在貶抑攝影，而比較像是對攝影的慶賀。）此外，要準確評估新科技對文化形式造成了什樣的影響，恐怕需要數十年、甚至數百年的時間。藝術家會將新科技融入創作過程裡，受眾也會開始慢慢地視之為常態，而唯有當一項工具變得平凡無奇的時候，它的影響才能被正確評價。同樣的過程正發生在我們的時代，數位平臺與演算法推薦系統這對密不可分的科技席捲全球，改變了我們的感知模式，如同攝影技術的發明在班雅明的時代所做的那樣。

主流群眾的感知模式，永遠都會引導著藝術創作的發展。二十世紀的建築物可能是為了拍照而設計的，二十一世紀的藝術作品則是為了可以在演算法推薦系統下「重複獲得流量而設計的」，無論是派翠克ＩＧ的迷人咖啡照片，還是卡布維納的TikTok烹飪影片，莫不如此。它們形塑並遵循著一種通用、扁平、可重複的美學，從而導致了無新意的普遍無聊和倦怠感，

雖然演算法推薦系統是新近才問世的科技，但是它卻已經對視覺藝術、商品設計、歌曲創作、舞蹈編排、城市規劃、飲食方式和時尚產業等各種領域造成了重大的影響。所有的文化體驗都被簡化成數位內容這個同質化的類別，遵循著演算法主要考量的變數——參與度——的法則。無論是照片、影片、聲音，還是文字，任何形式的內容，都必須立即激起觀眾的反應，即使這樣的反應經常欠缺深度。所有的內容，都在竭力引誘觀者按下「讚」或「分享」，同時避免他們按下「暫停」或是「略過」，以確保他們無止無盡地繼續瀏覽。

創作者們為了增加內容的觸及率，於是製造出了許多瞬間就能抓住觀眾注意力，但是卻極為短小、淺薄，幾乎沒有任何實質內容的作品，這樣的作品能帶給我們的，只剩下一種氛圍。這種對短暫氛圍的強調，以及缺少前後脈絡的特性，掏空了當代的文化，使其無法像在沒有這些壓力的情況下所表現的那

＊譯註：部分譯文參考華特・班雅明著，莊仲黎譯：《機械複製時代的藝術作品：班雅明精選集》（臺北：商周出版，二〇一九年）。

般具有實驗精神和衝擊人心的力量。

在今日的世界裡，演算法已經無處不在。在你我日復一日的生活中，演算法已經成為了我們最親近的數位工具。也正因此，它的影響力與日俱增；甚至已經取代你我，成為了藝文作品好壞優劣的最高評判者。智慧型手機的問世，使得我們可以把整個網路隨身帶著走，並透過數位平臺上的演算法系統吸收網路內容。而為了賺取利益，這些數位平臺已經把一切事物都壓縮成了會引人點擊的樣子。俗話說：把水裝進容器裡，它就會成為容器的形狀。同樣道理，把創作者放到特定的環境裡，他們也必然會受到環境影響，創作出符合環境的內容。臉書、IG、推特、Spotify、YouTube和TikTok，就是今天絕大多數創作者身處的環境。

以我們接觸到文化的途徑而言，演算法取代了新聞編輯、精品店的選物人、藝廊的策展人、電臺DJ——我們曾經信任這些人的品味，願意根據他們的建議去接觸一些違反常規但充滿創新精神的事物。如今，我們讓大型科技公司替我們決定優先接觸什麼樣的事物，而這些公司所排出來的次序，自然都是以能否為他們帶來廣告收益為依歸。在扁平時代，最受歡迎的文化產品，必然也是最枯燥乏味的東西。這類產品推出以前，必然都經歷過無數道使之精簡化和普同化的工序，使其非但不能煥發光彩，也無法展現活力，就像一顆無嗅無味的維他命丸。演算法並未以刀槍脅迫創作者生產出那樣的作品，但創作者們為了提高觸及率，均不得不配合照辦。我並不是在說當今的創作者都是一群勢利眼的人，他們幾乎已經別無選擇。在二十一世紀初的網路世界裡，創作者若是想要從事文化工作維持生計，在網路平臺上引發關注是最可靠的辦法。如今，我們上網的速度愈來愈快，能夠接觸到的內容也愈來愈多，但與此同時，我們卻失去了藝術作品獨特的個性和質地——而這些特質，往往正是偉大作品之所以偉大的原因。

我們生活在一個高度全球化的數位文明體系裡。如今充斥在你我周遭的，是一大堆平庸、缺乏前後脈絡，而且內涵空洞的符碼：牆上貼滿地鐵站磁磚的極簡主義風格咖啡館；盛在一只陶杯裡、頂部覆有熱奶泡的濃縮咖啡；IG網紅們透過醫美手術整出來的高顴厚唇；串流平臺所播放出來的呢喃唱腔和電子節奏，再搭配上由合成器所創造出來的無止無盡循環樂句；適合用手機拍攝，且適合呈現在手機螢幕上的粉彩色系和幾何圖形。就像板塊位移，隨著時間過去，這些符碼也會跟著時尚與個人品味的潮流而變動（如果未來的人們還能持續保有品味的話）。但在如今這座龐大而穩固的數位平臺生態系崩解以前，這些無處不在的符碼，只怕還會繼續把你我的美感和品味推得更扁、壓得更平，而資本主義只要不死，它就會設法讓這座生態系苟延殘喘下去。身為使用者的我們，除了依靠法律之外，或許就只能集眾人之力，一起撤離演算法，才有可能改變我們數位生活的未來。

演算法機制，和電影、電視這樣的新興媒體技術非常不同：它不只是一種新的媒介或格式而已，它還會運用大數據及機器學習等數位工具來監控我們的一舉一動，進而預測出我們的偏好，然後推播一堆所謂個人化的內容給我們。演算法不請自來地站到了藝文創作者和受眾的中間，代替受眾做出了多到不可勝數的決定。自其發明以來，演算法這項技術從未像現在這樣得到如此廣泛的應用，也從未像現在這樣如此頻繁地介入使用者的私人生活。如果說攝影大量複製了藝術作品，那麼演算法推薦系統就是大量複製了眾人對藝術作品的偏好和口味，從而消除了我們對罕見事物的好奇心，使我們更輕易就能在沒那麼好的東西上得到滿足。演算法科技不只在美學領域引發了變革，它也隱隱然改變了我們的心理機制，在我們與消費選擇以及消費內容之間不斷發揮著作用。

如果我們想要拆解掉演算法機制對我們的影響，那我們或許可以從一九九〇年代廣受歡迎的慢食運動（slow food movement）中得到啟發。慢食運動是試圖反叛主流畜牧產業的一次消費者行動，主張不要光是只看食物被做成商品後的樣貌，而是要深入認識食物的來源和生產方式，也就是「從產地到餐桌」的整個過程。慢食運動者不遺餘力地支持小規模經營的畜牧業者、懂得永續發展的食品業者，以及那些運用當地食材的廚師。不只如此，慢食運動的精神也在消費者當中發揮了影響力，創造出一股重視永續飲食的風潮。（雖說有些人對於食物來源與罕見食材的追求，實在到了走火入魔的地步。）我們需要將這種對於永續性和獨特性的理解，融入我們在網路上接觸與支持文化的方式之中。

若是想要抵抗演算法機制，那就非得鍛鍊我們的意志力不可。我們必須要有意識地做出選擇，才能為我們的文化生活開創出新局。我們或許不能期待一夕之間革命成功，但滴水久了，也能穿石。

某天下午，我在華盛頓特區剪完頭髮後，路過了一家在我居住在特區的數年間早已經過上百次的咖啡店，並且再次對它瞧了一眼。這家店取了個非常俗氣的名字：喬森波（Jolt n' Bolt），令人聯想起那個喝咖啡只是為了攝取咖啡因，而不講究風味如何，也不講究「單一產區」的老舊年代。喬森波開業於一九九四年，比特區的第一家星巴克（同時也是東岸的第一家星巴克）稍稍晚了些。我從未走進喬森波，因為它的店名、拼貼藝術般的招牌、黑漆漆的裝潢，在在都讓我卻步——它並不是一間擁有「可IG性」的咖啡店。但那天，我卻決定踏進店裡。店內的裝潢擺設，確實屬於九〇年代的風格。牆上那霧面的暗色油漆，以及掛在櫃檯旁的手寫點單，也都很有復古的感覺。店內的小桌子是用假的木質層壓板做成的，椅子是配有軟墊的金屬座椅。牆壁上以藝文沙龍的風格掛滿了當地藝術家的畫作。我點的那杯滴漏式咖啡，則用深焙的方式淬煉出一股焦苦的氣味。像這樣帶點率真和隨性的在地咖啡店，時至今日依舊在波特蘭、波士頓和華盛頓特區這樣規模較小、節奏較慢的城市中繼續生存著。

然而這對我而言卻是一次罕有的經驗，就像去博物館一樣，我對此感到困惑又悲傷。我們的手機和演算法推薦的內容吸走了我們大部分的注意力、主宰了我們的偏好，讓僅僅只是甘冒不便的風險走出它們事先決定好的路徑，並選擇一種不會立刻引來互動的經驗都感覺有些基進了。同樣的道理也適用於我們的時尚選擇、食物、觀看的電視節目、閱讀的書籍、購買的家具、旅遊的地點。如果我們能將注意力自演算法主導的數位平臺移開，再度關注這個不會立即透過參與度來衡量一切的現實世界，我們不只可能打造出更好的文化，同時也將建立起更好的社群、人際關係與政治。人類學家格雷伯（David Graeber）曾經寫道：「世界上最大的秘密，就是所有的規則都是由人創造出來的。只要人們願意，我們隨時可以改變這些規則。」網路世界也是如此。

沒有受到科技影響的純粹文化形式從來就不存在，也不存在一種單一的、欣賞文化的最佳方式。我們無法輕易擺脫演算法的影響，即使我們想要也一樣，因為這項科技已經無可抗拒地形塑了我們的時代。但逃離演算法掌握的第一步，就是認識到它的影響。藉由改變被動接收訊息的心態，並思考一個後演算法的數位生態系統，我們便開始建構出另一種世界的樣貌，展示出演算法的影響既非不可避免，也不會永遠存在。扁平時代最終將只是人類文化史上的一段有限時期，它那根深蒂固的風格，將會因為過度自我指涉而耗盡生機。在AI科技席捲而來的此刻，我們正面臨著一次嶄新的契機。將來，我們是要讓機器自動生成的內容更加充斥我們的生活，還是要回過頭去重新重視人類的自我表達？一切問題的答案，都掌握在我們自己的手裡。正如班雅明所言：「每一個時代的人們，事實上不只夢想著未來的時代，當他們夢想未來的同時，也促成了時代的覺醒。時代蘊含了其自身的終結。」

# 致謝

感謝道布爾戴出版社（Doubleday）的優秀編輯 Thomas Gebremedhin，如果不是他銳眼看出了本書主題的重要性，《扁平時代》就不會出版。在一同努力閱讀書稿的過程中，他是任何作者所期望擁有的最好的審稿人和夥伴。任何懷疑我們是否需要在網路上進行文化策展活動的人，都應該去看一下他的ＩＧ限動。我還要感謝 Johanna Zwirner、Nora Reichard、Elena Hershey、Anne Jaconette，以及道布爾戴出版社的全體員工，在主編 Bill Thomas 的領導之下，這整本書從收稿到出版的全部過程，都相當令人愉快。不能漏掉的還有盡心盡力替本書設計封面的 Oliver Munday，感謝他讓這本書擁有簡潔明晰的封面。當然我還要提到我的經紀人兼朋友 Caroline Eisenmann，感謝她總是用她那獨一無二的思路，不屈不饒地協助我抓住思想的線頭，並將它們串織成一篇篇前後連貫的文章。

在我孵育本書的過程中，我自己的人生也發生了許多變化。雖然多數的人生大事都無法載入書中，但這些事就像影子一般伴隨著這本書。在寫作本書的期間，我和潔絲（Jess Bidgood）結婚了，她是我生命中的真愛，我只能如此形容。在我們結婚之前，我們還收養了一隻名叫 Rhubarb 的狗狗，牠也是我人生中的另一摯愛。我想銘記在這段期間去世的人們，尤其是我心愛的祖父母，Alfonse DeSalvio 和 Mary DeSalvio，他們向我示範了許多有關追尋自我理想的道理。

我要謝謝我的朋友們。Delia Cai，謝謝你如此瞭解寫書人的辛苦，也謝謝你在我哀悼已逝的二〇一〇年代網路環境時給予我寬慰；Nick Quah，謝謝你和我分享媒體產業這些年經歷的困境；Tatiana Berg、Gregory Gentert、Erik Hyman，謝謝你們在門羅街對我的熱情款待；我還要謝謝幾位聊天群組的成員，以及一起去普羅旺斯玩的那趟適時旅行的旅伴。我很感謝與Katy Waldman和Nate Gallant的許多對話。

我的研究助理Ena Alvarado給予我的幫助之大，難以估量。同時我也要感謝Michael Zelenko、William Staley和Julia Rubin這三位出版編輯，你們多年來對我的建言和倡議，最終促成了這本書。我在《紐約客》的編輯Rachel Arons提供了我源源不絕的穩定感和靈感，並在我們嘗試討論網路上的荒謬事時逗得我倆哈哈大笑。還有Michael Luo和David Remnick，謝謝你們對我在《紐約客》的工作的支持和鼓勵。

本書絕大部分的內容，都是在萊恩飯店大廳的咖啡館裡寫成的。萊恩飯店是一棟由宗座聖殿改建的建築，有著高聳的天花板，與我們在華盛頓特區的公寓僅有一個街區左右的距離。我在那裡獲得了兩位親切店員ＤＪ和Myesha的良好陪伴。要完成一本好書，好的環境氛圍總是不可少的。

世界的啟迪

# 扁平時代

## 演算法如何限縮我們的品味與文化

Filterworld: How Algorithms Flattened Culture


| | |
|---|---|
| 作者 | 凱爾・切卡(Kyle Chayka) |
| 譯者 | 黃星樺 |
| 總編輯 | 洪仕翰 |
| 責任編輯 | 王晨宇 |
| 行銷企劃 | 張偉豪 |
| 封面設計 | 陳恩安 |
| 排版 | 宸遠彩藝 |
| 出版 | 衛城出版 / 左岸文化事業有限公司 |
| 發行 | 遠足文化事業股份有限公司(讀書共和國出版集團) |
| 地址 | 231 新北市新店區民權路 108-3 號 8 樓 |
| 電話 | 02-22181417 |
| 傳真 | 02-22180727 |
| 客服專線 | 0800-221029 |
| 法律顧問 | 華洋法律事務所　蘇文生律師 |
| 印刷 | 呈靖彩藝有限公司 |
| 初版 | 2025 年 1 月 |
| 初版二刷 | 2025 年 2 月 |
| 定價 | 550 元 |
| ISBN | 9786267645048(紙本)<br>9786267645024(EPUB)<br>9786267645031(PDF) |





國家圖書館出版品預行編目(CIP)資料

扁平時代:演算法如何限縮我們的品味與文化/凱爾.切卡(Kyle Chayka)作;黃星樺譯. -- 初版. -- 新北市:衛城出版,左岸文化事業有限公司出版:遠足文化事業股份有限公司發行, 2025.01

416面;14.8 x 21公分. -- (Beyond ; 82)

譯自:Filterworld : how algorithms flattened culture.

ISBN 978-626-7645-04-8(平裝)

1. 演算法

318.1　　113019528

Email acropolismde@gmail.com

Facebook www.facebook.com/acrolispublish